編著 | 石井忠, 石水毅
梅澤俊明, 加藤陽治
岸本崇生, 小西照子
松永俊朗

植物細胞壁実験法
（データベース更新版）

弘前大学出版会

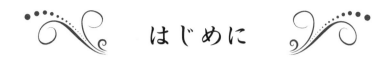

はじめに

　細胞壁は植物細胞や微生物に独特な構造物で、細胞の最も外側にある。細胞壁のなかでも木材の二次細胞壁はパルプ・紙、化成品などの原料として古くから利用されている。それにともない、細胞壁を構成するセルロース・ヘミセルロースやリグニンの化学構造とそれらの反応性、細胞壁の生合成や分解、微細構造などについての研究が農学分野を中心に継続して行われてきた。一方、植物研究者の細胞壁に対する関心はそれほど高くはなかったが、1970年代に入って一次細胞壁のモデルが提案され、また、植物細胞壁が病原微生物の侵入を防御する主要部位となっていることが報告されると、植物病理や植物生理の分野の研究がさかんに行われるようになった。その後、生化学やバイオインフォマティクスなどの研究の進展や分析機器の急速な発達などと相まって、細胞壁が植物の生命を支える重要な働きをしていることが次々と明らかになってきた。

　現在、石油や石炭などの化石資源が大量に使用されているが、これらの資源は有限であり、また化石燃料の大量消費は地球温暖化や環境破壊をもたらす。このような状況から再生産可能なバイオマス資源に対する関心が高まり、バイオマス資源の有効な利活用が地球温暖化や環境破壊を解決する主要な対策の1つと考えられている。バイオマス資源の中でも、植物細胞壁は最も蓄積量が多いので、細胞壁に対する関心が今ほど高まった時期はこれまでになかった。

　植物細胞壁に対する高い関心を背景に、欧米では細胞壁に関する専門書や実験書が刊行されている。例えば、Plant Cell Walls（P. Albersheim et al., Garland Science, 2010）、The Plant Cell Wall: Methods and Protocols（Z. Popper ed., Humana Press, 2011）、Annual Plant Reviews, Plant Polysaccharides: Biosynthesis and Bioengineering（P. Ulvskov, Wiley-Blackwell, 2011）などがある。また、Methods in Enzymology のなかではガスクロマトグラフ質量分析計や高分解能質量分析計を使った糖鎖の微量構造解析（50巻/1978、138巻/1987、193巻/1990、230巻/1994、271巻/1996）やNMRによる糖鎖分析を特集した巻が刊行されている。一方、我が国では、糖質やリグニンに関する優れた専門書や実験書がこれまでに出版されてきたが、それらの多くは現在では絶版になっている。最近では、『植物細胞壁』（西谷和彦、梅澤俊明編著/講談社/2013）、『木質の形成第2版』（福島和彦他編/海青社/2011）などの専門書が刊行されてきたが、我々の知るかぎり細胞壁に関する実験書は最近刊行されていない。

　そこで、編者らは植物細胞壁の最新の実験書を上梓したいと考え、これまでに出版

された糖質やリグニン分析に関する実験書などを参考にして、従来から使われている手法に加え、以前の実験書に記述されていなかった項目を新たに加えた実験書を企画した。本書は基礎編と応用編の2部から構成されている。紙面の都合で総ての項目を網羅することはできなかったものの、基礎編では多糖類分析、機器分析、リグニン分析、イメージングを、応用編では植物材料の作出、基礎編に記述した手法を用いた細胞壁多糖類の単離・精製、構造解析、多糖類とリグニンの生合成と分解、免疫と防御応答などを取り上げた。また9章では、よく使われる試薬や酵素、データベースなどの情報をまとめた。執筆には、細胞壁研究の第一線の研究者が分担してあたり、実験を行う立場に立ってなるべく具体的に記述した。そのため、ある程度執筆者の独自な考え方を取り入れたので、多少読みづらい点があるかもしれない。執筆者の一人、桜木由美子氏（コペンハーゲン大学）は日本語ワードプロセッサを利用できる環境にないので、Analysis of protein-protein interactions in plant Golgi apparatus は英文である。多糖やリグニンの名称については国際命名法に従うのが原則であるが、慣用的に用いられている呼称をそのまま用いた場合もある。

　本書が細胞壁研究者や細胞壁に関心のある研究者の一助になれば幸いである。

　最後に本書の企画を採択し、編集・校正などを担当して頂いた弘前大学出版会に対して深謝いたします。

　　　2016年2月、つくばにて　　　　　　　　編著者を代表して　石井　忠

◎本書第2刷から3刷への増刷にあたり、1～8章については、2刷後会社名やURLなどが変更になったものを修正した。9章「データベース」は最新のものに訂正した。

執筆者一覧　＊は編著者／［担当章節項］

　青木　弾（あおき　だん）名古屋大学　大学院生命農学研究科［4.4］
　青原　勉（あおはら　つとむ）筑波大学　生命環境系［1.5.3］
　秋山拓也（あきやま　たくや）東京大学　大学院農学生命科学研究科［2.1.2、3.5.1、3.5.7、3.5.10、9.4］
　粟野達也（あわの　たつや）京都大学　大学院農学研究科［4.3、9.5］
　安藤大将（あんどう　だいすけ）京都大学　生存圏研究所［3.5.9］
　安藤敏夫（あんどう　としお）金沢大学　理工研究域［7.2.1］
　飯山賢治（いいやま　けんじ）（元）東京大学　アジア生物資源環境研究センター［1.5.2、3.4.3、3.5.4］
　五十嵐圭日子（いがらし　きよひこ）東京大学　大学院農学生命科学研究科［7.2.1］
　池　正和（いけ　まさかず）農業・食品産業技術総合研究機構　食品総合研究所［1.2］
　池田　努（いけだ　つとむ）森林総合研究所［3.5.8］
＊石井　忠（いしい　ただし）森林総合研究所［1.6.1、1.7、1.8］
　石井みどり（いしい　みどり）東京大学　大学院理学系研究科［4.6］
＊石水　毅（いしみず　たけし）立命館大学　生命科学部［1.6.3、7.1.4、7.2.5、9.6］
　磯貝　明（いそがい　あきら）東京大学　大学院農学生命科学研究科［1.3、1.4］
　市田淳治（いちた　じゅんじ）青森県産業技術センター　工業総合研究所［6.5］
　伊藤瑛海（いとう　えみ）東京大学　大学院理学系研究科［4.6］
　岩井宏暁（いわい　ひろあき）筑波大学　生命環境系［1.5.1、4.1.1］
　岩本訓知（いわもと　くにのり）東京大学　大学院理学系研究科［5.1］
　上田貴志（うえだ　たかし）東京大学　大学院理学系研究科［4.6］
　内橋貴之（うちはし　たかゆき）金沢大学　理工研究域［7.2.1］
＊梅澤俊明（うめざわ　としあき）京都大学　生存圏研究所［3.5.2、3.5.6、7.3.2、7.3.3］
　大谷美沙都（おおたに　みさと）奈良先端科学技術大学院大学　バイオサイエンス研究科［9.1］
　小澤靖子（おざわ　やすこ）東京大学　大学院理学系研究科［5.1］
　小田祥久（おだ　よしひさ）国立遺伝学研究所　新分野創造センター［5.1］
　海田るみ（かいだ　るみ）東京農業大学　応用生物科学部［7.2.6］
　賀来華江（かく　はなえ）明治大学　農学部［8.4］
＊加藤陽治（かとう　ようじ）弘前大学　教育学部［1.1、6.2］
　金子　哲（かねこ　さとし）琉球大学　農学部［7.2.2、7.2.3、9.3］
　亀山眞由美（かめやま　まゆみ）農業・食品産業技術総合研究機構　食品総合研究所［2.2.1］
　河合真吾（かわい　しんご）静岡大学　農学部［7.3.1］
　川原善浩（かわはら　よしひろ）農業・食品産業技術総合研究機構　高度分析研究センター［9.2］
＊岸本崇生（きしもと　たかお）富山県立大学　工学部［3.2、3.5.5］
　木村　聡（きむら　さとし）京都大学　生存圏研究所［4.5.2］
　久保智史（くぼ　さとし）森林総合研究所［3.3.2］
　黒田克史（くろだ　かつし）森林総合研究所［4.7］
　幸田圭一（こうだ　けいいち）北海道大学　大学院農学研究院［2.1.3］
　小竹敬久（こたけ　としひさ）埼玉大学　大学院理工学研究科［7.1.1］
＊小西照子（こにし　てるこ）琉球大学　農学部［7.1.2、7.1.3］
　小林　優（こばやし　まさる）京都大学　大学院農学研究科［6.4］
　近藤侑貴（こんどう　ゆうき）東京大学　大学院理学系研究科［5.1］
　齋藤香織（さいとう　かおり）京都大学　生存圏研究所［3.5.5］

斎藤幸恵（さいとう ゆきえ）東京大学　大学院農学生命科学研究科 [2.6]
桜木由美子（さくらぎ ゆみこ）Department of Plant and Environmental Sciences, University of Copenhagen [4.5.3]
佐藤　忍（さとう しのぶ）筑波大学　生命環境系 [5.2]
鮫島正浩（さめじま まさひろ）東京大学　大学院農学生命科学研究科 [7.2.1]
篠原直貴（しのはら なおき）東北大学　大学院生命科学研究科 [1.6.2、4.5.1、7.1.5]
渋谷直人（しぶや なおと）明治大学　農学部 [8.1]
志水一允（しみず かずまさ）（元）日本大学　生物資源学部 [6.3]
新屋友規（しんや とものり）岡山大学　資源植物科学研究所 [8.3]
鈴木史朗（すずき しろう）京都大学　生存圏研究所 [3.4.2]
高部圭司（たかべ けいじ）京都大学　大学院農学研究科 [4.1.2、4.3、9.5]
谷口　亨（たにぐち とおる）森林総合研究所　林木育種センター [7.2.6]
知久和寛（ちく かずひろ）日本獣医生命科学大学　応用生命科学部 [2.1.1]
円谷陽一（つむらや よういち）埼玉大学　大学院理工学研究科 [6.1]
出崎能丈（でさき よしたけ）明治大学　農学部 [8.2]
徳安　健（とくやす けん）農業・食品産業技術総合研究機構　食品総合研究所 [1.2]
冨永るみ（とみなが るみ）広島大学　大学院生物圏科学研究科 [2.7]
中川明子（なかがわ あきこ）筑波大学　生命環境系 [3.5.11]
中坪文明（なかつぼ ふみあき）京都大学　生存圏研究所 [3.5.9]
西谷和彦（にしたに かずひこ）東北大学　大学院生命科学研究科 [1.6.2、4.5.1、7.1.5]
橋田　光（はしだ こう）森林総合研究所 [3.3.2]
林　隆久（はやし たかひさ）東京農業大学　応用生物科学部 [7.2.6]
林　徳子（はやし のりこ）森林総合研究所 [4.2]
福島和彦（ふくしま かずひこ）名古屋大学　大学院生命農学研究科 [3.5.5、4.4、7.3.2]
福田裕穂（ふくだ ひろお）東京大学　大学院理学系研究科 [5.1]
藤本　優（ふじもと まさる）東京大学　大学院農学生命科学研究科 [4.6]
真柄謙吾（まがら けんご）森林総合研究所 [3.3.1]
松下泰幸（まつした やすゆき）名古屋大学　大学院生命農学研究科 [3.4.1]
＊松永俊朗（まつなが としろう）農業・食品産業技術総合研究機構　中央農業総合研究センター [2.3]
間藤　徹（まとう とおる）京都大学　大学院農学研究科 [6.4]
三浦絢子（みうら あやこ）弘前大学　教育学部 [1.1、6.2]
三輪京子（みわ きょうこ）北海道大学　大学院地球環境科学研究院 [5.3]
飯塚堯介（めしつか ぎょうすけ）（元）東京大学　大学院農学生命科学研究科 [3.1、3.5.3]
矢追克郎（やおい かつろう）産業技術総合研究所　生物プロセス研究部門 [7.2.4]
山村正臣（やまむら まさおみ）京都大学　生存圏研究所 [3.5.2、3.5.6]
山本浩之（やまもと ひろゆき）名古屋大学　大学院生命農学研究科 [2.5]
横山朝哉（よこやま ともや）東京大学　大学院農学生命科学研究科 [3.4.4]
吉岡康一（よしおか こういち）京都府立大学　大学院生命環境科学研究科 [2.2.2]
吉田　充（よしだ みつる）日本獣医生命科学大学　応用生命科学部 [2.1.1]
吉永　新（よしなが あらた）京都大学　大学院農学研究科 [4.1.2]
和田昌久（わだ まさひさ）京都大学　大学院農学研究科 [2.4]
渡辺隆司（わたなべ たかし）京都大学　生存圏研究所 [2.2.2]

[注記] 所属は初版第1刷当時のもの

◆ 目次

はじめに　*i*
執筆者一覧　*iii*
略号　*xi*

基　礎　編

第1章　多糖類の分析　*1*

1.1　多糖類の定量　*1*
1.1.1　還元糖量の測定　*1*
1.1.2　全糖量の測定　*3*
1.1.3　酸性糖量の測定　*5*
1.1.4　キシログルカンの定量　*6*

1.2　繊維質の酵素糖化率評価　*7*
1.2.1　植物細胞壁試料およびその前処理物の調製法　*7*
1.2.2　糖化酵素（主にセルラーゼ）の力価測定法　*9*
1.2.3　植物細胞壁前処理物の酵素糖化時における糖化効率の評価法　*12*

1.3　多角度光散乱検出器付きHPLC装置によるセルロースの分子量および分子量分布測定　*14*
1.3.1　セルロース試料のLiCl/DMAc溶剤への溶解　*15*
1.3.2　セルロース試料のLiCl/DMI溶剤への溶解　*16*
1.3.3　セルロース溶液のSEC-MALLS分析　*16*

1.4　セルロース系試料中のカルボキシ基、アルデヒド基の定量　*19*
1.4.1　カルボキシ基の定量　*20*
1.4.2　アルデヒド基の定量　*22*

1.5　エステル化度の定量　*23*
1.5.1　メチルエステル化度測定　*23*
1.5.2　^{1}H NMRによるアセチル基の定量　*24*
1.5.3　フェルラ酸の定性と定量　*27*

1.6　構成糖分析　*29*
1.6.1　ガスクロマトグラフを用いた構成糖分析　*29*
1.6.2　パルスドアンペロメトリー検出器を用いた高速陰イオン交換クロマトグラフィー（HPAEC）による中性糖・酸性糖の同時分析　*34*
1.6.3　蛍光標識化による構成糖分析　*39*

1.7　ガスクロマトグラフを用いた単糖のD体、L体の決定法　*42*
1.7.1　(*R*)-(−)-2-ブタノールと(*S*)-(＋)-2-ブタノール-塩化水素溶液の調製　*42*
1.7.2　ブタノリシス、TMS誘導体化、GC分析　*42*

1.8　結合位置の決定（メチル化分析）　42
　　1.8.1　メチルスルフィニルカルバアニオンを用いるメチル化法（箱守法）　43
　　1.8.2　水酸化ナトリウムを用いるメチル化法　45
　　1.8.3　メチル化多糖の回収　46
　　1.8.4　ウロン酸メチルエステルの還元　47
　　1.8.5　PMAA の調製と GC、GC-MS による分析　47
　　1.8.6　酸性多糖のウロン酸残基の還元　51
　　1.8.7　部分メチル化アルディトールアセテート標準物の合成　51

第2章　機器分析　53

2.1　NMR 分析　53
　　2.1.1　NMR による糖鎖の構造解析　53
　　2.1.2　NMR によるリグニンの化学構造解析　59
　　2.1.3　^{31}P NMR によるリグニン水酸基の定量　65
2.2　質量分析　70
　　2.2.1　質量分析法によるオリゴ糖の配列解析　70
　　2.2.2　高分解能質量分析法によるリグニン解析　77
2.3　ICP 質量分析法による植物細胞壁中金属元素の分析　81
　　2.3.1　ICP 質量分析法　82
　　2.3.2　全ホウ素含量の定量分析　83
　　2.3.3　ラムノガラクツロナンⅡ－ホウ酸複合体の化学形態分析　85
2.4　細胞壁セルロースの X 線解析　88
　　2.4.1　結晶サイズ　88
　　2.4.2　結晶化度　91
　　2.4.3　配向度　92
2.5　材料試験と成長応力測定におけるひずみゲージ法の適用　94
　　2.5.1　電気抵抗線式ひずみゲージによるひずみの測定原理　95
　　2.5.2　引張試験への応用－棒状試験片のヤング率およびポアソン比の測定手順　96
　　2.5.3　表面成長応力測定への応用－樹幹木部の表面成長応力の測定手順　98
2.6　ラマン分光分析による細胞壁の解析　100
2.7　FT-IR による細胞壁の解析　102

第3章　リグニン分析　105

3.1　リグニンの呈色反応　105
　　3.1.1　フェノール類および芳香族アミン類による呈色反応　105
　　3.1.2　臭化水素処理を前段処理とした呈色　106
　　3.1.3　キノンモノクロロイミドによる呈色反応　106
　　3.1.4　無機試薬による呈色反応　106

3.2　リグニンモデル化合物の合成　*108*
　3.2.1　グアイアシルグリセロール-β-グアイアシルエーテルの合成　*108*
　3.2.2　β-O-4型人工リグニンポリマーの合成　*110*
3.3　サイズ排除クロマトグラフィーによるリグニンの分子量測定　*112*
　3.3.1　水系サイズ排除クロマトグラフィー　*112*
　3.3.2　有機溶媒系サイズ排除クロマトグラフィー　*115*
3.4　リグニンの定量法　*117*
　3.4.1　クラーソン法／酸可溶性リグニン　*117*
　3.4.2　チオグリコール酸リグニン法　*119*
　3.4.3　アセチルブロマイド法　*122*
　3.4.4　カッパー価法　*125*
3.5　リグニンの化学分解法　*128*
　3.5.1　ニトロベンゼン酸化　*128*
　3.5.2　ニトロベンゼン酸化分解法のミクロ化　*131*
　3.5.3　過マンガン酸カリウム酸化　*134*
　3.5.4　ジオキサン-塩酸加水分解：リグニンの確認に必須　*137*
　3.5.5　チオアシドリシス：二量体分析　*141*
　3.5.6　チオアシドリシス法のミクロ化　*144*
　3.5.7　オゾン分解法　*147*
　3.5.8　DFRC法　*151*
　3.5.9　γ-TTSA法（選択的β-O-4結合開裂法）　*153*
　3.5.10　メトキシ基定量　*156*
　3.5.11　熱分解ガスクロマトグラフィーおよび
　　　　　熱分解ガスクロマトグラフィー／質量分析法　*159*

第4章　イメージング　*163*

4.1　細胞壁の可視化　*163*
　4.1.1　組織染色による多糖類、リグニンの観察　*163*
　4.1.2　紫外線顕微鏡、偏光顕微鏡による観察　*166*
4.2　ネガティブ染色法による電子顕微鏡観察　*171*
　4.2.1　ネガティブ染色の原理　*172*
　4.2.2　染色剤　*173*
　4.2.3　ネガティブ染色用グリッドと支持膜　*173*
　4.2.4　ネガティブ染色　*174*
4.3　免疫標識法　*175*
　4.3.1　免疫蛍光標識法（間接蛍光抗体法）　*179*
　4.3.2　免疫金標識法（免疫電子顕微鏡法）　*181*
4.4　TOF-SIMS法　*184*
　4.4.1　試料の保管　*185*
　4.4.2　測定用試料・標品の調製　*186*

4.4.3 試料の測定　*187*
4.4.4 他測定法との組み合わせによるデータの補完　*190*

4.5 細胞壁合成酵素の可視化　*191*
4.5.1 エンド型キシログルカン転移酵素（XET）活性の可視化　*191*
4.5.2 セルロース合成酵素の可視化　*195*
4.5.3 Analysis of protein-protein interactions in plant Golgi apparatus　*199*

4.6 ライブセルイメージング　*205*
4.6.1 ライブセルイメージングの歴史　*205*
4.6.2 共焦点レーザー顕微鏡　*206*
4.6.3 全反射照明蛍光顕微鏡法：TIRFM（Total Internal Reflection Fluorescence Microscopy）　*209*
4.6.4 超解像顕微鏡　*211*

4.7 元素分布イメージング　*215*
4.7.1 SEM/EDX とは　*216*
4.7.2 SEM/EDX 測定の実際　*218*
4.7.3 実験時の注意点　*220*

応 用 編

第5章　材料の作出　*221*

5.1 木部細胞分化誘導　*221*
5.1.1 ヒャクニチソウ道管細胞分化誘導系　*221*
5.1.2 シロイヌナズナ子葉を用いた道管細胞分化誘導系　*225*
5.1.3 シロイヌナズナ培養細胞を用いた道管細胞分化誘導系　*227*

5.2 導管液の採取　*230*
5.2.1 根圧法　*230*
5.2.2 吸引法（茎の硬い木本植物など）　*231*
5.2.3 加圧法（鉢植えの茎の弱い草本植物など）　*232*

5.3 ホウ素トランスポーター　*232*
5.3.1 植物のホウ素欠乏処理　*234*
5.3.2 ホウ素栄養変異株の単離と解析　*237*

第6章　細胞壁多糖類の調製と構造解析　*239*

6.1 アラビノガラクタン－プロテインの調製と構造解析　*239*
6.1.1 AGP の単離と精製　*239*
6.1.2 AGP 糖鎖分解酵素の探索と精製　*241*
6.1.3 AGP 糖鎖の構造解析　*244*

6.2 キシログルカンの調製と構造解析　*246*
6.2.1 リョクトウ暗発芽幼植物細胞壁のキシログルカン　*247*

6.2.2 オオムギ暗発芽幼植物細胞壁のキシログルカン　256

6.3 キシランの還元性末端の構造解析　261
  6.3.1 実験手法　262
  6.3.2 GX の単離　264
  6.3.3 GX の酵素による加水分解と分解物の構造解析　265
  6.3.4 GX および AGX の還元性末端の構造　270
  6.3.5 箱守法によるメチル化で生じる β-脱離反応　270

6.4 ラムノガラクツロナン II ホウ酸複合体の調製と解析　273
  6.4.1 細胞壁からの RG-II-B の精製　274
  6.4.2 チオバルビツール酸法による 2-ケト-3-デオキシ糖の定量　277
  6.4.3 RG-II の糖組成分析　278
  6.4.4 RG-II 架橋率の測定　279

6.5 オリゴガラクツロン酸の調製法とバイオアッセイ　280
  6.5.1 リンゴ搾汁残渣からリンゴペクチンの抽出　280
  6.5.2 固定化酵素によるオリゴガラクツロン酸の連続調製　281
  6.5.3 高速陰イオン交換クロマトグラフィーとパルスドアンペロメトリー検出器（HPAEC-PAD）によるオリゴガラクツロン酸の分離と同定　282
  6.5.4 分取陰イオン交換クロマトグラフィーによるオリゴガラクツロン酸の分離　283
  6.5.5 オリゴガラクツロン酸がラットのコレステロールと血圧に及ぼす影響　285

第 7 章　細胞壁の生合成と分解　287

7.1 多糖類の生合成　287
  7.1.1 β-(1→4)-キシラン合成酵素　287
  7.1.2 UDP-アラビノピラノースムターゼの精製と解析　294
  7.1.3 アラビノフラノース転移酵素　296
  7.1.4 ガラクツロン酸転移酵素　299
  7.1.5 エンド型キシログルカン転移酵素／加水分解酵素（XTH）　303

7.2 多糖類分解酵素　312
  7.2.1 高速原子間力顕微鏡によるセルロース分解プロセスの可視化　312
  7.2.2 キシラン分解　322
  7.2.3 アラビノフラノース含有多糖の分解　326
  7.2.4 キシログルカン分解酵素の活性測定　327
  7.2.5 蛍光標識キシログルカンオリゴ糖の調製とフコシダーゼの活性測定　334
  7.2.6 キシログルカン構成分解によるポプラの改質　337

7.3 リグニン生分解と生合成　348
  7.3.1 リグニン生分解　348
  7.3.2 安定同位体標識化合物の合成と代謝物の解析　356
  7.3.3 モノリグノール生合成と重合　364

第 8 章　植物の免疫と防御応答の分子機構 —免疫と防御応答に関係する糖鎖— 　*371*

 8.1　キチンオリゴ糖の調製　*371*
 8.2　イネ培養細胞を用いたエリシター応答解析　*372*
 8.3　親和性標識実験　*374*
 8.4　受容体タンパク質の精製　*376*

第 9 章　データベース　*381*

 9.1　理研バイオリソース　*381*
 9.2　イネゲノムリソースとデータベース　*383*
  9.2.1　イネゲノムと遺伝子、ゲノム多様性情報　*383*
  9.2.2　在来種・野生種等の多様な遺伝資源　*384*
  9.2.3　DNA、突然変異体および育種集団等のリソース　*385*
  9.2.4　イネ研究のためのデータベースや解析ツール　*385*
 9.3　CAZy データベース（http://www.cazy.org/）　*386*
  9.3.1　新たに酵素遺伝子をクローニングしてアミノ酸配列情報を得た場合や
     研究対象の酵素がどの CAZy ファミリーに分類されるか知りたい場合　*387*
  9.3.2　ゲノムが完了している生物が
     どのような糖質関連酵素を持っているか知りたい場合　*387*
  9.3.3　ある CAZy ファミリーに分類される配列のうち、
     特性解析がなされたものがどれであるかを知りたい場合　*388*
  9.3.4　ある CAZy ファミリーに分類される配列のうち、
     立体構造が解明されているものがどれかを知りたい場合　*388*
  9.3.5　その CAZy ファミリーの酵素を購入したい場合　*388*
  9.3.6　特定の CAZy ファミリーのことをもっと知りたい場合　*388*
  9.3.7　自分の実験結果を CAZy に反映したいとき　*388*
 9.4　リグニン NMR データベース　*389*
 9.5　抗体の入手先　*390*
  9.5.1　細胞壁多糖類を認識するモノクローナル抗体　*390*
  9.5.2　植物関連の抗体　*390*
  9.5.3　二次抗体　*391*
 9.6　植物細胞壁多糖に関連する糖質化合物および多糖分解酵素の市販品リスト　*391*

◆　索引　*396*

略号 （下記の略語は特に断らずに使用した。）

Ara	アラビノース
BA	N_6-ベンジルアデニン
BSA	O-bis(trimethylsilyl)acetoamide
BSA	Bovine Serum Albumin、ウシ血清アルブミン
$CaCl_2$	塩化カルシウム
CDTA	*trans*-1,2-シクロヘキサンジアミン四酢酸
$CHCl_3$	クロロホルム
CH_3COOH	酢酸
CH_3I	ヨウ化メチル
2,4-D	2,4-ジクロロフェノキシ酢酸
DMF	ジメチルホルムアミド
DMSO	ジメチルスルホキシド
EDTA	エチレンジアミン四酢酸
Fuc	フコース
Gal	ガラクトース
GalA	ガラクツロン酸
GC	ガスクロマトグラフィーあるいはガスクロマトグラフ
GC-MS	ガスクロマトグラフ質量分析、あるいはガスクロマトグラフィーマススペクトロメトリー
GDP	グアノシン二リン酸
GFC	ゲルろ過クロマトグラフィー
Glc	グルコース
GlcA	グルクロン酸
GPC	ゲル浸透クロマトグラフィー
HEPES	4-(2-Hydroxyethyl)-1-piperazineethanesulfonic acid
$HgCl_2$	塩化水銀(Ⅱ)
HPLC	高速液体クロマトグラフィー
KOH	水酸化カリウム
LC	液体クロマトグラフィー
Man	マンノース
Me	メチル
MES	2-Morpholinoethanesulfonic acid
MS	質量分析計
MS 培地	ムラシゲ-スクーグ培地
MWL	milled wood lignin、磨砕リグニン
NAA	1-ナフタレン酢酸
$NaBH_4$	水素化ホウ素ナトリウム
NaCl	塩化ナトリウム
NAD^+	ニコチンアミドアデニンジヌクレオチド
NADH	ニコチンアミドアデニンジヌクレオチド還元型
$NaHCO_3$	炭酸水素ナトリウム
NaN_3	アジ化ナトリウム
NaOAc	酢酸ナトリウム
NaOH	水酸化ナトリウム
NH_4HCO_3	炭酸水素アンモニウム
NMR	核磁気共鳴
PAD	パルスドアンペロメトリー
P_2O_5	五酸化二リン
RI	示差屈折率
SEC	サイズ排除クロマトグラフィー
SEM	走査電子顕微鏡
TFA	トリフルオロ酢酸
THF	テトラヒドロフラン
TOF-SIMS	飛行時間型二次イオン質量分析 (Time-of-Flight Secondary Ion Mass Spectrometry)
Tris	トリスヒドロキシメチルアミノメタン
TMS	トリメチルシリル
UDP	ウリジン二リン酸
UV	紫外線
Xyl	キシロース

［注 記］
・本書に記載されているURL・会社名などは、2022年12月現在のものです。なお、これらは予告なく変更される場合がありますのでご了承ください。
・本書に記載されている会社名、商品名などは一般に各社の商標または登録商標です。
・本書に記載されている会社名、商品名などは植物細胞壁実験の参考となることを目的としており、特定の会社や商品を推薦・推奨するものではありません。
・リグニンの結合様式は例えば5-5と5-5′の2通りの表記を使いました。
・デンプンは漢字表記されることもありますが、カタカナ表記を原則としました。
・本書の9章「データベース」は2022年12月現在のものです。

基礎編

第 1 章 多糖類の分析

1.1 多糖類の定量

　糖の呈色反応は、試料中の糖の定性分析や定量分析、あるいはカラムクロマトグラフィーにおける糖の溶出の確認などに用いられ、これまでに多くの方法が確立されている。これらは主に2つに分類することができる。ひとつは、糖が銀や銅などの重金属イオンを還元する性質を利用したものであり、もうひとつは、糖と強酸との反応で色素を化学合成させる方法である。前者には、銀鏡反応やフェーリング反応などの定性分析法や、パーク-ジョンソン法、ソモギーネルソン法などの定量分析法がある。後者の主なものには、糖と硫酸との反応で生成したフルフラール誘導体から色素を生成する方法があり、オルシノール-硫酸法、フェノール-硫酸法、アンスロン-硫酸法、システイン-硫酸法などの定量分析法が知られている。これらの定量分析法は、定性分析法としても利用可能であるものの、糖によって呈色率が異なることに注意しなければならない。また、比色分析を行う際には、盲検と標準溶液についても同一の条件で反応を行う必要がある。得られた標準溶液の結果から検量線を作成し、試料の糖量を算出する。

　本項では、還元糖の定量、全糖および酸性糖の定量、そして多糖の比色分析例として、キシログルカンの定量法について述べる。その他、糖の比色分析に関して非常に詳しくまとめられた本が刊行されているので、併せて参考にしていただきたい[1,2]。

1.1.1 還元糖量の測定

1.1.1.1 パーク - ジョンソン法[3]

　還元糖の性質を利用し、フェリシアン化カリウムをフェロシアン化カリウムに還元させ、Fe^{3+} との反応で生成したプルシアンブルーを比色定量する。極大吸収は700 nm付近である。アルカリ溶液中で反応が進行するため、試料のpHは中性にする必要がある。

反応式

$$K_3Fe(CN)_6 + 還元糖 \rightarrow K_4Fe(CN)_6 \tag{1}$$

$$3K_4Fe(CN)_6 + 4Fe \cdot NH_4(SO_4)_2 \rightarrow Fe_4[Fe(CN)_6]_3 + 6K_2SO_4 + 2(NH_4)_2SO_4 \tag{2}$$

器具、機器

ガラス製ねじ口丸底試験管（以下ねじ口試験管とする）、分注器、湯浴、分光光度計

試薬類

試薬(A)：フェリシアン化物溶液、フェリシアン化カリウム 0.5 g を蒸留水に溶かして 1 L とする（遮光して保存）。

試薬(B)：炭酸-シアン化物溶液、無水炭酸ナトリウム 5.3 g とシアン化カリウム 0.65 g を蒸留水に溶かして 1 L とする。

試薬(C)：鉄ミョウバン溶液、鉄ミョウバン（硫酸鉄(Ⅲ)アンモニウム）1.5 g とラウリル硫酸ナトリウム 1 g を 0.025 M 硫酸に溶解し、1 L とする。

標準還元糖溶液：D-グルコース 100 mg を蒸留水に溶解し、メスフラスコで 100 mL に定容する（1.0 mg/mL 溶液）。これを適宜希釈し、1〜9 μg/mL の溶液を調製する。

※シアン化カリウムは毒物である。扱う際には保護メガネ、保護手袋、防塵マスクを着用し、ドラフト内で作業する。容器を密閉し、直射日光や高温多湿は避けて冷暗所に保管する。酸および酸化剤と一緒の保管は避ける。保管場所には必ず施錠をする。

操作

① 1〜9 μg の還元糖を含む試料 1.0 mL をねじ口試験管にとり、試薬(A)と試薬(B)を 1.0 mL ずつ加えて混合する。

② キャップをして沸騰湯浴中で 15 分間加熱し、水冷する。

③ 試薬(C) 5.0 mL を加えて混合する。

④ 室温で 15 分間放置し、690 nm の吸光度を測定する。

⑤ 蒸留水 1.0 mL（盲検）および標準グルコース溶液を用いて同様の操作を行い、検量線を作成する。試料の吸光度から還元糖量を算出する。

1.1.1.2　ソモギーネルソン法[4a, 4b]

　銅試薬を用いた還元糖の定量方法であり、糖と銅試薬との反応で生成した Cu_2O を硫酸酸性下でモリブデン酸と反応させ、生成したモリブデンブルーを比色分析する。原法ではリンモリブデン酸を用いていたが、Nelson（1944）によりヒ素モリブデン酸塩を用いる方法に改良された。

反応式

$$2Cu^{2+} + 還元糖 \rightarrow Cu_2O \tag{1}$$

$$Cu_2O + H_2SO_4 \rightarrow 2Cu^+ \tag{2}$$

$$2Cu^+ + MoO_4^{2-} + SO_4^{2-} \rightarrow 2Cu^{2+} + モリブデンブルー \tag{3}$$

器具、機器

ねじ口試験管、分注器、湯浴、分光光度計

試薬類

試薬(A)：アルカリ性銅試薬

① 約 250 mL の蒸留水に 24 g の無水炭酸ナトリウム（Na_2CO_3）と 12 g の酒石酸カリウムナトリウム四水和物（$KNaC_4H_4O_6 \cdot 4H_2O$）を溶解し、10 % 硫酸銅（Ⅱ）溶液

40 mL を撹拌しながら加える。

②炭酸水素ナトリウム（$NaHCO_3$）16 g を加えて溶解する

③約 500 mL の蒸留水に 180 g の無水硫酸ナトリウム（Na_2SO_4）を加熱溶解し、沸騰させる。

④冷却後、上記溶液を混合し、蒸留水を加えて全量を 1 L とする。数日から一週間放置すると Cu_2O が析出するため、ろ別して使用する。

試薬(B)：ヒ素モリブデン酸塩試薬の調製

①約 450 mL の蒸留水にモリブデン酸アンモニウム四水和物｛$(NH_4)_6Mo_7O_{24}\cdot 4H_2O$｝25 g を溶解し、濃硫酸 21 mL 加えて混合する。

②ヒ酸水素二ナトリウム七水和物（$Na_2HAsO_4\cdot 7H_2O$）3 g を 25 mL の蒸留水に溶解する。

③①の溶液に②を加え、全量を 500 mL とする。

④ 37℃で 24〜48 時間インキュベートし、褐色ビン中で保存する。

還元糖（グルコースなど）の標準溶液：D-グルコース 100 mg を蒸留水に溶解し、メスフラスコで 100 mL に定容する（1.0 mg/mL 溶液）。これを適宜希釈し、20〜80 μg/mL の溶液を調製する。

※ヒ酸水素二ナトリウム七水和物は毒物である。扱う際には保護メガネ、保護手袋、防塵マスクを着用する。容器を密閉し、直射日光や高温多湿は避けて冷暗所に保管する。保管場所には必ず施錠をする。

操作

① 10〜100 μg の還元糖を含む試料 1.0 mL をねじ口試験管にとり、試薬(A) 1.0 mL を加えて混合する。

②キャップをして沸騰湯浴中で 10 分加熱し、水冷（もしくは氷冷）する。

③試薬(B)を 1.0 mL 加えて混合する。

④蒸留水で 25 mL に希釈し、15 分後の 660 nm もしくは 500 nm の吸光度を測定する。

⑤蒸留水 1.0 mL（盲検）および標準グルコース溶液を用いて同様の操作を行い、検量線を作成する。試料の吸光度から還元糖量を算出する。

1.1.2　全糖量の測定

1.1.2.1　フェノール－硫酸法[5a, 5b]

　フェノール－硫酸法では、糖と濃硫酸の反応で生成するフルフラール誘導体がフェノールと反応し、橙黄色に呈色する。極大吸収は 480〜490 nm である。単糖だけではなく、オリゴ糖や多糖も反応するため、加水分解による前処理を必要とせず、簡便に全糖を比色定量することが可能である。原法では 80％(w/v) フェノール水溶液を用いていたが[5a]、Hodge と Hofreiter (1962) によって 5％(w/v) フェノール水溶液を用いる方法に改良された[5b]。

器具、機器
ガラス製丸底試験管、分注器、分光光度計

試薬類
試薬(A)：5％(w/v)フェノール水溶液、フェノール（特級）5.0 g を蒸留水に溶解し、全量を 100 mL とする。

試薬(B)：濃硫酸、特級もしくは精密分析用の高純度のものが望ましい。

操作
以下に述べる操作は、1/2 のスケールで行ってもよい。

① 10～100 μg の糖を含む試料 1.0 mL を試験管にとり、5％(w/v)フェノール水溶液 1.0 mL を加えて混合する。

② 濃硫酸 5.0 mL を加えて直ちに撹拌する（発熱に注意する）。この時、濃硫酸は試験管壁を伝わらせて加えるのではなく、液面に直接滴下する。

③ 30～40 分程度（反応液が室温になるまで）放冷し、490 nm の吸光度を測定する。ペントースやウロン酸を多く含む試料の場合は、480 nm の吸光度を測定する。

④ 蒸留水 1.0 mL についても同様の操作を行い、ブランクとする。

⑤ 濃度既知（20～100 μg/mL）の D-グルコース溶液 1.0 mL を用いて同様の操作を行い、得られた吸光度から検量線を作成する（図 1.1）。

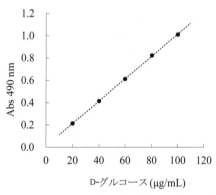

図 1.1 フェノール-硫酸法 [5b] による D-グルコースの検量線

⑥ 未知試料の吸光度と検量線から糖量を算出する。

1.1.2.2 アンスロン‐硫酸法 [6a, 6b]

糖と濃硫酸との反応で生成したフルフラール誘導体がアンスロンと反応し、緑～青緑色に呈色する。Morris（1948）によって比色定量法として確立された。ヘキソースの極大吸収は 620～625 nm である。ペントースもこの付近に吸収極大を示すが、直ちに退色して琥珀色となる。また、ウロン酸は 540～550 nm に吸収極大を示し、ピンク色～赤色となる。2-デオキシ糖も赤色に呈色する。糖の種類によって定量法も異なってくるが、ここでは Horikoshi の方法を述べる。

器具、機器
ねじ口試験管、湯浴、分注器、分光光度計

試薬類
試薬(A)：アンスロン試薬、蒸留水 1 容量を氷冷して 3 倍容量の濃硫酸を加え、この

うち 100 mL にアンスロン 0.2 g を溶解する。
操作
以下の操作は 1/2 のスケールで行ってもよい。
①氷冷した試験管にアンスロン試薬 5.0 mL をとる。
②5〜50 μg の糖を含む試料 0.5 mL をその上に重層し、混合する。
③キャップをして沸騰湯浴中で 10 分間加熱し、室温まで水冷する。
④620 nm の吸光度を測定する。
⑤濃度既知（5〜50 μg/mL）の D-グルコース溶液 0.5 mL を用いて検量線を作成し、試料の吸光度から糖量を算出する。

1.1.3 酸性糖量の測定
1.1.3.1 カルバゾール‐硫酸法[7]
ホウ酸存在下、ウロン酸とカルバゾールが反応し、赤色に呈色する反応である。極大吸収は 530 nm 付近であり、呈色は 16 時間安定である。

器具、機器
ねじ口試験管、分注器、湯浴、分光光度計

試薬類
試薬(A)：四ホウ酸ナトリウム十水和物（$Na_2B_4O_7 \cdot 10H_2O$）0.95 g を濃硫酸 100 mL に溶解する。

試薬(B)：カルバゾール 125 mg を無水エタノールもしくはメタノール 100 mL に溶解する。（冷暗所保存で 3 ヶ月安定）

操作
以下の操作は 1/2 のスケールで行ってもよい。
①試薬(A) 5.0 mL をねじ口試験管にとり氷冷する。
②4〜40 μg のウロン酸を含む試料 1.0 mL を静かに重層し、氷冷しながらよく混合する。
③キャップをして沸騰湯浴中で 10 分間加熱し、室温になるまで水冷する。
④試薬(B) を 0.2 mL 加えて混合し、さらに 15 分間加熱する。
⑤室温まで水冷し、530 nm の吸光度を測定する。
⑥盲検は蒸留水 1.0 mL を用いる。同時にガラクツロン酸などを用いて検量線を作成し、試料の吸光度からウロン酸量を算出する。

1.1.3.2 *m*-ヒドロキシジフェニル法[8]
酸性糖の定量方法である。グルクロン酸の呈色率が高いため、酸性ムコ多糖の定量に適している。呈色は 12 時間安定である。

器具、機器
ねじ口試験管、分注器、湯浴、分光光度計

試薬類
試薬(A)：m-ヒドロキシジフェニル溶液、0.5％ NaOH 溶液に m-ヒドロキシジフェニルを 0.15％ となるよう溶解する。（アルミホイル® で遮光下、冷蔵庫で 1ヶ月保存可能）
試薬(B)：0.0125 M 四ホウ酸ナトリウム／硫酸試薬、四ホウ酸ナトリウム十水和物（$Na_2B_4O_7 \cdot 10H_2O$）0.477 g を濃硫酸 100 mL に溶解する。

操作
① 0.5～20 μg のウロン酸を含む試料 0.2 mL を氷冷した試験管にとり、試薬(B)を 1.2 mL 加えてよく混合する。
②沸騰湯浴中で 5 分間加熱し、水冷する。
③ 20 μL の試薬（A）を加えて混合し、5 分以内に 520 nm の吸光度を測定する。
④蒸留水 0.2 mL を用い、試薬(A)の代わりに 0.5％ NaOH 20 μL を加えたものを盲検とする。グルクロン酸などを用いて検量線を作成し、試料の吸光度からウロン酸量を算出する。

1.1.4 キシログルカンの定量 [9a, 9b]

多糖類のなかで比色定量法が確立されているのはキシログルカンのみである。極大吸収は 640～650 nm である。ヨウ素反応による定量法のため、試料中のデンプンはあらかじめ除去する必要がある。また、試料中のキシログルカン量が 10％ 以下の場合は定量値に誤差が生じるため、注意が必要である。

器具、機器
試験管、分注器、分光光度計

試薬類
試薬(A)：ヨウ素 - ヨウ化カリウム溶液、1％(w/v) KI 溶液に I_2 を 0.5％ となるように溶解する。
試薬(B)：20％(w/v)硫酸ナトリウム溶液、硫酸ナトリウム 20 g を蒸留水に溶解し、100 mL に定容する。

操作
① 10～500 μg のキシログルカンを含む試料 1.0 mL を試験管にとり、試薬(A)を加えてよく混合する。
②試薬(B) 5.0 mL を撹拌しながら加え、4℃に 1 時間放置した後、640 nm の吸光度を測定する。
③蒸留水 1.0 mL を用いて盲検とし、タマリンド種子のキシログルカンなどを用いて検量線を作成する。試料の吸光度から、糖量を算出する。

参考文献
1) 福井作蔵（1990）還元糖の定量法（第 2 版）、学会出版センター

2) 大熊誠一（1976）生化学実験講座 4 糖質の化学（下）、日本生化学会編、東京化学同人、p. 367-384
3) Park, J. T. & Johnson, M. J.（1949）*J. Biol. Chem.* **181**, 149-151
4) a) Nelson, N.（1944）*J. Biol. Chem.* **153**, 375-379
   b) Somogyi, M.（1952）*J. Biol. Chem.* **195**, 19-23
5) a) Dubois, M. et al.（1956）*Anal. Chem.* **28**, 350-356
   b) Hodge, J. E. & Hofreiter, B. T.（1962）Methods in Carbohydrate Chemistry, Whistler, R. L. & Wolfram, M. L. eds., Academic Press, **1**, p. 380-394
6) a) Morris, D. L.（1948）*Science* **107**, 254-255
   b) 堀越弘毅（1958）化学の領域 増刊 34（南江堂 編）、南江堂、p. 36-39
7) Bitter, T. & Muir, H. M.（1962）*Anal. Biochem.* **4**, 330-334
8) Blumenkrantz, N. & Asboe-Hansen, G.（1973）*Anal. Biochem.* **54**, 484-489
9) a) Kooiman, P.（1960）*Rec. Trav. Chim. Pays-Bas* **79**, 675-678
   b) Kato, Y. & Matsuda, K.（1977）. *Plant Cell Physiol.* **18**, 1089-1098

（加藤陽治・三浦絢子）

1.2　繊維質の酵素糖化率評価

　高等植物細胞壁の主成分であるセルロースや、共存するキシラン、ペクチン、β-グルカンなどの多糖類は、酵素加水分解後に単糖として可溶化・回収することで、発酵原料として、ガソリン代替燃料であるエタノール（バイオエタノール）や石油化学原料の代替品などに変換できる。これらの多糖類は、水不溶性であるのみならず、リグニンなどの成分と相互作用し、高い加水分解抵抗性を示す。このため、豊富に入手可能な稲わら、資源作物茎葉部などのバイオマスを酵素糖化し、有用物質へ変換するための工程を開発する際には、前処理工程として、微粉砕処理、酸、アルカリや熱水などを用いた熱化学処理、担子菌による生物学的処理などを導入し、酵素糖化効率を向上させる必要がある。

　本項では、植物原料特性および前処理の有効性を評価するため、植物細胞壁の前処理物に対して酵素処理を行い、酵素糖化効率を評価する方法を解説する。具体的には、基質となる植物細胞壁試料およびその前処理物の調製法、糖化時に用いる酵素（特にセルラーゼ）の力価評価法、そして酵素糖化効率の評価法についてプロトコールを例示する。糖化効率評価を行う際には、用いる植物細胞壁試料の由来、前処理条件、糖化酵素の選択、酵素糖化条件などにより適用すべき方法が変わる。本項で例示したプロトコールにおける注意点を確認し、目的に応じて関連する研究論文を調べることで、独自プロトコールの開発・改良に役立てていただきたい。

1.2.1　植物細胞壁試料およびその前処理物の調製法

　植物細胞壁を前処理・酵素糖化して糖化液を得るための研究は、その糖化液からの有価物の大量製造を目的として進められてきた。したがって、主たる原料として、大

量に入手可能なバイオマス、例えば、稲わら、麦わら、コーンストーバー、サトウキビバガスなどの農産廃棄物や林地残材、剪定された枝葉などが対象となる。これらの植物を対象とした場合、その成分特性や変換特性は個体差や部位差が大きいことから、少量試料で再現性の高い実験室評価が可能となるよう、持ち込んだ裁断・伐採試料に対して乾燥・粉砕処理を施すことが一般的である。本処理によって、前処理工程においても、試料片ごとの薬液浸透度や苛酷度の制御が可能となる。ここでは、稲わらを用いた水酸化カルシウム前処理工程[1]を例として、植物細胞壁試料の調製法、前処理物調製法について解説する。

器具、機器
①乾燥機：自然対流方式（稲わら試料が飛散しやすいため）、60〜70℃での温度制御が可能なもの
②粉砕機：ニューパワーミル PM-2005（大阪ケミカル株式会社）、または同等程度の粉砕性能を有する機械
③ふるい（500 μm メッシュ）
④オートクレーブまたはオイルバス：120℃での温度制御が可能なもの
⑤遠心分離機：アングル型：500 mL 遠沈管で $10,000 \times g$ が可能なもの
⑥500 mL メディウム瓶
⑦ステンレス製水切りカゴ：65℃での乾燥時に変質しないもので代替可能
⑧デシケーター
⑨pH メーターまたは pH 試験紙
⑩電子天秤（1 mg まで量れるもの）

試薬等
①水酸化カルシウム（試薬特級）
②蒸留水
③1 M 塩酸

操作

試料の粉砕：
①1〜2 cm 程度の長さに切断した稲わら試料を水切りカゴ等に載せ、乾燥機内にて65℃、3日間程度乾燥する。
②乾燥稲わらを、粉砕機にて 500 μm メッシュのふるいを通過するまで粉砕する。粉砕物（原料試料）は吸湿を避けるため、デシケーター内で保管する。

アルカリ前処理：
③500 mL メディウム瓶に、原料試料 10.0 g、水酸化カルシウム 1.0 g および蒸留水 200 mL を添加し、よく混合する。
④キャップをしっかり閉め、120℃、1時間加熱する。オートクレーブまたはオイル

バスを使用する。温度の昇降速度は一定にすることが望ましい。

※アルカリ試薬（ここでは水酸化カルシウム）の種類、試料・蒸留水との混合比、混合試料の加熱温度・時間等を変えることにより、前処理効果が変化する。

中和・洗浄工程：
⑤試料を室温に冷却後、1 M 塩酸を用いてスラリーの pH が 6 ～ 7 になるまで中和を行う。
⑥中和試料を遠心分離（10,000 ×g、15 分間）し、上澄みをデカンテーションによって除き、沈殿物を回収する。
⑦沈殿物を 200 mL の蒸留水に懸濁する。
⑧操作⑥と同様に懸濁液を遠心分離（10,000 ×g、15 分間）し、沈殿物を回収する。その後、⑦、⑧の工程を 5 回繰り返す（沈殿物の洗浄）。
⑨洗浄後の沈殿物を乾燥機で、65℃、2 日間乾燥する。その後、デシケーター内で室温になるまで冷却した後（操作②の粉砕試料と同様）、前処理試料として秤量する。

原料試料および前処理試料について、必要に応じて構成糖や成分の分析を行うこととなるが、その分析手法は **1.6** や米国再生可能エネルギー研究所（NREL）ホームページ[2]等を参照されたい。

1.2.2　糖化酵素（主にセルラーゼ）の力価測定法

植物細胞壁多糖類を酵素糖化する際に、基質特性に応じた多様な酵素を投入することとなる。セルロース以外の繊維性多糖類であるキシラン、ペクチン、β-グルカンや非繊維性多糖類であるデンプンの酵素分解については、水可溶性の基質を用いた各種加水分解酵素活性の検出・定量法が報告されている。その活性測定方法については、研究論文、試薬メーカーや酵素メーカーのカタログ等を参考にしていただきたい。それに対して、水不溶性の多糖であるセルロースの酵素分解過程は、水溶性基質の場合と比較して複雑である。ここでは、セルロース分解酵素（セルラーゼ）の不溶性セルロース分解力を評価する指標として広く用いられている濾紙分解活性（FPA:Filter Paper Degrading Activity）の測定法を紹介する[3]。

器具、機器
①温水槽（50℃）
②分光光度計
③ねじ口試験管：容量 15 mL 程度（外径 15 mm、長さ 150 mm 程度）の丸底試験管で、ねじは 100℃で耐熱性を示すもの
④沸騰水処理用のなべ等の容器
⑤氷水用タッパーウェア®

試薬等
①基質（濾紙裁断物）：Whatman® No.1 filter paper（Whatman 社）、1.0 × 6.0 cm サイズ

に切断する。重量は約 50 mg となる。
② DNS 試薬：3,5-ジニトロサリチル酸 5.30 g、水酸化ナトリウム 9.90 g を蒸留水 708 mL に溶解する。次いで、酒石酸ナトリウム・カリウム 153 g、フェノール（50℃で融解）3.80 mL、メタ重亜硫酸ナトリウム 4.15 g を加え、完全に溶解させる。

［滴定による pH 検査］この溶解液 3 mL を分取し、微量のフェノールフタレインを添加・溶解し、0.10 M HCl を用いて滴定する。滴定量が 5〜6 mL であれば使用可能である。6 mL より多い場合、1 mL あたり 1 g の水酸化ナトリウムを添加し、再度滴定による pH 検査を行う。なお、pH 検査によって使用可能と評価された試薬は、遮光瓶にて室温保存する。

③グルコース標準液：以下の表のように調製する。

調製するグルコース標準液の濃度	10 mg/mL 溶液添加量	50 mM クエン酸緩衝液（pH 4.8）の添加量
6.67 mg/mL (3.33 mg/tube)	1.0 mL	0.5 mL
5.00 mg/mL (2.50 mg/tube)	1.0 mL	1.0 mL
3.33 mg/mL (1.67 mg/tube)	1.0 mL	2.0 mL
2.00 mg/mL (1.00 mg/tube)	1.0 mL	4.0 mL

操作
①濾紙裁断物の 6 cm の側を筒状に丸め、みかけ上の直径 1 cm 程度、高さ 1 cm の渦状の筒として、ねじ口試験管の軸方向に入れる。
② 50 mM クエン酸緩衝液（pH 4.8）1 mL を添加し、50℃（酵素反応温度）で保温する。
※緩衝液の種類や pH、酵素反応温度は測定するセルラーゼの種類に応じて変更する。
③酵素溶液 0.50 mL を添加する。
※この時、生成グルコース量が 2 mg 程度となるような希釈倍率の酵素液を少なくとも 2 点測定する。なお、酵素の溶解・希釈には②で用いた緩衝液を使用する。
④恒温水槽にて、50℃（酵素反応温度）、60 分間静置する。
⑤ 3.0 mL の DNS 試薬を添加・混合し、反応を停止する。酵素反応時間、即ち酵素添加（＝反応開始）から DNS 試薬添加までの時間は正確に 60 分とする。また、各濃度に希釈したグルコース標準液 0.50 mL に 1.0 mL の緩衝液と 3.0 mL の DNS 試薬を添加したもの［標準液］、および酵素液（③で添加したもの）0.50 mL に 1.0 mL の緩衝液と 3.0 mL の DNS 試薬を添加したもの（酵素コントロール）も調製する。
⑥試験管のキャップを閉め、沸騰水中で正確に 5 分間加熱する。
⑦氷水中にて冷却・静置する。
※充分に冷却すること
⑧各サンプル上清（100 μL：必要に応じて遠心分離したもの）を別の試験管にとり、

1,250 μL の蒸留水を加える。

⑨ 540 nm での吸光度（A_{540}）を測定する。

濾紙分解活性（FPA）の算出

①グルコース標準液での測定データから検量線を作成する。

　［グルコース濃度（mg/0.5 mL）vs. A_{540}］

②酵素反応で生成したグルコース量（mg/tube）を算出（A_{540}［酵素反応液］－A_{540}［酵素コントロール］の値から計算）する。

③生成グルコース量（mg/tube）と酵素濃度（希釈倍率の逆数）の関係のグラフを作成

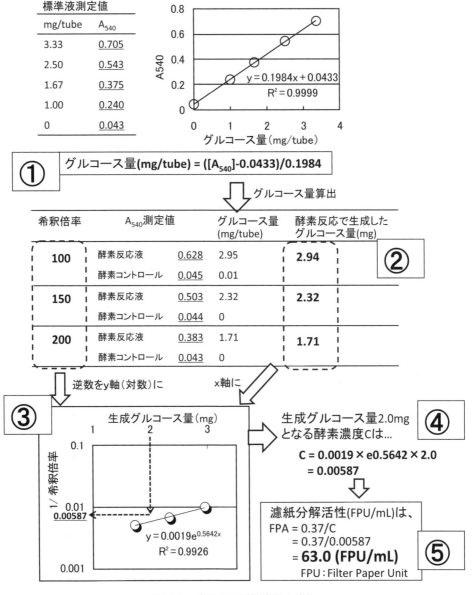

図 1.2　濾紙分解活性算出の流れ

する。ただし、酵素濃度は対数軸とする。
④③のグラフより、生成グルコース量が 2.0 mg の時の酵素濃度を算出（この値を C とする）する。
⑤「FPA（FPU/mL）=0.37/C」の関係式より活性を算出する。
酵素液 A の濾紙分解活性の算出手順を図 1.2 に示した。

1.2.3　植物細胞壁前処理物の酵素糖化時における糖化効率の評価法

　繊維質系バイオマスから酵素糖化により糖を製造し、有用物質へ変換するための工程を開発するにあたり、前処理工程や糖化酵素の性能などの評価が必要となる。実際に前処理を施した試料に対し酵素糖化試験を行い、どれだけ多糖類が分解されたか（または、糖が回収できたか）を評価するが、原料バイオマスの種類や前処理法、糖化反応時における固形分濃度や酵素種等、様々な条件が異なる中で、統一的な評価を実施しなければならない。ここでは、所定量の糖化原料バイオマス中のグルカンから最終的にどれだけのグルコースを回収できたかにより評価を行う手法を紹介する。

器具、機器

①ヒートブロックローテーター（日伸理化、サーモブロック回転器 SN-48BN）、あるいは恒温槽（50℃温調が可能なもの）と小型ローテーター（2 mL マイクロチューブ用）を組み合わせ使用する。
※ 2 mL マイクロチューブをゆっくり（10～20 回転/分）回転させつつ、50℃程度（酵素糖化反応温度）の保温が可能であること。
②ヒートブロック（タイテック、Cool Thermo Unit CTU-Neo 等）、使用温度 100℃
③遠心分離機：2 mL マイクロチューブで 20,000 × g が可能なもの
④ 2 mL スクリューキャップ付マイクロチューブ（例えば、ザルスタット社、スクリューキャップ付マイクロチューブ 2 mL、コニカル型、Art. No. 72.693J 等）

操作

酵素糖化：
①処理試料（**1.2.1** で調製した前処理稲わら粉末）50 mg をスクリューキャップ付チューブに秤量する。
②各チューブに酵素溶液 1.0 mL を添加する。酵素液はセルラーゼを中心とした混合液で、g 固形分あたり数～10 FPU 程度の活性量となるように加える。また、酵素反応時の pH 変動を抑制するため、緩衝液を用いることが多い。繊維質原料の糖化酵素として広く利用されている *Trichoderma* 属由来のセルラーゼでは、pH 5.0 付近の緩衝液（酢酸緩衝液やクエン酸緩衝液等）が主に用いられる。
③ヒートブロックローテーターにてゆっくり撹拌（固形分基質が沈降しない程度で充分）しながら、50℃で 24～72 時間反応する。
④ヒートブロック上で、100℃、10 分保持（酵素失活）し、ただちに氷浴につける。

遊離糖回収：

⑤糖化反応液を遠心分離（20,000 ×g、4℃、3分間）し、ピペットで可能な限りの量の上清を回収する。沈澱部は、蒸留水1.0 mLを加えて撹拌・懸濁した後に同様に遠心分離して上清部を回収。この洗浄をあと2回繰り返し、上清部をひとまとめにする。

⑥メスフラスコを用い、蒸留水で10 mLにメスアップした後、撹拌して均一化し、回収糖液とする。

⑦回収糖液中のグルコース量を測定する。グルコース量の測定には、グルコース定量キット（和光純薬工業株式会社、グルコースC-Ⅱテストワコー）やHPLC[2]等を用いる。

糖化率の計算：

⑧回収グルコース量（mg）= グルコース濃度（mg/mL）× 10（mL）

　　　※10 mL：操作⑥において回収した糖液の量

⑨最大グルコース回収量（mg）= 0.05（g）× 基質グルカン含量（mg/g）× 180 ÷ 162

　　　※0.05 g：糖化反応に供したバイオマス量（50 mg = 0.05 g）

⑩糖化率（グルコース回収率：%）

　　　= 回収グルコース量（mg）÷ 最大グルコース回収量（mg）× 100

上記プロトコル中に示された「グルカン含量」とは、グルコース残基を含む多糖類（具体的には、セルロース、デンプン、β-(1→3),(1→4)-グルカンやキシログルカン）中のグルコース残基の重量を想定している。

注意点等

前処理試料中のセルロースを酵素糖化した際の生成物としては、単糖のグルコースに加えて、セロビオースやより高重合度のセロオリゴ糖が得られる可能性がある。酵素糖化特性をより正確に理解するためには、これらの分解物の総量として評価する必要がある。酵素反応後に可溶化された糖質を構成するグルコースおよびセロオリゴ糖を個別に定量して足し合わせる方法や、糖液を塩酸または硫酸酸性下で加水分解し、全量をグルコースに変換してから定量する方法などが考えられる。

前処理試料中に存在する様々な多糖類を酵素糖化することで遊離する単糖、オリゴ糖に関しては、グルカンの時と同様に、原料中に含まれる単糖残基の量および糖化後に可溶化する単糖またはオリゴ糖の量から、回収量、最大回収量および糖化率を計算することができる。

参考文献

1) Park, J. Y. et al. (2010) *Bioresour. Technol.* **101**, 6805-6811
2) http://www.nrel.gov/biomass/analytical_procedures.html（最終確認日 2015年12月21日）
　　（National Renewable Energy Laboratory "Standard Biomass Analytical Procedures"）

3) Ghose, T. K. (1987) *Pure Appl. Chem.* **59**, 257-268

（池　正和・徳安　健）

1.3　多角度光散乱検出器付きHPLC装置によるセルロースの分子量および分子量分布測定

　他の高分子同様、多糖であるセルロースの特性を支配する重要な因子として、分子量および分子量分布がある。

　一般に高分子の分子量測定の際には、その高分子の分子量を変化させずに、完全に分子分散（＝溶解）させる安定な溶剤が必要となる。純粋なセルロース中のグリコシド結合は、酸には不安定で酸性の溶剤を用いた場合には分子量の低下が避けられないが、酸素がない状態でのアルカリには常温では比較的安定である。しかし、植物から実験室レベルで単離・精製プロセスを経て調製されたセルロース試料や、工業的にパルプ化・漂白工程を経た試料中には、それらの過程で副生した微量アルデヒド基、ケトン基等によりアルカリ性下でも分子量低下の可能性があり、配慮が必要となる。

　リグニン含有量が約5％以下で、ヘミセルロース含有量が約15％以下の高等植物由来のセルロースあるいはパルプは、0.5 Mの銅エチレンジアミン溶液に溶解させ、キャピラリー粘度計によって相対粘度を測定することで換算式を用いて粘度平均重合度（DPv）が得られる[1]。しかし、分子量分布、重量平均分子量（Mw）、数平均分子量（Mn）、不均一度（Mw/Mn）まで測定するには、示差屈折率検出器（RID）、多角度光散乱検出器（MALLS）を接続し、サイズ排除クロマトグラフィー（SEC）用カラム（ゲルろ過用カラム＝GPCカラムとも言う）を装着した高速液体クロマトグラフィー（HPLC）システムと、無色透明でレーザー光による多角度光散乱検出に支障のない、安定で分子量を変化させないセルロース溶剤が必要となる。SEC-MALLS分析に適するセルロース溶剤としては、重量で8％の塩化リチウムの*N,N*-ジメチルアセトアミド溶液（LiCl/DMAc）、あるいは8％ LiCl/DMI（1,3-ジメチル-2-イミダゾリジノン）が適している[2]。分析試料の約80％以上がセルロースであれば、重合度（DP）は得られた分子量を繰り返し単位であるグルコースユニットのモル数である162で除して概数として示すことができる（$DP \approx M/162$）。

　LiCl系溶剤はSEC-MALLS分析に適したセルロース溶剤として多数の報告がある。しかし、基本的なセルロースの溶解機構、溶解状態等に関しては依然として不明な点もある。セルロース含有量が80～90％の針葉樹由来の漂白クラフトパルプはLiCl/DMAcには完溶しないが、LiCl/DMIには溶解する。その他の高等植物由来のセルロースである、綿セルロース、広葉樹漂白クラフトパルプ、針葉樹漂白酸性亜硫酸パルプ、漂白・精製した麻セルロース、バガスセルロース、ケナフセルロース、竹セルロース、

それらの高等植物由来セルロースを希酸加熱加水分解して得られる微結晶セルロース粉末などは LiCl/DMAc にも、LiCl/DMI にも溶解する。なお、高結晶性で高分子量の藻類由来のセルロース、ホヤセルロース、ヘミセルロース含有量が多いホロセルロース等の LiCl 系溶剤への完全溶解には本書で示す以外の前処理が必要となる場合がある[3]。

1.3.1　セルロース試料の LiCl/DMAc 溶剤への溶解

器具、機器
①耐有機溶剤性の 50 mL プラスチック製遠心分離管
②低速遠心分離機
③真空加熱乾燥機あるいは凍結乾燥機
④振とう機

試薬類
①無水 LiCl：使用前に真空加熱乾燥して脱水しておく。
②モレキュラーシーブスで予め脱水した試薬特級の DMAc あるいは DMI
③上記①、②から、8 重量％の LiCl/DMAc あるいは LiCl/DMI 溶液を調製しておく。LiCl の完全な溶解には 1 日以上を要する場合がある。なお、空気中の水分の混入をできるだけ避けるように素早く作業する。
④その他：イオン交換水および特級のアセトン

操作
①絶乾重量を精秤したセルロース試料約 40 mg を 50 mL のプラスチック製遠心分離管に入れ、水を約 40 mL 加えて常温で 1 日浸漬する。
②遠心分離処理（例えば 1,500 × g で 10 分）して上澄みをデカンテーションで除去後、アセトン約 40 mL を加え、壁面や蓋の内側にセルロース試料が付着しないように撹拌後、遠心分離処理して上澄みを除去する。この操作を 3 回繰り返す。続いて 40 mL のアセトンを加え、1 日振とうする。
③上記アセトン溶液を遠心分離処理してある程度除去後、試料を乾かすことなく、DMAc を約 40 mL 添加する。撹拌後、遠心分離処理で上澄みを除去する。この操作を 3 回繰り返す。試料が遠心分離管の壁面や蓋の内側に付着しないように注意する。続いて約 40 mL の DMAc を加えて 1 日振とうする。このように、乾燥セルロース試料から水⇒アセトン⇒DMAc の順に溶媒置換する。
④セルロース試料の流出に留意し、遠心分離によって上澄みをできるだけ除去した後、遠心分離管の重量を測定して残存 DMAc 量を測定する。
⑤ 10～20 mL 容量のテフロン®スクリューキャップ付きで底部が平面、円筒状のガラスバイアル管に、撹拌可能な撹拌子をセットして重量を測定しておく。予め調製しておいた 8％ LiCl/DMAc 溶液を、セルロース試料と残存 DMAc 量も含めて全量が 10 g

になるように、遠心分離管に加えながら、全量をバイアル管に移す。バイアル管＋試料＋LiCl/DMAc の重量を測定し、（一部の極微量の溶剤成分は遠心分離管に残存している可能性があるので）セルロース濃度を正確に求めておく。

⑥パラフィルム®でスクリュー部分をシールし、浮遊物やガラス内面に付着したゲル状微粒子が確認されなくなるまで（＝視覚的に溶解するまで）常温で撹拌する（通常3〜10日）。上記⑤で全量をバイアル管に移すことができ、セルロースが完溶したとすると、重量で約 0.4% のセルロースが溶解した 8% LiCl/DMAc 溶液 10 g が得られることになる（図 1.3）。ただし、遠心分離管の底にセルロース試料と共に DMAc が残存しているので、正確には LiCl 濃度は 8% よりもわずかに低下するが、無視できる。

図 1.3　セルロースの LiCl/DMAc 溶剤への溶解
セルロースの LiCl/DMAc 溶剤への撹拌溶解（左）と得られた透明セルロース溶液（右）

1.3.2　セルロース試料の LiCl/DMI 溶剤への溶解

上記のセルロースの LiCl/DMAc 溶液調製と同様の手順で、水⇒アセトン⇒DMI に溶媒置換した後、セルロース約 0.4% 濃度の 8% LiCl/DMI 溶液を調製する。

1.3.3　セルロース溶液の SEC-MALLS 分析

①上記で調製したセルロース溶液 0.5 mL を、マイクロピペットを用いて別のサンプル管に移し、純粋な DMAc（あるいは DMI）溶液 3.5 mL を添加して希釈することで、セルロース濃度 0.05%（重量／容量）の 1% LiCl/DMAc（あるいは LiCl/DMI）溶液が 4 mL 得られる。セルロース濃度は 0.1〜0.05% が適当で、微結晶セルロース粉末、綿リンター由来のろ紙用パルプ等では 0.1%、製紙用パルプでは 0.05% が適している。

②その溶液約 1 mL 分を耐有機溶剤性のプラスチック製注射器で吸い取り、注射器の先端に 0.45 μm 空孔サイズの円盤状使い捨てメンブランフィルター（例えば Millipore 社製の PTFE フィルター Millex-LG）を装着し、そのメンブランフィルターを通して

HPLC装置用のサンプル管に注入する（このフィルター処理により、視覚的に確認できない未溶解物がある場合には除去できる）。

③例えば、18角度の多角度光散乱検出器（MALLS）、示差屈折率検出器（RID）、場合によっては可視－紫外光吸収検出器（あるいは全波長を測定可能なフォトダイオードアレイ＝PDA検出器）、カラムオーブン（40℃一定）、SEC（GPC）カラム（例えば、Shodex® 社製 KD-806M、8 mm φ×30 cm、1本のセットでよい。溶出限界サイズの異なるカラムを直列に複数セットして分析している報告もあるが、当研究室の結果ではほとんどのセルロース試料で上記のカラム1本の場合と変わらない結果が得られている）をセットしたHPLC装置（例えば、図1.4参照）と、0.45 μm 空孔サイズの使い捨てメンブランフィルターを通した1% LiCl/DMAc（あるいは LiCl/DMI）溶液を溶出溶媒として用意し、ベースラインが安定するまで溶出溶媒のみ流す。SEC-MALLSシステムの構成を図1.5に示す。

④ SEC-MALLS分析条件の一例は以下の通りである：注入量 100 μL、流速 0.5 mL/分、カラム温度 40℃。

①測定制御および解析用PC
②オートサンプラー
③カラムオーブン
④HPLCポンプ
⑤溶出溶媒脱気装置
⑥示差屈折率検出器
⑦PDA
⑧多角度光散乱検出器
⑨測定用溶出溶媒容器
⑩溶出溶媒排液

図1.4　SEC-MALLSシステムの一例

⑤図1.4で示すように、溶出容量は試料注入からの経過時間から換算されるが、カラムを通過してからPDA、MALLS、示差屈折率検出器を通過するのに時間差が生じる。この時間差を修正して溶出容量に対応して正しくUV吸収、分子量、慣性半径を得るために、単分散のポリスチレン標準品を予め注入、測定して、各検出器からの出力データ時間（溶出容量）を較正しておく。

データ解析

各溶出容量（mL）において検出される光散乱強度の検出角度の依存性の関係式から、その溶出容量における絶対分子量と慣性半径が得られる[4]。通常、多角度光散乱

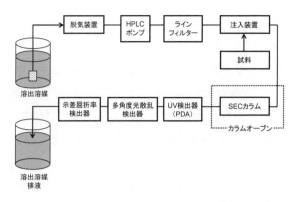

図1.5 SEC-MALLSシステムの構成図

装置およびHPLCに付属しているソフトウェアを用いてデータ解析する。その際に、dn/dc値（セルロースの微小濃度変化に対する溶液の屈折率変化の値）の設定が必要となる。これまでの論文から正確なdn/dc値の測定は困難であると予想される（LiCl/DMAcあるいはLiCl/DMI溶液中でのセルロースの溶解状態に関連しているが詳細は不明）が、目安として多用されている数値は、1% LiCl/DMAc系で0.136 mL/g、1% LiCl/DMI系で0.087 mL/gである。

SEC-MALLS測定によってさまざまな情報が得られる。一例として針葉樹漂白クラフトパルプをLiCl/DMI系で測定した結果を図1.6に示す[2]。溶出容量に対して、示差屈折率検出器によって得られるセルロースの溶出パターンと、分子量の対数プロットを図示し、分子量プロットが溶出容量の増加に対応して直線的に減少していれば、試験したセルロース分子はそのサイズ（溶解状態の慣性半径）に対応して、用いた

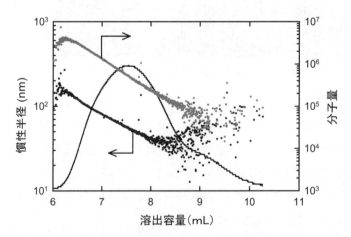

図1.6 針葉樹漂白クラフトパルプのSEC溶出パターンと多角度光散乱検出器、示差屈折率検出器データから得られる各溶出容量に対する分子量（上側）および慣性半径（下側）の対数プロット
溶出パターンのうち7.5 mLをピークとするのが主成分のセルロースで、8.7〜10 mLのショルダーピークはヘミセルロースに由来する。

SECカラムによって正常に分離されたと判断できる。一方、分子量プロットが溶出容量に対して直線的に減少していない場合には、①用いたカラムでサイズによって適正に分離されていない、②溶液中にセルロースが完全に分子分散（＝溶解）していないで一部凝集している、などSEC-MALLS分析に適していないことを確認できる。

　視覚的に全量が溶解したと判断してSEC-MALLS分析したのち、10日後あたりで再度測定して、得られる分子量関連数値がほとんど変化していないこと、溶出パターンが変化していないことなどで用いたセルロースが完全に溶解した適正なデータであることを確認した方がよい。

　適正にSEC-MALLS分析できた場合には、付属しているソフトウェアを用いて上記のdn/dc値を導入すると、そのセルロース試料の重量平均分子量、数平均分子量、不均一度の値が得られるとともに、分子量分布パターン（分子量の対数に対する分布）が得られる。また、コンフォメーションプロット（分子量と慣性半径の両対数プロット）から、溶解状態のコンフォメーション（分岐構造、球状、ランダムコイル構造、棒状などの分子鎖の広がりの程度）に関する情報が得られる[3]。

参考文献

1) 磯貝明（2000）木質科学実験マニュアル、日本木材学会編、文永堂、p. 98-103
2) Yanagisawa, M. et al.（2005）*Cellulose* **12**, 151-158
3) Yamamoto, M. et al.（2011）*Biomacromolecules* **12**, 3982-3988
4) Wyatt, P. J.（2004）Handbook of Size Exclusion Chromatography and Related Techniques, Wu, C. S. ed., Chromatographic Science Series **91**, Marcel Dekker

（磯貝　明）

1.4　セルロース系試料中のカルボキシ基、アルデヒド基の定量

　植物組織から、脱脂、脱リグニン、脱ヘミセルロース処理等によって単離、精製したセルロース試料はもとより、脱脂、脱リグニン処理して得られるホロセルロース（セルロース＋ヘミセルロース成分）試料には、アルコール性水酸基のほかに、多少のカルボキシ基、アルデヒド基を含有している場合がある。カルボキシ基の起源は、広葉樹の主要ヘミセルロース成分であるグルクロノキシラン中のグルクロン酸残基、残存ペクチン中のガラクツロン酸残基、多糖類の還元末端のアルデヒド基がWise法による脱リグニン処理過程で亜塩素酸により酸化されて副次的に生成するカルボキシ基、2,2,6,6-テトラメチルピペリジン-1-オキシラジカル（TEMPO）触媒酸化過程などで生成するカルボキシ基等がある。セルロース試料やホロセルロース試料中のカルボキシ基量は、それらを構造解析する場合や、各種金属イオンやカチオン性物質の吸着特性として重要になることがある。

アルデヒド基の起源としては、多糖類の還元末端基として元々存在している場合のほか、酸化漂白、精製過程で多糖のC-6位の一級水酸基が一部酸化されて生成する場合、過ヨウ素酸酸化処理、前述のTEMPO触媒酸化処理等で生成する場合などがある。アルデヒド基はアミン類のシッフ塩基としての吸着挙動や、ヘミアセタール形成による耐水性発現、加熱処理による着色の程度などに関係する。

セルロース、ヘミセルロースのC-2位、C-3位の二級水酸基の酸化によって生成するケトン基量もアルカリ性条件下での低分子化反応など、重要な特性に関連する場合がある。ケトン基の定量にはアミンによるシッフ塩基形成が基本原理となるが、カルボキシ基が共存する場合には（多くのセルロース系試料はカルボキシ基と共存している）、添加したアミンがカルボキシ基部分の対イオンとしても消費されるため、正確な定量は困難である。

多糖類中のカルボキシ基量の定量は、呈色反応と電導度滴定に大別されるが、本項では最近多用されている電導度滴定による定量法を紹介する[1]。また、アルデヒド基を温和な条件でほぼ選択的にカルボキシ基に酸化することが可能な「弱酸性下での亜塩素酸ナトリウムによる酸化処理」前後でのカルボキシ基量を電導度滴定により測定し、カルボキシ基量の増加分を「元はアルデヒド基量」として定量する方法を紹介する[1]。

なお、脱リグニン処理していない試料についての、電導度滴定によるカルボキシ基、フェノール性水酸基の定量に関する有効性・信頼性に関する報告・データは見当たらない。

1.4.1　カルボキシ基の定量

器具、機器

①100 mLビーカー
②凍結乾燥機
③真空乾燥機
④電導度計
⑤pHメーター
⑥マグネチックスターラーおよびテフロン®コートした撹拌子
⑦自動スタット滴定装置、無い場合には20～50 mLのビューレット

試薬類

①0.05 M水酸化ナトリウム水溶液
②約0.1 M塩酸水溶液
③0.01 M塩化ナトリウム水溶液

試料調製および電導度滴定操作

①凍結乾燥した試料をさらに真空乾燥機にて常温で1日乾燥させる。
②乾燥試料をすばやくmg単位まで精秤し、100 mLビーカーに入れる。サンプリン

グする試料の重量はカルボキシ基量が 1 mmol/g 程度で 0.1～0.4 g、0.005 mmol/g 程度以下で 1 g 程度を目安とする。

③イオン交換水 55 mL を加え、さらに 0.01 M 塩化ナトリウム水溶液 5 mL を添加し、pH メーターの電極の先端を液中にセットし、0.05 M 水酸化ナトリウム水溶液を適当量添加して溶液の pH を 9 程度とする。この弱アルカリ性の水溶液中で試料が十分に分散するまで、できるだけ大気中の二酸化炭素を液体が吸収しないようにラップ等でカバーし、30 分程度マグネチックスターラーで撹拌する。この際に pH メーターの電極先端部が撹拌子によって破損しないように注意する。

④0.1 M 塩酸を添加して溶液の pH を 2.5～3.0 とし、30 分程度撹拌して pH が安定した後、0.05 M 水酸化ナトリウム水溶液を自動スタット滴定装置にセットして 0.1 mL/分の速度で液中に定速注入する（図 1.7）。自動滴定装置がない場合にはビューレットに 0.05 M 水酸化ナトリウム水溶液をセットして 0.1 mL/分程度で注入する。30 秒ごとの電導度と pH の値を記録し、pH が 10 程度になるまで測定を続ける。

データ解析

カルボキシ基を含有する多糖を上記の手順で滴定すると、図 1.8 のような電導度曲線、pH 曲線が得られる。領域 I では強酸である塩酸を強アルカリである水酸化ナトリウムが中和し、領域 II では弱酸であるカルボキシ基を水酸化ナトリウムが中和し、領域 III では強酸と弱酸の中和の終了により、注入する OH^- イオン量の増加によって伝導度が上昇する。領域 II の終点は pH 曲線からも推定できる。

滴定に用いた試料の絶乾重量 A (g) と、領域 II で消費した 0.05 M の水酸化ナトリウ

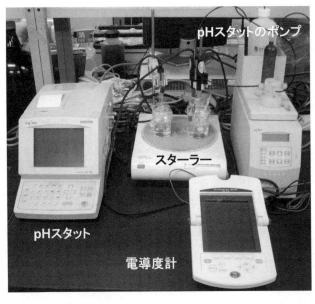

図 1.7　pH メーターと自動スタット滴定装置を装置した電導度滴定装置の概観

ムの量 B(mL)から、カルボキシ基量は（式1）で得られる。

カルボキシ基量＝ 0.05 × B ÷ A （mmol/g）　　　（式1）

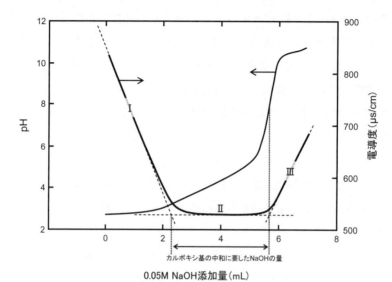

図1.8　カルボキシ基の定量で得られる典型的な電導度およびpHの滴定曲線

1.4.2　アルデヒド基の定量

1.4.1 以外の器具、機器
① 100 mL ビーカー
② 50 mL のプラスチック製遠心分離管と低速遠心分離機、あるいは桐山ロート等のろ過装置

1.4.1 以外の試薬類
①試薬特級で有効成分率が記載されている亜塩素酸ナトリウム
② 5 M の酢酸水溶液

亜塩素酸ナトリウムによるアルデヒド基の酸化
　絶乾で約2g分の試料に75 mLのイオン交換水、1.81 g分の亜塩素酸ナトリウム、5M酢酸水溶液を添加し（この段階で溶液のpHが4～5になるようにする）、ラップでカバーして室温で2日間撹拌する。この弱酸性下での亜塩素酸酸化により、アルデヒド基は完全にカルボキシ基に酸化されたとみなすことができる。ろ過、水洗、あるいは遠心分離、水洗処理を繰り返すことにより、亜塩素酸酸化試料を洗浄し、凍結乾燥する。

電導度滴定操作
　その後の処理は上記 **1.4.1** の手順に従って絶乾重量を測定し、電導度滴定によっ

てカルボキシ基量を測定する。

データ解析

滴定に用いた試料の絶乾重量 A'(g) と電導度滴定曲線中のカルボキシ基の中和に消費された 0.05 M の水酸化ナトリウム水溶液の量 B'(mL) から、亜塩素酸酸化後のカルボキシ基量を(式2)から求める。(式1)で得られたカルボキシ基量との差の(式3)からアルデヒド基量を求める。

$NaClO_2$ 酸化後のカルボキシ基量 $= 0.05 \times B' \div A'$ (mmol/g)　　（式2）

アルデヒド基量 $= [0.05 \times B' \div A' - 0.05 \times B \div A]$ (mmol/g)　　（式3）

参考文献

1) Saito, T. & Isogai A. (2004) *Biomacromolecules* **5**, 1983-1989

（磯貝　明）

1.5 エステル化度の定量

1.5.1 メチルエステル化度測定

ペクチンは、ゴルジ体で生合成されるときにメチルエステル化されることが知られている。また、細胞壁中でペクチンメチルエステラーゼにより脱メチルエステル化することで、カルシウムイオンと架橋を形成し、細胞壁の特性に影響を与える。ペクチンのメチルエステル化度を定量することはペクチンの物性を知る上で重要である。

器具、機器

①スペクトロフォトメーター（GENESYS 10S UV-Vis）

②恒温槽

（方法 1）[1]

試薬類

① 50 mM KOH 水溶液

② 0.45 ユニット アルコールオキシダーゼ

③ 200 mM リン酸緩衝液（pH 7.5）

④ 20 mM 2,4-pentanedion（アセチルアセトン）

⑤ 2 M 酢酸アンモニウム水溶液

⑥ 50 mM 酢酸

操作

1. 乾燥したペクチン 25 μg に対して 0.05 M KOH（50 μL）を加え、室温で 1 時間処理することでケン化する。

2. サンプル 50 μL に対して、200 mM リン酸緩衝液（pH7.5）で溶解したアルコールオキシダーゼ（1 unit/mL）450 μL を加え、28℃、15 分間処理を行う。

3. 20 mM アセチルアセトン、2 M 酢酸アンモニウム、50 mM 酢酸を 500 μL を加えた後、混合する。

4. 60℃、15 分間加温する。

5. スペクトロフォトメーターの OD 412 nm の吸光度を測定する。

（方法 2）[2]

試薬類

① 50 mM KOH 水溶液

② 2 mM グルタチオン

③ 2 mM NAD$^+$

④ 0.5 ユニット アルコール酸化酵素

⑤ ホルムアルデヒド脱水素酵素

⑥ 200 mM リン酸緩衝液（pH 7.5）

操作

1. ペクチン 50 μg に対して、50 mM KOH（50 μL）を加え、室温で 1 時間処理をしてケン化する。

2. サンプル 50 μL（ペクチン 25 μg 相当含有）に対して、2 mM グルタチオン、2 mM NAD$^+$、0.5 ユニットのアルコール酸化酵素、1 ユニットのホルムアルデヒド脱水素酵素、200 mM リン酸緩衝液（pH 7.5）を含む溶液 1.45 mL を加えて混合する。

3. 25℃で 30 分間保温する。

4. スペクトロフォトメーターで 340 nm の吸光度を測定する。

参考文献

1) Klavons, J.A. & Bennett, R.D. (1986) *J. Agric. Food Chem.* **34**, 597–599
2) Komae, K. & Misaki, A. (1989) *Agr. Biol. Chem.* **53**, 1237-1245

（岩井宏暁）

1.5.2 ^{1}H NMR によるアセチル基の定量

　植物細胞壁多糖類のアセチル基の存在は、1964 年に Timell[1] がレビューしている。その後も針葉樹のグルコマンナン[2]、アルファルファのキシログルカン[3]、イネ科植物のアラビノキシラン[4]、ビートのペクチン[5] などに存在することが、さらに最近、ケナフ靱皮繊維のリグニン側鎖γ位がアセチル化されていることが報告されている[6]。Chesson ら[7] はアセチル基はアラビノキシランのキシロース残基の O-2 および O-3 位に結合していることを見出した。細胞壁多糖類のアセチル基は細胞壁の物理的

性状に重要な役割を果たす[8,9] とともに、細胞壁多糖類の微生物難分解性に深く関係しており[10,11]、バイオマス利用にとっても重要である。

アセチル基の定量にはアルカリ加水分解で生成した酢酸を滴定する方法[12]や、ベンジル・アセテート[7,13]、ピロリジン・アセテート[14] などの酢酸誘導体としてガスクロマトグラフィーで分析する方法が用いられている。また、酸加水分解で生成した酢酸を液体クロマトグラフィーで測定する方法が使われている[15]。

以上の定量法はいずれも煩雑であり、一度に多数の試料の分析、少量試料の分析は容易ではなく、測定に時間がかかる。そこでここでは、少量の試料（50 mg 程度）を 25 %（v/v）重硫酸-重水溶液（D_2SO_4-D_2O）で加水分解し、沈殿物をろ過した加水分解液にエタノールを内部標準として直接 ^{1}H NMR スペクトルを測定することで、簡便かつ迅速にアセチル基を定量する方法[16]を紹介する。

器具、機器
①ラテックスまたはポリエチレン製保護手袋および保護メガネ
②試料乾燥用真空乾燥機
③ホウケイ酸ガラス（パイレックス®）製試験管：PTFE（ポリテトラフルオロエチレン：商品名テフロン®）ライナー付スクリューキャップ式ねじ口丸底試験管（10 mL、15 × 105 mm）、以下試験管と略す。
④1 mL、3 mL および 2 μL を正確に設定できるピペッター
⑤コーニング®・パスツールピペット
⑥ガラスウール
⑦アルミブロック恒温槽
⑧氷浴
⑨FT NMR 装置（300MHz 以上が望ましい）
⑩内径 3 mm NMR 試料管

試薬類（いずれも試薬特級）
①重水（D_2O）
②96 % 重硫酸（D_2SO_4）
③無水エタノール（99.5 % 以上）
④ヘキサメチルジシロキサン（hexamethyldisiloxane, HMDS）

操作
①植物試料をウィレーミルで 40 メッシュ（420 μm）より細かく粉砕し、木材試料ではエタノール・ベンゼン［1：2(v/v)、ベンゼンの共沸温度は 67.9℃］またはエタノール・トルエン［2：1(v/v)、トルエンの共沸温度は 77℃］でソックスレー抽出する。草本系植物試料では 80 %(v/v)エタノールまたは 80 %(v/v)アセトンで煮沸抽出し、さらに温水（40℃）で一昼夜振とう抽出した試料を用いる。抽出した試料を真空乾燥機

を用いて40℃で充分乾燥する。

②乾燥試料50 mgを精秤して10 mL試験管に入れ、重水（D_2O）3 mLついで濃重硫酸（D_2SO_4）1 mLを徐々に加える。アルミブロック恒温槽に試験管をセットし、90℃で1時間加熱する。加熱終了後、試験管を氷浴で冷却する。

③冷却後、内部標準として無水エタノール2 μLを加え、試験管内容物をガラスウールを詰めたパスツールピペットを通すことで、加水分解残渣を除去する。ろ液は直接内径3 mmのNMR試料管に受ける。

④25%(v/v)D_2SO_4-D_2Oを溶媒とし、HMDSをマーカーとして^{1}H NMRスペクトルを測定する（図1.9）。

アセチル基量の計算

① HMDSを0 ppmにセットしたD_2SO_4-D_2O溶媒で測定された^{1}H NMRスペクトルの例を図1.9に示す。アセチル基のメチルプロトンは2 ppm（シングレット）に、内部標準のエタノールのメチルプロトンは1.2 ppm（トリプレット）にシグナルを与える。D_2SO_4-D_2O溶媒中では、エタノールの水酸基プロトンは消滅し、アセチル基のメチルプロトンシグナルに影響しない。3～4 ppmのシグナルは炭水化物のメチレンおよびメチンプロトンであるが、エタノールのメチレンプロトンもこの領域である。しかし、アセチル基定量には無関係である。

②試料のアセチル基およびエタノールのメチルプロトンシグナルの積分値を求め、それぞれS_SおよびS_0とする。ここで内部標準として無水エタノール2 μLを用いたが、無水エタノールの比重は0.789であり、純度が99.5%であるから、重量は1.570 mg（2.0×0.789×0.995）、モル数は1.570/46.1×10^{-3}＝34.1×10^{-6}となる。アセチル基のモル数は34.1×10^{-6}×S_S/S_0モルとなり、アセチル基（CH_3CO：分子量43.04）の重量は43.04×10^3×34.1×10^{-6}×S_S/S_0＝1.47×S_S/S_0 mgとなるから、

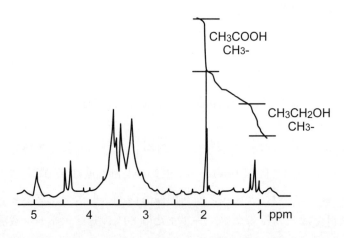

図1.9 コムギワラ細胞壁の25%D_2SO_4-D_2O加水分解液の^{1}H NMRスペクトル（文献16より転載）

アセチル基量（%）＝$100 \times 1.47 \times S_S/50 S_0 = 2.94 \times S_S/S_0$

と計算される。

参考文献

1) Timell, T.E.（1964）*Adv. Carbohydr. Chem.* **19**, 247-302
2) Kenne, L. et al.（1975）*Carbohydr. Res.* **44**, 69-76
3) Titgemeyer, E.C. et al.（1992）*J. Sci. Food Agric.* **58**, 451-463
4) Lindeberg, J.E. et al.（1984）*J. Sci. Food Agric.* **35**, 500-506
5) Rombouts, F.M. & Thibault, J.F.（1986）*Carbohydr. Res.* **154**, 189-203
6) Ralph, J.（1996）*J. Nat. Prod.* **59**, 341-342
7) Chesson, A. et al.（1983）*J. Sci. Food Agric.* **34**, 1330-1340
8) Northcote, D.H.（1972）*Annu. Rev. Plant Physiol.* **23**, 113-132
9) Hori, K. et al.（2000）*J. Wood Sci.* **46**, 401-404
10) Theander, O. et al.（1981）*Agric. Environ.* **6**, 127-136
11) Lam, T.B.T et al.（1993）*Acta Bot. Neerl.* **42**, 175-185
12) Bacon, J.S.D. et al.（1975）*Biochem. J.* **149**, 485-487
13) Gordon, A.H. et al.（1985）*J. Sci. Food Agric.* **36**, 509-519
14) Morrison, I.M.（1988）*J. Sci. Food Agric.* **42**, 295-304
15) Niola, F. et al.（1993）*Carbohydr. Res.* **238**, 1-9
16) Iiyama, K. et al.（1994）*Phytochemistry* **35**, 959-961

（飯山賢治）

1.5.3　フェルラ酸の定性と定量

単子葉イネ科植物や双子葉アカザ科の細胞壁にはフェルラ酸や*p*-クマール酸（クマール酸）などのシンナミック酸誘導体がエステル結合している[1～3]。これらのシンナミック酸誘導体は多糖類どうしを架橋し、多糖類とリグニンを結合していることが示唆されている。これらのシンナミック酸誘導体は、細胞壁を弱いアルカリ処理することで遊離したフェルラ酸やクマール酸を GC や HPLC を使って分析できる[4]。しかしながら、GC を用いて分析する場合は TMS 化誘導体に導く必要があるため、本項では誘導体化することなく分析できる HPLC を用いる方法を述べる。

1.5.3.1　フェルラ酸および*p*-クマール酸の抽出

準備するもの

1 M 水酸化ナトリウム水溶液、12 M 塩酸、酢酸エチルあるいはジエチルエーテル、遠心分離機

操作

細胞壁を 1 M 水酸化ナトリウム水溶液に分散して時々撹拌して、暗所、一晩室温下に放置する。遠心して上清を回収し、12 M 塩酸で pH 3.0 にする（pH メーターを使う必要はなく pH 試験紙で十分である）。遊離したフェルラ酸を酢酸エチルまたはジ

エチルエーテルで抽出する。抽出後、試料乾燥装置（**図 1.11**）で酢酸エチルまたはジエチルエーテルを除去、乾固させて、50％メタノールに溶解して HPLC で分析する。

1.5.3.2　HPLC による分析

試薬、器具

酢酸アンモニウム、メタノール、フェルラ酸、クマール酸、分離カラム［Phenomenex® Luna 5u C18(2) 100A (150 × 4.6 mm)］、蛍光検出器付き HPLC

操作

フェルラ酸およびクマール酸を分離する溶離液として 2 種類を準備する［溶離液 A：5 mM 酢酸アンモニウム(pH 4.4)、溶離液 B：50％メタノール(v/v) を含む 5 mM 酢酸アンモニウム(pH 4.4)］。分析は、流速 1 mL/ 分、励起波長 330 nm、蛍光波長 435 nm、以下の表に示したグラジエントを用いて行う。抽出したフェルラ酸またはクマール酸は、適宜 50％メタノールで希釈して 10 μL を分析に用いる。標準液として 0.025 mM フェルラ酸およびクマール酸 10 μL を注入し、得られた面積比から定量する。イネ葉の細胞壁から抽出したフェルラ酸およびクマール酸のクロマトグラムを**図 1.10**に示す。

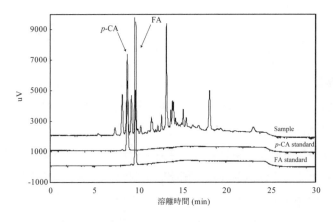

図 1.10　イネ葉の細胞壁から抽出したフェルラ酸およびクマール酸のクロマトグラム

試料：イネ細胞壁から抽出したフェルラ酸およびクマール酸
FA：フェルラ酸
p-CA：クマール酸

HPLC の分離条件

時間(分)	分離条件	備考
0~2	A: 50％, B: 50％	
2~10	A: 50％ → 0％, B: 50％ → 100％	グラジエント分析
10~20	A: 0％, B: 100％	分析およびカラムの洗浄
20~30	A: 50％, B: 50％	平衡化

溶離液 A：5 mM 酢酸アンモニウム（pH 4.4）
溶離液 B：50％メタノール（v/v）を含む 5mM 酢酸アンモニウム（pH 4.4）

参考文献

1) Ishii T. (1997) *Plant Sci.* **127**, 111-127
2) Hatfield R.D. et al. (1999) *J. Sci Food Agric.* **79**, 891-899
3) Saulnier L. et al. (1999) *Carbohydr. Res.* **320**, 82-92
4) Wakabayashi K. et al. (1997) *Plant Physiol.* **113**, 967–973

（青原　勉）

1.6　構成糖分析

1.6.1　ガスクロマトグラフを用いた構成糖分析

　植物細胞壁は種々な多糖類から構成される。細胞壁多糖類の単糖組成を調べるためには構成糖分析を行う。手順は2つの操作からなる。まず、多糖類を酸加水分解して単糖にする。次にガスクロマトグラフ（GC）あるいは液体クロマトグラフ（HPLC）を使って単糖を分離する。成長中の組織にある一次細胞壁を希酸で加水分解すると、非セルロース性多糖類（ヘミセルロースやペクチンなど）は単糖になるが、セルロースは不溶性残渣として残る。不溶性のセルロースや木化した二次細胞壁中の多糖類は72％硫酸で加水分解すると単糖になる（Seaman法）。GC法では、単糖類を揮発性誘導体に導く必要がある。揮発性誘導体としてはアセテート誘導体やトリメチルシリル（TMS）誘導体などが使われる。パルスドアンペロメトリー（PAD）検出器付き高速陰イオン交換クロマトグラフ（HPAEC-PAD）を用いると、誘導体化することなく糖を直接分析できる（1.6.2）。また、糖の還元末端に蛍光標識化合物を結合して蛍光検出器付きHPLCで分析すると高感度で糖を検出できる（1.6.3）。構成糖分析は細胞壁多糖類の組成を調べるためばかりなく、単離した多糖の純度検定にも使われる。ここではGCを用いる構成糖分析法について述べる。GCを用いた糖分析については参考書や総説があるのでそれらも参照されたい[1,2]。

1.6.1.1　トリフルオロ酢酸による加水分解とアルディトールアセテート誘導体のGCによる中性単糖類の分析

器具、機器

①試験管内容物を濃縮するためコンプレッサーにエアドライヤーユニットと吹きつけ式試験管濃縮装置（EYELA MGS-2200型）を接続した装置：市販の装置では試験管の中が見えないので、著者らは吹きつけ式試験管濃縮装置（**図1.11**）を特注した。

②アルミブロック恒温槽（EYELAドライサーモバス）

③低速遠心分離機

④昇温プログラムと水素炎検出器（FID）が装着されたガスクロマトグラフ

⑤GCカラム：SP-2330：（長さ15 m、内径0.25 mm、膜厚0.2 μm、メルク（シグマアルドリッチ））

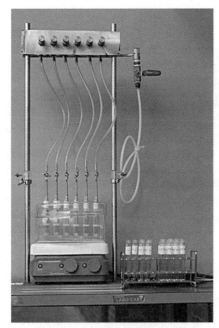

図 1.11 吹きつけ式試験管濃縮装置

⑥テフロン®ライナー付スクリューキャップ式ねじ口丸底ガラス製試験管（13 × 100 mm、以下、ねじ口試験管と略）

試薬類

①標準中性糖混合物：L-ラムノース、L-フコース、L-アラビノース、D-キシロース、D-マンノース、D-ガラクトース、D-グルコースと myo-イノシトールの 8 種類の単糖水溶液（1 mg/mL）を調製し、それらを 100 μL ずつねじ口試験管に入れて凍結乾燥し、-20℃に保存する。

② 2 M TFA

③ 1.5 M アンモニア水

④水素化ホウ素ナトリウム（$NaBH_4$、10 mg/1.5 M アンモニア水、1 mL）

⑤その他の試薬：酢酸、酢酸-メタノール溶液（1：9、v/v）、イソプロパノール、無水酢酸、脱水ピリジン、トルエン、クロロホルム、アセトン、MilliQ®水あるいは蒸留水

操作

加水分解：

①細胞壁あるいは多糖類（約 100 μg）をねじ口試験管に秤量する。

②試験管に 2 M TFA（250 μL）を加えて、121℃で 1 時間加水分解する。myo-イノシトールを内部標準として定量する場合は一定量の myo-イノシトール水溶液を加える。標準中性糖混合物も同様に処理する。試験管を放冷後、40℃下で試験管濃縮装置を使って濃縮する。

③試験管が乾燥したら、イソプロパノール（約 0.3 mL）を加えて共沸する（イソプロパノールは、TFA 除去に有効）。

還元とホウ酸除去：

①試験管に $NaBH_4$ 溶液（250 μL）を加えてキャップをし、室温で 1 時間放置する。

②酢酸を 1〜2 滴加えて過剰の $NaBH_4$ を分解し、40℃下濃縮する。

③試験管が乾燥したら、酢酸-メタノール溶液（約 250 μL）を加えて 40℃下濃縮する。この操作をさらに 3 回繰り返す。

④メタノール（約 250 μL）を加え、同様に濃縮する。この操作をさらに 3 回繰り返す。ホウ酸が除去されると、試験管の壁に酢酸ナトリウムの結晶が付着する。

アセチル化と抽出：

①試験管に無水酢酸（50 μL）と脱水ピリジン（50 μL）を加え、121℃、20分間加熱する。

②放冷し、トルエン（約0.2 mL）を加えて室温下濃縮する。

③クロロホルム（0.5 mL）と水（0.5 mL）を加えてボルテックスし、遠心分離（800 × g、0.5分間）する。ピペットを使って上層（水層）を除き、有機層を室温下濃縮する。アセトン（0.2〜0.5 mL）を加えて遠心分離し、上澄みを新しいチューブに移して濃縮する。

GCによる分析：

アセトン（約100 μL）を試験管に加えて1 μg/μL溶液とし、1 μLをGCに注入する。分離条件は次の通りである：カラム；SP-2330、カラム温度；220℃、注入口および検出器温度；250℃、注入方法；スプリットモード（25:1）、検出；水素炎検出器（FID）。標準糖混合物を注入してレスポンスファクターを算出する。測定試料の面積にこのファクターを乗じて構成糖比を計算する。中性糖混合物のクロマトグラムを図1.12に示した。

脚注：

①プラスチック製容器は可塑剤が溶出するので、試薬はガラス容器に保存する。可塑剤由来のピークは、アラビノースのそれと重なり、微量分析の際、アラビノースの定量を難しくする。

②酢酸-メタノールを添加すると、ホウ酸の解離が抑えられ、揮発性のホウ酸-メタノールエステルの形成が促進される。

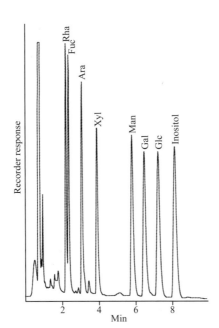

図1.12　中性糖混合物のアルディトールアセテート誘導体のガスクロマトグラム

③酢酸ナトリウムはアセチル化の触媒になるので、除去しない。
④ $NaBH_4$ アンモニア水溶液はそのたび調製する。

1.6.1.2 メタノリシスと TMS 誘導体の GC 分析

酸性糖を含む試料は、ウロン酸がアルディトールアセテート法でアセチル化されないので、塩化水素-メタノール処理（メタノリシス）してウロン酸をメチルエステル化したメチルグリコシドに変換し、TMS 誘導体に誘導して分析する。メタノリシス法を用いたペクチン分析の文献があるので、参照されたい[3]。

器具、機器

1.6.1.1 以外に準備するもの

① GC カラム：DB-1（J&W、長さ 30 m、内径 0.25 mm、膜圧 0.25 μm）、無極性カラムであれば他のメーカー、例えば HP-1（アジレント）など使用可能である。

試薬

①酸性糖を含む標準糖混合物：1.6.1 に記述した 8 種類の中性糖混合物の他に 2 種類の酸性糖（D-グルクロン酸と D-ガラクツロン酸）を加えた標準糖混合物を調製する。調製方法は中性糖混合物と同じである。

②塩化水素-無水メタノール溶液：無水メタノール 1 mL をねじ口試験管に入れて氷冷する。塩化アセチル（CH_3COCl、0.2 mL）をゆっくり加える。操作はドラフト内で行う。なお、5％塩化水素メタノール溶液が和光純薬から市販されている。

③ TMS 化試薬：無水ピリジン、ヘキサメチルジシラザン（HMDS）、トリメチルクロロシラン（TMCS）、あるいはジーエルサイエンスから市販されているピリジンに HMDS と TMCS を溶かした TMS 化試薬（TMS1-H）

④その他の試薬：*tert*-ブタノール（*t*-ブタノール）、*n*-ヘキサン（ヘキサンと略）

操作

①試料約 100 μg をねじ口試験管に秤量する。

②試験管にメタノール-塩化水素溶液（約 250 μL）を加え、80℃下 16 時間加温する。酸性糖を含む標準糖混合物も同様に処理する。メタノール-塩化水素は揮発性が高いので、キャップはできれば新品を使用する。キャップは強く締めずに約 20 分後増し締めする。

③放冷後、*t*-ブタノール（約 100 μL）を加えて、室温下濃縮する。

④ピリジン（50 μL）・HMDS（100 μL）・TMCS（50 μL）あるいは TMS1-H（約 200 μL）を加え、80℃で 20 分間加温する。

⑤放冷後、室温下静かに TMS 化試薬を除去する。試験管が乾固したらヘキサン（約 1 mL）を加えて遠心分離（800 × *g*、0.5 分間）する。

⑥パスツールピペットを使って上澄みを新しいチューブに移し、ヘキサンを除去する。*n*-ヘキサン（約 100 μL）を加え、GC 試料とする。

GC 分析：

約 1 μL をガスクロマトグラフに注入する。

分離条件はつぎの通りである：カラム；DB-1、注入口および検出器温度；250℃、カラム温度プログラム；初期温度、140℃で 2 分間保持、140～200℃まで 2℃/分昇温、200～275℃まで 30℃/分昇温、275℃で 10 分間保持、注入方法；スプリットモード（スプリット比：25:1）、検出：FID

レスポンスファクターは標準糖混合物を注入して算出する。酸性糖を含む標準糖混合物のクロマトグラムを図 1.13 に示した。

脚注：

TMS 化糖は湿気に対して不安定であるので、著者らは乾燥空気の代わりに窒素ガスを使用して濃縮や乾燥を行っている。

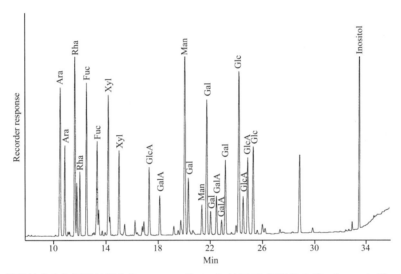

図 1.13　酸性糖を含む標準糖混合物のメチルグリコシド TMS 誘導体のガスクロマトグラム
中性糖は α- と β-アノマーが存在するので 2 つのピークに、酸性糖はそのほかにラクトンが存在するので、複数のピークになる。GlcA: グルクロン酸、GalA: はガラクツロン酸、そのほかの略語は図 1.12 参照

1.6.1.3　72％硫酸法（Seaman 法）

　二次壁を含む草木植物や木化した細胞壁は、72％硫酸で加水分解する。

器具、機器

1.6.1.1 および 1.6.1.2 で使用したものの他に試料を撹拌するための細いガラス棒（外径 3 mm、長さ 70 mm 程度）

試薬

myo-イノシトール溶液（1 mg/mL）、飽和水酸化バリウム水溶液（固体の水酸化バリウムを水に溶かして沈殿が残った状態）、72％硫酸

操作

①試料約 10 mg をねじ口試験管に秤量して、72％ H_2SO_4（0.4 mL）を加える。20℃の水浴に試験管を入れてガラス棒で撹拌して試料をできるだけ溶解する。ガラス棒で時々撹拌して 1 時間、放置する。ペントースはヘキソースに比べて壊れやすいので、正確に 20℃に保持する。

② myo-イノシトール溶液、0.5 mL（500 μg 相当）と水（2.25 mL）を加える。この溶液から約 0.4 mL を試験管にとり、100℃、3 時間加水分解する。この段階から標準糖混合物を同様に加水分解する。

③放冷したのち、加水分解液を飽和 $Ba(OH)_2$ を用いて中和する（約 pH 5.0）。終点付近の pH になったら、約 10 倍に希釈した $Ba(OH)_2$ を用いて最終の pH に調整する。誤ってアルカリ性になってしまったら、炭酸ガスをバブリングして中性付近に戻す。小型の炭酸ガスボンベがジーエルサイエンスから市販されている。

④中和水溶液を遠心分離して硫酸バリウムを除去し、ロータリーエバポレーターを用いて上澄みを濃縮し、濃縮液をねじ口試験管に移す。

⑤硫酸加水分解物を 1.6.1.1 に記述した方法でアルディトールアセテート誘導体に変換する。

脚注：72％硫酸の調製法

ビーカーに水（35.8 mL）を入れ、そこに濃硫酸（96％、50 mL）を徐々に加える（硫酸に水を加えると激しく発熱して危険であるので順番を誤らないこと）。ビーカーを氷水で冷やして荒熱をとる。冷えたところで硫酸をメスシリンダーに移し、比重計を使って比重 1.638（15℃）になるように水または硫酸を添加して調整する。

参考文献

1) 日本分析化学会ガスクロマトグラフィー研究懇談会編（2008）ガスクロ自由自在 Q&A、準備・試料導入編および分離・検出編、丸善
2) Fox, A. et al. (1988) Analysis of carbohydrates by GLC and MS, Biermann, C.J. & McGinnis, G.D. eds., CRC Press, p. 87-117
3) Doco, T. et al. (2001) *Carbohydr. Polymers* **46**, 249-259

（石井　忠）

1.6.2　パルスドアンペロメトリー検出器を用いた高速陰イオン交換クロマトグラフィー（HPAEC）による中性糖・酸性糖の同時分析

　糖はタンパク質と違い、紫外領域にほとんど吸収を持たないため、誘導体にしないかぎり、紫外吸光法では高感度の検出は難しい。誘導体にすることなく、HPLC で分離した糖の溶出パターンをモニターする方法が主に 3 つある。電気化学検出法の一つであるパルスドアンペロメトリー検出法（PAD）と、溶離液中の溶質濃度を屈折率の

違いとして検出する示差屈折率検出法、それに溶離液を蒸発させたあとに残る不揮発性の物質を光散乱で検出する蒸発光散乱検出法である。示差屈折率検出法と蒸発光散乱検出法は紫外領域に吸収を持たない溶質一般に適応できる利点がある。一方で、示差屈折率検出法の場合、100 ppm 以上の溶質濃度が必要になり、微量の糖を解析するには感度が十分とはいえない。蒸発光散乱検出法は、それよりも 100 倍程度、感度が高いが、あらゆる不揮発性の溶質がシグナルを呈する問題がある。

　この項で扱う PAD は、溶離液が電極の表面を通過する際に、電極の電位を周期的に変化させることで溶質を酸化させ、酸化に要した電荷を測ることで、溶質の濃度を測定する。PAD を糖の検出に用いる場合、強アルカリ溶液を移動層に用いた高速陰イオン交換クロマトグラフィー（High performance anion exchange chromatography、HPAEC）と組み合わせることで、未標識の糖を高感度、高速で分離・定量することが可能になるため、HPAEC-PAD という表記がよく用いられる。HPAEC-PAD では、強アルカリ溶液中で電離した糖の OH 基が、陰イオン交換体と相互作用し、その相互作用が糖ごとに異なることを利用して分離する。また、電離した OH 基を含む炭素原子は電極表面で酸化されてシグナルを生じ、クロマトグラム上で糖の種類に応じたピークになる。この方法で、中性糖・アミノ糖・酸性糖を含む単糖類やオリゴ糖、多糖を自在に分離し、1 ppm 以下で検出できる。糖質分析における HPAEC-PAD の有用性と利用例をまとめた総説があるので、そちらも参考にされたい[1]。ここでは、植物細胞壁を構成する 7 種類の中性糖および 2 種類の酸性糖を同時に定性・定量する方法[2]を述べる。この解析法は、可溶性多糖の構成糖を特定でき、とくにペクチンなどの複合酸性糖の解析に有用である。

1.6.2.1　酸性糖を含む多糖の加水分解

　多糖の構成糖解析に汎用される加水分解条件［2 M トリフルオロ酢酸（TFA）存在下、120℃、1 時間］では、酸性糖（グルクロン酸、ガラクツロン酸）残基のグリコシド結合は、完全には切断できない。酸性糖残基を含む多糖を単糖に分解するには、2 M TFA による加水分解の前に、メタノリシスを行う[3]。ただし、この一連の過程では、遊離した単糖自体の分解も無視できないレベルで起きる[3]ので、回収評価用標準（Recovery Standards：既知の濃度の単糖標品混合物）を解析したい多糖サンプルと並行してメタノリシスと TFA による分解に供する。

器具、機器
①ねじ口試験管（テフロン®ライナー付スクリューキャップ式ねじ口丸底試験管；13 × 100 mm）
②凍結乾燥機（例：LABCONCO FreeZone 4.5）
③冷却トラップを備えた濃縮遠心機（例：Thermo Fisher Scientific SPD131DDA）、または、ドラフト内にセットした吹きつけ式濃縮装置（例：EYELA MGS-2200）

④120℃に加熱できるアルミブロック恒温槽と13 mm径の丸底試験管にあうアルミブロック（例:TAITEC DTU-1C、AL-1336）
⑤微量遠心機（例:TOMY MX-200）
⑥その他：上記のねじ口試験管のスピンダウンができる遠心機（手回し遠心機でもよい）、1.5 mLプラスチック微量遠心管、ガラス製パスツールピペット

試薬類

①2 M HCl含有メタノール（ドラフト内で、市販の3 M HCl含有メタノールを特級メタノールと混ぜる。）
②2 M TFA（ドラフト内で、市販のTFA 1.4 mLを超純水で希釈して10 mLにメスアップする。要時調製する。）
③回収評価用標準：L-ラムノース、L-フコース、L-アラビノース、D-キシロース、D-マンノース、D-ガラクトース、D-グルコース、D-グルクロン酸、D-ガラクツロン酸、以上9種類の水溶液（1 mg/mL）をそれぞれ調製し、それらを混ぜて、各糖が100 μg/mLになるよう混合溶液を作る。この混合溶液の希釈系列を作製し（例：0.1、0.3、1、3、10 μg/mL）、それらを0.2 mLずつ試験管に入れて凍結乾燥する。
④解析する多糖の水溶液を調製し、1から30 μg/mLの範囲で希釈系列を作る。0.2 mLずつ試験管に入れて凍結乾燥する。

操作

①分析試料および回収評価用標準を入れて乾燥した試験管に0.5 mLの2 M HCl含有メタノールを加え、キャップをしめてボルテックスしてよく混ぜる。スピンダウンして溶液を遠心管の底に集めたあと、アルミブロック恒温槽にセットして、80℃に18時間保つ。
②放冷後、濃縮遠心機、または吹きつけ式濃縮装置で2 M HCl含有メタノールを除去する。濃縮遠心機を用いる場合は、冷却トラップを使用する。吹き付け式濃縮装置を使う場合は、ドラフトで換気をしながら行う。以下の乾燥操作も同様である。
③乾燥した試験管に、0.5 mLのt-ブチルアルコールを注ぎ、再び、濃縮遠心機、または、吹きつけ式濃縮装置で乾燥させる（この操作で、残余のHClを減らす）。
④乾燥した試験管に2 M TFA（0.5 mL）を加えて、キャップをしめてボルテックスしてよく混ぜる。スピンダウンして溶液を遠心管の底に集めたあと、アルミブロック恒温槽にセットして、120℃に1時間保つ。
⑤放冷後、濃縮遠心機、または吹きつけ式濃縮装置で2 M TFAを除去する。
⑥試験管に0.5 mLのメタノールを注いで、濃縮遠心機、または吹きつけ式濃縮装置で乾燥させる（この操作で、TFAの残余を減らす）。
⑦0.2 mLの水を注いでボルテックスし、パスツールピペットで溶液を1.5 mLプラスチック微量遠心管に移す。

⑧微量遠心機で遠心（10,000 ×g、5分、室温）し、上清を新しいプラスチック微量遠心管に移す。直ちにクロマトグラフィーに供するか、-20℃で保存する。なお、このステップは、不溶性物質を除去する目的があり、HPLC前処理用シリンジフィルターによるろ過に代えられる。

1.6.2.2　高速液体クロマトグラフィーによる分離

HPAEC-PADの分析機器として、ここでは、Thermo Fisher社のDionex™ ICS-5000を用いた方法を述べる。このシステムは、異なった組成の液体を蓄えられる4つの溶離液タンクと1つの再生液タンクを備えている。溶離液は移動相として、再生液は検出感度を高めるためサプレッサー装置の機能維持に必要になる。機器制御の多くと溶出結果の解析は、専用のソフトウェア(Chromeleon™)を搭載したパソコン上から行う。

器具、機器

① PAD検出器を備えたHPLCシステム（Thermo Fisher Dionex™ ICS-5000：ヘリウムガス、あるいは窒素ガスを溶離液に流すように配管する。多検体の解析を自動化するためオートサンプラーを付属する。）

② カラム（Dionex CarboPac™ PA1ガードカラムとDionex CarboPac™ PA1、4 × 250 mmをつないだもの：このカラムセットは、オリゴ糖の分離にも適している。）

③ 作用電極（Au コンベンショナルタイプ）

④ 参照電極（pH-Ag/AgClタイプ：2週間に一度程度、スペアと交換し、保存液：0.4 M KCl、0.1 M HClに入れて休ませる。）

試薬類

溶離液の調製には、全て超純水を用い、試薬を溶かしたあとは、0.45 μm孔径のフィルター（例：ミリポア Millicup）を通す。NaOH溶液は、空気中の炭酸を吸う。炭酸は、PADのノイズになるため、調製したらすぐに、不活性ガスを吹き込んで（チューブの先から少し泡が出る状態にして20分待つ）、炭酸ガスを追い出す（パージする）。パージ後は、タンクのフタを閉めておくことで1週間程度、使用に耐える。残った溶液に新しい溶液を継ぎ足すことは避ける。4つの溶離液と再生液は、次の通りである。

A）超純水

B）18 mM NaOH：市販の50％NaOH水溶液（50％水溶液は、炭酸ガスを吸いにくく、保存がきく）を超純水1 Lに対し944 μL加える。

C）200 mM NaOH：50％NaOHを超純水1 Lに対し10.4 mL加える。

D）150 mM 酢酸ナトリウム 100 mM NaOH：50％NaOHを超純水1 Lに対し5.2 mL加えて調製した100 mM NaOHに酢酸ナトリウムの粉末を12.3 g溶かす。

溶離液を調製してパージが終わったら、ライン中の気泡を抜くため「呼液」を実行する。

再生液：0.5 M NaOH：1 Lの蒸留水に20 gの固形NaOHを溶かす。

操作

①グラジエントプログラムの作成

溶離液の組成によって分離できる糖の種類が変わる。溶離液の組成・流速・時間をグラジエントプログラムとして設定する。中性単糖を分離する場合は、水に続いて10 mM 前後の NaOH で分離する。酸性単糖は、150 mM 以上の酢酸ナトリウムを含む NaOH 溶液でないと溶出できない。酢酸イオンは、陰イオン交換体と相互作用することで糖を溶出しやすくし、かつ、PAD でシグナルを呈さないため、HPAEC-PAD による糖の分離によく用いられる。重合度の大きなオリゴ糖や多糖を溶出する場合は、600 mM 程度まで酢酸ナトリウムの濃度を高めることがある。中性単糖と酸性単糖の同時分離プログラムの例を以下に示す。このプログラムを用いると、植物細胞壁を構成する主要単糖9種類は、42分までに全て溶出される（図1.14）。なお、42分以降のステップは、カラムを洗浄し、次の測定に備える目的がある。また、溶離液の変更時、ステップワイズにしないことで、組成変化に伴う疑似ピークの発生を抑えている。

時間 （分）	流速 （mL/分）	B %	C %	D %	Curve* NA
0.00	1.10	0.0	0.0	0.0	
19.00	1.10	0.0	0.0	0.0	5
22.00	1.10	0.0	5.0	0.0	5
31.00	1.10	0.0	5.0	0.0	5
31.00	1.10	0.0	50.0	0.0	5
34.00	1.10	0.0	0.0	100.0	5
41.00	1.10	0.0	0.0	100.0	5
42.00	1.10	0.0	100.0	0.0	5
47.00	1.10	0.0	100.0	0.0	5
48.00	1.10	100.0	0.0	0.0	5
57.50	1.10	100.0	0.0	0.0	5

＊5はディフォルト値で、直線を示す

②分析プログラムの設定

Push Full; サイクルタイム :0; 温度制御 :10℃ ; 許容偏差 :2; 挿入洗浄：BeforeInj; 統合アンペロメトリー ; 波形 :Carbohydrate Standard Quad; カラム温度：22℃ ; コンパートメント温度：35℃ ; その他はディフォルトを選択

③サンプルの準備

サンプルを分離する際、並行して超純水のみを解析することでベースラインを求める。このベースラインをサンプルのクロマトグラムから差し引くと、糖に由来するシグナルをより明瞭に確認できる。そのため超純水1.5 mL を 1.5 mL バイアルに、サンプル

200 μL を 0.3 mL バイアルにそれぞれ入れて、オートサンプラーのトレーにセットする。

④測定開始

再生液バルブが開いていることを確認し、一括処理からプログラムを開始する。溶離液 C（0.5 mL/分）で、カラムを 20 分洗浄する。その後、溶離液 B（0.05 mL/分）に設定するとアイドリング状態が保てる。

⑤測定データの解析

PAD のシグナルピークの出現する時間は、分離条件が同じなら、糖の種類に固有の値になる。ピーク面積は、適切な条件下では分離した糖の濃度に比例するため、回収評価用標準の希釈系列のピーク面積にサンプルのピーク面積を内挿し、サンプル中の糖組成を計算する。Chromeleon™ は、ピーク面積の算出や濃度への変換などの操作を自動化して複数の測定データを一括実行できる。

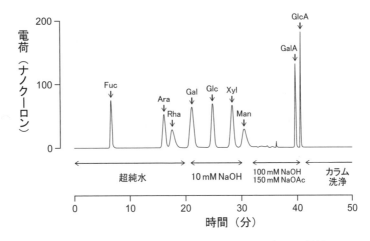

図 1.14　HPAEC-PAD により分離した植物細胞壁を構成する 9 種類の単糖類
PA1 カラム、流速 1.10 mL/分、各糖 10 μg/mL、25 μL 導入、ベースラインを差し引いたクロマトグラム

参考文献

1) Cataldi, T.R. et al.（2000）*Fresenius J. Anal. Chem.* **368**, 739-758
2) De Ruiter, G.A. et al.（1992）*Anal. Biochem.* **207**, 176-185
3) Nagel, A. et al.（2014）*J. Agric. Food Chem.* **62**, 2037-2048

（篠原直貴・西谷和彦）

1.6.3　蛍光標識化による構成糖分析

蛍光標識法の利点は感度が高いことである。糖鎖には特徴的な官能基が存在しないため、タンパク質や核酸のように、紫外光や可視光の吸収を利用した検出ができない。示差屈折、電気化学、蒸発光散乱を利用した検出ができるが、感度が低いのが問題で

ある。そのため、糖鎖に蛍光標識をして、蛍光検出器を用いて糖鎖を高感度で検出することが行われる。糖鎖は、一般的に還元末端にアルデヒド基をもつ。このアルデヒド基にアミノ基をもつ試薬を反応させ（還元アミノ化）、蛍光標識化することができる（図1.15）。実際には、数十 pmol の試料があれば、構成糖の定量分析ができる[1]。微量な糖タンパク質糖鎖の構成糖分析によく用いられる方法である[2]。細胞壁多糖類の構成糖分析に用いられた例は少ないが、微量分析が必要なときや、分離した細胞壁多糖由来のオリゴ糖の構成糖分析をしたいときは、本方法が適している。ここでは、蛍光標識化合物として2-アミノピリジンを用いて、糖鎖の還元末端をピリジルアミノ化し、HPLCで構成糖を分析する方法を紹介する。最近、蛍光標識糖のUPLCを用いた迅速かつ高感度な方法も開発されている[3]。なお、蛍光標識法はオリゴ糖の分析に適している。それらについては、4.5.1、7.1.4、7.2.5 で触れる。

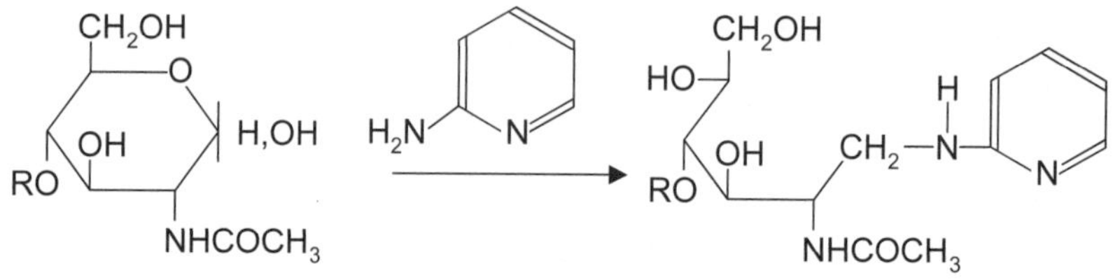

図1.15　還元アミノ化による糖の蛍光標識

器具、機器
①蛍光検出器付き HPLC
② Palstation™：糖鎖をピリジルアミノ化するための装置（タカラバイオ）で、現在は販売されていない。あれば便利であるが、なければアルミブロック恒温槽で代替できる。
③ネジ付き試験管：タカラバイオ Palstation™ リアクションチューブが使いやすい。
④強陰イオン交換カラム：東ソー TSKgel® Sugar AXI カラムまたは TSKgel® Sugar AXG カラム、長さ15 cm、内径 0.46 cm

試薬類
①トリフルオロ酢酸（TFA）
② 2-アミノピリジン：市販のものをヘキサンにより再結晶したもの
③ピリジルアミノ化試薬：2-アミノピリジン 100 mg を酢酸 47 μL、メタノール 60 μL に溶解したもの。ドライヤー等で加熱しながら溶かす。
④ジメチルアミンボラン
⑤還元試薬：ジメチルアミンボラン 59 mg を酢酸 1 mL に溶かす。使用直前に調製する。
⑥窒素ガス
⑦標準単糖：各種ピリジルアミノ化単糖がタカラバイオから販売されている。内部標

準としてリボースを用いる。

操作

①多糖やオリゴ糖などの試料（10 pmol から 10 nmol）をネジ付ガラスバイアルに入れ、凍結乾燥する。このとき、内部標準として 500 pmol のリボースを加えておく。これを 50 μL の 4 M TFA に溶解し、100℃、4 時間反応させ、多糖を単糖に加水分解する（**脚注 1**）。

②凍結乾燥し、水を適量加えて再び凍結乾燥する。

③ピリジルアミノ化試薬 10 μL を加え、90℃、15 分反応させる。

④60℃、20 分間、窒素ガスを吹き付けながら、濃縮乾固させる。

⑤還元試薬 10 μL を加え、90℃、30 分反応させる。

⑥トルエン 30 μL を加え、40℃、10 分間、窒素ガスを吹き付けながら、濃縮乾固させる。この操作を繰り返し、2-アミノピリジンをある程度除く。③〜⑥の操作は Palstation™ あるいはアルミブロック恒温槽を用いて行う。

⑦水 100 μL に溶解し、一部を強陰イオン交換カラムにより分析する（**脚注 2**）。分離条件はつぎの通りである：カラム、東ソー TSKgel® Sugar AXI カラム（カラム圧が高くなる場合は TSKgel® Sugar AGI を用いる）、長さ 15 cm、内径 0.46 cm；溶離液、800 mM ホウ酸ナトリウム緩衝液 pH 9.0（イソクラテック溶出）；温度、65℃；流速、1.0 mL/ 分；励起波長、310 nm；蛍光波長、380 nm

　ピリジルアミノ化した単糖の分離例を**図1.16**に示す[4]。各単糖が分離されている。内部標準のリボースの収率を考慮して構成糖を定量する。

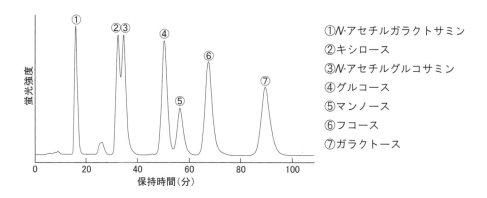

図1.16　ピリジルアミノ化標準単糖の溶出位置

脚注 1. アセチル化されたアミノ基を持つ単糖（N-アセチルグルコサミンなど）は、酸加水分解でアミド結合が加水分解されるので注意が必要である。定量したい場合は、酸加水分解後に再アセチル化の操作を行う。

脚注2. ピリジルアミノ化単糖の分離は、強陰イオン交換カラムだけでなく、HILIC カラム（Shodex® NH2P-50 カラムなど）でも分離可能である。

参考文献
1) Suzuki, J. et al. (1991) *Agric. Biol. Chem.* **55**, 283-284
2) 長谷純宏ほか（2009）ピリジルアミノ化による糖鎖解析、大阪大学出版会
3) Sakamoto, S. et al. (2015) *Plant Biotechnol.* **32**, 55-63
4) Ishimizu, T. et al. (1999) *Eur. J. Biochem.* **263**, 624-634

（石水　毅）

1.7　ガスクロマトグラフを用いた単糖の D 体、L 体の決定法

糖には D 体と L 体の光学異性体がある。光学異性体は物理的・化学的性質が同じであるので、光学活性な化合物を結合させてそれらを区別する。ここでは単糖を光学活性なブチルグリコシド誘導体にして GC によって分析する方法について記述する[1]。

1.7.1　(R)-(−)-2-ブタノールと(S)-(+)-2-ブタノール-塩化水素溶液の調製

無水(R)-(−)-2-ブタノールあるいは(S)-(+)-2-ブタノール（1 mL）をねじ口試験管にとり、氷冷して、塩化アセチル（0.2 mL）をゆっくり滴下する。キャップをしっかり締め、シリカゲルの入った密閉容器に入れて、冷凍保存する。

1.7.2　ブタノリシス、TMS 誘導体化、GC 分析

試料（10〜50 μg）と標準試料（50 μg）をねじ口試験管にとり、減圧乾燥する。ブタノリシスは **1.6.1.2** メタノリシス法に準じる。TMS 化ブチルグリコシドの GC による分析は、TMS 化メチルグリコシドと同じ条件である。ブチルグリコシドの保持時間はメチルグリコシドと比較して遅い。標準糖の保持時間と比較して D, L を同定する。D 体あるいは L 体が手に入らなければ、D 体あるいは L 体を(R)-(−)-2-ブタノリシス、あるいは(S)-(+)-2-ブタノリシスする。例えば、L-ラムノースの(R)-(−)-2-ブタノシドは、D-ラムノースの(S)-(+)-2-ブタノシドと同じ保持時間である。

参考文献
1) Gerwing, G.J. et al. (1979) *Carbohydr. Res.* **77**, 1-7

（石井　忠）

1.8　結合位置の決定（メチル化分析）

単糖相互の結合位置を決めるためにメチル化分析を行う。手順は5つの操作からなる。
①多糖を完全メチル化する。

②メチル化多糖を加水分解して部分メチル化単糖にする。
③部分メチル化単糖を重水素標識還元する。
④揮発性誘導体に導くためメチル化されていない水酸基をアセチル化して、部分メチル化、部分アセチル化アルディトールアセテート（partially methylated partially acetylated alditol acetates, PMAA）誘導体に変換する。
⑤GCとGC-質量分析計（GC-MS）を用いてPMAAを分離する。

　メチル化法には、メチルスルフィニルカルバアニオン（$CH_3SOCH_2^-$、$DMSO^-$と略）を用いる方法（箱守法）や水酸化ナトリウム（NaOH）を用いる方法などがある。ウロン糖残基を含む多糖はメチル化後、ウロン酸メチルエステルを重水素標識して還元し、相当する中性糖にする。中性糖由来の糖残基と酸性糖由来の糖残基は、質量数が2増加したフラグメントイオン［M+2］としてGC-MSにより容易に区別できる（図1.18）。ウロン酸残基の一部はメチル化中にβ-脱離を受けるため（6.3.5参照）、メチル化に先だってウロン酸残基を還元してからメチル化することも行われる（1.8.6）。メチル化分析に関する実験書や総説があるので、参照されたい[1~4]。

1.8.1 メチルスルフィニルカルバアニオンを用いるメチル化法（箱守法）

1.8.1.1　K^+DMSO^-の調製 [1]

試薬

脱水ジメチルスルホキシド（DMSO、ガスクロマトグラフ用として和光純薬より市販）、水素化カリウム（KH、35％鉱物油分散としてシグマ アルドリッチ ジャパンより市販）、n-ヘキサン（ヘキサンと略）、エタノール、窒素ガスなど

ガラス器具など

ガラス器具は共通すり合わせを使用する。滴下ロート（50 mL）、三ツ口丸底フラスコ（50 mL）、ガラス栓（3個）、ガス導入管、塩化カルシウム吸収管、撹拌子、ガラス製バイアル瓶（K^+DMSO^-とDMSOの保管用に1.5 mL容量、約20本）とアルミキャップ、メスシリンダー、パスツールピペット（約10本）など。アルミキャップ以外のガラス器具を105℃下一晩乾燥する。

その他

スターラー、スタンド、腰高ビーカー（2個）、ビーカーのふたになるサイズのシャーレ（2個、KHをヘキサンとエタノールが入ったビーカーに入れて分解するが、万が一、発火した場合、ビーカーにふたをするため）

操作

①乾燥機に入れたガラス器具をシリカゲルが入ったデシケーターに入れて放冷する。
②先端を切ったパスツールピペットを使ってKH（約1.3 g）を三ツ口フラスコに秤量してガラス栓をする。
③撹拌子を入れて三ツ口フラスコの一方に窒素ガス導入管を、反対側に塩化カルシウ

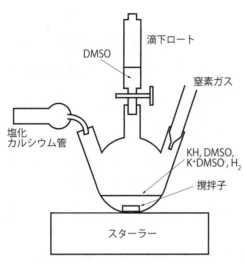

図1.17 カリウムメチルスルフィニルカルバアニオン（K$^+$DMSO$^-$）の調製装置

ム吸収管をつけて窒素ガスを流す。水分の混入を防止するため窒素ガスは操作が終了するまで流し続ける（図1.17）。
④ヘキサン（約20 mL）を入れて撹拌する。撹拌を止めてパスツールピペットで上澄みを吸い上げ、ヘキサンが入ったビーカーに入れて、エタノールを少量ずつ加えてKHを分解する（KHをエタノールが入ったビーカーに入れると、激しく反応して危険である）。使用したピペットもヘキサンが入ったビーカーに入れて同様に処理する。ヘキサン洗浄をさらに2回繰り返す。3回目のヘキサン除去後、窒素ガスを流していると、ヘキサンが除去されてKHは粉末状になる。
⑤KHが粉末状になったら、DMSO（8 mL）を入れた滴下ロートを三ツ口フラスコの上部に接続してDMSOを滴下する。KHとDMSOの反応は激しいので、滴下速度は約1滴当り/秒とする。撹拌子が回転しづらくなるが、滴下を続けていると回転し始める。DMSO滴下が終わったら、滴下ロートを外してガラス栓をする。水素ガスの発生が止むまで撹拌を続ける（約30〜40分）。反応が終了すると、溶液は緑色になる。
⑥パスツールピペットを使ってK$^+$DMSO$^-$をバイアル瓶に分注して、窒素ガスで置換してからキャップをする。バイアルをシリカゲルが入った容器に入れて冷凍保存すれば、約1年間安定である。

1.8.1.2　ナトリウムメチルスルフィニルカルバアニオン（Na$^+$DMSO$^-$）の調製

Na$^+$DMSO$^-$はKHの代わりに水素化ナトリウム（NaH、40％鉱物油分散として市販）を使用して調製する。操作はKHの場合と同じであるが、NaHはKHに比べて反応性が低い。DMSOを加えた後、フラスコをマントルヒータあるいは油浴で50℃に保って水素ガスが発生しなくなるまで撹拌する（約1時間）。

1.8.1.3　メチルスルフィニルカルバアニオンの濃度測定

DMSO$^-$（100 μL）をビーカーに量り取り、水（5 mL）を加え、フェノールフタレイン指示薬を用いて0.5 M塩酸で滴定する。通常濃度は3〜4 Mである。

脚注

①KHやNaHは出来るだけ新しいものを使用する。②DMSO$^-$は強アルカリなので、手袋を着用する。③DMSOはアンプルを開けたら、バイアル瓶に小分けする。

1.8.1.4 メチル化[1]

装置、機器など

スターラー、試験管用撹拌子、ねじ口試験管、ガラス製シリンジ（0.5 mL）3本、注射針（DMSOとCH$_3$I用に内径が細いものとDMSO$^-$用に太いもの）、ディスポーザブル手袋、窒素ガスなど

試薬など

脱水ジメチルスルホキシド（DMSO）、メチルスルフィニルカルバアニオン、ヨウ化メチル（CH$_3$I）、ミリQ®水あるいは蒸留水など

前日に準備するもの

試料：凍結乾燥した試料（多糖では約200 µg、オリゴ糖では約100 µg）をねじ口試験管に秤量して、五酸化二リンが入った減圧乾燥機中40℃、一晩減圧乾燥する。酸性糖を含む多糖はDMSOに難溶なので、陽イオン交換樹脂を通して凍結乾燥する。オリゴ糖はNaBD$_4$を用いて還元末端を還元してオリゴ糖アルコールにしておく。試験管用撹拌子・ガラス製注射器・注射針を105℃下一晩乾燥する。

操作

①乾燥機に入れた撹拌子・注射器・注射針をシリカゲルが入ったデシケーターに入れて放冷する。

②試料が入った試験管にDMSO（0.5 mL）を加えて、窒素ガス置換して室温で1時間撹拌する。試料が溶けない場合は超音波処理する。

③K$^+$DMSO$^-$あるいはNa$^+$DMSO$^-$（約100 µL）を加えて、室温で2時間撹拌する。

④試験管を氷冷してDMSOが凍ったら、CH$_3$I（約150 µL）をゆっくり加える。試験管を室温に戻して1時間撹拌する。反応液は懸濁しているが、CH$_3$Iを加えると透明な黄色になる。CH$_3$Iは発ガン性が高いので、手袋を着用してドラフト内で操作する。

⑤水（0.5 mL）を加えてボルテックスした後、窒素ガスをバブリングする。白濁した液は透明な淡黄色になる。操作はドラフト内で行う。ここで操作を中断して翌日試料を回収してもよい。

脚注

メチル化は乾燥した試料を使うことが原則であるが、ペクチン多糖などのメチル化では少量の水あるいはグリセリン（最大量、5 µL）を加えて試料をゲル状にしてからDMSOを加える。

1.8.2 水酸化ナトリウムを用いるメチル化法

1.8.2.1 NaOH-DMSO溶液の調製

DMSO$^-$調製は時間がかかるので、固体NaOH[5]や50% NaOH[6]を用いるメチル化法が使われる。50% NaOHを用いる方が固体NaOHを用いるより反応が均一であるので、ここでは50% NaOHを用いる方法について述べる。

①ねじ口試験管に50％NaOH（100 μL、Fisher Scientificより市販）とメタノール（200 μL）を入れる。DMSO（6 mL）を加えてボルテックスして約5分間超音波処理する。
②ピペットで上澄みを除く。DMSO（6 mL）を加えて、ペレットを分散させ、低速で遠心分離する。ピペットで上澄みを除く。この操作をさらに3回繰り返す。
③最後に得られたペレットをDMSO（2 mL）に分散してNaOH-DMSO溶液とする。

1.8.2.2　メチル化

①凍結乾燥した試料（約200 μg）をねじ口試験管に秤量する。DMSO（200 μL）を加えて、ボルテックスあるいは超音波処理する。
②NaOH-DMSO（200 μL）とCH$_3$I（30〜100 μL）を加える。ボルテックスあるいは超音波処理（5〜7分）した後、2時間〜一晩撹拌する。
③水（300 μL）を加えて反応を停止し、窒素ガスをバブリングする。

脚注
セルロース溶剤の1つであるSO$_2$-diethylamine-DMSOにセルロースやホロセルロースを溶解して固体NaOHとCH$_3$Iを用いてメチル化すると、多糖を完全メチル化できることが報告されている[7]。

1.8.3　メチル化多糖の回収

透析
メチル化多糖は固相抽出法、あるいはイオン交換水で一晩透析して回収する。メチル化オリゴ糖は固相抽出法により回収する。

固相抽出法による回収 [1]
装置：試験管濃縮装置、ガラス製シリンジ（5 mL）、Sep-Pak® C-18カートリッジ（Waters社）など
試薬：メタノール、ミリQ®水あるいは蒸留水、20％アセトニトリル水溶液（v/v）、100％アセトニトリル、クロロホルムなど
操作
①コンデショニング：シリンジにカートリッジを付けてメタノール（20 mL）で洗浄する。洗浄が終わったら、空気を入れてカートリッジに残ったメタノールを除去する。次に、カートリッジをアセトニトリル（2 mL）で洗浄する。最後に、カートリッジを水（10 mL）で置換する。メチル化多糖やオリゴ糖は50％DMSO水溶液にしておく。
②50％DMSO水溶液をカートリッジにロードする（約1滴/秒）。カートリッジを水（8 mL）で洗浄する。洗浄後、カートリッジに空気を入れてカートリッジに残った水分を除去する。20％アセトニトリル水溶液（8 mL）でカートリッジを洗浄する。メチル化オリゴ糖は20％アセトニトリルにより溶出する可能性があるので、20％溶出液を保存する。カートリッジを100％アセトニトリル（2 mL）で溶出するとメチル化糖が溶出される。アセトニトリル溶液を濃縮してメチル化糖を回収する。

1.8.4　ウロン酸メチルエステルの還元

ペクチンなど酸性糖を含む試料のメチル化分析では、ウロン酸メチルエステルを重水素標識した還元剤で還元して相当する中性糖に変換する。還元試薬としてはリチウムアルミニウムデュテライド（LiAlD$_4$、lithium aluminum deuteride、和光純薬）やスーパーデュテライドテトラヒドロフラン溶液®（1M lithium triethyl borodeuteride、Li(C$_2$H$_5$)$_3$BD、メルク（シグマアルドリッチ））が使われる。Li(C$_2$H$_5$)$_3$BD は製造中止であるので、LiAlD$_4$ を用いる還元について述べる[2]。なお、中性多糖の場合は **1.8.5** に進む。

① メチル化試料をねじ口試験管に秤量して減圧乾燥する。試料をジクロロメタン-ジエチルエーテルに溶かす。
② LiAlD$_4$ を加えて 4 時間還流する。
③ 遠心分離して上澄みを新しい試験管に移す。沈殿をジクロロメタン-ジエチルエーテルで洗浄して洗浄液を上澄み液とあわせて濃縮する。

1.8.5　PMAA の調製と GC、GC-MS による分析[1]

装置

ヒートブロック、ねじ口試験管、試験管濃縮装置など

試薬

重水素化ホウ素ナトリウム(NaBD$_4$)、無水酢酸、無水炭酸ナトリウム(Na$_2$CO$_3$)など。そのほかアルディトールアセテート法で使用する試薬

1.8.5.1　加水分解とアセチル化

加水分解

メチル化試料（約 50〜100 μg）をねじ口試験管に秤量する。2 M TFA（約 250 μL）を加え、1 時間、121℃で加熱する。放冷後、TFA を室温下で除去する。試料が乾燥したら、イソプロパノール（約 250 μL）を加えて、室温下で濃縮、乾固する。

還元

得られた部分メチル化単糖を NaBD$_4$ 溶液（10 mg NaBD$_4$ を 1.5 M アンモニア水、1 mL に溶かした溶液約 250 μL、用時調製）に溶かす。室温下 1 時間放置する。酢酸を 1〜2 滴加えて過剰の試薬を分解する。アルディトールアセテート法で記述した方法によりホウ酸を除去する。

アセチル化

無水酢酸（50〜100 μL）を試験管に加えて、3 時間、121℃加温する（無水酢酸を過剰に使うと、多量の Na$_2$CO$_3$ が中和に必要になる）。回収：試験管を放冷して、水（約 500 μL）を加える。Na$_2$CO$_3$ を少しずつ（約 25 mg）加えて撹拌し、泡が止まったら Na$_2$CO$_3$ を加え、泡がでなくなるまで加える。Na$_2$CO$_3$ が沈殿したら、少量の水を加えて沈殿を溶かす。

抽出

クロロホルム（約 500 μL）を加えてボルテックスし、遠心分離（800 × g、30 秒）する。上層（水層）を除く。クロロホルム層を水洗する（約 500 μL、3 回）。クロロホルム層を濃縮する。試料が乾固したら、アセトン（約 200 μL）を加え、遠心分離して、アセトン層を新しいチューブに移してアセトンを除去する。試料をアセトンに溶かし、1 μL を GC、GC-MS に注入する。

1.8.5.2 PMAA の GC、GC-MS による分析

PMAA の分離には、スペルコ SP-2330 ヒューズドシリカキャピラリーカラム（長さ 30 m、内径 0.25 mm、膜厚 0.2 μm）を使用する。測定条件は次の通りである。昇温プログラム：170℃に 2 分間保持、昇温速度 170〜235℃、4℃/分、235℃で 10 分間保持、注入口および検出器温度：250℃、注入方法：スプリットモード（スプリット比、約 25:1）、検出:FID。FID のファクターは文献 1 の表 V に掲載された値を使う[1]。PMMA のピークを同定する際に役に立つ PMAA 標準物の GC-MS の保持時間を表1.1に示した。保持時間は装置や測定条件により変わるが、溶出順序は変わらない。

表 1.1 部分メチル化、部分アセチル化アルディトールアセテート誘導体の保持時間

保持時間(分)	結合位置[a]	保持時間(分)	結合位置	保持時間(分)	結合位置
11.84	T-Rha	18.01	2,4-Fuc	22.66	4,6-Gal、4-GalA
12.19	T-Ara$f$	18.16	3-Gal	22.8	2,3,4-Glc
12.99	T-Fuc	18.13	4-Man	22.86	3,6-Gal
13.09	T-Ara$p$	18.21	2,3,4-Fuc	23.34	2,6-Gal
13.21	T-Xyl	18.51	2-Gal、6-Man	23.39	3,4,6-Man
14.51	2-Rha	18.60	3,4-Ara$p$、3,5-Ara$f$	24.11	3,4,6-Gal、3,4-GalA
14.57	2-Ara$f$	18.72	6-Glc	24.25	3,4,6-Glc
14.77	3-Rha、4-Rha	18.83	4-Gal	24.76	2,4,6-Man、2,3,6-Man
14.70	T-Man	18.89	2,3-Ara$p$	25.04	2,3,4,6-Man
14.99	T-Glc	19.02	2,4-Ara$p$、2,5-Ara$f$	25.08	2,4,6-Glc
15.18	3-Ara$f$	19.12	4-Glc	25.84	2,3,4-Gal、2,4,6-Gal、2,4-GalA
15.29	3-Fuc	19.44	2,3-Xyl、3,4-Xyl、2,4-Xyl	26.16	2,3,4,6-Gal、2,3,4-GalA
15.61	4-Fuc	19.81	2,3-Man	26.03	2,3,6-Glc
15.70	T-Gal	19.93	3,4-Man	27.09	2,3,4,6-Glc
15.92	2-Fuc	20.05	6-Gal、T-GalA		
15.78	3-Xyl	20.25	2,3-Gal、3,4-Gal		
16.04	4-Ara$p$、5-Ara$f$	20.52	2,3,4-Ara$p$、3,4-Glc		
16.14	3-Ara$p$	20.60	3,4-Glc		
16.24	2-Ara$p$	20.97	2,3-Glc		
16.54	3,4-Rha、3'-Apiose	21.04	2,4-Man		
16.59	2-Xyl、4-Xyl	21.23	2,4-Glc		
16.97	3,4-Fuc	21.30	2,4-Gal		
17.01	2,3-Ara$f$	21.26	2,3,4-Man		
17.09	2,3-Rha	21.41	4,6-Man		
17.57	3-Glc、2,4-Rha	22.01	3,6-Glc、2,3,4-Gal		
17.65	2-Man、3-Man	22.05	3,6-Man		
17.82	2,3,4-Rha	22.12	2,6-Man		
17.89	2,3-Fuc	22.20	2,3,4-Xyl		
17.72	2-Glc	22.40	2,3,3'-Apiose		
		22.43	2,6-Glc、2-GlcA、4,6-Glc		

[a] T-Rha は末端のラムノース、2-Rha は 2 結合したラムノース、f はフラノース、p はピラノース型など。
分析条件：カラム :SP-2330
初期温度：50℃、3 分保持
昇温プログラム：50〜170℃、30℃/分
170〜235℃、4℃/分、235℃、10 分保持
質量分析計：日本電子質量分析計 SX、イオン化電圧　70eV

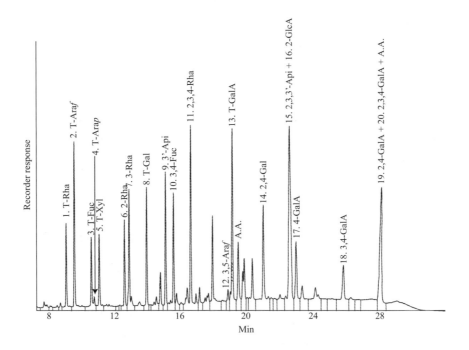
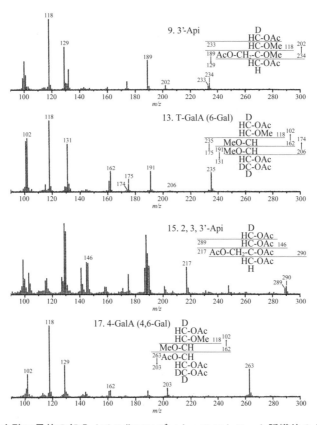

図1.18 RG-Ⅱホウ酸二量体の部分メチル化アルディトールアセテート誘導体のガスクロマトグラム（上段）とピーク9、13、15、17のマススペクトル（下段）

13 T-GalA と **17** 4-GalA ではウロン酸の還元によって生成した（M+2）のフラグメントイオンが観察される（**13**、T-GalA：m/z 235、191、175；**17**、4-GalA：263、203）。

第1章 多糖類の分析 49

なお、PMAA 標準糖の合成法は **1.8.7** を参照されたい。

RG-Ⅱホウ酸二量体（**6.4**）をメチル化分析して得られる PMAA のガスクロマトグラム（**図 1.18** の上段）とアピオースと重水素標識されたガラクツロン酸誘導体のマススペクトル（**図 1.18** の下段）に示した。また、**図 1.18** に示したクロマトグラムの各ピークの PMAA の構造と特徴的な一次フラグメントイオンを**表 1.2** に要約した。中性糖の PMAA のマススペクトルデータは文献3やジョージア大学複合糖質センターのホームページ（https://glygen.ccrc.uga.edu/specdb/ms/pmaa/pframe.html）（最終確認日2022年12月25日）に公開されている。

表1.2　RG-Ⅱホウ酸二量体のメチル化分析によって得られた PMAA 誘導体の構造と特徴的な一次フラグメントイオン

ピーク番号	結合位置[a]	アルディトールアセテート[b]	特徴的な一次フラグメントイオン （ ）内の数字は相対比
1	T-Rha	2,3,4-Me$_3$-Rha	118(80)、131(100)、162(50)
2	T-Ara$f$	2,3,4-Me$_3$-Ara$f$	118(100)、161(45)、162(10)
3	T-Fuc	2,3,4-Me$_3$-Fuc	118(100)、131(80)
4	T-Ara$p$	2,3,4-Me$_3$-Ara$p$	117(95)、118(100)、161(28)、162(30)
5	T-Xyl	2,3,4-Me$_3$-Xyl	117(95)、118(100)、161(28)、162(30)
6	2-Rha	3,4-Me$_2$-Rha	131(100)、234(4)
7	3-Rha	2,3,4-Me$_3$-Xyl	118(100)、131(82)、234(50)、247(5)
8	T-Gal	2,3,4,6-Me$_4$-Gal	118(85)、161(50)、162(40)、205(60)
9*	3'-Api	2,3-Me$_2$-Api	118(100)、189(55)、233(5)、234(12)
10	3,4-Fuc	2-Me-Fuc	118(100)、275(18)
11	2,3,4-Rha	Rhamnitol	146(15)、218(15)、231(25)、290(10)
12	3,5-Ara$f$	2-Me-Ara$f$	118(100)、261(20)
13*	T-GalA	2,3,4-Me$_3$-6,6'[D][c]-Gal	118(100)、162(32)、191(35)[c]、235(35)[c]
14	2,4-Gal	3,6-Me$_2$-Gal	190(70)、233(50)[c]
15*	2,3,3'-Api	Apiitol	146(40)、217(35)、289(9)、290(10)
16	2-GlcA	3,4-Me$_2$-6,6'[D][c]-Glc	190(52)、191(40)[c]、234(4)、235(5)[c]
17*	4-GalA	2,3-Me$_2$-6,6'[D][c]-Gal	118(100)、162(12)、263(40)[c]
18	3,4-GalA	2-Me-6,6'[D][c]-Gal	118(100)、219(2)[c]、291(5)[c]
19	2,4-GalA	3-Me-6,6'[D][c]-Gal	190(60)、263(45)[c]
20	2,3,4-GalA	6,6'[D][c]-Gal	218(70)、219(50)[c]、290(60)、291(40)[c]
	AA	Hexose alditol acetate	145(60)、146(50)、217(45)、218(50)、289(40)、290(40)

[a] T-Rha：非還元末端のラムノース、2-Rha：2位で枝分かれのラムノースなど
[b] 2,3,4-Me$_3$-Rha：1,4-di-O-acetyl-2,3,4-tri-O-methylrhamnitol など
[c] ウロン酸を重水素標識して還元したカルボキシ基に由来
* を付けたピーク番号のマススペクトルを**図 1.18** の下段に示した
なお、それ以外のものは文献3やジョージア大学複合糖質センターのホームページに公開されているので、それらを参照。

脚注
①一部の部分メチル化糖は揮発性が高いので、メチル化分析では室温で濃縮する。
② PMAA のフラグメントイオンから C-1 のアルデヒド基と C-5 あるいは C-6 の一級アルコールを区別する。そのため NaBH$_4$ ではなく、NaBD$_4$ を使って還元する。

③アルディトールアセテート法で計算した構成糖比とメチル化分析から計算したそれがほぼ同じであれば、メチル化分析は成功したと判断できる。もし、メチル基を含まないアルディトールアセテート由来のピークが多量に検出されたら、不完全メチル化である。不完全メチル化物は、Sep-Pak® に吸着されやすいので、Sep-Pak® を用いるメチル化糖の回収ではアルディトールアセテート由来のピークは少なくなる傾向がある。透析チューブを使った回収では、不完全メチル化物も回収されるため、メチル化反応の程度が推測できる。著者は主に透析でメチル化物を回収している。

1.8.6 酸性多糖のウロン酸残基の還元

1.8.4 では酸性多糖をメチル化したのち還元する方法について述べたが、ウロン酸残基はメチル化反応中 β-脱離を受けるので、メチル化に先立ってウロン酸残基を還元してメチル化する方法が使われる。しかし、不溶性多糖類の場合は、反応が不均一になるので注意が必要である。ウロン酸メチルエステルはカルボジイミド処理中に分解するため、予めケン化してからカルボジイミド還元する。

メチルエステルのケン化[2]とカルボジイミド還元[4]

①試料（約 5 mg）を 0.1 M NaOH 水溶液に溶解して 4℃、4 時間放置する。酢酸で中和して一晩透析する。ケン化した試料を凍結乾燥する。

②ケン化試料を水（約 1 mL）に溶かす。MES 緩衝液（0.2 M、pH 4.7、約 200 µL）を加える。カルボジイミド試薬（500 mg/mL、約 400 µL）を加えてボルテックスする。25～30℃下 3 時間放置する。

③4 M イミダゾール-塩酸緩衝液（pH 7.0、約 1 mL）を加えて氷冷する。$NaBD_4$ 溶液（70 mg/mL、約 1 mL）を加える。3 時間あるいは一晩室温に放置する。酢酸を加えて過剰の試薬を分解する。試料を一晩透析して凍結乾燥する。

1.8.7 部分メチル化アルディトールアセテート標準物の合成

メチル化分析において複雑な GC のピークや GC-MS のスペクトルを解析するとき、標準物があれば容易にピークを同定できる。そこで、部分メチル化アルディトールアセテート標準物の合成法について述べる[8]。

①メチルグリコシドの合成

ペントース（アラビノース、キシロース 10.3 mg）、デオキシヘキソース（フコース、ラムノース、11.25 mg）、ヘキソース（マンノース、ガラクトース、グルコース、10 mg）をねじ口試験管に秤量する。1 M メタノール-塩化水素溶液（1 mL）を加えて 80℃下 90 分加熱する。試験管濃縮装置を使ってメタノール-塩化水素を除去する。

②箱守法による部分メチル化

メチルグリコシド（ペントースでは 11 mg、ヘキソースでは 10 mg）を秤量する。DMSO（150 µL）と K^+DMSO^-（2.5 M 濃度なら約 65 µL：糖の水酸基あたり 2/3～3/4 モル比になる量）を加えて 10 分間撹拌する。氷冷して CH_3I（65 µL）を加えて 10 分

間撹拌する。試験管濃縮装置を使って CH_3I を除去する。操作はドラフト内で行う。

③メチル化されなかった水酸基のアセチル化

1-メチルイミダゾール（100 µL）と無水酢酸（1 mL）を加えて撹拌する。10分間放置する。水（約 5 mL）を加える。クロロホルム抽出する（1 mL、2 回）。クロロホルム層を水洗する（約 1 mL、4 回）。試験管濃縮装置を使ってクロルホルム層を濃縮する。

④加水分解

2 M TFA（約 200 µL）を加えて 121℃下 30 分間加水分解する。TFA をイソプロパノールと共沸して除去する。

⑤還元

1.8.5 の PMAA 法に記述したように $NaBD_4$ を使用して還元し、ホウ酸を除去する。

⑥アセチル化

酢酸（50 µL）、酢酸エチル（250 µL）、無水酢酸（750 µL）、60％過塩素酸（58 µL）を加えてボルテックスし、5 分間放置する。水（2.5 mL）と 1-メチルイミダゾール（50 µL）を加えてボルテックスする。クロロホルム抽出する。クロロホルム層を水洗する（約 2 mL、3 回）。クロロホルム層を濃縮する。

PMAA 標準物の GC と GC-MS 分析は上述した PMAA 分析と同様に行う。

参考文献

1) York, W.S. et al. (1985) *Methods in Enzymol.* **118**, 3-40
2) Selevendran, R.R. & Stevens, B.J.H. (1986) Modern Methods of Plant Analysis, vol. 3, Linskens, H.F. & Jacson, J.F. eds., Springer-Verlag, p. 23-46
3) Carpita, N.C. & Shea, E.M. (1988) Analysis of Carbohydrates by GLC and MS, Biermann, C.J. & McGinnis, G.D. eds., CRC Press, p.157-235
4) Pettolino, F. A. et al. (2012) *Nature Protocols* **7**, 1590-1607
5) Ciucanu, I. & Kerek, F. (1984) *Carbohydr. Res.* **131**, 209-217
6) Wang, H. et al. (1995) *Tetrahendron Lett.* **36**, 2953-2956
7) Isogai, A. et al. (1985) *Carbohydr. Res.* **138**, 99-108
8) Doares, S.H., et al. (1991) *Carbohydr. Res.* **210**, 311-317

（石井　忠）

第 2 章　機器分析

2.1　NMR 分析

2.1.1　NMR による糖鎖の構造解析

　核磁気共鳴（NMR）分光分析は、磁石の作る磁場の中に入れた試料に電磁波を照射することにより、試料分子中の ^1H や ^{13}C 等の原子核がその磁気回転比と分子内の電子的環境を反映した周波数の電磁波を吸収し、その後そのエネルギーを放出して元のエネルギー状態に戻る共鳴現象を観測して、試料中の化合物の同定や構造解析を行う分析法である。NMR 分光分析に関する原理や専門用語に関しては、NMR の入門書、例えば参考文献の 1～3 を参考にしていただきたい。ここでは、NMR に関しての基礎知識を持った読者を対象として、NMR による糖鎖の構造解析を行うための基本的な手順について記述する。

2.1.1.1　NMR 測定用試料の調製

溶媒

　糖鎖試料は水溶性なので、NMR 測定用の溶媒としては重水（D_2O）を用いるのが一般的である。糖は水分子と水素結合しており、そのまま D_2O に溶解させるとその結合水の ^1H と溶媒の水の D が交換して生じる HDO のピークが目的シグナルの観測を妨げ、位相の歪みを生み出す原因となる。そこで HDO のシグナルを小さくするには、試料を D_2O に溶解させた後、凍結乾燥を繰り返すのがよい。特に高分解能 NMR を用いた微量糖鎖の分析において、この操作は効果的である。それでも除けない HDO のシグナルは、presaturation パルスによって消去する。水に溶けない糖鎖試料の場合は、アセチル化後に重クロロホルムに溶解して NMR の測定を行う方法もある。

試料溶液と試料管

　溶媒に溶解した試料は、NMR 測定用試料管に入れて NMR 装置にセットする。標準サイズの試料管は外径 5 mm のもので、必要な試料溶液量は約 0.7 mL である。NMR は質量分析に比べると極めて感度が悪いので、なるべく濃い溶液を使用して測定することが望ましい。一般に、^1H NMR の測定には数ミリモルの濃度、^{13}C NMR の測定には数十ミリモルの濃度の溶液が必要となる。NMR 法は非破壊分析法であり、測定時に試料が失われることがないので、試料量が少ない場合は全量を 0.7 mL の測定用溶媒に溶解する。それでも濃度が足りずシグナル/ノイズ比（S/N 比）のよいシグナルが得られない場合は、さらに液量を少なくし、小容量用のマイクロセルを使用

することで、できるだけ試料が薄まらないようにして測定をする。一方、試料が多い場合、試料濃度を濃くしすぎて粘度の高い溶液になるとシグナルの線幅が広くなるので、シャープなシグナルが得られる程度まで希釈して測定を行う。

化学シフト標準の添加

重水を溶媒とする場合、化学シフトの内部標準物質には、一般に DSS (4,4-dimethyl-4-silapentane-1-sulfonic acid) が用いられる。しかしながら、微量糖鎖の分析の場合、試料を再利用する際に DSS の除去法が問題となることがある。そこで、蒸留により容易に除去できる tert-ブタノール（δ_H 1.230 ppm、δ_C 31.20 ppm）やアセトン（δ_H 2.225、δ_C 31.45）を内部標準物質として用いることができる。^{1}H NMR 測定において tert-ブタノールはメチル基の観測を、アセトンはアセチル基の観測を阻害する場合がある。したがって、一通り NMR スペクトルの測定が終了してから内部標準物質を添加し、改めて一次元スペクトルを測定し、化学シフト値を合わせるのがよい。

2.1.1.2 一次元 NMR スペクトルの測定と解析

一次元 ^{1}H NMR スペクトルの測定

測定にあたり、試料の温度を一定にするために温度制御装置を稼働させる。常にヒーターとサーモスタットで安定的に温度制御が出来るよう測定温度は装置の設置してある部屋より数℃高めに設定するとよい。ただし、温度によりスペクトルが大きく変化する場合は、予備測定により観測したいシグナルが分解能よく観測できる温度を見つけて設定を行う。試料を検出器の中にセットした後、磁場ロック用のシグナルを使って周波数のチューニングを行い、磁場ロックをかけ、分解能を調整する。

まず一次元 ^{1}H NMR スペクトルの測定を行ってスペクトル全体の様子と分解能の確認を行う。

各スペクトルの測定は NMR 装置のマニュアルに従って行うが、試料の濃度が薄い場合は S/N 比を大きくする、すなわちシグナルに対してノイズを小さくするためにスペクトルの積算を行う。

一次元 ^{1}H NMR スペクトルの解析

一次元 ^{1}H NMR スペクトルからは、糖鎖を構成する糖の数や種類の情報が得られる。還元末端がフリー（無保護）な糖鎖を測定した場合は、α-アノマーとβ-アノマー由来のシグナルがそれぞれ観測されるため、事前に還元末端の還元もしくはピリジルアミノ化（7.1.4、7.2.5）などのラベル化を行う必要がある。糖のシグナルは一般的に 3.2〜5.5 ppm に観測されるが、3.2〜4.3 ppm の領域は 2 位から 6 位のシグナルが重なり合うので解析が難しい（図 2.1）。そこでまず、シグナルの重なりが少ないアノメリック位の ^{1}H が観測される 4.5〜5.5 ppm に注目する。アノメリック位の ^{1}H のシグナルの本数からは、糖鎖を構成する糖の数を推測することができる。また ^{1}H NMR の場合、シグナル強度が ^{1}H 数と比例するので、シグナルが重なり合った部分

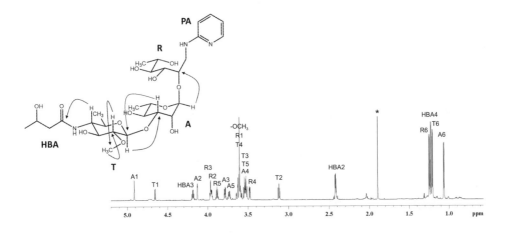

図 2.1 還元末端をピリジルアミノ化した修飾糖鎖の一次元 ^{1}H NMR スペクトル（共鳴周波数は 800 MHz）の例
スペクトル中の文字と数字は、シグナルの帰属を示す。A、R、T は構造式中の各構成糖を表し、HBA は 3-hydroxybutanamide 修飾基を示す。文字の後の数字は各糖や修飾基における位置番号。構造式中の矢印は、図 2.2 の HMBC スペクトル中に観測される HMBC 相関を示す。＊は夾雑物由来のピーク　（文献 4 より転載）

に関しても、分離した 1 つの ^{1}H シグナルの面積強度との比較から、そこにシグナルを持つ ^{1}H 数を知ることができるので、スペクトルの面積積分の情報は有用である。

　アノメリック位（1 位）の ^{1}H のシグナルの分裂幅、すなわち 2 位の ^{1}H との結合定数（$^3J_{\text{H1-H2}}$）は、Karplus 式に則り 1 位と 2 位の ^{1}H の二面角 ϕ を反映する。結合定数が大きく 8 Hz 位であれば 1 位と 2 位の ^{1}H は共に axial の関係であると考えられる。結合定数が小さく 2 Hz 位であれば 1 位と 2 位の ^{1}H は axial と equatorial の関係であると考えられる。このことより、その糖が α 型であるか β 型であるかを推測することができる場合も多い。α 型と β 型における 1 位－2 位間の ^{1}H の結合定数に大きな差がないマンノースやラムノースのような場合は、後述する ^{13}C NMR スペクトルにおける 1 位の ^{13}C の化学シフトや、1 位の ^{13}C とそれに直接結合する ^{1}H 間の結合定数（$^1J_{\text{C1-H1}}$）から α 型か β 型を推測する。

　糖において、1 位以外は一般に、隣接する 2 つの炭素それぞれに ^{1}H がひとつずつ結合しているので、また、メチレン炭素に結合している ^{1}H どうしもスピン結合（カップリング）しているので、^{1}H は 2 つの結合定数を持って分裂する。そのためシグナルが混み合っている領域においては、各 ^{1}H の結合定数を求めるのが難しいことも多い。各 ^{1}H の結合定数を求めて、それから推測される ^{1}H の相対立体配置から糖の同定を行いたい場合は、1 位の ^{1}H から順にデカップリングを行い、スペクトルの変化から、2 位以下の ^{1}H の化学シフトと結合定数を求めてゆくという方法がある。ただし、シグナルの重なりが多く、またスピン結合している ^{1}H どうしの化学シフトが近

い場合には、デカップリング法によっても結合定数を正確に求めるのは難しい。

糖のシグナルが一般に観測される 3.2～5.5 ppm 以外の領域にシグナルが認められる場合がある。1.0～1.4 ppm あたりに 3H 分のシングレットシグナルが観測される場合は、ラムノースやフコースのようなメチル基を有するデオキシ糖の存在が予想される。構成糖の水酸基がメチル化されている場合は 3.7 ppm 前後に、またアセチル化されている場合は 2 ppm 付近に、メチル基に由来する 3H 分のシングレットシグナルが観測される。メチル基やアセチル基以外の修飾基の存在も、そのシグナルから同定することができる。

一次元 ^{13}C NMR スペクトルの測定と解析

試料の量が十分あれば ^{13}C NMR スペクトルの測定を試みる。実際には、^{13}C NMR スペクトルの測定のためには、^{13}C 用に検出器をチューニングする必要があるので、^{1}H を検出核種とする二次元 NMR 測定が一通り終了した後に ^{13}C NMR スペクトルの測定を行う。^{13}C NMR は ^{1}H NMR に比べてさらに感度が低いが、共鳴領域が広くシグナルが広範囲にばらけるためシグナルの分離が良く、また ^{1}H 完全デカップリング法で測定すれば、スピン結合によるシグナルの分裂はなく、1 炭素 1 ピークとなるので、ピークの本数から、糖鎖に存在する炭素数を容易に知ることができる。さらに、^{1}H の結合していないカルボン酸などの官能基の存在を知ることができ、ウロン酸等の同定に役立つ。

試料の量が十分でなく、長時間の積算を行ってもノイズとシグナルの区別が可能な ^{13}C NMR スペクトルが得られない場合は、^{13}C のシグナルの位置を後述の ^{1}H-^{13}C 相関二次元 NMR スペクトルから求める。

2.1.1.3 二次元スペクトルの測定と解析

糖鎖を構成する各糖の ^{1}H シグナルの同定

一次元スペクトルだけでは、標品との比較によって糖鎖の構成糖の同定は可能であっても、隣接する糖との結合位置に関する情報等は十分に得られないので、^{1}H の一次元のスペクトルに次いで、二次元 ^{1}H NMR スペクトルの測定を行う。まず COSY（correlation spectroscopy）を測定し、1 位のシグナルを起点に、その糖内の隣接する炭素に結合している ^{1}H のシグナルを帰属してゆく。この場合、シグナルの線幅が細くなる DQF-COSY（double quantum filtered-COSY）を用いるのがよい。さらに DQF-COSY ではシグナル内の正負のピーク間隔から結合定数を求めることができ、一次元 ^{1}H NMR スペクトル解析で困難であったシグナルが混み合った領域の解析にも有利である。

さらに、同じスピン系に属する ^{1}H を同時に検出できる TOCSY（totally correlated spectroscopy）も、各構成糖の ^{1}H シグナルの同定に有用である。DQF-COSY でもシグナルが重複する領域でのシグナルの帰属が困難な場合は、分離がよい 1 位のシグナル

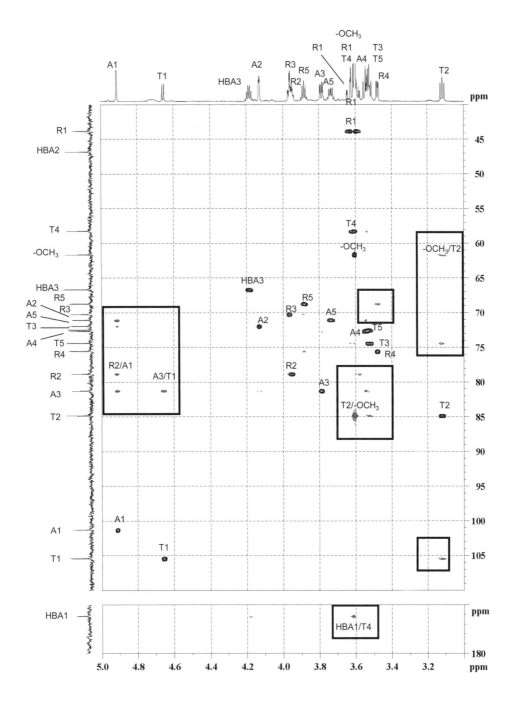

図 2.2 還元末端をピリジルアミノ化した修飾糖鎖の ^{1}H-^{13}C 相関スペクトルの例
HSQC スペクトルに HMBC スペクトルを上書きしており、四角で囲った部分のピークが HMBC 相関ピーク。 HMBC では、構成糖間や糖と修飾基の間の相関ピークが見られる。スペクトル中の文字と数字は、シグナルの帰属を示す。**A, R, T** は図 2.1 の構造式中の各構成糖を表し、**HBA** は 3-hydroxybutanamide 修飾基を示す。文字の後の数字は各糖や修飾基における位置番号。二次元スペクトルの横軸が ^{1}H スペクトル軸、縦軸が ^{13}C スペクトル軸となるので、それぞれの一次元スペクトルを上と左に張り付けてある。(文献 4 より転載)

を起点として、TOCSY スペクトル上のシグナルの並びから、同じ構成糖上の ^{1}H のシグナルを見つけてゆく。それぞれのシグナルが何位のものであるかの帰属については、TOCSY スペクトル上で見つけた同じ糖内のシグナルを DQF-COSY 上での相関をたどって順につないでゆくことで行える。

なお、グルコースの6位など -CH$_2$OH 基のメチレンに関しては、2つの ^{1}H が立体配置の固定により非等価となり、異なる化学シフトを有する場合が多い。この geminal な2つの ^{1}H の同定については、スピン結合定数が 10 Hz 以上の大きな値を取ることで確認ができる。

糖鎖を構成する各糖の ^{13}C シグナルの同定

^{1}H のシグナルの帰属が終了した後、^{13}C のシグナルの帰属を HSQC (heteronuclear single quantum coherence) を用いて行う。この ^{1}H-^{13}C 相関二次元スペクトルでは、^{1}H とそれが直接結合している ^{13}C のシグナルの組み合わせがわかるので、^{1}H シグナルの帰属ができていれば、その情報を用いて ^{13}C シグナルの帰属が可能になる（図 2.2）。同じ炭素に結合している ^{1}H のシグナルの対もこのスペクトル上で検出できるので、メチレンの geminal ^{1}H の帰属も容易にできる。

糖の結合位置の決定

糖どうしの結合位置の決定には、NOESY (NOE correlated spectroscopy) を用いることができる。NOESY においては、スピン結合を介していなくとも空間的に近い位置にある ^{1}H 間に相関ピークが得られるので、隣接する糖のアノメリック位と結合がある位置の ^{1}H 間に相関ピークが見られ、2つの糖がどの位置で結合しているかを知ることができる。また、ピラノースやフラノース環の同じ側にある ^{1}H 間にも NOE 相関ピークが観測されるので、糖における ^{1}H の立体配置や立体配座の決定にも利用できる。

糖の結合位置の同定は、HMBC (heteronuclear multiple-bond connectivity) スペクトルからも行える。この ^{1}H-^{13}C 相関二次元スペクトルでは、3つの結合を介した ^{1}H と ^{13}C の間に相関ピークが観測されるので、アノメリック位の ^{1}H と結合がある隣の糖残基の位置の ^{13}C 間、またアノメリック位の ^{13}C と結合がある隣の糖残基の位置の ^{1}H 間の相関ピークを見出すことにより、結合位置を決定することができる（図 2.2）。また、メチル基やアシル基などの修飾基がある場合、その結合位置も、メチル基やカルボニル基と糖の結合位置の間に見られる HMBC 相関から決定できる。

参考文献

1) 竹内敬人、加藤敏代、角屋和水（2005）初歩から学ぶ NMR の基礎と応用、朝倉書店
2) 安藤喬志、宗宮創（1997）これならわかる NMR―そのコンセプトと使い方―、化学同人
3) 福士江里、宗宮創（2007）これならわかる二次元 NMR、化学同人

4) Konishi, T. et al. (2009) *Carbohydr. Res.* **344**, 2250-2254

（吉田　充・知久和寛）

2.1.2　NMR によるリグニンの化学構造解析

　リグニンの NMR スペクトルを読み解くために、従来、リグニンだけではなく多糖類の NMR 化学シフト値や単離リグニンの調製法に精通する必要があった。これは一次元 NMR スペクトルでは、リグニン由来のピーク同士の著しい重なりや、リグニンと残存する多糖類のピークの重なりが避けられないためである。しかし 1991 年に Fukagawa ら[1]がリグニンの ^{1}H-^{13}C 二次元 NMR スペクトルを報告して以来、この問題は大幅に解消された。さらに NMR 装置や測定法が発展し、リグニンモデル化合物の NMR データが蓄積されると共に、さかんに ^{1}H-^{13}C 二次元 NMR 測定が行われるようになった。現在ではその一つ、HSQC 測定（heteronuclear single quantum coherence）がリグニンの定性的 NMR 解析を行う際の主流になりつつある。

　HSQC スペクトルでは、リグニン側鎖の γ 位の相関ピークを除けば、残存する多糖類を含め、多くのピークが程よく分離する。主要な部分構造のピークについては、下記の**表 2.1** のリグニンモデル化合物の NMR 化学シフト値と比較することで帰属できる。ただし、HSQC 測定で観測されるシグナルは炭素に水素原子が直接結合した構造のみ（一～三級炭素）に由来するため、ビフェニル型構造の 5 位などの四級炭素は観測できない。また、HSQC スペクトルを詳細に解析したい場合には、目的に応じて HMBC（heteronuclear multiple-bond correlation）や HSQC-TOCSY（heteronuclear single quantum coherence totally correlated spectroscopy）測定等を利用できる。

　^{13}C 標識した細胞壁試料の NMR 示差スペクトルから、通常の NMR 測定では得ることのできない情報を引き出すことができる[2,3]。α、β、γ 位をそれぞれ選択的に ^{13}C 標識したコニフェリンをイチョウに投与し、それら ^{13}C 標識イチョウ試料の NMR スペクトル（HSQC または ^{13}C NMR）から非標識コニフェリン投与試料のスペクトルを差し引き、示差スペクトルを得る。これにより各種 NMR シグナルがリグニン側鎖 α、β、γ 位のどの炭素に由来するのかが明らかになり、過去に行われた帰属の信頼性が大きく向上した。また、未知のピークが α、β、γ 位のどの炭素に由来しているのかを調べることができるため、この手法は新規の化学構造を明らかにするための解析手段の一つに位置づけられる。

　また、リグニンの定量的解析を行う場合、通常の HSQC 測定では定量性は確保できないが、定量解析を目的としたパルスシーケンスも開発されつつある。現在の主流は、一次元 NMR 測定（^{1}H NMR、^{13}C NMR）である。定量目的の ^{1}H NMR 測定では、一般の低分子化合物と同様に、通常、パルス照射前の待ち時間を緩和時間の 5 倍以上（$\geqq 5T_1$、90°のフリップ角の場合）に設定する。定量的 ^{13}C NMR 測定は、逆ゲー

ト付きデカップリングモードで測定し、待ち時間は試料の緩和時間を考慮して設定するが、測定時間が長くなり実際的でないため、緩和試薬［クロム（Ⅲ）アセチルアセトナート、$Cr(CH_3COCHCOCH_3)_3$］を添加してリグニン試料の緩和時間を短縮する方法が用いられる[4]。水酸基等の官能基定量を含め、リグニンの一次元NMR測定については、成書があるので、そちらを参照されたい[5,6]。

一次元NMRスペクトルと同様に、^{1}H-^{13}C 二次元NMRスペクトルにおいても、ピークの帰属は、リグニンモデル化合物の化学シフト値との一致を基本として行われてきた。このため、今後もモデル化合物の合成研究が新規化学構造を解明するために不可欠であると考えられる[7]。ここでは、リグニンのHSQCスペクトルの主要なピークについて、モデル化合物の化学シフト値に基づいて帰属する方法を述べる。まず、リグニンおよび細胞壁試料のアセチル誘導体化物の調製法を、次にそれらを重クロロホルム溶媒で測定してHSQCスペクトルを得た後、主要なピークをβ-O-4やβ-5等の部分構造に帰属する方法を示す。アセチル化した試料を用いると、非誘導体化試料に比べて側鎖構造のシグナルが広い領域に散在する利点がある。特にβ-O-4構造のα位のプロトンが低磁場側へ大きく$\Delta\delta$ 1 ppmシフトする。これに伴いHMBCやHSQC-TOCSY測定を行う際にも、相関ピーク同士がよく分離されてスペクトルの解釈が容易になる。

器具、機器
① NMR装置
② テフロン®ライナーネジ蓋付きバイアル瓶（4 mL）
③ シリンジ
④ マグネチックスターラー
⑤ 撹拌子
⑥ 三角フラスコ（300または500 mL）
⑦ メンブレンフィルター（親水性テフロン®タイプ、0.20 µm、型番 H020A047A、アドバンテック東洋社）
⑧ 減圧ろ過器（KG-47、アドバンテック東洋社）
⑨ アスピレーターまたはダイアフラムポンプ
⑩ ガラス棒（20 cm）
⑪ スパーテル
⑫ 真空乾燥機
⑬ NMR試料管

試薬類
ピリジン、無水酢酸（Ac_2O）、ジメチルスルホキシド（DMSO）、1-メチルイミダゾール（NMI）、重クロロホルム

操作
①単離リグニン（milled wood lignin、MWL）のアセチル化
　バイアル瓶に 100 mg の MWL および撹拌子を加える。ピリジン（1.5 mL）および無水酢酸（0.5 mL）を加え、この溶液を室温で一晩（約 15 時間）撹拌する。300 mL 三角フラスコに超純水またはイオン交換水（≧ 220 mL、アセチル化溶液の 100 倍量以上）および撹拌子を加え、氷冷、撹拌の下、アセチル化溶液をパスツールピペットで滴下する。少量のピリジン（0.2 mL）を用いて、バイアル瓶に残存する全てのアセチル化溶液を滴下する。撹拌子を取り出し、不溶物が沈降するまで 15 分程静置する。得られた懸濁液をメンブランフィルター付き減圧ろ過器でろ過する。ろ過速度が遅い場合には、フィルター表面の不溶部をガラス棒で軽く擦ってろ過を促す。さらに 100 mL の超純水を通してろ過後の残渣を洗浄する。残渣を秤量済みのバイアル瓶に回収後、減圧乾燥して、約 120 mg の淡黄色〜黄褐色のリグニンアセチル化物を得る。50 mg をバイアル瓶に量り取り少量の重クロロホルムに溶かした後、5 mm 径の NMR 管に定量的に移し、液量を NMR 管の底から高さ約 4 cm になるよう重クロロホルムを加え、蓋をして NMR 測定試料とする（約 0.1 g/mL 濃度）。

②磨砕した細胞壁試料のアセチル化[8]
　ボールミルで磨砕した木粉または細胞壁試料（100 mg）、および撹拌子をバイアル瓶に加える（**注 1**）。DMSO（2 mL）および NMI（1 mL）を加え、室温で一晩撹拌し溶解させる（**注 2**）。アセチル化剤として Ac_2O（0.5 mL）を加えてさらに 1.5 時間撹拌する。500 mL 三角フラスコに 350 mL の超純水（またはイオン交換水）および撹拌子を加え、撹拌の下、アセチル化溶液を滴下する。バイアル瓶に残存するアセチル化溶液を、少量の DMSO（0.5 mL）を用いて希釈し、同様に滴下する。フラスコから撹拌子を取り出し、不溶物が沈降するまで 10 分程静置する。メンブランフィルター付き減圧ろ過器を用いて、先ず内容物の半分（上澄み）を、続けて残りの半分を軽く振とうした後、ろ過する。この際、フィルター表面の不溶部をガラス棒で軽く擦ってろ過を促す。さらに 100 mL の超純水（またはイオン交換水）でろ過後の残渣を洗浄する。残渣が生乾きのうちに秤量済みのバイアル瓶に回収する。これを減圧乾燥して、約 130 mg の黒褐色のアセチル化細胞壁を得る。上記 MWL のアセチル化試料の調製過程と同様に、アセチル化試料 50 mg を重クロロホルムに溶かして NMR 測定試料を調製する。

NMR（HSQC）測定
① HSQC 測定条件（600 MHz 装置）
試料濃度：約 0.1 g/mL、F2（1H）：観測範囲 10.5〜−0.5 ppm、測定データポイント数 2048 pt（**注 3**、デジタル分解能 6.4 Hz/pt）、取り込み時間（AQ）140 ms（装置やプローブの種類に依存）、パルス系列間の待ち時間（D1）1.0 s かそれ以上。F1（^{13}C）：

観測範囲：200～0 ppm（または 160～0 ppm）、測定データポイント数：512 pt（デジタル分解能 58.8 Hz/pt）、積算回数：約 80 回、測定時間：約 12 時間（**注4**、低温プローブ付の場合は積算回数約 16 回、測定時間：約 3 時間）。

② HSQC 測定後のデータ処理

　化学シフトはテトラメチルシラン（0 ppm）、または溶媒の残存クロロホルム（δ_C 77.0、δ_H 7.26 ppm）を基準にする。線形予測により FID をゼロに収束させる（特に F1 側）。線形予測とゼロフィリングの組み合わせでスペクトルのデータポイント数を 2048 × 1024 pt にする。F2 と F1 側共に squared sine-bell や shifted sine-bell 等のウィンドウ関数をたたみこむ。フーリエ変換後に、位相補正を行い、等高線表示でスペクトルを表示する。等高線の下部の設定は、ベース面のノイズレベルよりも若干上に設定する。

　HSQC-TOCSY や HMBC 測定を行う場合にも、HSQC と同様の試料濃度、観測範囲、分解能で測定できる。ただし、リグニン試料の HMBC 測定の際には、^{1}H-^{13}C 核間ロングレンジ J カップリングに相当する HMBC delay time($^n J_{CH}$) を 6.25 Hz {1/($2^n J_{HC}$)：80 ms} 程度に設定すると良好なスペクトルが得られることが多い。

ピークの帰属

　HSQC スペクトルのピークをモデル化合物の NMR 化学シフト値と比較して帰属する。例として**図 2.3** に針葉樹リグニン、広葉樹リグニン、および広葉樹の磨砕木粉の HSQC スペクトルを示す。観測されたピークをモデル化合物の化学シフト値と比較して帰属する。**表 2.1** に示したモデル化合物の値は、リグニン試料と同様に、アセチル化試料を重クロロホルム溶媒で測定して得た値である。誘導体化なしの場合や測定溶媒が異なる場合は化学シフト値が異なるため、この表は利用せずに、リグニン試料と同じ条件で測定したモデル化合物の化学シフト値を用いる。**9 章**データーベース（9.4）に、異なる条件で測定したモデル化合物の化学シフト値について、利用可能なデータベースと参考文献を示したので、こちらを参照されたい。

注1：磨砕には、できればスチール製ではなくジルコニア製容器の使用が望ましい。スチール製容器で調製した磨砕試料から良好なスペクトルが得られない場合には、小型のネオジム磁石を用いて同アセチル化試料の重クロロホルム溶液から容器由来の金属をいくらか取り除くと、極端に早かった FID の減衰が回復することがある。

注2：細胞壁試料の磨砕処理が十分でないと、溶解せずに懸濁液となる。その場合、アセチル化後も重クロロホルムに溶解しないため、再度、細胞壁試料を磨砕して試料を調製し直す。

注3：実数部と虚数部の合計のデータポイント数を表記した（Varian、Bruker 社）。JEOL 社では実数部のデータポイント数表記で、半分の 1024 pt（F2 側）に相当。

注4：リグニンの NMR 測定では、分解能よりも感度が重要となることが多い。現

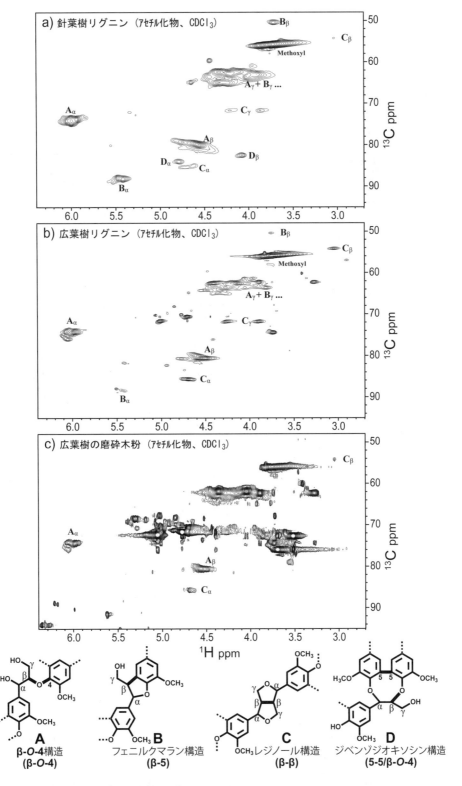

図 2.3 アセチル化したリグニン試料の HSQC スペクトル
a) 針葉樹リグニン (MWL)、b) 広葉樹リグニン (MWL)、c) 広葉樹の磨砕木粉
ピークの添字は結合型とその側鎖構造の部位を表す：例) A_α：β-O-4 構造の α 位

表2.1　リグニンモデル化合物の ^{1}H および ^{13}C 化学シフト値と、針葉樹および広葉樹リグニンのピークの帰属（試料：アセチル化物、溶媒：重クロロホルム）

リグニン試料* （δ_{1H}/δ_{13C},ppm）	帰属		モデル化合物（δ_{1H}/δ_{13C},ppm） 下記のカッコ内は芳香核型**	引用文献***
3.91,4.25/71.7（針） 3.90,4.26/71.8（広）	Resinol構造(β-β)のγ位		3.92&4.27/71.95（GG）, 3.95&4.31/72.11（SS）	R#109（GG）,R#123（SS）
3.08/54.3（針） 3.05/54.2（広）	Resinol構造(β-β)のβ位		3.08/54.36（GG）, 3.09/54.42（SS）	同上
4.70/85.2（針） 4.70/85.7（広）	Resinol構造(β-β)のα位		4.78/85.50（GG）, 4.77/85.85（SS）	同上
4.33/65.0（針） 4.36/64.8（広）	Phenylcoumaran構造(β-5)のγ位		4.33&4.44/---（GG）, ---/65.22（GG）, ---/65.43（SG）	L#2c（GG）,R#2005（GG）,R#187（SG）
3.75/50.5（針） 3.75/50.4（広）	Phenylcoumaran構造(β-5)のβ位		3.82/---（GG）, ---/50.36（GG）, ---/50.62（SG）	同上
5.49/88.1（針） 5.43/88.3（広）	Phenylcoumaran構造(β-5)のα位		5.47/---（GG）, ---/87.91（GG）, ---/88.44（SG）	同上
Unresolved	Dibenzodioxocin構造のγ位		4.05&4.51/63.48（GGG）, 4.08&4.49/63.93（GGG）	Ka（GGG）,R#278（GGG）
4.11/82.5（針）	Dibenzodioxocin構造のβ位		4.16/82.37（GGG）, 4.14/82.76（GGG）	同上
4.83/84.0（針）	Dibenzodioxocin構造のα位		4.86/84.01（GGG）, 4.85/84.45（GGG）	同上
4.16,4.37/62.4（針） 3.99,4.23/63.1（針） 4.14,4.40/62.6（広）	β-O-4構造のγ位	erythro	4.23&4.42/---（GG）, 4.23&4.43/62.82（GG）, 4.25&4.46/62.55（GG）, ---/62.5（GS）, 4.27&4.44/---（SG）, 4.29&4.46/62.6（SG）, 4.28&4.45/62.91（SG）, ---/62.8（SS）, ---/62.73（SS）, ---/62.69（SS）, 4.14&4.37/62.4（GGpolymer）, 4.17&4.42/62.8（SSpolymer）	H#1a（GG）, R#3（GG）, H#1b/R#214（GG）, S#12c（GS）, H#3a（SG）, H#3b/S#14c（SG）, H#3c/R#213（SG）, S#15c（SS）, R#229（SS）,R#230（SS）,Ki#2a（GG$_{polymer}$）, Ki#2b（SS$_{polymer}$）
		threo	4.06&4.32/63.09（GG）, 4.04&4.30/62.99（GG）, ---&4.29/63.84（GS）, 4.07&4.32/62.98（SG）, 3.94&4.36/63.53（SS）, 3.95&4.24/63.1（GGpolymer）, 3.85&4.31/63.8（SSpolymer）	R#74（GG）, R#140（GG）, R#29（GS）, R#97（SG）, R#98（SS）, Ki#2a（GG$_{polymer}$）, Ki#2b（SS$_{polymer}$）
4.60/79.9（針） 4.57/80.5（広）	β-O-4構造のβ位	erythro	4.70/---（GG）, 4.71/80.10（GG）, 4.67/80.15（GG）, ---/80.7（GS）, 4.69/---（SG）, 4.67/80.0（SG）, 4.66/80.14（SG）, ---/80.7（SS）, ---/80.79（SS）, ---/80.80（SS）, 4.67/79.7（GGpolymer）, 4.59/80.7（SSpolymer）	上記erythro型β-O-4のγ位の文献に同じ
		threo	4.63/80.26（GG）, 4.61/80.14（GG）, 4.59/80.76（GS）, 4.60/80.12（SG）, 4.54/80.64（SS）, 4.61/80.1（GGpolymer）, 4.52/80.7（SSpolymer）	上記threo型β-O-4のγ位の文献に同じ
6.03/74.1（針） 5.98/74.3（広） 6.05/76.0（広）	β-O-4構造のα位	erythro	6.02/---（GG）, 6.03/74.12（GG）, 6.08/73.79（GG）, ---/74.0（GS）, 6.00/---（SG）, 6.05/73.9（SG）, 6.04/74.57（SG）, ---/74.2（SS）, ---/74.19（SS）, ---/74.20（SS）, 6.00/73.9（GGpolymer）, 6.00/74.6（SSpolymer）	上記erythro型β-O-4のγ位の文献に同じ
		threo	6.12/74.52（GG）, 6.11/74.41（GG）, 6.11/76.01（GS）, 6.08/74.65（SG）, 6.12/75.61（SS）, 6.05/74.7（GGpolymer）, 6.08/76.2（SSpolymer）	上記threo型β-O-4のγ位の文献に同じ

* 図2.3のHSQCスペクトルで観測されたピークの化学シフト値（CDCl$_3$溶媒）
カッコ内は試料の種類
針：針葉樹MWL（milled wood lignin）のアセチル化物、広：広葉樹MWLのアセチル化物
** 芳香核型 G: グアイアシル核、S: シリンギル核、例：β-O-4 欄のSG: グアイアシルグリセロール-β-シリンギルエーテル
*** 文献著者の頭文字→# 文献内の化合物番号→芳香核型（カッコ内）の順に記載
頭文字 H:Hauteville et al.（1986）[9]、Ka:Karhunen et al.（1995）[10]、Ki:Kishimoto et al.（2008）[11]、L:Li et al.（1997）[12]、R:Ralph S.A. et al.（2004）[13]、S:Sipilä et al.（1995）[14]
例、H#1a（GG）:Hautevilleらの論文記載のGG型モデル化合物1a

在、高感度な低温プローブ付きのNMR装置が文部科学省「先端研究基盤共用・プラットフォーム形成事業」の支援等の下、国内各地で利用可能である（北海道大学、理化学研究所、横浜市立大学、大阪大学）。リグニン試料の測定時間を通常の5分の1程度に短縮できるため、複数の二次元NMR測定（HSQC、HSQC-TOCSY、HMBC等）を1日で終えることができる。有償利用だが、MWL調製にかかる時間と労力を考えると、化学構造的特徴の新たな発見をねらって同制度を利用する価値はあると思われる。

参考文献

1) Fukagawa, N. et al.（1991）*J. Wood Chem. Technol.* **11**, 373-396
2) Fukushima, K. & Terashima, N.（1991）*Holzforschung* **45**, 87-94
3) Terashima, N. et al.（2009）*Holzforschung* **63**, 379-384
4) Capanema, E. A. et al.（2004）*J. Agric. Food Chem.* **52**, 1850-1860
5) Lundquist, K.（1994）リグニン化学研究法（Methods in Lignin Chemistry, Lin, S. Y. & Dence, C.W. eds.、中野準三、飯塚堯介翻訳・監修）、ユニ出版、p. 173-197
6) 寺島典二（1990）リグニンの化学―基礎と応用―（増補改訂版）、中野準三編、ユニ出版、p. 181-189、542
7) Kishimoto, T.（2009）*Mokuzai Gakkaishi* **55**, 187-197
8) Lu, F. & Ralph, J.（2003）*Plant J.* **35**, 535-544
9) Hauteville, M. et al.（1986）*Acta Chem. Scand.* **B40**, 31-35
10) Karhunen, K. et al.（1995）*Tetrahedron Lett.* **36**, 169-170
11) Kishimoto, T. et al.（2008）*Org. Biomol. Chem.* **6**, 2982-2987
12) Li, S. et al.（1997）*Phytochemistry* **46**, 929-934
13) Ralph, S. A. et al.（2004）"NMR Database of Lignin and Cell Wall Model Compounds", https://www.glbrc.org/databases_and_software/nmrdatabase/（最終確認日 2015年12月21日）
14) Sipilä, J. & Syrjänen, K.（1995）*Holzforschung* **49**, 325-331

（秋山拓也）

2.1.3　^{31}P NMRによるリグニン水酸基の定量

^{31}Pはスピン量子数1/2を有するリンの唯一の天然同位体であり、^{1}Hを基準とした相対感度と天然存在比との積で表現される絶対感度が比較的高い核種である。こうした事情もあり、有機化合物の主な構成元素である炭素（^{13}C）や水素（^{1}H）のNMRほど使用頻度は高くないものの、フッ素（^{19}F）などと並んで、リン（^{31}P）のNMRは有用な多核NMRの一つとして位置づけられている[1]。リンには様々な化合物が知られているが、^{31}P NMR測定によりこれまでに明らかにされているこれらの化学シフトの範囲は、^{13}Cや^{1}HのNMRで通常知られている化学シフト範囲（それぞれ200 ppmならびに10 ppm程度）よりも非常に広く、およそ700 ppmにも及ぶ。化学シフト範囲が広いことは、通常、シグナルの分離を明確にし、スペクトルの解析上は有利

になるとされる。一方、定量精度が問題となる局面では、励起に必要な幅広い共鳴周波数帯域をカバーするため、ラジオ波パルスの照射時間（パルス幅）を長くする必要があるといった技術的な問題点も指摘されている[2]。しかし、この点は専用のプローブを使用することで解決できる。

^{31}P NMR を用いて生体内でのリン（リン脂質や ATP など）の挙動を追跡した研究も数多く存在するが、本項ではリグニンの分析にこの手法を適用した研究例に話を限定する。リグニンは、大半が死細胞から構成される樹木の主成分であり、リンはほとんど含まれないため、この手法を適用する場合は NMR 分析に先だち、^{31}P を含む試薬でリグニンの標的部位を誘導体化する必要がある。この際、リグニンの水酸基が標的部位となる。Argyropoulos の研究グループは 1990 年代以降、様々なリグニン試料に対して ^{31}P NMR を適用した研究を精力的に公表している[3〜5]。筆者の関与した研究では、脱リグニン度が異なるクラフトパルプを対象として、パルプに残留するリグニンの水酸基をこの手法で定量し、パルプ化による脱リグニンの進行過程で残留リグニンの性状がどのように変化するかをモニタリングした[6]。図 2.4 にリンの誘導体化試薬とこの試薬による水酸基の誘導体化［phosphitylation（ホスフィチル化）＝亜リン酸エステル化］反応の一般式を示す。この試薬は室温下でリグニンの全水酸基と速やかに反応するが、当然ながら水分にも敏感であるため、保存や使用にあたっては、空気中の湿気や試料の乾燥状態に十分注意する必要がある。

なお、既に述べたように、リンの NMR は化学シフト範囲が広く、様々な存在形態（原子価状態）にある個々のリン含有化合物を識別するためのシグナルの分離は一般にはよいと言えるものの、本項で対象とした各種水酸基の（リン誘導体化物の）識別に話を限定すれば、観測される化学シフト範囲は 120 ppm から 160 ppm の比較的狭い領域（85％リン酸を外部標準物質とした場合）に限定されることに留意すべきであ

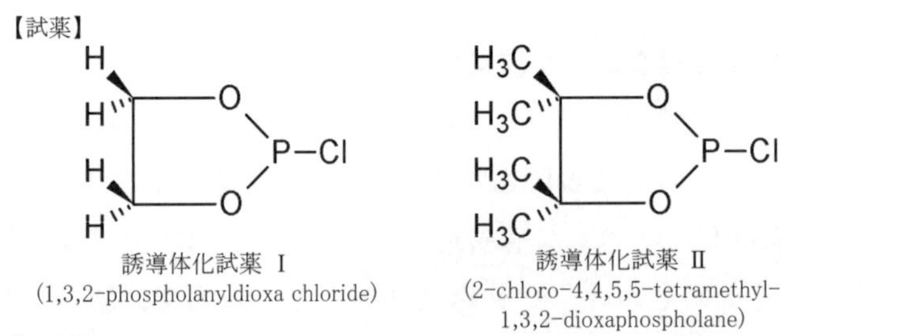

図 2.4 リンの誘導体化試薬（ⅠおよびⅡ）の構造と水酸基の誘導体化反応

る。また、定量性の向上を目的として緩和試薬を添加することや、核オーバーハウザー効果（NOE）による隣接位 ^{1}H の影響を除くため、逆ゲート付きデカップリング法を使用することもよく行われている。なお、得られた NMR スペクトルについて、ベースラインの状態やシグナル形状の歪みがシグナルの積分値（水酸基の定量値）に大きく影響することから、適切なフェーズ（位相）調整が必要である。

2.1.3.1　リグニン試料の誘導体化

器具、機器
①ねじ蓋付バイアル瓶（10 mL）
②スターラーと撹拌子（小）
③マイクロピペット、ならびに 100 μL マイクロチップ
④NMR 試料管（外径 5 mm、蓋付）
⑤パスツールピペット、シリコンスポイト、脱脂綿
⑥NMR 分析装置（300 MHz 以上が望ましい）
⑦^{31}P NMR 分析に適した専用プローブ

試薬類
①誘導体化試薬（**図 2.4** の I または II）
②内部標準物質（コレステロール）
③緩和試薬（クロム（III）アセチルアセトナート）
④希釈溶媒（ジメチルホルムアミド（DMF））
⑤重水素化溶媒（ピリジン-d5 ならびにクロロホルム-d）

操作
①試料はあらかじめ五酸化二リン上、40℃の真空乾燥機内に一晩置くなどして充分に乾燥しておく。
②試料 40 mg を撹拌子の入ったバイアル瓶に秤量し、重ピリジン（184 μL）を加え、蓋を閉めてスターラーで撹拌しながら一晩なじませる。
③DMF（300 μL）を加えた後、コレステロール溶液 50 μL（80 mg/mL、重ピリジン：重クロロホルム＝ 8：5（v/v）の混合溶媒に溶かしたもの）を加える。なお、重ピリジンは高価であるため、十分に乾燥したピリジンを代わりに用いる場合も多い。また、DMF の添加を省略する場合もある。
④次に、クロム（III）アセチルアセトナート 50 μL（11.4 mg/mL、③と同様の重水素化混合溶媒系に溶解）を加えてよく撹拌した後、重クロロホルム 115 μL を加える。
⑤最後に誘導体化試薬 I または II（100 μL）を加えて蓋をし、20～30 分間、室温下で撹拌しながら反応させる。
⑥反応溶液をパスツールピペットで NMR 試料管に移す。その際、試料によっては不溶残渣が生じるので、その場合は脱脂綿を詰めたパスツールピペットを準備し、これ

でろ過しながらNMR試料管に移す操作を行う。

⑦適切なプローブが付いたNMR分析装置で定量を行う。

2.1.3.2 NMRチャートの解析

リグニンは多様な単位構造や結合様式を有する複雑な高分子であり、水酸基の存在様式も様々である。^{31}P NMRではこれらが総和として一時に観測されるため、ある環境下に置かれた水酸基がどのような化学シフト範囲に存在するのかを前もって知っておく必要がある。様々なリグニンモデル化合物をモニタリングし、種々の水酸基の帰属範囲から、リグニン試料の主な脂肪族水酸基とフェノール性（芳香族）水酸基の化学シフト範囲を定めた文献もあるので参照されたい[3]。

ある種の単離リグニン（クラフトリグニン）に対し、誘導体化試薬Ⅰを用いた場合に観測される典型的な^{31}P NMRスペクトルを図2.5Aに示す。リグニンの脂肪族水酸基とフェノール性水酸基は一部はオーバーラップしているが、一応区別できる。また、試薬Ⅰではβ-O-4結合に隣接する、側鎖α位の水酸基の立体配置（エリトロ型/トレオ型）が区別でき、これらを分別・定量できる点に大きな特徴がある。

さらに、より明確なシグナルの分離を行い、フェノール性水酸基の中でも、いくつかの類型別に分別・定量したい場合がある。誘導体化試薬Ⅰに代えて試薬Ⅱを用いた場合の典型的な^{31}P NMRスペクトルを図2.5Bに示す。シリンギル核（S核）を有する構造とグアイアシル核（G核）を有する構造は試薬Ⅰを用いた場合と比べ、明確に区別できる。また、G核の中でも縮合型構造と非縮合型構造とが区別できる。しかしながら、G核の縮合型とS核についてはオーバーラップするため、広葉樹由来のリグニン試料に対してこれらは通常、合算値として報告される。また、試薬Ⅱは試薬Ⅰとは異なり、リグニン側鎖α位の脂肪族水酸基の立体配置の識別はできないので、目的に応じて使い分けるべきである。

なお、内部標準物質が有する水酸基量を元に、シグナルの積分値からリグニン中の各水酸基の分別定量を行うが、シグナルが内部標準とサンプルとでオーバーラップすれば当然、正確な定量ができないので、対象となるシグナルの化学シフト範囲を考えて内部標準を選択すべきである。図2.5Bでは意図的に2種類の内部標準を加えているが、定量阻害要因となりにくい内部標準1の使用が推奨される。さらに、リグニン試料の種類や溶媒（特にピリジン）量の影響により、積分すべき化学シフトの範囲を文献値から変更する必要も出てくるので、注意が必要である。

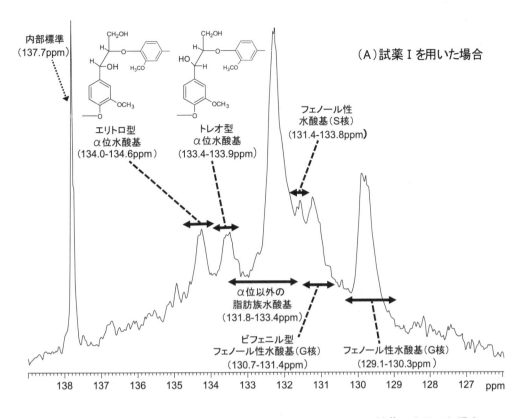
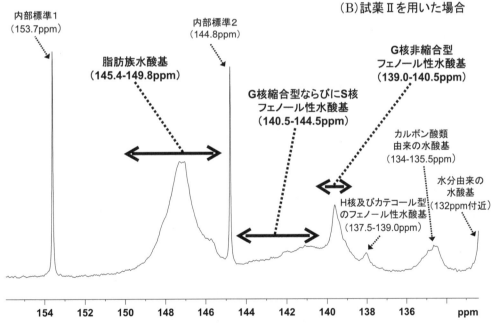

図 2.5 典型的な ³¹P NMR スペクトル（2.3488 テスラの磁場中における共鳴周波数は ¹H の 100.00MHz に対し、³¹P は 40.48MHz）
 (A) 誘導体化試薬 I を用いた場合、内部標準は L-(+)-酒石酸ジメチルを使用
 (B) 誘導体化試薬 II を用いた場合、内部標準 1 は N-ヒドロキシナフタルイミド、内部標準 2 はコレステロールを使用

参考文献

1) Silverstein, R.M. & Webster, F.X.（著）、荒木峻ほか（訳）（1999）有機化合物のスペクトルによる同定法ー MS、IR、NMR の併用ー（第6版）、東京化学同人、p.276-299
2) 朝倉克夫（2006）日本電子ニュース、**38**, 20-25
3) Jiang, Z.-H. et al. (1995) *Magn. Reson. Chem.* **33**, 375-382
4) Granata, A. & Argyropoulos, D.S. (1995) *J. Agri. Food Chem.* **43**, 1538-1544
5) King, W.T.K. et al. (2009) *J. Agri. Food Chem.* **57**, 8236-8243
6) Koda, K. et al. (2005) *Holzforschung* **59**, 612-619

（幸田圭一）

2.2 質量分析

2.2.1 質量分析法によるオリゴ糖の配列解析

　質量分析は"mass spectrometry"の頭文字をとって"MS（エムエス）"と略記される。IUPAC による定義では、「質量分析装置、並びに、これを用いて得られた結果に関するあらゆることを扱う科学」とされている[1]。

　質量分析装置は主に、分離部、イオン化部、分析部、検出部から成る。これらの組み合わせにより様々な種類の装置が市販されている。

　MS でオリゴ糖の配列解析に汎用されるイオン化方法は、マトリックス支援レーザー脱離イオン化（matrix-assisted laser desorption / ionization、MALDI）、エレクトロスプレーイオン化（electrospray ionization、ESI）、高速原子衝突（fast atom bombardment、FAB）である。MALDI は微量試料の分析に適しているが、LC 等の分離手法とオンラインで結合できない。ESI は LC との結合が容易であるが、共存物の影響を受けやすい。FAB は試料の性質や共存物の影響を受けにくいが、MALDI や ESI と比べて必要試料量が多い。なお、構成糖分析に使用される電子イオン化（electron ionization、EI）でイオン化できる分子量は 1,000 前後までであるため、オリゴ糖分析には適さない。一方、分析部については、解析するオリゴ糖イオンを選択し、それにエネルギーを与えて分解し、生じたフラグメントイオンを分離する（MS/MS、エムエスエムエス）機構が必要である。代表的なものとして sector（タンデム電場磁場型）、TOF/TOF（第一分析部、第二分析部共に time-of-flight（飛行時間型））、Q/TOF（第一分析部が四重極（quadrupole）、第二分析部が TOF）、QqQ（三連四重極、第一分析部、第二分析部共に Q）、Q/orbitrap（第一分析部が Q、第二分析部が orbitrap）、QIT（四重極イオントラップ）、ICR（イオンサイクロトロン共鳴）等がある。

　MS に限らずどんな分析手法にも通じることであるが、構造情報を得る際、装置に導入される試料に含まれる成分が分析対象のみである場合、つまり純度が高い場合に最もよい結果が得られる。特に MS では夾雑物質の影響を受けやすく、イオン化しや

すい塩や、試料のイオン化を妨げる界面活性剤が共存すると、測定対象物質が全く観測されない場合がある。そのため、MSでは測定に先立って試料の取り扱いや前処理に留意する必要がある。ここでは、MSのための試料調製法を中心に述べる。

2.2.1.1　MALDIをイオン化法とする質量分析装置によるオリゴ糖分析

器具、機器

①MALDIをイオン化法とする質量分析装置

②電子天秤

③撹拌機

④遠心分離機

⑤超音波洗浄機

⑥メスシリンダー

⑦サンプルターゲット（質量分析装置に適合したもの）

⑧ヘアドライヤー：冷風モードがあるもの

⑨キャップ付きディスポーザブル（以下ディスポと略記）サンプルチューブ：0.2～2 mL容量のもの

⑩ピペット：1 μLを計量できるもの、200～1,000 μL程度を計量できるもの

⑪ピペットチップ：上記ピペットに適合するもの

⑫25～100 mL容量の透明メディウム瓶。褐色メディウム瓶は使用しない。

⑬15 mL容量の蓋付きディスポ遠心管

⑭ディスポチューブや遠心管に有機溶媒を含む液を入れて使用する場合は、使用する直前に使用する液で2～3回洗浄する。オートクレーブ処理はしない。また、容器にピペットの先ができるだけあたらないように留意する。

⑮記録用紙と筆記用具：サンプルターゲットのどの位置にどの試料を載せたかを記録する。

⑯ディスポ手袋、安全めがね

試薬類

①溶媒等

・超純水：清浄な蓋付き容器に採水する。運搬時、蓋に液体が触れないように留意する。ラップを蓋代わりに使用することは避ける。他の有機溶媒の取り扱いも同じ。

・エタノール：HPLC用

・アセトニトリル：LC/MS用

・TFA：高純度、アンプル入り

・TFAを0.1％含有する40％アセトニトリル：超純水とアセトニトリルを用いて調製し、TFAを0.1％になるように添加する（常時同じ方法を用いれば、混合比はv/vでもv/wでもw/wでもよい）。メディウム瓶に入れ、瓶にアルミ箔を巻いて遮光し

て冷蔵庫で保存する。調製日を瓶に記録しておく。1ヶ月経過したら交換する。使用時に必要量を蓋付き遠心管に移す。
- 40％エタノール：超純水とエタノールを用いて調製する。上記と同様、混合法は問わない。

②キャリブレーション用標準液：使用する装置に適合した質量分析装置校正用試薬を準備する。
- 予め数種のペプチドを混合した標準品が市販されている。添付のマニュアルに従って標準液を調製する。
- 測定者がペプチド混合物を作製する場合の例を以下に示す。
Leu-enkephalin（平均分子量 555.6）、angiotensin II（平均分子量 1046.2）、substance P（平均分子量 1348.7）、ACTH（18-39）（平均分子量 2465.7）、insulin B chain（平均分子量 3496.0）を 0.1％ TFA にそれぞれ 100 pmol/μL 程度になるように溶解する。各ペプチド由来のイオンがほぼ同程度のイオン強度で観測されるように、混合比を変えて調製しておく。装置の感度によって校正に最適な濃度は異なるが、それぞれのペプチドの濃度範囲は概ね 0.1〜数 pmol/μL である。
- 標準液は 20 μL 程度ずつ 0.2 mL 容量のディスポサンプルチューブに分注し-20℃以下で保存（1ヶ月程度保存可能）。調製日をチューブに記録しておく。解凍後はその日のうちに使い切る。

③マトリックス溶液
- 2, 5-dihydroxybenzoic acid（DHB）：10 mg/mL になるように 40％エタノールに溶解する。1 mL 程度用時調製とし、ディスポサンプルチューブに入れる。撹拌機、超音波洗浄機で溶媒に混和させたのち、遠心分離機（5,000 × g）で不溶物を沈殿させ、上清を使用する。上清を別容器に取り分ける必要はない。1日で使い切る。
- α-cyano-4-hydroxycinnamic acid（CHCA）：装置によっては DHB ではオリゴ糖がイオン化しないことがある。その際は、CHCA 溶液（0.1％ TFA 含有 40％アセトニトリルで 5 mg/mL になるように調製）を用いる。1 mL 程度用時調製。上記と同様、遠心後の上清を使用する。1日で使い切る。

④試料：ガラス製容器を使用するとナトリウム付加イオンが観測されやすくなるので、試料はなるべくプラスチック容器に保存する。可能な限り塩を除いた試料を準備する。精製過程で塩（緩衝液）を使用しなければならないときは、酢酸アンモニウムやギ酸アンモニウム、炭酸アンモニウムなどの揮発性の塩に置換する。試料濃度は 20 pmol/μL 程度に調製し 0.2 mL のディスポサンプルチューブに入れる。必要に応じて 40％アセトニトリルで希釈する。試料が緩衝液にしか溶解しない場合は、塩の濃度を 5 mM 以下にする。塩の存在が測定を妨害する場合は、試料水溶液に陽イオン交換樹脂（Dowex® 50W-X2 H^+ 型）などを数粒添加し、陽イオンを除去する。

操作

①キャリブレーション用標準液のスポット：マトリックス溶液 1 μL をピペットで採り、ディスポサンプルチューブの蓋の内側に置く。チップを新しいものに交換し、標準液を 1 μL ピペットで採り、マトリックス溶液と混和する。チップの先が容器に触れないように留意しながら、2～3 回ピペッティングする。混和した試料をサンプルターゲットに 1 μL 滴下する。この際もピペットチップの先をターゲット表面に接触しないよう留意しつつ、できる限り表面にチップ先端を近づけて滴下する。スポット位置は測定する試料の近くを選定する方がよい。スポット位置を記録用紙に記録する。

②試料溶液のスポット：マトリックス溶液 1 μL をピペットで採り、ディスポサンプルチューブの蓋の内側に置く。容器への試料吸着を低減するため、マトリックス溶液を先に載せる。チップを新しいものに交換し、試料溶液を 1 μL ピペットで採り、マトリックス溶液と混和する。チップの先が容器に触れないように留意しながら、1～2 回ピペッティングする。混和した試料をサンプルターゲットに 1 μL 滴下する。この際もピペットチップの先をターゲット表面に接触しないよう留意しつつ、できる限り表面にチップ先端を近づけて滴下する。スポット位置は標準液の近くを選定する方がよい。スポット後、ヘアドライヤーの冷風を試料スポットに当ててできるだけ早く試料混合液を乾燥させる。ゆっくり乾燥させると DHB の結晶が大きくなり、イオン化効率が悪くなるためである。CHCA を用いる場合はヘアドライヤーを使用する必要はない。スポット位置を記録用紙に記録する。

測定

サンプルターゲットを装置に導入し、装置の取扱説明書に従ってキャリブレーション用化合物のマススペクトルを測定し質量校正を行う。このとき、モノアイソトピックイオンをモノアイソトピック質量で校正する。測定試料の分子量に近い質量の校正用試料について、分解能や強度が上がるようチューニングを行う。続いて試料のマススペクトルと MS/MS スペクトルを測定する。DHB をマトリックスとして用いると、スポットの辺縁部に針状結晶が観測される。中央部の結晶の形状が細かく均質な位置をレーザーで照射しても試料由来のスペクトルが得られない場合は、針状結晶の周辺部に少し強めのレーザーを照射する。

・測定例として、正イオンモードで測定した直鎖オリゴ糖のマススペクトルと $[M+Na]^+$ の MS/MS スペクトルを**図 2.6** に示した。

・植物細胞壁の構成糖のひとつであるアラビノースが α-(1→5)-結合した $(Ara)_5$ のマススペクトル（**図 2.6a**）では m/z 701.2 と m/z 717.2 に、イソマルトテトラオース（**図 2.6b**）では m/z 689.2 と m/z 705.2 に、それぞれ $[M+Na]^+$、$[M+K]^+$ に相当するピークが観測された。MALDI-TOF マススペクトルでは、糖の $[M+H]^+$ は観測されにくく、アルカリ金属イオンが付加したイオンとして観測されることが多い。アルカ

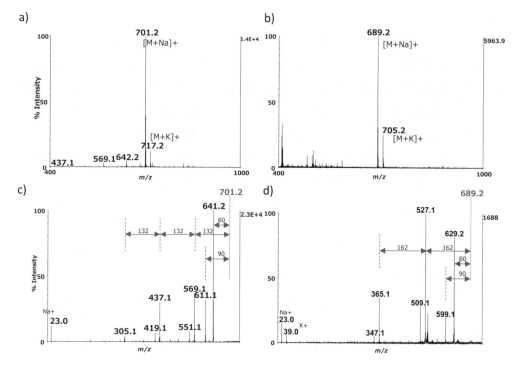

図 2.6 オリゴ糖の MALDI-TOF マススペクトルと MS/MS スペクトル
a)：ペンタアラビノースのマススペクトル
b)：イソマルトテトラオースのマススペクトル
c)：a) の $[M+Na]^+$ をプリカーサーイオンとしたときのプロダクトイオン
d)：b) の $[M+Na]^+$ をプリカーサーイオンとしたときのプロダクトイオン

リ金属イオンが付加しているかどうかは、NaI や KI、CsI 等の希薄水溶液を添加し、イオンの強度比や m/z のシフトが観測されるかどうかで判断できる。また、アルカリ金属付加イオンである場合、MS/MS スペクトルの低質量域にアルカリ金属イオンの M^+ が観測されることが多い（**図 2.6c、d**）ため、この情報からも確認できる。

・$(Ara)_5$ のナトリウム付加イオン（$[M+Na]^+$）の MS/MS スペクトル（**図 2.6c**）では、グリコシド結合が切断されたプロダクトイオンが m/z 569.1（$[M+Na-132]^+$）、m/z 437.1（$[M+Na-2×132]^+$）、m/z 305.1（$[M+Na-3×132]^+$）に観測され、ペントースが含まれていることが分かる（**図 2.6c**）。この他、糖の環開裂に由来するプロダクトイオンが m/z 641.2、m/z 611.1 に観測されている。m/z 551.1、m/z 419.1 のイオンはそれぞれ m/z 569.1、m/z 437.1 の脱水イオンである。いずれも糖に特徴的なプロダクトイオンである。

・グルコースが α-(1→6) 結合で 4 つ繋がったイソマルトテトラオースについても、グリコシド結合が切断されヘキソースが失われたプロダクトイオンが m/z 527.1（$[M+Na-162]^+$）、m/z 365.1（$[M+Na-2×162]^+$）に脱水イオンを伴って観測された（**図 2.6d**）。また、環開裂に由来するプロダクトイオンが m/z 629.2、m/z 599.1 に認め

られる他、m/z 23.0、m/z 39.0 に Na$^+$、K$^+$イオンも観測されている。

2.2.1.2　ESI をイオン化法とする質量分析装置によるオリゴ糖分析

ESI をイオン化法とする質量分析装置は HPLC と連結することが可能である。HPLC で分離された標識化オリゴ糖を逐次 MS 装置に導入し、イオン源でイオンとして、そのマススペクトルと MS/MS スペクトルを取得する。HPLC の溶出液を MS 装置に導入するため、HPLC の移動相には揮発性の酸（ギ酸や酢酸）を使用する。酢酸アンモニウムやギ酸アンモニウム、炭酸アンモニウムなどの揮発性の緩衝液を使用する必要がある場合、できるだけ濃度を下げる。TFA やリン酸は使用できない。

器具、機器

①ESI をイオン化法とする質量分析装置
②HPLC システム
③分離用カラム
④撹拌機
⑤遠心分離機
⑥超音波洗浄機
⑦アスピレーター
⑧メスシリンダー
⑨キャップ付きディスポーザブル（以下ディスポと略記）サンプルチューブ：0.2～2 mL 容量のもの
⑩ピペット：200～1,000 μL 程度を計量できるもの
⑪ピペットチップ：上記ピペットに適合するもの
⑫遠心ろ過フィルター：PVDF 製メンブレン
⑬固相抽出カラム：容量の少ないもの（たとえば ZipTip® C18 など）
⑭ 250～1,000 mL 容量の透明メディウム瓶、褐色メディウム瓶は使用しない。
⑮ HPLC バイアル：HPLC 装置や試料量に適したもの。
⑯ディスポ手袋、安全めがね

試薬類

①溶媒等
・超純水：清浄な蓋付き容器に採水する。運搬時、蓋に液体が触れないように留意する。ラップを蓋代わりに使用することは避ける。他の有機溶媒の取り扱いも同じ。
・アセトニトリル：LC/MS 用
・ギ酸等：高純度、アンプル入り
・たとえば、移動相にギ酸を 0.1％含有する超純水、ギ酸を 0.1％含有するアセトニトリルを用いる場合：ギ酸と、超純水もしくはアセトニトリルを用いて調製する（常時同じ方法を用いれば、混合比は重量比でも体積比でもよい）。混合液をメディウ

ム瓶に入れ、超音波をかけながらアスピレーターで減圧にして脱気する。
②試料
・試料を超純水に溶解し、測定試料とする。
・試料に塩や界面活性剤が含まれている場合、固相抽出カラムを用いて脱塩する。SPE カラムとして、チップの先に C18 樹脂を充填した ZipTip® C18 等のチップ型 SPE カラムを用いる場合、まず、チップ型 SPE カラムを 10 μL ピペットの先端に取り付け、50％アセトニトリル（10 μL）で数回洗浄する。その後超純水で平衡化する。続いてチップ先端を試料水溶液中に入れ、数回ゆっくりピペッティングし、2AB 化オリゴ糖試料を樹脂に吸着させる。樹脂に吸着されにくい塩や界面活性剤

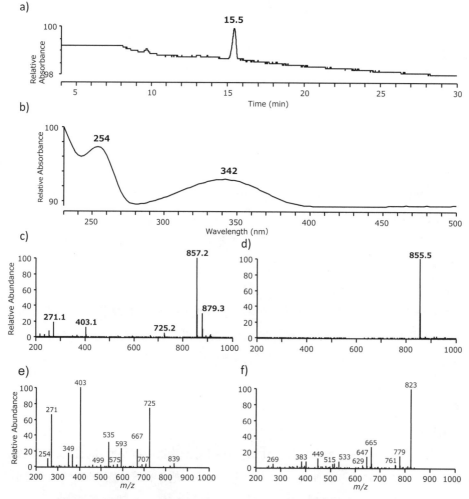

図 2.7　2AB 化オリゴ糖の LC-ESI マススペクトルと MS/MS スペクトル
　　a）PDA 検出器によるクロマトグラム（230〜500 nm の積算値）
　　b）r.t. 15.5 分のピークの UV-Vis スペクトル
　　c）r.t. 15.5 分のピークの正イオンモードのマススペクトル
　　d）r.t. 15.5 分のピークの負イオンモードのマススペクトル
　　e）c）で観測された m/z 879 のイオンのプロダクトイオン
　　f）d）で観測された m/z 855 のイオンのプロダクトイオン

を超純水で洗い流す。その際、超純水を予め冷蔵庫で冷やし、10 μL ずつディスポチューブに分注したものを使用する（チューブの中でピペッティングを1~2回行う）。この操作でオリゴ糖が溶出されてしまう可能性もあるため、分析が終了するまで洗浄液は保管しておく。その後 50％アセトニトリルで2AB化オリゴ糖を溶出する（10 μL × 2 回）。

- 遠心濾過フィルターを用い、試料溶液中の不溶物を取り除き、HPLCバイアルに試料を入れる。このとき、HPLCの初期条件の有機溶媒組成と類似した有機溶媒組成になるよう試料溶液を超純水で希釈したり、有機溶媒を窒素ガスで留去したりして調製する。

- 2AB化オリゴ糖が分離するHPLC条件に設定したLC/MS装置で分析を行う。MS部のチューニングは、2AB化糖の標準試料が入手できればそれを用いてイオン化電圧、イオン源温度、ガス流量などの最適化を行う。

- 測定例として、2AB化オリゴ糖、MeGlcA-Xyl$_4$-2ABのマススペクトルと、m/z 879、m/z 855 に観測されるイオンのMS/MSスペクトルを図 2.7 に示した。

- 2ABに由来するUV-Visスペクトルを示す保持時間（r.t.）15.5分のピーク（**図 2.7a、b**）のマススペクトルについて考察した。正イオンモードでは m/z 857 と 879 に、それぞれ[M+H]$^+$、[M+Na]$^+$に相当するピークが観測された（**図 2.7c**）。負イオンモードでも m/z 855 に[M-H]$^-$に相当するピークが観測された（**図 2.7d**）。m/z 857（[M+H]$^+$）に観測されているイオンのMS/MSスペクトルでは、プロダクトイオンが m/z 725（[M+H-132]$^+$）、m/z 667（[M+H-190]$^+$）、m/z 593（[M+H-2×132]$^+$）、m/z 535（[M+H-190-132]$^+$）、m/z 403（[M+H-190-2×132]$^+$）、m/z 271（[M+H-190-3×132]$^+$）に観測された（**図 2.7e**）[2]。[M-H]$^-$のMS/MSスペクトルにおいても m/z 665（[M-H-190]$^-$）、m/z 533（[M-H-190-132]$^-$）、m/z 401（[M-H-190-2×132]$^-$）、m/z 269（[M-H-190-3×132]$^-$）が観測された（**図 2.7f**）。ペントースに由来する132、4-O-メチルグルクロン酸に相当する190の質量差を与えるMS/MSスペクトルが得られたことから、試料がMeGlcA-Xyl$_4$-2ABであることを確認した。

参考文献

1) Kermit K. et al. (2013) *Pure Appl. Chem.* **85**, 1515-1609
2) Ishii T. et al. (2008) *Carbohydr. Polymers* **74**, 579-589

（亀山眞由美）

2.2.2 高分解能質量分析法によるリグニン解析

NMRから得られるリグニンの構造情報は多いが、リグニンを構成するフェニルプ

ロパンユニットの配列情報を得ることには限界がある。FT-ICR（フーリエ変換型イオンサイクロトロン共鳴）MS を用いる超高分解能質量分析法は、リグニンの分子量やリグニンを構成するフェニルプロパンユニットの配列やユニット間結合の配列の解析に威力を発揮する分析法であり、化学分解法などと組み合わせると、リグニンの直鎖型や分岐型のネットワーク構造も推定可能になると期待される。質量分析装置のイオン化法、イオン分析法は複数存在するが、本項では、イオン化にマトリックス支援レーザー脱離イオン化（MALDI）法を用い、イオン分析部には、FT-ICR を用いた超高分解能質量分析について述べる。FT-ICR MS は、分解能が100万を越える唯一の質量分析法である。FT-ICR MS に CID（Collision-induced dissociation）を用いた MS/MS を組み合わせると、より精度の高いリグニンの構造解析を行うことができる。飛行時間型質量分析（TOF MS）など、その他の質量分析法およびその原理については参考文献等を参照されたい[1~3]。

器具、機器

① MALDI 法イオン化部を備えた FT-ICR MS（図 2.8A）

② ターゲットプレートとホルダー（図 2.8B）、マイクロピペット（ピペットマン®）、エッペンドルフ®チューブ、ガラス製バイアル（1.5 mL 容量、有機溶媒耐性のキャップを推奨）

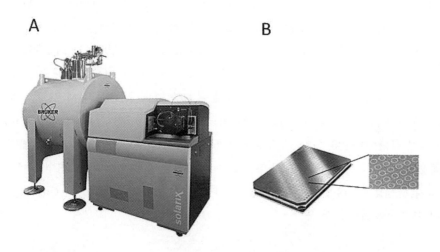

図 2.8 フーリエ変換イオンサイクロトロン共鳴質量分析装置 solariX（A）と MALDI 用ターゲットプレート（B）（Copyright© ブルカー・ダルトニクス社の許可を得て転載）

試薬類

① マトリックス：MALDI-MS 用高純度 2,5-dihydroxybenzoic acid（DHB）

② リグニン試料：単離リグニン、磨砕リグニン（MWL）、バイオマスの糖化残渣、微粉砕木粉などのリグニン含有試料

操作[4]

① マトリックス溶液の調製：エッペンドルフ®チューブに、DHB を $CH_3CN:0.1\%$ TFA 水溶液 =3:2 に 10 mg/mL となるように溶解させる。CH_3CN と 0.1％ TFA 水溶液の混合比と DHB の濃度は変化させることができる。

② リグニン試料溶液の調製：リグニン試料をガラス製バイアルに量り取り、10 mg/mL となるように 1,2-ジクロロエタン：エタノール =2:1 の溶液あるいは 80〜96％ のジオキサン水溶液に溶解させる。溶媒の種類、濃度はリグニン試料に依存する。

③ 測定試料の調製：ターゲットプレートを水平な場所に置き、ターゲット内の直径 5 mm 程度のスポット（図 2.8B の拡大写真の丸枠内）に、マトリックス溶液をピペットマン®で 0.5 µL スポットする。風乾後、試料溶液を同位置に 0.5 µL スポットする。さらに風乾後、同様にマトリックス溶液を同じ位置に 0.5 µL スポットする。風乾後、質量分析装置内にターゲットプレートをロードする。試料によっては、試料溶液：マトリックス溶液 =1:1 で混合し、1 µL あるいは 0.5 µL をスポットしてもよい。また、リグニン試料溶解に難揮発性溶媒を使用した場合は、熱風や真空中で乾燥させてもよい。以上は一例であるが、測定試料の調製法は、用いたリグニン試料の特性に依存するため、上記方法を参考に測定を繰り返してマトリックスとの混合法や乾燥条件などを最適化することが必要である。

④ ターゲットプレートをロードした後、試料の測定の前に、質量校正を行う。測定試料の推定分子量や使用する装置によって、質量校正用の試料を選択する。試料の測定は、レーザー強度を上下させて、イオンの飽和に注意しながら、できるだけ試料由来のピークの S/N 比が高くなるように調整する。MS/MS では、まず目的とするイオン（プリカーサーイオン）のみをイオン分析部内で単離する。次に、コリジョンセル内でアルゴンなどの不活性ガスを衝突させ、エネルギーを調整しながら、イオンを開裂させると、プロダクトイオンを得ることができる。

構造解析法

リグニンの重合過程において、モノリグノールのカップリングにより、フェニルプロパンユニット間のエーテル結合や炭素－炭素間結合が生成するが、構成ユニットの構造やユニット間の結合様式に対応して、特徴的な分子量増加が起こる。コニフェリルアルコールの重合で、G 核の β-β あるいは β-5 結合が生成すると、178.19 の分子量増加が見られる。一方、β-O-4 結合の生成では、196.21 の分子量増加が見られる（図 2.9）。

S 核では、メトキシ基分の 30 がさらに増加する。これらを指標にして、リグニンの質量分析により得られたマススペクトル上のピーク間隔の差で、その結合の推定を行う。さらには、推定されたそれぞれのピークに準ずるイオンをプリカーサーイオンとして選び、CID による MS/MS を行う。得られたプロダクトイオンを指標に、その開裂パターンからリグニンの構造を導き出すが、標品であるモデル化合物と比較す

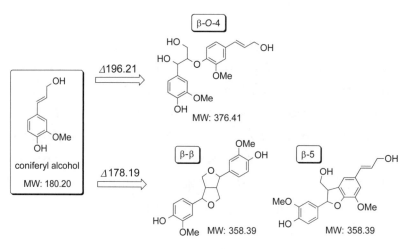

図 2.9 モノリグノールのカップリングによる分子量増加

ることで、より精度の高い解析が可能となる。β-O-4 結合を含むイオンの MS/MS では、エーテル結合の部位で開裂が起こるため、β-O-4 結合を G 核に含む分子では、m/z が 196.21 減少したイオンが観測され、S 核では、226.08 減少したイオンが観測される。

ユーカリ材単離リグニンの MS/MS スペクトルを図 2.10 に示す。m/z 869 のピークの MS/MS では、m/z 643 と m/z 417 に顕著なプロダクトイオンが観測される。MS/MS でのピーク間の m/z 値 226.08 の差は、S 核を含む β-O-4 結合がエーテル結合で開裂を起こした場合の減少値と一致することから、m/z 869 のピーク由来の分子構造には、S-(β-O-4)- の部分構造が二つ含まれていることが示唆される。m/z 643 のピークの MS/MS では、m/z 417 がプロダクトイオンとして顕著に観測され、m/z 643 と m/z 417 の差分から S-(β-O-4)- の部分構造を含んでいることが示唆される。m/z 417 の MS/MS では、m/z 387、233、167 が主要なプロダクトイオンとして現れた。これらは m/z 869 と m/z 643 の MS/MS で生成するプロダクトイオンと同じ m/z 値である。

m/z 417 のイオンに関しては、シリンガレシノールのピークと m/z 値が一致する。さらにユーカリ材単離リグニンと合成品のシリンガレジノールのマススペクトルの m/z 417 の MS/MS において、生成したプロダクトイオンが一致することから、示したすべてのプリカーサーイオン由来の分子には、シリンガレジノール構造が含まれていることが分かる。以上から、ユーカリ材単離リグニンには、S-(β-β)-S-(β-O-4)-S の構造を有する分子が含まれており、ブナ材単離リグニンの MS/MS から、ユーカリ材単離リグニンと一致した構造が複数確認でき、スギ材からは、G 核を含む構造が示唆される[5]。

以上のように、超高分解能質量分析法によるリグニンの構造解析では、各分子の分

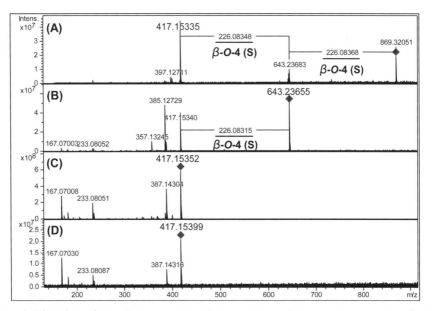

図 2.10　広葉樹単離リグニン（A）*m/z* 869.3、（B）*m/z* 643.2、（C）*m/z* 417.2 とシリンガレジノール（D）の MALDI-FT-ICR MS/MS スペクトル
（◆はプリカーサーイオン）

離を行わずに、リグニン分子の構造を解析することができ、既存の分析手法では困難なフェニルプロパンユニットの配列情報の解析に貢献できる分析技術として今後が期待される。

参考文献

1) Reale, S. et al.（2004）*Mass Spectrom. Rev.* **23**, 87-126
2) Gross, J. H.（2011）*Mass spectrometry* 2nd Edition, Springer
3) Gross, J. H.（2007）マススペクトロメトリー、日本質量分析学会出版委員会訳、丸善出版
4) Yoshioka, K. et al.（2012）*Phytochem. Anal.* **23**, 248-253
5) 吉岡康一、渡辺隆司（2013）リグニン利用の最新動向、坂志朗監修、シーエムシー出版、p.84-93

（吉岡康一・渡辺隆司）

2.3　ICP 質量分析法による植物細胞壁中金属元素の分析

　植物細胞壁のような生体試料中の金属（半金属）元素を定量分析するためには、現在、原子吸光分析法、誘導結合プラズマ（Inductively Coupled Plasma、ICP）発光分析法、そして ICP 質量分析法などの機器分析法が汎用されている[1]。原子吸光分析法は 1970 年頃から普及した単元素分析法であり、ICP 発光分析法は 1980 年頃から普及し

た多元素分析法である。ICP質量分析法[2]は、ICP発光分析法より高感度な多元素分析法として、1990年頃から普及が始まり、現在では金属元素分析の主流の位置にある。

　これらICP質量分析装置等の試料形態は、通常は液体であり、前処理として生体試料から試料溶液を調製する作業が必要である。一般には、硝酸などを用いた湿式分解がよく行われる。一方、固体試料を非破壊・多元素分析できる機器分析法として、蛍光X線分析法が知られているが、感度がそれほど高くないことなどから、微量元素分析にはあまり用いられない。また、ICP質量分析装置等は、それだけでは元素の化学形態についての情報は得られない。しかし、高速液体クロマトグラフィー（HPLC）のような分離分析法と、ICP質量分析法のような元素特異的検出法を組み合わせることで、元素の化学形態分析（スペシエーション分析）が可能となる[3]。

　ここでは、細胞壁で機能している植物必須微量元素のホウ素（B）[4]を対象元素として取り上げて、ICP質量分析法による植物中全ホウ素含量の定量分析と、細胞壁のラムノガラクツロナンII－ホウ酸複合体（dRG-II-B）の化学形態分析を紹介する。

2.3.1　ICP質量分析法[5]

　ICP質量分析装置は、ICP部と質量分析部とからなる（**図2.11**）。ICP部は、ICP発光分析装置と基本的には同じ構造であり、ネブライザーで噴霧された試料溶液中の金属元素を高温（約10,000K）のアルゴンICP部分でイオン化する。質量分析部は、大気圧下で生成した元素イオンをインターフェース（サンプリングコーン、スキマーコーン）を通じて高真空の質量分析計に導入し、質量数ごとに分離して、イオンカウント数として検出する。質量分析計として、四重極型、二重収束型および飛行時間型を用いた装置が市販されているが、主流は四重極型である。四重極型では、測定元素の質量数とアルゴンや酸素などに由来する分子イオンの質量数が重なることにより起きるスペクトル干渉が大きな問題であった（例えば ^{56}Fe と ^{40}Ar^{16}O）。しかし近年では、セルガス（ヘリウムガス、メタンガスなど）を用いるコリジョン・リアクション

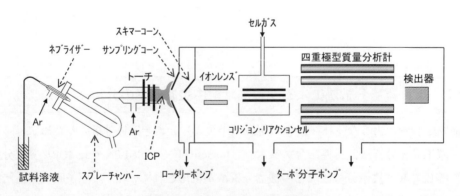

図2.11　ICP質量分析装置の概略図

セル技術による干渉抑制が普及している。

　ICP質量分析法は、多くの元素についてICP発光分析法より高感度であり、ng/L（ppt）レベルの測定が可能である。また、同位体分析が可能という特徴がある。通常は、液体試料が対象であるが、レーザーアブレーション装置を接続すれば、固体試料を直接分析することも可能である。ICP点灯中は、アルゴンガスを20 L/min程度と大量に使用する。セルガスの流量は、一般に10 mL/min以下であり少ない。

2.3.2　全ホウ素含量の定量分析[6]

2.3.2.1　植物体試料の溶液化

　前処理として、植物体試料を酸分解して試料溶液を調製する。以前はビーカーなど解放系での分解が行われていたが、近年では環境からの汚染が少ないテフロン®加圧容器など密閉系での分解が普及している。酸には、通常、干渉が少ない硝酸を用いる。分解に供する試料重量および酸量は、分解方法によって異なる。例えば、密閉式テフロン®容器を用いてマイクロ波分解を行う場合、乾燥後粉砕した試料100〜200 mgを精秤し、硝酸2 mL程度を用いる[2]。この場合、一般に機器分析に求められる有効数字3桁を得ることを目的としている。

　ここでは、有効数字を2桁とすることで、使用する試料重量・酸量・分解容器などのスケールを1/10に小さくし、操作を簡便にした分解法を紹介する。この分解法は、試料が少ない場合や、それほどの分析精度を必要としない場合を対象としている。

器具、機器、試薬

①試料分解容器：テフロン®製10 mL遠沈管（Nalgene® 3114 オークリッジ遠沈管、直径16 mm、高さ79mm）。

注）ポリプロピレン製分解チューブのDigiTUBE（SCP SCIENCE、代理店：ジーエルサイエンス）シリーズには、15 mL、50 mL、100 mL用がある。この使い捨てチューブ（とくに15 mL）は、1本で試料分解容器、定容器、オートサンプラー容器として使用可能であり、目的に合えば便利である。

②定容器（オートサンプラー容器）：ポリプロピレン製15 mL遠沈管（一般市販品、使い捨て、容量目盛の精確さは要確認）。必要に応じて、使用前に希硝酸、脱イオン水などで洗浄。ICP質量分析装置用オートサンプラーの多くは、この15 mL遠沈管に対応するラックを用意している。

③分解装置：アルミブロックヒーター。またはアルミブロックをホットプレート上で加熱してもよく、このほうが多数試料の分解には簡便である。アルミブロックの穴径は、テフロン®製10 mL遠沈管に合うものを選ぶ。

④分解用酸：硝酸（精密分析用など）

操作

①乾燥（凍結乾燥、60〜70℃通風乾燥など）後、微粉砕した試料（植物組織、細胞壁

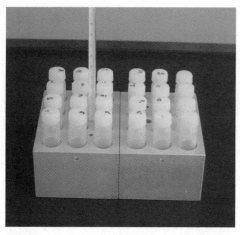

図 2.12 アルミブロックを用いた植物体試料の分解

など）10～20 mg を精秤して、テフロン®製 10 mL 遠沈管に入れる。試料を入れない操作ブランク用のテフロン®製遠沈管も複数本、用意する。なお精確な測定の場合は、別途、試料の水分含量を求めておく必要があるが、ここでは不要である。

②テフロン®製遠沈管に、硝酸 300 µL を加え、キャップを締め、数時間から一晩程度、静置する。

③テフロン®製遠沈管をアルミブロックに立てて、100～110℃で 2 時間加熱し、試料を分解する（図 2.12）。

④放冷後、ドラフト内で、テフロン®製遠沈管内の分解液をポリプロピレン製 15 mL 遠沈管に、脱イオン水を用いて洗いこみ、10.0 mL に定容する。未分解物がポリプロピレン製遠沈管の底のほうに残る場合があるが、オートサンプラーのプローブ深さなど試料吸引位置に注意すれば、通常問題ない。

2.3.2.2 ICP 質量分析装置を用いた定量分析

標準液

①検量線用標準液：一般に、測定対象元素を含む市販の多元素混合標準溶液または単元素標準溶液を用いて、元素濃度が異なる 3 点以上の検量線用標準液を調製する。合わせて、測定対象元素を加えない検量線用ブランク液も調製する。これら検量線溶液と試料溶液の硝酸濃度は同じにして、両者の液性を一致させる。植物体中のホウ素の場合は、市販のホウ素標準溶液 1000 mg/L を適宜希釈して、0～100 µg/L 程度の検量線用標準液（硝酸を 30 mL/L の割合で含む）を調製する。

②内標準液：内標準法により定量する場合は、内標準元素の標準溶液を用いて、検量線溶液と試料溶液に、内標準元素が同一濃度になるように添加する。内標準元素としては、一般にはインジウム（In）がよく用いられるが、測定元素がホウ素の場合は、質量数が近いリチウム（Li）がよい。オンラインで内標準添加を行う場合は、それ用の内標準液を別途用意する（例えば In 50 µg/L）。

操作

　ICP を点灯後、低・中・高質量数の元素を含む調整用溶液を用いて、プラズマ位置、質量軸の調整や感度の最適化などのチューニングを行う。次いで、測定元素（内標準元素）に対応する質量数の選択と積分時間の設定、セルガス条件の設定、定量法（検量線法、内標準法など）の選択、検量線・試料テーブルの入力などの測定条件を

設定する。セルガスの使用は、^{56}Fe など質量数 80 以下のスペクトル干渉が大きい元素については効果的である。その後、検量線溶液、試料溶液を装置に導入して、設定質量数毎のイオンカウントを測定し、検量線から試料溶液の元素濃度を求める。

ホウ素の場合は、同位体 ^{10}B（存在比 0.199）と ^{11}B（存在比 0.801）が存在するので、質量数 10 と 11 を選択するとともに、内標準元素 ^{7}Li（存在比 0.924）を使う場合は、その質量数 7 も選択する。スペクトル干渉は少ないので、セルガスを使用する必要はない。

2.3.3　ラムノガラクツロナンⅡ－ホウ酸複合体の化学形態分析
2.3.3.1　元素の化学形態分析

元素は、生体試料や環境試料中で、有機化合物と結合するなど様々な化学形態（化学種）で存在している。元素の必須性、毒性、可給性などは、その化学形態に依存している。例えば、必須元素の亜鉛は、生体内でカルボキシペプチダーゼなど金属酵素の活性中心に存在して機能している。一方、ヒ素は有害元素として知られるが、海産生物の体内では毒性がほとんどないアルセノベタインの形態で存在している。したがって、生体や環境試料に含まれる元素の機能や動態を明らかにするには、元素の全量を分析するだけではなく、化学形態を同定して定量する「元素の化学形態分析（スペシエーション分析）」を行う必要がある。

元素の化学形態分析には、各種機器分析法が用いられるが、なかでも HPLC/ICP-MS が広く普及している[3]。これは、溶液試料中の元素を化学形態別に HPLC により高性能分離して、オンラインで接続した ICP-MS により高感度検出する方法である。有機分析で用いられる高速液体クロマトグラフィー / 質量分析法（LC/MS）は専用装置が市販されているのに対して、HPLC/ICP-MS 専用機は市販されていない。コンベンショナルな HPLC の溶離液の流速は 1.0 mL/min 程度であり、ICP-MS の試料溶液吸引速度と同程度である。したがって、HPLC の溶離液出口と通常の ICP-MS のネブライザー入口を直結するだけで、HPLC/ICP-MS を組むことができる。

ここでは、植物細胞壁研究への応用例として、ラムノガラクツロナンⅡ－ホウ酸複合体（dRG-Ⅱ-B）のサイズ排除 HPLC/ICP-MS 分析を紹介する[7,8]。細胞壁のペクチン分解酵素処理で得られる細胞壁可溶化成分からの dRG-Ⅱ-B の単離同定を契機として、植物必須微量元素ホウ素の機能は、ペクチン分子を RG-Ⅱ 部分でホウ酸エステル結合により架橋することによる細胞壁構造の安定化であることが明らかにされている[4]。

2.3.3.2　dRG-Ⅱ-B のサイズ排除 HPLC/ICP-MS
器具・機器・試薬

① ICP 質量分析装置：HPLC/ICP-MS 測定を行うには、ICP-MS ソフトウェアが通常の定量分析の他に、時間分解分析に対応している必要がある。高度なデータ処理には、クロマトグラムデータ処理ソフトが必要な場合がある。また、HPLC からのス

タート信号によりICP-MS測定を開始させるためには、ICP-MS本体にスタート信号接続端子があり、ソフトウェアがスタート信号に対応していることが必要である。
②HPLC装置：流速1.0 mL/min程度のコンベンショナルな装置。
③カラム：サイズ排除カラムには、充填剤によりシリカ系、ポリマー系、多糖系（アガロース、デキストラン等）がある。これらカラムは、すべてdRG-Ⅱ-Bの分離分析に用いられている。筆者らは、主に、シリカ系サイズ排除カラムのYMC-Pack Diol-120（長さ30 cm×内径8.0 mm）を用いている。このカラムは、高分離能で測定時間が短く、かつ比較的安価で使いやすい。
④溶離液：通常、HPLC/ICP-MS測定の溶離液には、ICP-MSのコーン目詰まりなどの問題が起きない揮発性の塩溶液が用いられる。ここでは、0.2M ギ酸アンモニウム（pH約6.5）を用い、流速1.0 mL/min とした。

操作

HPLCにカラムを接続して、溶離液を一定時間流し、安定化させておく。ICP-MSを点灯、ウォームアップ、チューニング後、HPLCの溶離液出口とICP-MSネブライザーを接続する。接続に用いるチューブの長さはなるべく短くする。PEEKより柔らかなテフゼル®製チューブ（内径0.25 mm）を用いるとよい。試料溶液をHPLCにインジェクトし、同時にICP-MSの時間分解測定を開始する。設定した質量数、積分時間、繰り返し回数（または測定時間）にしたがって、終了まで一定時間間隔（通常1～2秒）で測定が繰り返される。

測定例1：dRG-Ⅱ-Bのサイズ排除HPLC/ICP-MS測定[7]

図2.13に、テンサイ（*Beta vulgaris*）根から単離されたdRG-Ⅱ-Bのサイズ排除HPLC/ICP-MSクロマトグラムを示す。dRG-Ⅱ-Bは、2分子のラムノガラクツロナンⅡ（分子量5 k）を1分子のホウ酸がエステル結合により架橋した分子量10 kの複合体である。したがって、dRG-Ⅱ-Bの溶出位置に、dRG-Ⅱ-Bに結合しているBのピークが検出される。さらに、dRG-Ⅱ-Bと同じ保持時間に、Ca、Sr、Ba、Pbのピークも検出されることから、これら金属元素がdRG-Ⅱ-Bと結

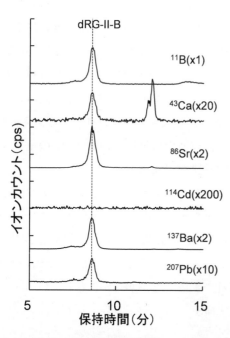

図2.13 テンサイ根から単離されたdRG-Ⅱ-BのサイズHPLC/ICP-MSクロマトグラム
試料濃度0.23 mg/mL、試料注入量20 μL、括弧内は縦軸拡大率、縦軸1目盛は2×10^5（文献7より許可を得て改変して転載）

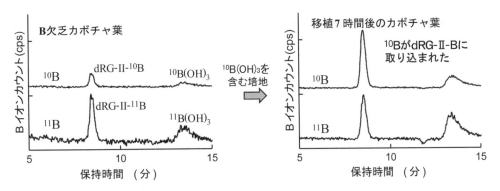

図 2.14　ホウ素欠乏カボチャ葉細胞壁の EPG 分解物のサイズ排除 HPLC/ICP-MS クロマトグラム
（文献 8 より改変して転載、Copyright American Society of Plant Biologists）

合していることが明らかである。ICP-MS の感度は元素ごとに異なるので、クロマトグラムの見かけのピーク高さは元素量とは比例していない。実際、1 分子の dRG-II-B にほぼ 1 個の Ca が結合しており、Sr などは 0.3 個以下でしかない。

測定例 2：細胞壁の EPG 分解物のサイズ排除 HPLC/ICP-MS 測定[8]

図 2.14 に、ホウ素欠乏のカボチャ幼植物を、$^{10}B(OH)_3$ を含む培地で 7 時間水耕栽培し、新展開葉（第 3 葉）から調製した細胞壁を、エンドポリガラクツロナーゼ（EPG）処理して得られた分解試料のサイズ排除 HPLC/ICP-MS クロマトグラムを示す。ホウ素の安定同位体 ^{10}B と ^{11}B の天然存在比はそれぞれ 0.2 と 0.8 であるので、$^{10}B(OH)_3$ 処理前の dRG-II-B の ^{10}B と ^{11}B のピーク強度比はほぼ 1:4 である。$^{10}B(OH)_3$ 処理後は、^{10}B が dRG-II-B に取り込まれて、dRG-II-^{10}B のピーク強度だけが大きくなる。この結果は、ICP-MS の持つ同位体分析能を活用した事例である。

参考文献

1) 井田巖ほか、ぶんせき、**2008**、206-214
2) 岡本研作（1994）プラズマイオン源質量分析、河口広司、中原武利編、学会出版センター、p.128-147
3) 田尾博明（1997）分析化学、**46**、239-263
4) 松永俊朗、石井忠（2005）日本土壌肥料学雑誌、**76**、223-228
5) JIS K 0133（2007）高周波プラズマ質量分析通則
6) 松永俊朗、樽木直也（2014）日本土壌肥料学雑誌、**85**、453-457
7) Matsunaga, T. & Ishii, T.（2004）*Anal. Sci.* **20**, 1389-1393
8) Ishii, T. et al.（2001）*Plant Physiol.* **126**, 1698-1705

（松永俊朗）

2.4 細胞壁セルロースのX線解析

　X線回折は高次構造を知る最も基本的な手段の一つである。ある物質にX線を入射した際の散乱パターンはその物質の電子密度のフーリエ変換として与えられ、X線の波長からその百倍程度までの構造を直接的に反映する。したがって、試料が結晶性であろうとなかろうと適切なモデルがあれば構造解析することが原理的には可能である。しかし、電子密度に周期性を有する結晶性物質ではより直接的な解釈が可能なこともあり、一般に結晶性物質がX線解析に供される。

　木材などの植物細胞壁はセルロース、ヘミセルロース、リグニン等で構成されているが、このうち天然の状態で結晶性を示すのはセルロースのみである。結晶性物質であるセルロースに一定波長のX線を入射した場合には、その構造（電子密度）の周期性により回折が生じるが、ヘミセルロースやリグニン等の非晶性物質からは散漫散乱を生ずるのみである。天然では非晶性のヘミセルロースであっても、例えばキシランやマンナン等を単離・精製し結晶化させれば回折を生じさせることができる。そして、構造の周期性の違いから回折パターンにも違いが生じて物質の同定ならびに構造解析をすることが可能となる。

　高分子である多糖からは単結晶構造解析に相応しい一辺 10 μm 以上の大きさを有する結晶を調製することはできず、一般に一軸配向の繊維試料を調製してその繊維回折図から構造解析がなされている。実際、セルロースでは、精製（脱リグニン・脱ヘミセルロース）の後、硫酸処理によって棒状微結晶が水に分散した懸濁液が調製された。そして、流動場で棒状粒子を一軸配向させた繊維試料からの構造解析が行われ、天然セルロースIα型、Iβ型の結晶構造（原子配置）が明らかにされている[1,2]。しかし、繊維試料からの構造解析は未だ画一された手法があるわけではなく、各研究者の試行錯誤によるところが多い。

　多糖の構造解析において、実際により多く直面する課題として結晶サイズ、結晶化度、配向度がある。これらは構造を物性と関連づける重要な因子であり、比表面積、力学物性などと直接的に関連するからである。ここではセルロースを例に挙げ、結晶サイズ、結晶化度、配向度を評価する方法について述べる。

2.4.1 結晶サイズ[3,4]

　結晶からの散乱強度 I は、入射強度を I_e として

$$I = I_e \cdot |F|^2 \cdot G \quad (式1)$$

と表される。ここで、F は結晶構造因子であり、結晶の繰り返しの基本単位（単位格子）中の原子配列によって決定される。また、G はラウエの回折関数であり、

$$G = \frac{\sin^2 N_1 \pi(\mathbf{a}\cdot\mathbf{s})}{\sin^2 \pi(\mathbf{a}\cdot\mathbf{s})} \frac{\sin^2 N_2 \pi(\mathbf{b}\cdot\mathbf{s})}{\sin^2 \pi(\mathbf{b}\cdot\mathbf{s})} \frac{\sin^2 N_3 \pi(\mathbf{c}\cdot\mathbf{s})}{\sin^2 \pi(\mathbf{c}\cdot\mathbf{s})} \quad (式2)$$

と表される。ここで、**a**、**b**、**c** は単位格子を張るベクトル、N_1、N_2、N_3 は **a**、**b**、**c** 方向の単位格子の総数、**s** は散乱ベクトルである。このラウエの回折関数を簡略化した関数を

$$g(x) = \frac{\sin^2 N\pi x}{\sin^2 \pi x} \quad （式3）$$

として、$N=10$、20、30 の場合のプロットを図 2.15 に示す。単位格子の総数 N が大きくなるにしたがってピークがシャープになることが分かる。すなわち、X 線回折の回折幅をもとに結晶の大きさ（単位格子の総数）を知ることができる。Scherrer は回折関数のピークをガウス関数に近似した場合の半価幅（半値全幅）と結晶サイズ（D）の関係について以下の式（Scherrer 式）を与えた。

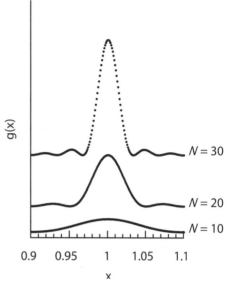

図 2.15 関数のプロット（$N=10, 20, 30$）
$g(x) = \dfrac{\sin^2 N\pi x}{\sin^2 \pi x}$

$$D = \frac{K\lambda}{H\cos B} \quad （式4）$$

ただし、B は回折角、λ は X 線の波長、H は装置の広がりがない場合の回折ピークの半価幅（rad）、K は定数で一般的には 0.9 を用いる。ここでは、対称反射法を採用した粉末試料測定用の X 線回折装置によって、Cu Kα 線（波長：$\lambda = 0.1542$ nm）で測定した X 線回折プロファイルから上記 Scherrer 式（式 4）を使用して結晶サイズを算出する方法を述べる。

試料

試料の精製はしてもしなくてもよいが、例えば植物細胞壁を測定した場合は非晶性物質であるヘミセルロースやリグニンの量に応じて、バックグラウンドが高くなる。セルロースの構造を変化させないような緩やかな条件で脱リグニン、脱ヘミセルロース処理（ホロセル処理）を行った方が S/N 比が高くなりプロファイルの解析が容易になる場合が多い。また、試料はシート状またはペレット状に成形したほうがよい。粉末試料でも測定は可能であるが、試料の密度が大きくないので、S/N 比の高いプロファイルを得ることは難しい。

装置

銅の管球や回転対陰極を搭載した対称反射法での測定が可能な一般的粉末回折装置（リガク製粉末 X 線回折装置 Smart Lab、Ultima IV、RINT2000 など）

測定

1. 試料はシート状またはペレット状に成形する。
2. サンプルホルダーに試料の平らな表面がサンプルホルダーの面と一致するように接着剤やセロテープなどで固定する。（ただし、接着剤やセロテープにはX線がかぶらないようにする。）
3. 試料をゴニオメーターにセットする。
4. 加速電圧は40 kV、電流は40 mA程度とする。（電圧と電流は装置によって制限があるので管理者に問い合わせる。これは一般的な管球2 kWの場合である。）
5. 光学系スリットは、発散スリット（DS）：0.5°、散乱スリット（SS）：0.5°、受光スリット（RS）：0.30 mmを使用する。
6. 測定条件は、$\theta/2\theta$スキャン、測定範囲$2\theta=10°\sim30°$にて、連続的にゴニオメーターを操作するRM法の場合はスキャンスピード1/2 °/minあるいは1 °/min、ゴニオメーターを微小角ステップで送って強度を記録するFT法の場合は0.1°ステップで各ステップの計測時間を10秒あるいは20秒として、測定を開始する。（検出器がシンチレーションカウンターの場合は30,000cps以上で回折X線の数え落しがある。この場合は電圧・電流、スキャンスピード、計数時間で調整する。）
7. 測定終了後、2θ-I（強度）プロファイルを得る。

解析

X線回折（2θ-I）プロファイルを結晶成分に由来する各回折ピークと非晶成分に由来するバックグラウンドに最小二乗法プログラムで分離する[5]。

回折ピークを表す関数としてはpseudo-Voigt関数など裾の形状に自由度の大きな関数を使用する。次式は、2θを$-\infty$から$+\infty$まで積分したときに値が1となるように規格化したpseudo-Voigt関数$P(2\theta)$である。

$$P(2\theta) = \eta L(2\theta) + (1-\eta) G(2\theta),$$

$$L(2\theta) = \frac{2}{\pi H}\left[1 + 4\left(\frac{2\theta - 2B}{H}\right)^2\right]^{-1},$$

$$G(2\theta) = \frac{2}{H}\left(\frac{\ln 2}{\pi}\right)^{1/2} \exp\left[-4\ln 2\left(\frac{2\theta - 2B}{H}\right)^2\right]$$

(式5)

ここで、Bはブラッグ角、Hは半価幅（full width at half maximum:FWHM）、そしてηはローレンツ関数$L(2\theta)$とガウス関数$G(2\theta)$の比率を表し、0から1まで変動するパラメータである。バックグラウンド関数$B(2\theta)$としては5次の多項式を使用する。プロファイル中にi本の回折ピークが現れるとプロファイル全体を表す関数$Y(2\theta)_{cal}$は以下のようになる。

$$Y(2\theta)_{cal} = B(2\theta) + \sum_i A_i P(2\theta)_i \qquad (\text{式}6)$$

ここで、$B(2\theta)$ はバックグラウンド関数、A_i は i 番目の回折ピークの強度（面積）、$P(2\theta)_i$ は i 番目の回折ピークの関数である。そして、最小二乗法プログラムによって、測定した $2\theta\text{-}I$ プロファイルとプロファイル関数 $Y(2\theta)_{cal}$ の差が最小になるように各パラメータを決定（ピーク分離）する。そして、決定したパラメータ B と H を波長 $\lambda = 0.154$ nm として上記 Scherrer 式（式4）に代入すると結晶サイズが算出できる。なお、$2\theta(°)$ としてピーク分離した場合は半価幅 $H(°)$ となっているので、これをラジアンに変換してから代入する必要がある。

解析例

市販のコットン粉末の X 線回折プロファイルとそのピーク分離の結果を**図 2.16**に示す。セルロース試料を対称反射法で測定した場合、$2\theta = 10°\sim 30°$ の範囲に3つのピークが観察できる。コットンは Iβ 型の結晶形なので、$2\theta = 14.7°$、$16.4°$、$22.6°$ のピークはそれぞれ 1 1 0、1 $\bar{1}$ 0、2 0 0 と指数付けできる。このうち最も強度の大きい2 0 0のピークに着目すると、ピーク分離の結果は $H_{200} = 1.407°$、$B_{200} = 11.295°$ であった。そして、B_{200}、ラジアンに変換した $H_{200} = 0.02456$ (rad)、波長 $\lambda = 0.1542$ nm、を $K = 0.9$ として上記 Scherrer 式（式4）に代入すると結晶サイズ D は 5.8 nm と算出される。

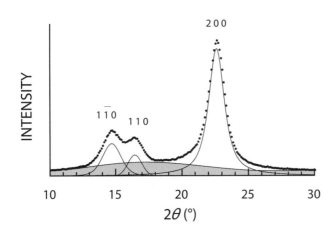

図 2.16　市販のコットン粉末のX線回折プロファイルとそのピーク分離結果
プロファイル中の3つの回折ピークをそれぞれ pseudo-Voigt 関数に近似し、バックグラウンド（灰色）を5次の多項式で近似して分離した。（文献6より転載）

2.4.2　結晶化度[6]

一般的に結晶化度とは、試料中に含まれる結晶成分の体積あるいは重量分率を意味する。X 線回折では原理的には結晶化度を正確に求めることができるが、多くの場合は一つの結晶化指標（Crystallinity index:*CrI*）を定義して、試料間の相対的な結晶性の違いを議論することが多い。ここでは、セルロースを例に挙げて結晶化指標として

の結晶化度を算出する方法を説明する。試料内部における結晶の配向によって結晶由来のピーク強度は大きく変化する。そのため、異なる方法を用いて得られた結晶化度を比較して、結晶成分と非晶成分の比率を議論することはできない。また、同じ方法を用いていても試料間で結晶の配向が変わる場合には、値が結晶化度と無関係に変動する場合があるので十分注意する必要がある。

試料

試料はシート状またはペレット状に成形したほうがS/N比の高いX線回折プロファイルを得られる。この際、比較する試料間でセルロースの配向が変わらないように成形する必要がある。

装置・測定

前項（2.4.1）と同じ装置を使用し、同じ方法で測定する。

解析

前項（2.4.1）と同じ方法により、測定したX線回折（2θ-I）プロファイルを結晶成分に由来する各回折ピーク関数（式5）と非晶成分に由来するバックグラウンド関数（5次の多項式）に近似して、最小二乗法プログラムで分離する。

プロファイルの全積分強度 $\int Y(2\theta)_{cal}$ に対する全回折ピーク強度 $\sum_i A_i$ の百分率を次式で求め、結晶化度（CrI）（%）を算出する。

$$CrI = \frac{\sum_i A_i}{\int Y(2\theta)_{cal}} \times 100 \qquad (式7)$$

解析例

市販のコットン粉末のX線回折プロファイルをピーク分離した結果を**図 2.16**に示す。ピークトップが $2\theta=14.7°$、$16.4°$、$22.6°$にある3つの回折がセルロース結晶に由来する。一方、$2\theta=18°$付近にピークトップのあるブロードな散乱（灰色の部分）が非晶成分に由来するバックグラウンドである。最小二乗法によってピーク分離して求めたそれぞれの面積から、上記、（式7）によって算出した結晶化度は67％であった。

2.4.3 配向度

植物細胞壁中においてセルロースは分子鎖が束になって結晶化した幅数 nm の繊維状のミクロフィブリル（微結晶）として存在している。このミクロフィブリルの配列様式は種々の細胞壁中において違いがあることが知られている。ここでは、試料中におけるセルロースミクロフィブリルの配向度を算出する方法について述べる。

装置

ラウエカメラ（**図 2.17**）と二次元検出器の搭載してある透過法による測定が可能なX線回折装置。ここでは二次元検出器としてイメージングプレートを使用する場合

について説明する。

測定

1. 試料は繊維状に成形する。透過法による測定のため、試料の厚さは0.5〜1 mmとする。
2. 試料の繊維軸またはシート表面に垂直にX線が入射するように試料をゴニオヘッドにセットする。
3. 加速電圧、電流は装置によって制限があるので、装置管理者に問い合わせて適宜設定する。
4. ピンホールコリメーターは直径0.3〜1 mmを使用する。
5. 測定時間は試料サイズ、電圧、電流、コリメーターサイズによって大きく異なるので、まず20分程度で測定し、明瞭な繊維図パターンが得られなければ、段階的に測定時間を長くするのがよい。
6. 測定終了後、イメージングプレートを読み取る。

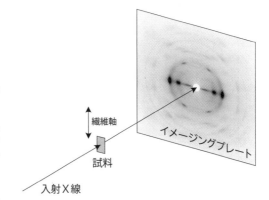

図2.17 ラウエカメラを使用した透過法による回折図の測定
単色化し、ピンホールを透過した入射X線を繊維試料にその繊維軸に垂直に入射し、繊維試料の後方に配置した検出器（イメージングプレート）に回折図を記録する。

解析

1. 記録した繊維図の２００の回折から円周方向のプロファイル（β-Iプロット）を得る。
2. β-Iプロットから次式にしたがって配向度（Hermans order parameter:f）を算出する[4,7]。

$$f = \frac{3\langle\cos^2\gamma\rangle - 1}{2} \tag{式8}$$

ここで、

$$\langle\cos^2\gamma\rangle = 1 - 2\langle\cos^2\phi\rangle \tag{式9}$$

$$\langle\cos^2\phi\rangle = \frac{\int I(\phi)\cos^2\phi\sin\phi\,d\phi}{\int I(\phi)\sin\phi\,d\phi} \tag{式10}$$

ϕは試料の繊維軸と［１００］軸のなす角、γは試料の繊維軸とセルロース微結晶の長軸（c軸）のなす角であり、$\langle\cos^2\phi\rangle$と$\langle\cos^2\gamma\rangle$はそれぞれの二乗平均（全微結晶についての平均）を表す。試料の繊維軸に対して$f=1$ならば完全に平行、$f=0$ならばランダム、$f=-1/2$ならば垂直となる。

解析例

ドロノキ（*Populus maximowiczii*）の引張あて材でのセルロースミクロフィブリル

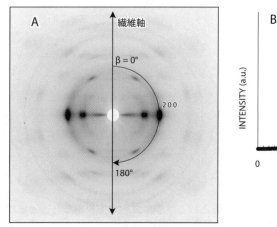
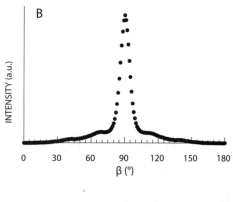

図2.18 ラウエカメラで測定したドロノキあて材の回折図（A）とその200ピークのβ-Iプロット（B）

の配向（あて材の繊維軸を基準軸としたセルロースミクロフィブリルの長軸の配向）を評価した例を以下に示す。厚さ0.5 mmの板目板を切り出し、板目面に垂直にX線を入射して繊維図をイメージングプレートに記録した（図2.18A）。試料の繊維軸を0°として時計回りの円周方向プロファイル（β-Iプロット）から空気散乱等によるバックグラウンドを直線と仮定してこれを除去したβ-Iプロットを図2.18Bに示した。ここでは、βとϕの角度が一致している。そこで、それぞれの角度βでの強度を読み取り、（式10）より$\langle\cos^2\phi\rangle$=0.0687を得た。次にこの値を（式9）に代入すると$\langle\cos^2\gamma\rangle$=0.863となり、（式8）より配向度は$f$=0.79となった。

参考文献

1) Nishiyama, Y. et al. (2002) *J. Am. Chem. Soc.* **124**, 9074-9082
2) Nishiyama, Y. et al. (1997) *J. Am. Chem. Soc.* **125**, 14300-14306
3) 三宅静雄（1969）X線の回折、朝倉書店
4) Alexander, L. E. (1973) X-ray Diffraction Methods in Polymer Science, John Wiley & Sons. Inc.
5) Wada M. et al. (1997) *Cellulose* **4**, 221-232
6) 和田昌久、西山義春（2001）*Cellulose Communications* **18**, 87-90
7) Nishiyama, Y. et al. (1997) *Macromolecules* **30**, 6395-6397

〈和田昌久〉

2.5　材料試験と成長応力測定におけるひずみゲージ法の適用

ひずみゲージは、材料に外力を負荷したときに生じる負荷ひずみや、内部応力（残留応力）を解放したときに生じる解放ひずみを計測するのに役立つ。その代表例が材料試験であり、とくに引張・圧縮試験によるヤング率・ポアソン比の測定では、ひず

みゲージの使用が不可欠となっている。

本項目では、引張試験による棒状試験体のヤング率の測定と、生立木の木部表面に発生している成長応力の測定を例として、ひずみゲージを用いた計測の原理とその取扱いを紹介する。

2.5.1 電気抵抗線式ひずみゲージによるひずみの測定原理

電気抵抗線式ひずみゲージは、金属線が長さ変化に応じて抵抗値を変化させるという性質を応用して、ひずみを計測する小型センサーである。変形する材料に貼り付けられた抵抗値R_Gのひずみゲージが、ひずみεを生じて抵抗値をΔRだけ増したとする。このとき以下の関係が成り立つ。

$$\frac{\Delta R}{R_G} = K_S \cdot \varepsilon \qquad (式1)$$

比例定数K_S（ゲージ率と呼ばれる）は、ひずみゲージの一般的素材である銅・ニッケルあるいはニッケル・クロム合金ではほぼ2である。材料試験では、電気抵抗値としては120Ωに設計されたものが多く使用され、ゲージ長としては2mmから10mm程度まで様々なものが用いられる（図2.19A）。

ひずみゲージの抵抗値の変化ΔRは微小量であり、その検出には、入力電圧一定（E_0）のホイートストンブリッジ回路を用いる（図2.19B）。ここでは、1ゲージ法（ブリッジの4辺のうち1辺を、ひずみゲージとする方式）について述べる。1ゲージ法では、$R_G = R_2 = R_3 = R_4 = R$であるようにブリッジが組み立てられるが、ひずみゲージ（抵抗値R_G）がεのひずみを受けてΔRの微小変化を示すとき、以下の(式2)で与えられるような電圧信号Δe_0が出力される。

$$\Delta e_0 = \frac{R\Delta R}{(2R+\Delta R)2R} \cdot E_0 \approx \frac{1}{4}\frac{\Delta R}{R} \cdot E_0 = \frac{1}{4} K_S \cdot \varepsilon \cdot E_0 \qquad (式2)$$

ひずみゲージが検出したひずみεは、入力電圧E_0と出力電圧Δe_0とから、

$$\varepsilon = \frac{4}{K_S} \left(\frac{\Delta e_0}{E_0} \right) \qquad (式3)$$

で与えられる[1]。

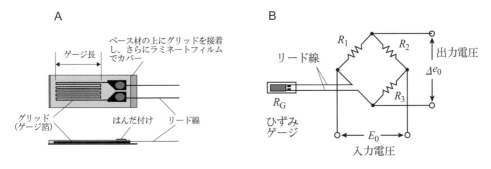

図2.19 ひずみゲージ（箔ゲージ）の構造（A）とホイートストンブリッジ（1ゲージ法）（B）

2.5.2　引張試験への応用－棒状試験片のヤング率およびポアソン比の測定手順

　ひずみゲージ法の適用例として、断面一様な棒状試験体の引張試験を紹介する。引張試験では、棒状試験体のヤング率とポアソン比を測定することができる（図2.20）。断面一様な棒状試験体(断面積A m^2)を、荷重P(単位 N) で長さ方向に引っ張ると、材料内部には応力σ (=P/A) が生じる。応力の単位は N/m^2 であるがこれを Pa（パスカル）と表記する。同時に、試験体中央部にとった長さl_0 m の部分は、荷重が作用する方向に伸びのひずみε_lを生じる。ひずみε_lは、寸法変化$\varDelta l$を元の長さl_0で割ったものなので、極めて小さい量となる。便宜的に$\times 10^{-6}$をμs(マイクロ・ストレイン）と表して、これを単位として用いるか、あるいは％表示する。

　材料に生じた応力がある大きさ以下であれば、σとε_lの間には、比例関係（$\sigma = E \cdot \varepsilon_l$）が成り立つことがわかっている（図2.20）。これをフックの法則という。比例定数Eをヤング率という。ヤング率の単位は、応力と同じく Pa である。

　荷重作用の方向と直角な方向にもひずみε_tが生じ、比$\nu = -\varepsilon_t/\varepsilon_l$をポアソン比と呼ぶ。通常、$\varepsilon_t$と$\varepsilon_l$とは互いに異符号（一方が負ならば、他方は正）となる。以下、縦引張試験（繊維方向引張試験）により、木材の繊維方向ヤング率およびポアソン比を測定するための具体的手順を示す。

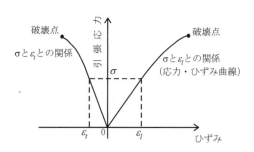

図2.20　木材の縦引張試験による応力ひずみ曲線
比例域での引張応力の増分σと、それに対応するε_lとε_tの増分とから、ヤング率$E=\sigma/\varepsilon_l$、ポアソン比$\nu=-\varepsilon_t/\varepsilon_l$が求められる。

用意する装置・器具

①材料試験機

インストロン型あるいは油圧負荷型材料試験機、容量 50,000 N 以上の荷重計（ロードセル）およびひずみ計（あるいはデータロガー）を備えているもの。荷重計およびひずみ計の出力は PC（パーソナルコンピュータ）に記録される。

②電気抵抗線式ひずみゲージおよび接着剤

短期一般使用型（鋼材用）・短軸箔ゲージタイプ（ポリイミドあるいはエポキシベース）、ゲージ長5 mm、ゲージファクター（K_S値)2、抵抗値 120 Ω、自己温度補償範囲 10～80℃、接着剤には、ひずみゲージ用シアノアクリレート系瞬間接着剤を用いる。

③ビニールシート（4 cm × 8 cm 程度）およびティッシュペーパー

④試験片

　木材の縦引張試験（ヤング率および強度）の手順は、JIS2101 を基本とするが、諸事情により定められた試験体が採取できない場合や、ポアソン比を同時に測定する場合は、以下のような矩形棒形状とする[2]。

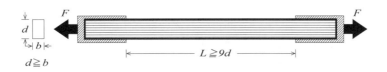

図 2.21 引張試験片
（公益財団法人日本住宅・木材技術センター H26 構造用木材の強度試験マニュアルより転載）

　マイクロメータあるいはノギスを用いて、試験片の中央部における幅 d と厚さ b を測定しておく。常識として、ひずみゲージ法が適用できる長さ、幅、および厚さであることが望まれる。また、繊維の目切れ等による影響を避けるためにも、幅 d は最低でも 10 mm、幅 b は 5 mm 以上であることが望ましい。

操作

試験体表面の中央部に、ひずみゲージを2枚貼付することとする。あらかじめサンドペーパーなどを用いて平滑にしておき、ゴミ、水滴、あるいは油分等を拭き取る。1枚のひずみゲージについては、その長軸方向を試験体の長軸方向に一致させ、もう1枚については、その長軸方向が試験体の長軸方向と直交するように貼付する（**図 2.22**）。ゲージの接着面（裏面）を接着剤で十分に濡らし、試験体に貼付した後、1〜2分程度、上からビニールシートで（親指の腹などで）抑え、接着を完了する。2つのひずみゲージのリード線は別々のホイートストンブリッジ（1ゲージ法）（**図 2.19B**）に接続されるが、その詳細については材料試験機のマニュアルに準拠すること。その後、試験体を引張試験機チャックに取り付ける。チャック把持によって潰れが生じるような試験体では、チャック接触面に硬木の板を貼るなどの補強をしておく。それぞれ独立にホイートストンブリッジに接続する。

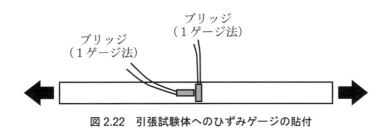

図 2.22　引張試験体へのひずみゲージの貼付

試験体が負荷開始から1〜2分で破壊するように、一定の変位速度で試験機のクロスヘッドを動かし、破壊（降伏）に至るまで試験を行う。応力 σ とひずみ ε_l, ε_t との関係（図2.20）をPCモニター上に描き、比例域からヤング率とポアソン比を求める。JIS Z 2101に準じる試験片形状であれば、破壊強さ（引張強さ）をも読み取る。

2.5.3　表面成長応力測定への応用－樹幹木部の表面成長応力の測定手順

樹木の二次木部の繊維細胞は、二次壁の成熟（木化）の過程で、繊維軸および径方向に寸法変化しようとする。寸法変化は、現実の樹幹木部内では拘束されるから、新生木部の層には応力（内部応力）が残留する。これを表面成長応力（あるいは単に成長応力）と言う。樹幹や枝の傾斜に応じてさまざまな値の成長応力が発生し、これによって樹幹や枝は負重力屈性を発現することができる。一方で、樹幹内の残留応力分布の形成原因となり、生材樹幹を一次加工する際の加工障害（丸太の心割れや製材の挽き曲り）が発生する[3]。

ひずみゲージ法の適用例として、ここでは二次木部表面における成長応力解放ひずみを求め、これを成長応力へと変換する手順を解説する。

用意する装置・器具

①可搬型ひずみ計（ひずみデータロガー）
測定点が複数である時には10〜20点のブリッジを有するスイッチボックスを接続していること。
②ひずみゲージおよび接着剤：既出。ゲージ長8〜10 mmが望ましい。苗木では、2〜5 mmのものを用いる。
③ビニールシート（4 cm×8 cm程度）およびティッシュペーパー
④手ノミ、手鋸
⑤供試樹木－立木または伐採後の生材丸太

操作

立木状態の樹幹あるいは伐採後の丸太において、ノミ等を用いて測定点付近の樹皮および形成層分化帯を除去し、完成木部を露出させる。1ゲージ法により測定を行う。ティッシュペーパーなどにより、水分および樹脂をよく拭き取ったのち、ひずみゲージを繊維の長軸方向（繊維方向－L方向）、および直角方向（接線方向－T方向）に合せて貼付する（図2.23A）。ひずみゲージの接着を確認したのち、リード線をひずみ計（スイッチボックス）に接続する。手鋸や手ノミ等を用いて、ひずみゲージの周囲に切込みを入れ、表面応力を解放する（図2.23B）。切れ込みの深さは0.5〜1 cmほどであれば十分である。これによって、L方向に貼付したひずみゲージは ε_L の、T方向に貼付したひずみゲージは ε_T の解放ひずみを示す。

解放ひずみ（ε_L, ε_T）測定後、ひずみゲージ近辺から繊維方向および接線方向に長い棒状試験片を採取し、別途引張試験により繊維方向ヤング率（E_L）およびポアソン

比（ν_{LT}）、接線方向ヤング率（E_T）およびポアソン比（ν_{TL}）を測定する（その方法については上で述べた）。（式4）を用いて成長応力の繊維方向成分（σ_L）および接線方向成分（σ_T）を算出する[3]。

$$\sigma_L = -\frac{E_L}{1-\nu_{TL}\nu_{LT}}(\varepsilon_L + \nu_{TL}\varepsilon_T), \quad \sigma_T = -\frac{E_T}{1-\nu_{TL}\nu_{LT}}(\varepsilon_T + \nu_{LT}\varepsilon_L) \qquad (式4)$$

以上が、ひずみゲージ法による表面成長応力の測定手順である。一般に、$\nu_{TL}\nu_{LT}$ は1に比べて微小であることと、$\nu_{TL}\varepsilon_T$ は ε_L に比べて微小であることから、

$$\sigma_L \cong -E_L\varepsilon_L \qquad (式5)$$

が成り立つ。測定対象樹木において、場所による E_L のばらつきを無視すれば、繊維方向解放ひずみ（ε_L）を繊維方向成長応力（σ_L）の大小の目安に用いることができる。なお、ε_T を σ_T 大小の目安に用いるのは、必ずしも妥当ではない。なぜなら、（式4）の第2式において、$\nu_{LT}E_L$ は、ε_T に比べて微小であるとは限らないからである。繊維方向については、得られた解放ひずみが負（縮み）であった場合には、解放前にはひずみゲージに沿って引張応力が、一方、正（伸び）の解放ひずみが得られたならば、圧縮応力が作用していたと考えてよい。

図 2.23　ひずみゲージ法による木部表面成長応力解放ひずみの測定
写真 A：剥皮したのち二次木部最外層を露出し、ひずみゲージ（ゲージ長 10 mm）を貼付したところ
写真 B：手鋸を用いてひずみゲージ周囲を切り込んで、表面応力を解放しているところ
（鳥羽景介撮影）

参考文献

1) ひずみゲージについて（pdf 版）、株式会社共和電業ホームページ（http://www.kyowa-ei.com/jpn/technical/strain_gages/index.html）
2) 飯島泰男ほか編（2013）構造用木材の強度試験マニュアル（第 4 版）、公益財団法人日本住宅・木材技術センター

3) 山本浩之（2011）木質の形成―バイオマス科学への招待―（第2版）、福島和彦ほか編、海青社、p.508-523

（山本浩之）

2.6 ラマン分光分析による細胞壁の解析

　物質にレーザー光を照射すると、入射波と同波長の「レイリー散乱光」とともに、分子の振動や回転に基づく固有の波数だけずれた（ラマンシフト）光が観測される。ラマン散乱の振動スペクトルは、赤外吸収のそれとともに「分子の指紋」とも呼ばれる。赤外吸収が双極子モーメントの変化を検出するのに対し、ラマン散乱は分極率の変化を検出し、両者は相補的な選択則に従い、分子構造、周囲環境との相互作用、応力解析などの測定を可能とする。極性の高い官能基の解析に関してはどちらかといえば赤外吸収が適するが、一方ラマン分光では前処理が要らず非破壊的、水にも影響されず、ガラス越し、水溶液でも観察が可能という利点がある。原理詳細については成書[1,2]を参考とされたい。微弱なラマン散乱光の分析のため、出現以来いくつかの機構が開発され世代交代されてきた。ここでは現在主流と考えられる構成について述べる。

一般的な装置構成

　ラマン測定装置は一般に、励起光源、分光器、検出器から成る。光源は高強度・短波長のレーザーで、観察対象により適した波長のものを選択する。試料からのラマン散乱光は、分光器により各波長に分けられ、検出器によって捉えられる。ラマン散乱光は微弱なので、検出器が非常に高感度（高量子効率）であることが要求される。現在、検出器の多くが電子冷却CCDであるが、CCDの量子効率は波長に依存し、使用する励起波長の上限はほぼ800 nmである。そこで後述の近赤外のように1000 nmを超える励起波長を用いる場合はInGaAs検出器を用いることが多い。

一般的な測定手順

　木片、木粉を固めたペレット、ガラス管に詰めた木片のガラス越し測定などが可能である。理論分解能が数百ナノメートル程度であるので、顕微ラマンを用いれば、1 μm程度の領域から検出可能である。励起レーザーを試料の測定位置に照射し、検出されるラマン散乱が最も強くなるよう、試料位置を調整する。観察面がラマン散乱の検出最適位置を取れる空間配置が得られさえすれば、試料形状の大小を問わない。ただし微小レベルでの試料の凹凸は支障となるので、できるだけフラットな領域を探して照射することが望ましい。

　励起レーザー照射中に試料が次第に変成し、本来のスペクトルが得られないことがある。試料のレーザー照射点が黒化しているのを目視で確認できることもある。一般

に木質は、照射損傷しやすい。照射されるレーザー強度を極力抑える必要がある。

また、ガラス管に封入した試料をガラス越しに観察する場合は、ガラスそのものからのラマン散乱に注意し、バックグランドを予め測定して差し引く必要がある。試料ステージとしてスライドグラスを用いる場合も同様であるが、金属のラマン散乱は非常に微弱なので金属性のステージを用いればステージからの影響は少なくて済む。

蛍光の除去

ラマンでは蛍光による妨害が、測定上の深刻な問題となる。とくに木材は着色したものが多く、リグニンや抽出成分等、励起レーザー光を吸収しそのエネルギーの放出として強い蛍光を発する場合がある。蛍光はラマン散乱強度に比べ数桁以上も大きく、微弱なラマン散乱が覆い隠されてしまう。これを回避するいくつかの方法のうち、昨今最も多用されているのが「近赤外励起法」で、木材研究者の多くが1064 nm励起による近赤外ラマン分光法を採用している。原理は関らの解説に詳しく記されている[3]。近赤外励起法では散乱断面積や検出器感度を犠牲にしながらも、蛍光に対するラマン散乱の強度比が大きく改善されており、蛍光を発するリグニンそのものについて、S/G[4]比や、化学処理による構造変化について[5]解析を可能にしている。

定量

ラマン装置での定量は、蛍光によるバックグランド、試料粒子サイズによる散乱強度の違いなどによりこれまで困難とされてきたが、昨今、ケモメトリクス（化学分野における多変量解析）の適用による定量分析が試みられている。予め検量線を求めておくことにより、近赤外ラマンスペクトルから、木材化学成分（ホロセルロース、αセルロース、ヘミセルロース、リグニン、抽出物、中性糖成分など）や、木材組織構造（容積密度数、細胞壁率、木繊維・柔細胞・道管比率、細胞の放射・接線径、細胞壁厚など）を定量することが可能である[6]。

参考文献

1) 濵口宏夫、平川暁子（1988）ラマン分光法、日本分光学会測定法シリーズ17、学会出版センター
2) 古川行夫、高柳正夫（2009）赤外・ラマン分光法、分光測定入門シリーズ6、長谷川健編、講談社サイエンティフィク
3) 関栄根ほか（2004）分光研究、**53**、318-331
4) Takayama M. et al. (1997) *Spectrochim. Acta Part A* **53**, 1621-1628
5) Agarwal U.P. et al. (2011) *J. Wood Chem. Tech.* **31**, 324-344
6) 小名俊博（2004）分光研究、**53**、341-353

（斎藤幸恵）

2.7　FT-IRによる細胞壁の解析

　赤外分光分析は、試料に赤外光を照射し、透過または反射した光量を測定する分析法である。赤外光の吸収は物質により異なるので、吸収スペクトルを分析することで物質の同定や定量が可能となる。フーリエ変換赤外分光分析装置（FT-IR）は、移動鏡を有する光学干渉計で干渉させた全波長光を試料に照射し、得られた透過光をコンピュータ処理によりフーリエ変換することで、吸収スペクトルを測定する装置である。フーリエ変換方式は、一度に全波長光を試料に照射してスペクトルを得られる等優れた点が多く、現在主流となっている。狭い範囲を測定する場合には、顕微鏡とFT-IRを組み合わせた顕微FT-IRを用いる。10 μm × 10 μm 程度の面積があれば、通常のFT-IRと同様に赤外光の吸収スペクトルが得られる。顕微FT-IRは、植物の微小領域の細胞壁成分を測定するのに適しており、シロイヌナズナ（*Arabidopsis thaliana*）の突然変異体のスクリーニングなどにも利用されている[1]。

　赤外光の吸収スペクトルを測定するために用いる波長領域は通常波数 4000～400 cm^{-1} であるが、植物細胞壁を解析する場合、このうち細胞壁多糖類やタンパク質のピークを含む波数 1800～900 cm^{-1} の範囲を抽出して分析する。縦軸に吸光度、横軸に波数をプロットしたグラフが、赤外吸収スペクトルである。シロイヌナズナの根に赤外光を当てると、図2.24のように複雑な形をした吸収スペクトルが得られる。

　吸収スペクトルの比較だけで細胞壁成分の差を見出す事が困難な場合、主成分分析によって有益な情報を抽出する。主成分分析は、測定データの持つ要素を圧縮し、特徴を抽出する統計手法である。顕微FT-IRと主成分分析を組み合せたシロイヌナズナ根の細胞壁解析法について以下に解説する。

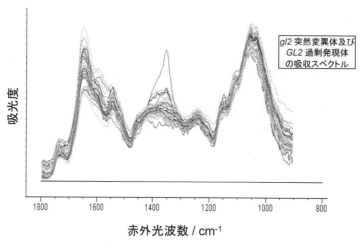

図2.24　根の赤外光吸収スペクトル
シロイヌナズナの根に 1800～900 cm^{-1} の範囲の波長の赤外光を照射した際に得られる吸収スペクトル

FT-IR を用いたシロイヌナズナの根の解析

使用機器等
①顕微フーリエ変換赤外分光分析装置(PerkinElmer)
②窓板:フッ化バリウム(直径 13 ×厚さ 2 mm)(ピアーオプティクス)

サンプルの調製
① 1/2 MS 寒天培地で 5 日間育てたシロイヌナズナの根をフッ化バリウムの窓板に載せ、カバーグラスで抑えてつぶす。
② 2〜3 滴の脱イオン水をかけてすすぎ、細胞内容物を除去する。
③ 37℃で 20 分間フッ化バリウムの窓板に載せたままサンプルを乾燥させる。

測定
①根端から 2 mm の部分の中心柱を避けた 20 μm × 40 μm の領域に赤外光を照射し、吸収スペクトルを得る。根 1 本につき 2〜4 箇所を照射。根毛形成を抑制する転写因子をコードする *GL2* 遺伝子が壊れた *gl2* 突然変異体と、*GL2* 過剰発現体それぞれ約 30 よりデータを得る。
②得られたデータのうち細胞壁多糖類やタンパク質のピークを含む波数 1800〜900 cm^{-1} の領域の吸光度を抽出し、ベースライン補正および標準化を行う(図 2.24)。

測定データの解析

主成分分析
重なり合う赤外光吸収スペクトル(図 2.24)の比較から細胞壁成分の差を見出すことは困難である。そこで、複雑なデータを統計的に扱う多変量解析の主成分分析を実行する。その結果、*gl2* 突然変異体(●)と *GL2* 過剰発現体(○)のプロットは、第 2 主成分を縦軸にしたグラフの上下に分かれた(図 2.25A)。*gl2* 突然変異体と *GL2* 過

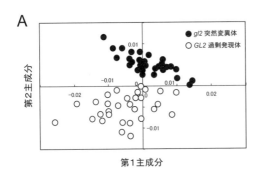
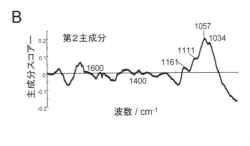

図 2.25
A:*gl2* 突然変異体および *GL2* 過剰発現体測定値の主成分分析
gl2 突然変異体および *GL2* 過剰発現体は、第 2 主成分に違いがある。
B:第 2 主成分の因子負荷量
第 2 主成分の因子負荷量には、セルロースに特徴的なピーク(1161、1111、1057 と 1034 cm^{-1})が観察された。*gl2* 突然変異体と *GL2* 過剰発現体はセルロース含量に違いがある。

剰発現体の分離を可能にした第2主成分の特徴を示す因子負荷量をみると、負荷量のピークはセルロースに特徴的なもの（1161、1111、1057 と 1034 cm^{-1}）であった（**図 2.25B**）。この結果から、*gl2*突然変異体と*GL2*過剰発現体はセルロース含量に違いがあることが示唆される[2]。

参考文献
1) Chen, L. et al. (1998) *Plant J.* **16**, 385-392
2) Tominaga, R. et al. (2009) *Plant J.* **60**, 564-574

（冨永るみ）

第 3 章　リグニン分析

3.1　リグニンの呈色反応

　植物組織中にリグニンが沈着することを木化という。形成されて間のない極く若い組織を除き、ほとんどの植物組織は程度の差こそあれ木化している。すなわち、リグニンが存在しており、その存在量、組織内あるいは個々の細胞壁内での質的・量的な分布等は、その植物組織を知る上で重要な知見となる。そのため、これまでに非常に多くのリグニン呈色反応がその検出、識別、あるいは定量を目的として開発されてきた。それらの呈色試薬を大別すると、脂肪族化合物、フェノール類、芳香族アミン類、ヘテロ環状化合物、無機試薬類等がある。これらの試薬により呈色した試料は直接肉眼で観察するだけではなく、顕微鏡観察することで、植物組織内でのリグニン分布のみならず、組織構造自身の詳細についての知見を得ることができる（**4.1**）。

器具、機器

顕微分光光度計、50 mL 共栓付三角フラスコ、ガラスろ過器（1GP100）、吸引ろ過びん、時計皿

試薬類

フロログルシン、濃塩酸、臭化水素、クロロホルム、キノンモノクロロイミド、過マンガン酸カリウム、濃アンモニア水、塩素水、亜硫酸ナトリウム

3.1.1　フェノール類および芳香族アミン類による呈色反応

　フロログルシン-塩酸呈色反応は最も代表的なフェノール類による呈色反応であり、使用する試薬を発見者に因んでウィスナー（Wiesner）試薬という。フロログルシン 1 g を 50 mL 共栓付三角フラスコを使用してエタノール 50 mL に溶解し、使用直前にその一部を別の共栓付三角フラスコに入れ、これにその半分量の濃塩酸を加えて調製する。小型ビーカーに入れた植物試料にこの試薬を添加すると、瞬時に 540 nm 前後に極大吸収波長を有する赤紫色の呈色を示すことによって、リグニンの存在が確認できる。

　この呈色反応はリグニン中のコニフェリルアルデヒド構造によるとされている。木材片のみならず、多様な植物組織に対してこの呈色反応を適用し、試料中のリグニンの存在を確認し、木化の進行を知ることが可能である。試料の微細な部位の観察が可能な顕微分光光度計を使用すれば、薄切片状の試料に本呈色反応を適用することにより、細胞壁のそれぞれの部位へのリグニン沈着の様子を知ることができる。しかし、

注意すべきことは、この呈色反応がリグニン中の主要な化学構造によるのではなく、末端基として存在するコニフェリルアルデヒド構造によることである。植物組織によっては、この構造が特異的に多く存在するリグニン部分がある可能性も排除できない。また、この構造は化学的に十分に安定ではなく、蒸解や酸化のような過激な処理を履歴した試料では、変質あるいは消失している可能性が大きい。したがって、この呈色反応は化学的処理あるいは蒸解などの高温処理などの過激な処理を履歴していない植物試料を対象とすることとなる。

芳香族アミン類による呈色にはシッフ試薬、インドキシル、バルビツル酸、チオバルビツル酸によるものがある。シッフ試薬では橙色の呈色が、またインドキシルでは赤色の呈色が知られている。尿に浸した新聞紙が赤色に呈色する現象も、酵素反応によって尿から生成したインドキシルが新聞紙を構成する機械パルプ中のリグニンと反応したことによるとされている。コニフェリルアルデヒド構造に基因するその他の呈色反応としては、メタノール-塩酸、濃鉱酸、硫化水素-硫酸によるものが挙げられる。

3.1.2　臭化水素処理を前段処理とした呈色

試料を共栓付三角フラスコ中で臭化水素のクロロホルム溶液に浸漬したのち、ガラスろ過器を使用してろ別する。ろ過器上の試料は少量のクロロホルムで洗浄したのち、ピリジンまたは炭酸水素ナトリウム水溶液に投入することによって、黄色の呈色が認められる。この反応は、リグニン中にp-ヒドロキシベンジルアルコール構造あるいはそのベンジルエーテル構造が存在することによる。臭化水素の作用によってベンジルアルコールあるいはベンジルエーテルが脱離して臭素が導入され、次いでピリジンあるいは炭酸水素ナトリウムの作用によってp-キノンメチド構造に変換されたことを示している。

3.1.3　キノンモノクロロイミドによる呈色反応

試料を共栓付三角フラスコでエタノールに懸濁させ、これに1 mgのキノンモノクロロイミドを溶解させたエタノール0.2 mL、0.04 M 水酸化ナトリウム1 mLを加え、室温で1時間程度振とうする。処理液をガラスろ過器で取り除いたのち、ろ過器上の試料をエタノールで洗浄することで、極大吸収波長640 nmの青色の呈色が認められる。この呈色は遊離フェノール性水酸基をもつベンジルアルコール構造にキノンモノクロロイミドが反応してインドフェノール構造が生成したことによる。呈色の観察は試料表面がエタノールで濡れた状態で行う。

3.1.4　無機試薬による呈色反応

クロス・ビバン呈色反応およびモイレ呈色反応は、リグニンの検出のみならず、針葉樹リグニンと広葉樹リグニンの識別に広く使用されている。モイレ呈色反応では、時計皿上で試料に1%過マンガン酸カリウム水溶液を加え、室温で5分間静置したのち充分に水洗し、次いで3%希塩酸で処理する。この段階で試料に付着した黒色の二

酸化マンガンが十分に除去され、試料が淡黄色となっていることが重要である。水洗の後、時計皿に濃アンモニア水を加えて軽く振とうすると、広葉樹材では赤紫色の、針葉樹材では茶褐色の呈色が瞬時に認められる。広葉樹材で認められる赤紫色の呈色は、広葉樹リグニンを構成するシリンギル核から塩素化メトキシ-o-キノン構造が生成することによるとされている（図 3.1）[1]。呈色は比較的安定であり、呈色反応前後の示差スペクトルから 520 nm 前後に極大吸収波長を有する着色構造が生成する。また、そのスペクトルからシリンギル核とグアイアシル核の存在量比についての知見を得ることができる。

クロス・ビバン呈色反応では、試料を室温で 0.1％程度の塩素水を使用して 30 分から 1 時間程度処理し、次いで水洗したのち、10％亜硫酸ナトリウム水溶液中に投入して軽く振とうすることで、モイレ呈色反応と同様に広葉樹材では赤紫色の呈色が得られる。この呈色反応を利用した広葉樹材、針葉樹材の識別は、モイレ呈色反応と同様に可能であるが、呈色自身が十分に安定ではなく、比較的短時間の間に赤紫色から黄褐色あるいは茶褐色に退色する。着色構造としては二塩素化ピロガロール構造由来の o-キノン構造が提案されている。

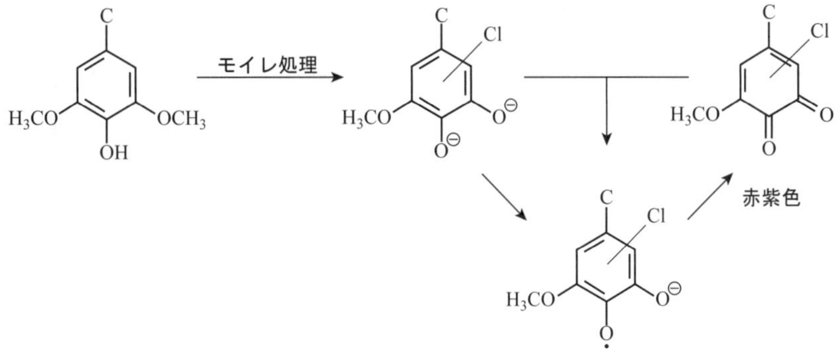

図 3.1 モイレ呈色反応の呈色機構
赤紫色の塩素化メトキシ-o-キノン構造が広葉樹リグニン中のシリンギル核から生成
（文献 1 より許可を得て転載）

参考文献
1) 飯塚堯介（1990）リグニンの化学―基礎と応用―（増補改訂版）、中野準三編、ユニ出版、p.24-36

（飯塚堯介）

3.2 リグニンモデル化合物の合成

リグニンは非常に複雑な構造をもつポリマーである。そのため、リグニンの特定の部分構造のみを取り出したリグニンモデル化合物が、リグニンの構造解析や反応性などに関する様々な研究に用いられている。リグニンの単位間結合中で最も多い β-O-4 構造をもつ二量体モデル化合物、グアイアシルグリセロール-β-グアイアシルエーテルは、中でも最も頻繁に用いられ、東京化成などからも市販されている。大きく分けて3系統の合成経路が報告されている[1]。ここでは、Mikscheらの方法[2]をもとに反応段数を短縮した合成方法（**図3.2**）と、同様の合成戦略に基づいた β-O-4 構造のみをもつ人工リグニンポリマーの合成方法（**図3.3**）について紹介する[3〜5]。そのほか、β-5、β-β、β-1 構造等をもつモデル化合物の合成方法も書籍などにまとめられている[6,7]。

器具、機器
① ガラス器具など：ナスフラスコ、三ツ口フラスコ、冷却管（ジムロートなど）、分液ロート、スターラーバー、ガラス製カラム、ゴム風船、三方コック、吸引ろ過器
② 機器：スターラー、エバポレーター、オイルバス、加熱温度調整器、凍結乾燥機、遠心分離機

試薬
アセトバニロン、無水ジメチルホルムアミド（DMF、有機合成用）、炭酸カリウム、塩化ベンジル、テトラブチルアンモニウムヨージド、酢酸エチル、飽和食塩水、無水硫酸ナトリウム、エタノール、ヘキサン、アルゴンガス（または窒素ガス）、水素ガス、水素化ナトリウム、無水トルエン（有機合成用）、炭酸ジエチル、N-ブロモスクシンイミド、臭素、アンバーリスト-15、グアイアコール、酢酸、20％水酸化パラジウム、10％パラジウム炭素、セライト、メタノール、クロロホルム、水素化リチウムアルミニウム、無水テトラヒドロフラン（THF、有機合成用）、塩酸、飽和炭酸水素ナトリウム水溶液、水素化ホウ素ナトリウム、1,4-ジオキサン、エーテル、五酸化二リン

3.2.1 グアイアシルグリセロール-β-グアイアシルエーテルの合成
操作
① 化合物2：300 mL ナスフラスコに、スターラーバー、アセトバニロン（化合物1、16.6 g、0.1 mol）、無水 DMF（150 mL）を入れる。さらに塩化ベンジル（13.8 mL、0.12 mol）、炭酸カリウム（21 g、0.15 mol）、テトラブチルアンモニウムヨージド（3.69 g、0.01 mol）を加え、スターラーを用いて撹拌しながら、室温で24時間反応させる。反応終了後、綿栓をしたカラムに反応液を流し、炭酸カリウムを取り除く。ろ液を分液ロートに移し、酢酸エチルで希釈し、蒸留水、飽和食塩水で順次洗浄す

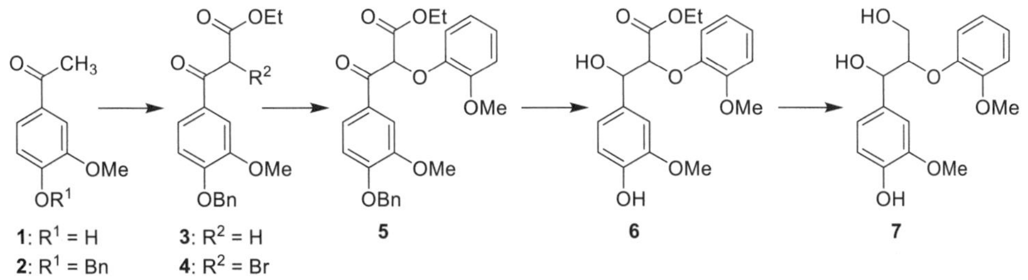

図 3.2 β-O-4 型リグニンモデル化合物（グアイアシルグリセロール-β-グアイアシルエーテル、化合物 7）の合成経路

る。無水硫酸ナトリウムをつめたカラムに酢酸エチル層を通して脱水し、エバポレーターで濃縮する。エタノール / ヘキサン（1/4、v/v）を用いて再結晶を行ない、白色結晶化合物 2 を得る（23.2 g、91 %）。

②化合物 3：乾燥させた三ツ口ナスフラスコにスターラーバーを入れ、滴下ロート、水冷管を装着する。フラスコ内をアルゴンで置換してから、60 % 水素化ナトリウム（6.0 g）、無水トルエン（60 mL）を加える。スターラーで撹拌しながら炭酸ジエチル（12.1 mL、0.1 mol）を加える。オイルバスを 120℃に調整し、無水トルエン（60 mL）に溶かした化合物 2（12.8 g, 50 mmol）を、滴下ロートを用いて 2.5 時間かけて加え、そのまま撹拌しながら 120℃でさらに 30 分反応させる。反応終了後、冷ましてからパスツールピペットなどで酢酸を 1 滴ずつ泡が出なくなるまで加える。反応液を分液ロートに移し、酢酸エチルで希釈し、飽和食塩水で洗浄する。無水硫酸ナトリウムをつめたカラムに酢酸エチル層を通して脱水し、エバポレーターで濃縮する。エタノールを用いて再結晶を行ない、結晶化合物 3 を得る（13.57 g、83 %）。

③化合物 4：ナスフラスコにスターラーバー、化合物 3（9.0 g、27.4 mmol）、酢酸エチル（180 mL）、N-ブロモスクシンイミド（NBS）（5.1 g、28.8 mmol）、アンバーリスト-15（20.6 g）を入れ、スターラーで撹拌しながら室温で 1.5 時間反応させる。反応終了後、綿栓をしたカラムに反応液を通し、アンバーリスト-15 を取り除く。ろ液を分液ロートに移し、酢酸エチルで希釈し、飽和食塩水で洗浄する。無水硫酸ナトリウムをつめたカラムに酢酸エチル層を通して脱水し、エバポレーターで濃縮する。酢酸エチル / ヘキサン（1/5、v/v）を用いてシリカゲルカラムクロマトグラフィーで精製し、白色結晶化合物 4 を得る（10.45 g、94 %）。

④化合物 5：ナスフラスコに、スターラーバー、グアイアコール（66 mg、5.37 mmol）、無水 DMF（28 mL）、炭酸カリウム（1.11 g、8.03 mmol）を入れ、スターラーを用いて撹拌しながら、化合物 4（3.28 g、8.05 mmol）を加え、2.5 時間反応させる。反応終了後、反応液を分液ロートに移し、酢酸エチルで希釈し、飽和食塩水で洗浄する。酢酸エチル層を無水硫酸ナトリウムをつめたカラムに通して脱水し、エバポレー

ターで濃縮する。酢酸エチル/ヘキサン（1/5、v/v）を用いてシリカゲルカラムクロマトグラフィーで精製し、結晶化合物5を得る（2.14 g、88％）。

⑤化合物6：アルゴンガスで置換したナスフラスコに、スターラーバー、化合物5（1.88 g、4.17 mmol）、エタノール/酢酸（1/1、v/v、45 mL）、20％水酸化パラジウム（380 mg）を入れ、三方コックを装着する。真空ポンプで減圧してアルゴンを抜き、水素ガスを入れたゴム風船を三方コックに装着してフラスコ内を水素ガスに置換し、スターラーで撹拌しながら室温で5時間反応させる。反応終了後、反応液をセライトをつめたカラムに通して水酸化パラジウムを取り除いてから、エバポレーターで濃縮する。0.5％メタノール/クロロホルムを用いてシリカゲルカラムクロマトグラフィーで精製し、白色結晶化合物6を得る（1.33 g、88％）。

⑥化合物7：乾燥した二口ナスフラスコをアルゴンガスで置換し、水素化リチウムアルミニウム（32 mg、0.828 mmol）、無水THF（3 mL）を加える。あらかじめ乾燥した化合物6（100 mg、0.276 mmol）を無水THF（3 mL）に溶かしたものをシリンジに取り、二口ナスフラスコに滴下して加え、スターラーで撹拌しながら3時間反応させる。反応終了後、THF/水（5/1、v/v）を泡が出なくなるまで一滴ずつ反応液に加える。次に、沈殿物ができるまで水を一滴ずつ加える。その後、1 M塩酸で沈殿物を溶かし、反応液を分液ロートに移し、酢酸エチルを加えて抽出後、酢酸エチル層を飽和炭酸水素ナトリウム水溶液、飽和食塩水で順次洗浄する。無水硫酸ナトリウムをつめたカラムに酢酸エチル層を通して脱水し、エバポレーターで濃縮する。酢酸エチル/ヘキサン（1/2、v/v）を用いてシリカゲルカラムクロマトグラフィーで精製し、シロップ状の化合物7を得る（84 mg、95％）。

3.2.2　β-O-4型人工リグニンポリマーの合成

操作

①化合物8：アルゴンガスで置換したナスフラスコに、スターラーバー、化合物3

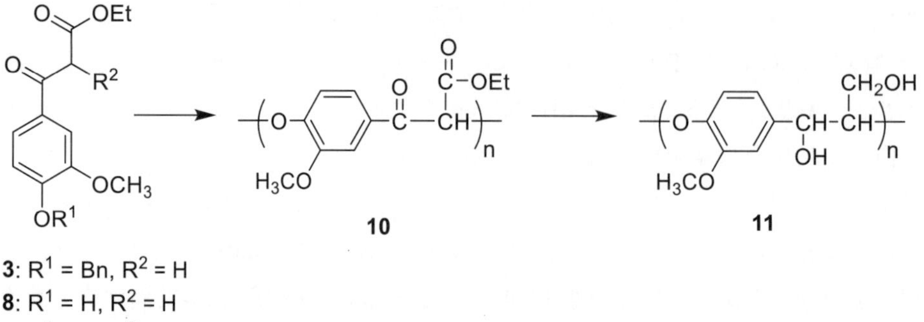

3: R^1 = Bn, R^2 = H
8: R^1 = H, R^2 = H
9: R^1 = H, R^2 = Br

図3.3　β-O-4型人工リグニンポリマーの合成経路

(2.84 g、8.65 mmol)、エタノール（60 mL）、10％パラジウム炭素（300 mg）を加える。真空ポンプで減圧してアルゴンを抜き、水素ガスを入れたゴム風船を三方コックに装着してフラスコ内を水素ガスに置換し、スターラーで撹拌させながら0℃で2.5時間反応させる。反応終了後、セライトをつめたカラムに通してパラジウム炭素を取り除いてから、エバポレーターで濃縮する。酢酸エチル/ヘキサン（1/2、v/v）を用いて、シリカゲルカラムクロマトグラフィーで精製し、透明なオイル状の化合物8を得る（2.0 g、97％）。

②化合物9：ナスフラスコにスターラーバー、化合物8（2.10 g、8.82 mmol）、クロロホルム（10 mL）を入れ、滴下ロートを装着する。氷水などで0〜-5℃に冷やしながら、クロロホルム（10 mL）で希釈した臭素（1.48 g、9.26 mmol）を、滴下ロートを用いて2.5時間かけて滴下し、スターラーで撹拌しながら反応させる。反応終了後、反応液を分液ロートに移し、酢酸エチルで希釈し、飽和食塩水で洗浄する。酢酸エチル層を無水硫酸ナトリウムをつめたカラムに通して脱水し、エバポレーターで濃縮する。クロロホルムを用いてシリカゲルカラムクロマトグラフィーで精製し、白色結晶化合物9を得る（2.31 g、83％）。次の反応には、さらにエタノール/ヘキサンを用いて再結晶したものを用いる。

③化合物10：ナスフラスコにスターラーバー、よく乾燥した化合物9（1.0 g、3.14 mmol）、炭酸カリウム（0.65 g、4.72 mmol）、無水DMF（5 mL）を入れ、スターラーで撹拌しながら室温で24時間反応させる。反応終了後、撹拌しながら反応液を氷水（120 mL）に滴下し、2 M HClを用いてpH 2〜3に調整して生成物を沈澱させる。沈殿物を吸引ろ過器を用いてろ過し、蒸留水で洗浄する。生成物を五酸化二リン存在下、真空ポンプで乾燥させ化合物10を得る。

④化合物11：ナスフラスコにスターラーバー、化合物10（700 mg）、メタノール（10 mL）を入れる。オイルバスを50℃に調整し、スターラーで撹拌しながら水素化ホウ素ナトリウム（900 mg）を少しずつ入れ、24時間反応させる。反応終了後、反応液に酢酸を滴下して過剰の水素化ホウ素ナトリウムを分解させる。反応液を0.5 M HCl（200 mL）に滴下し、生成物を沈澱させる。沈殿物を遠心分離し、蒸留水で洗浄後、凍結乾燥する。得られた生成物を1,4-ジオキサン（5 mL）に溶解し、エーテル（100 mL）に滴下して沈澱させ、低分子化合物を取り除く。沈殿物をろ過し、五酸化二リン存在下、真空ポンプで乾燥させ化合物11を得る。

参考文献

1) 岸本崇生（2009）木材学会誌、**55**、187-197
2) Miksche, G. et al. (1966) *Acta Chem. Scand.* **20**, 1038-1043
3) Kishimoto, T. et al. (2008) *J. Wood Chem. Technol.* **28**, 97-105

4) Kishimoto, T. et al.（2006）*Org. Biomol. Chem.* **4**, 1343-1347
5) Kishimoto, T. et al.（2008）*Org. Biomol. Chem.* **6**, 2982-2987
6) 石津敦ほか（1990）リグニンの化学―基礎と応用―（増補改訂版）、中野凖三編、ユニ出版、p.519-545
7) Nakatsubo, F.（1981）*Wood Res.* **67**, 59-118

（岸本崇生）

3.3 サイズ排除クロマトグラフィーによるリグニンの分子量測定

3.3.1 水系サイズ排除クロマトグラフィー

　サイズ排除クロマトグラフィー（SEC）のうち、有機溶媒系をゲル浸透クロマトグラフィー（GPC）、水系をゲルろ過クロマトグラフィー（GFC）と言う。本項では、GFCによるリグニンの分子量測定について述べる。

　一般に、HPLCで使用するGFCカラムとして、アクリル樹脂系、シリカゲル系およびポリスチレン系があるが、リグニンの場合、水系分析では強アルカリ性溶離液を用いる必要があることと、疎水性ゲルに対して疎水性のリグニンが吸着する可能性があるので、ここではそれらの問題を回避できる架橋型多糖ゲルを用いたGFC分析を紹介する。この種のGFCカラムとしてはcytiva、サイティバ（旧ファルマシア）の架橋型アガロースゲルを内径10 mm×長さ30 cmのガラスカラムにパッキングした中圧クロマト（上限圧力が5 MPa前後）用カラムであるSuperose® 6、これに架橋型デキストランゲルを加えたSuperdex™ 75およびSuperdex™ 200がある。また、バイオ・ラッドから同目的のカラムとしてENrich™ SEC 70および650（親水性ポリメタクリート樹脂）を入手可能である。HPLC用のGFCカラム（8 mm×30 cm）と比較してカラム内径が大きいので溶出時間は約1.5倍長くなる。木材中よりアルカリ蒸解など（クラフトやソーダ）で取り出した低分子を含むリグニンの分析で、高解像度のクロマトを求める場合にはSuperdex™が適している。

準備するもの

中圧または高圧液体クロマトグラフ、GFCカラム、1/16インチチューブ（PEEKまたはテフロン®製）、プレカラムフィルターまたはフィッティング型ガードカラムカートリッジ、溶離液ろ過器、ディスポーザブルシリンジおよびシリンジフィルター（サンプルろ過用）、ポリエチレンまたはポリプロピレン製溶離液ボトル（炭酸ガストラップを付ける）、リン酸三ナトリウム、リン酸、水酸化ナトリウム、ポリスチレンスルホン酸ナトリウム標準分子量サンプル

操作

①カラムの接続

カラムの接続は一般のHPLCカラムと同様であり、溶離液は必ず0.45 μm程度のフィ

ルターでろ過する。接続時にカラム内に気泡を入れないことが重要である。もし、入ってしまった場合には、カラムを逆に接続し、よく脱気した溶離液（0.5 mL/分以下）で 100 mL ほど送液して排除する。また、インジェクターからカラムまでは 0.25 mm ID のチューブを使い、サンプルの拡散を防ぎたい。溶離液が pH 12 までならステンレス配管でも使用可能であるが、理想的には PEEK 配管としたい（テフロン®製も可）。中圧カラムのため、ガードカラムの設定は無いが、必要なら極小容量のプレカラムフィルターやカラムフィッティング型のガードカラムを使用する。分離能を上げるために同じカラムを二本直列に接続したり、広い分子量分布のサンプルを一度に分析するために分子量範囲の異なるカラムを何本か直列に接続する場合、カラム間の接続はなるべく背圧を下げるために 0.5 mm ID 程度の配管を使い、拡散を防ぐために最短とする。同様に、最終カラムの出口から検出器までも 0.5 mm ID の配管を最短で用いて無用な圧力の上昇を避ける。

②溶離液の調製

溶離液はリグニンの溶解性を考えて可能な限りアルカリ性とするべきであるが、ステンレスヘッドを持った HPLC ポンプを用いる場合、耐用最高 pH は 12 の場合が多い。また、レオダインのマニュアルインジェクターや切り換えバルブが流路にある場合、ローターシールはテフロン®製に交換して耐アルカリ性としておく。溶離液のろ過は、0.5〜0.2 μm の親水性テフロン®膜、またはメタノールやエタノールで濡らして通水性とした有機溶媒用のテフロン®膜を溶離液で洗浄して用いる。強アルカリの場合、酢酸セルロースや硝酸セルロース系の膜は使用してはならない。また、ろ過中に二酸化炭素が溶け込んで pH が低下する恐れがあるので、窒素で置換するか、なるべく手早くろ過を終える必要がある。溶離液ボトルは短期にはガラス製も使用できるが、可塑剤無添加のポリエチレンやポリプロピレン製を使用し、溶離液ボトルの空気抜きに炭酸ガス吸着トラップを接続する。1 M の水酸化ナトリウム水溶液は理論的に pH 14 になるので、pH 12 は 10 mM 濃度となるが、塩濃度を上げたい、または溶離液に緩衝能を持たせたい場合には、50 mM のリン酸三ナトリウム水溶液と同じく 50 mM のリン酸水溶液を用いて pH 12 の緩衝液を調製すればよい。

③分析

　カラム接続後、流量を 0.2 mL/分にセットし、カラム圧が安定するまで送液を行う。アルカリ性の場合、カラム温度は常温が一般的であるが、1 年を通して安定した分離結果を得るためには、カラムオーブンを 35℃付近に設定しておけばよい。冷却機能のある恒温槽では 25〜30℃が望ましい。圧力が安定したら、徐々に流量を増やして 0.5 mL/分まで流量を上げ、検出器でモニタしながらベースラインが安定するのを待つ。Superdex™ 200 の場合ベッド容量が約 24 mL なので、約 50 分でカラム内を洗い出すことができるが、余裕を見て 1 時間は送液する必要がある。検出はリグニン

の場合 UV 280 nm を用いるが、リグニンに含まれる各構造によって検出感度が異なるので、絶対的な定量は不可能である。また、水系で UV 検出して分子量を測定する場合、標品はポリスチレンスルホン酸ナトリウムとなる。これは、Fluka ブランドでシグマ アルドリッチ ジャパンから販売されているが、他に Polymer Standard Service などから入手することも可能である。

　示差屈折率検出 (RI) を行う場合は常識であるが、UV 検出を用いる場合でもサンプルは必ず溶離液と同じ組成の溶液に溶解する。サンプル溶液のろ過には、0.45 µm のシリンジフィルターを用いるが、分子量の上限がポリスチレンスルホン酸ナトリウム換算で 100,000 程度ならろ過で分子量分布が変ることはない。Superdex™ 200 の分析範囲は、グロブリンタンパク換算で 10,000～600,000 であるが、ポリスチレンスルホン酸ナトリウムの場合、水溶液中での分子容が異なるのでこれより全体的に低くなり、むしろデキストランの場合に近くなる。Superdex™ 75 はより低分子側の分離に用いるが、直列して分析分子量範囲を拡大する場合どちらを前段にしても分離は変化しないので、耐圧の高い Superdex™ 75 を前段にする。分析範囲は、デキストラン換算で Superdex™ 200 の場合 1,000～100,000、Superdex™ 75 では 500～30,000 となる。この 2 種類を直列接続した場合、ポリスチレンスルホン酸ナトリウムの排除限界は実測で約 80,000 となる。較正曲線は**図 3.4** に示すように Superdex™ 75 と Superdex™ 200 を直列しても折れ曲がることは無く、モノマーから 77,000 の範囲でほぼ直線となる。

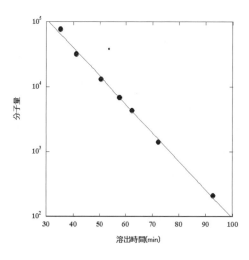

図 3.4 ポリスチレンスルホン酸ナトリウムによる較正曲線

　サンプルの濃度は、注入量が 20 µL の場合、10 mg/mL 以下を目安とする。タンパク質の分析と比較すると、カラムに注入するサンプル総量がかなり少ないが、これはリグニンとタンパク質それぞれの分子吸光係数の違いと UV 検出器の検出感度およびリニアリティーの上限によるので、適切なサンプル濃度は使用する検出器で確認する必要がある。カラムの分析終了後、次の分析まで 1 週間以上空白ができるような場合は、カラムボディがガラス製であることと、HPLC の各部分にステンレスが使用されている可能性が高いので、Cl⁻ を含まない中性の緩衝液で置換しておく必要がある。

④平均分子量の計算

平均分子量の計算には、数平均分子量 M_n と重量平均分子量 M_w がよく用いられる。

分子量の計算を GPC 計算ソフトによらずマニュアルで行うことは少ないと思うが、下記にその計算式を示す。さらに詳しくは、株式会社東ソー分析センター発行の技術レポート No.T1001 を参照されたい。

数平均分子量　　$M_n = (\Sigma H_i / \Sigma (H_i/M_i)) QF$

重量平均分子量　$M_w = (\Sigma (M_i \times H_i) / \Sigma H_i) QF$

　　　H_i：ピーク高さ

　　　M_i：分子量

　　　QF：Q ファクター（分子量の場合は 1）

なお、サンプルの溶出時間は、カラムの経時劣化やポンプのチェックバルブ異常などにより変わることがあるので、3 種類程度の分子量標準品を混合した標準サンプルを調製しておき、時々溶出時間を検証する必要がある。

（真柄謙吾）

3.3.2　有機溶媒系サイズ排除クロマトグラフィー

前項の水系 SEC（GFC）と同様に、有機系 SEC（GPC）測定においても対象となるリグニン試料は木材から何らかの方法で単離された単離リグニンである。したがって、GPC の試料調製あるいは分析条件の設定においても、リグニンの単離方法による違いがある点に注意しておく必要もある。以下に、単離リグニンの GPC 分析における試料調製、溶離液、カラム、検出器の選定において考慮すべき点を記述する。

器具、機器
平均分子量計算が可能なソフトウェアを含む HPLC システム、GPC カラム、前処理用メンブランフィルターとシリンジ

試薬類
試料を完全に溶解できる溶離液：テトラヒドロフラン（THF）を溶離液に使用する場合にはジブチルヒドロキシトルエン無添加のもの、分子量標品

操作
①試料調製と溶離液
リグニンの GPC で使われる代表的な溶離液は、THF、ジメチルホルムアミド（DMF）あるいはジメチルスルホキシド（DMSO）である。単離リグニンの多くは THF には完全に溶けないために、THF を溶離液に使用する場合にはアセチル化やメチル化などの誘導体化処理が必要である。しかしながら、特に高分子量の単離リグニンなどは、これら誘導体化処理によっても完全には THF に溶解しない場合がある。その場合には、溶離液として DMF、DMSO の使用が検討される。DMF、DMSO を溶離液とする GPC 分析では、単離リグニンの凝集を抑えるために溶離液に塩化リチウム（LiCl）などの塩を加える必要がある。LiCl を添加する場合、一般には溶離液の LiCl

濃度を 0.1 M 以上にする必要がある。この単離リグニンの凝集の問題は、誘導体化によっても解決できない点に注意を要する。また、DMSO を溶離液とする場合には、単離リグニンの GPC で通常使用されるポリスチレン標品が溶解しない点に注意する必要がある。

②カラム

GPC では、架橋型ポリスチレン系、ポリビニルアルコール系、アクリル系樹脂が充填されたカラムが市販されており使用することができる。リグニンの GPC では架橋型ポリスチレン系樹脂のカラムが使用される例が多く、溶離液として THF、DMF あるいは DMSO を使用することができる。分子量標品にポリスチレンを、溶離液に DMF あるいは DMSO を使用する場合には、疎水性相互作用によるポリスチレン分子量標品のカラムへの吸着が起こる。したがって、架橋型ポリスチレン系カラムを使用した場合には、選択する溶離液の種類により、ポリスチレン分子量標品から計算される平均分子量が大きく異なることがある点に注意する必要がある。

ポリビニルアルコール系樹脂のカラムは、水系／有機系両用の SEC カラムであり、単離リグニンの GPC 分析では架橋型ポリスチレン系樹脂カラムと同様の溶離液を使用することができる。低分子のリグニンモデル化合物の THF を溶離液とするポリビニルアルコール系樹脂のカラムによる分析では、ポリスチレン分子量標品による検量線から外れ、分子量が低く計算されることがある。この不具合は、試料の水酸基のアセチル化あるいは完全メチル化で解消することができる。

アクリル系樹脂のカラムは水系の GFC 用で使用されるカラムであるが、DMF、DMSO を溶離液として使用することができる。親水性のカラムを使用することで、架橋型ポリスチレン系樹脂のカラムで見られるポリスチレン分子量標品のカラムへの吸着の問題を解決することができる。

③検出器

GPC 分析では、示差屈折率（RI）、紫外可視分光（UV/Vis）、光散乱（LS）検出器が使用できる。

RI 検出器の感度は UV 検出器に比べて低いために低濃度の単離リグニンの GPC 分析では、ベースラインの直線性に問題がある場合もある。また RI 検出では、低分子量のリグニンの溶出ピークが、試料に溶存するガスに由来するピークと部分的に重なる場合がある点に注意する必要がある。

リグニンの GPC 分析においては、UV/Vis 検出器が汎用される。単離リグニンの分析においては、UV/Vis 検出器の感度は RI 検出器に比べて高い。このことは GPC 分析において利点となるが、UV/Vis 検出器を使用する際には、GPC 曲線の UV 吸収強度範囲がランベルト・ベールの法則の範囲に収まるように試料濃度の調製を行う必要がある。また、UV/Vis を用いた GPC 分析では、試料となる単離リグニンの高分子画

分〜低分子画分が使用する検出波長に対して等しい（あるいは近い）グラム吸光係数を持つことが分析の前提となる。例えば、酸性条件で木材から単離されたオルガノソルブリグニンのUV検出器を使用したGPC分析では、低分子側に観察される幾つかのピークが、試料の還元で消失するとともに、試料の還元前後では計算される分子量の値が大きく異なることがある。単離リグニンは合成高分子とは異なり均一な化学構造を有さず、高分子画分と低分子画分間で官能基あるいはユニット間結合様式にも量的な違いがある。樹種あるいは単離方法にも依存するこのようなリグニンの化学構造の不均一性に関係する問題は、GPCによる単離リグニンの分子量測定において、計算される分子量に不確実性を与える一因となる。

　RI、UV/Vis検出器による方法では、溶離液中での分子量標品と試料のサイズに基づく溶出時間から分子量を算出することができるが、LS検出器では、試料の溶出時間に依存しない絶対的な平均分子量を求めることができる。LS検出器を使用する場合には、単離リグニンが持つ大きな自家蛍光の問題を解決しておく必要がある。また、LS検出器による平均分子量の測定では、付属する屈折計により濃度計算を行っている。このことから、低分子画分を含む単離リグニンの平均分子量を絶対的な値として表すには、屈折率の試料濃度に対する変化にも分子量依存性が無いことおよび低分子画分に対する検量感度が充分あることを確認する必要もある。

（久保智史・橋田　光）

3.4　リグニンの定量法

3.4.1　クラーソン法 / 酸可溶性リグニン

　硫酸により植物細胞壁多糖類を加水分解し、不溶残渣をリグニンとして秤量する方法は、開発者の名前からクラーソン法（Klason法）と名付けられ、植物中のリグニン含量を測定する方法としては最もよく使われている。硫酸濃度などの処理条件が検討され、現在では、試料を72%硫酸中に浸した後、硫酸濃度を3%に希釈して煮沸させる方法が一般的に用いられている。硫酸により加水分解できないものをすべてリグニンとみなしているので、樹皮やタンニンなどの抽出成分を含んでいる試料に適用すると、過大評価となるので注意を要する。また、リグニンの一部は硫酸加水分解時に溶解する。これを酸可溶性リグニンと呼ぶ。針葉樹は1%にも満たないが、シリンギル核を含む広葉樹は数%にも達する場合がある。酸可溶性リグニンは陽イオン交換樹脂を用いて単離することが可能であるが、操作が煩雑なため、現在では紫外線吸収スペクトル法により定量がなされている。酸可溶性リグニンはリグニンの低分子分解物と硫酸処理中に生成したシリンギルリグニン-ヘミセルロース結合体が含まれていると考えられている[1]。

クラーソンリグニンと酸可溶性リグニンの生成と構造に関しては、安田らが詳細に解析しているので参照されたい[1〜3]。

器具、機器
①ソックスレー抽出器
②ウォーターバス
③100 mL ビーカー
④ガラス棒
⑤1 L 三角フラスコ
⑥還流冷却管もしくは50 mL 三角フラスコ
⑦ガスバーナー・三脚・耐熱ガラス板もしくはホットプレート
⑧ガラスフィルター（孔径サイズ10〜16 µm 程度のもの）
⑨加熱乾燥器
⑩吸引ビン
⑪紫外線分光光度計

試薬類
①エタノール - ベンゼン混合溶媒（1:2 v/v）もしくはアセトン
②72wt% 硫酸水溶液：市販の濃硫酸を希釈する（調製法は **1.6.1.3** 参照）。
③その他の試薬：蒸留水

操作
①予備抽出
試料の溶媒抽出が完全に行われる程度まで試料を円筒ろ紙に詰め、ソックスレー抽出器にセットする。受器にエタノール-ベンゼン混合溶媒（1:2 v/v）もしくはアセトンを入れる。ただし、円筒ろ紙に溶媒が溜まる量を考慮して、十分な溶媒量を入れること。受器に沸石を入れたのち、ソックスレー抽出器にセットし、ウォーターバスにて加熱（約90℃）する。溶媒が円筒ろ紙に入り始めてから6時間抽出を行う。約10分間で1回の割合で還流が行われるように温度調節を行うこと。

②72% 硫酸処理
抽出済み試料約1 g を精秤し100 mL ビーカーに入れる。72 wt% 硫酸水溶液15 mL を加え、ガラス棒で十分に撹拌して20℃で4時間放置する。この間時々撹拌を行う。

③3% 硫酸水溶液による煮沸
ガラスフィルターを秤量しておく。100 mL ビーカーの内容物を560 mL の蒸留水を用いて、1 L 三角フラスコに定量的に移し（硫酸濃度は約3% となる）、還流冷却管を取り付ける。還流冷却管がない場合は、50 mL 三角フラスコを逆さまにしてふたをする。1 L 三角フラスコに水溶液表面の位置を油性ペンなどでマーキングした後、ガスバーナーもしくはホットプレートにてゆるく煮沸を始める。液量の減少が激しい場合

は蒸留水を加え、マーキングした位置の液量を維持する。煮沸初期は激しく泡立つ場合があるので、加熱に十分注意する。4時間煮沸して炭水化物を加水分解した後、放冷し、不溶残渣をガラスフィルターで吸引ろ過する。この時、上澄み液を初めにろ過すると、ろ過時間が短縮できる。ろ液が中性になるまで熱蒸留水で洗浄し、105 ± 3℃の乾燥器にて恒量になるまで乾燥し秤量する。リグニン量は次式にて求める。

$$L = \frac{W}{S} \times 100$$

L：クラーソンリグニン量（%）、S：試料の絶乾重量（g）、W：残留物重量（g）

④酸可溶性リグニン

炭水化物の酸触媒反応により生じるフルフラールやヒドロキシメチルフルフラールは280 nmに強い吸収をもつため、これらの影響を受けない紫外線極大吸収波長を用いて定量を行う。加水分解後のろ液の吸光度が0.3〜0.7の範囲に入るように3%硫酸水溶液にて希釈し、205〜210 nmの最大吸収波長の吸光度を測定し、次式にて算出する。

$$AL = \frac{DV(As - Ab)}{aW} \times 100$$

AL：酸可溶性リグニン量(%)、D：希釈倍率、V：ろ液量(L)、As：試料溶液の吸光度、Ab：3%硫酸水溶液の吸光度、W：試料重量（g）
a：リグニンの吸光係数：約110 L/g・cm［例えば、アスペン：105 L/g・cm (208 nm)[4]、カバ：113 L/g・cm（205 nm）[5]、ユーカリ：106 L/g・cm（205 nm）[5]］

参考文献

1) Yasuda, S. & Murase, N.（1995）*Holzforschung* **49**, 418-422
2) Yasuda, S. & Terashima, N.（1982）*Mokuzai Gakkaishi* **28**, 383-387
3) 松下泰幸、安田征市（2002）木材学会誌、**48**、55-62
4) Pearl, I.A. & Busche, L.R.（1960）*Tappi* **43**, 961-970
5) Swan, B.（1965）*Svensk Papperstidning* **68**, 791-795

（松下泰幸）

3.4.2 チオグリコール酸リグニン法

チオグリコール酸リグニン法は、細胞壁中のリグニンをチオグリコール酸（メルカプト酢酸）と塩酸酸性条件下で反応させることによって、チオグリコール酸リグニンとし、チオグリコール酸リグニン溶液の吸光度を測定することによって検量線から元のリグニン量を求める方法である[1]。クラーソン法と比較して、タンパク質の混入が少ない手法とされ、実験全体を通してポリプロピレン製ピペットチップやチューブが使用でき、比較的簡便である。本項では、プレートリーダーを用いて少量（20 mg）

の多検体サンプル中のイネ科植物リグニンを迅速に定量する方法を紹介する[2,3]。

器具、機器

チューブ用アルミブロック恒温槽（タイテック製など）、マイクロチューブ用小型遠心機（エッペンドルフ製など）、ループ付スクリューキャップマイクロチューブ（ザルスタット製、Cat No. 72.693.100）、UV透過96ウェルプレート（グライナー製 UV-Star）、ボルテックス、往復振とうが可能なシェイカー、ダイアフラムポンプ、真空ポンプ

試薬類

メルカプト酢酸、濃塩酸、3M塩酸、1M NaOH、メタノール、蒸留水

操作

①夾雑物除去

1. あらかじめ風袋を秤量した2 mLのループ付スクリューキャップマイクロチューブに粉末化した細胞壁試料を20 mg（±0.5 mg）量り取り、乾燥剤入りデシケーターに入れる。真空ポンプで1時間デシケーターの内部を吸引し、リーク後20分程度おいて秤量し、チューブの風袋を差し引き、乾燥細胞壁（DCW、Dried Cell Wall）の重量とする。
2. 試料入りマイクロチューブに蒸留水1.8 mLを添加し、10秒間ボルテックスする。
3. 小型遠心機を使って、室温、16,000 × g、10分間遠心する。
4. 上澄みはピペットマン®で吸って廃棄する。
5. 100％特級メタノール1.8 mLを入れる。
6. 60℃のアルミブロックで20分インキュベートする。途中2回ほどボルテックスを行う。
7. 小型遠心機を使って、室温、16,000 × g、10分間遠心する。
8. 上澄みはピペットマン®で吸って廃棄する。
9. 5〜8の操作をさらに1回以上繰り返す（抽出液が着色しなくなるまで）。
10. チューブの蓋をゆるめて、デシケーターにチューブを入れる。
11. ダイアフラムポンプで30分、真空ポンプで1時間乾燥する。リーク後20分程度おいて秤量し、チューブの風袋を差し引き、細胞壁残渣（CWR、Cell Wall Residue）の重量とする。

②チオグリコール酸リグニン調製

1. アルミブロックを80℃にセットする。
2. 試料入りマイクロチューブに3M塩酸を1 mL添加する。
3. 試料入りマイクロチューブに特級メルカプト酢酸（ナカライテスク）を100 μL添加する。
4. しっかり蓋を閉め、軽くボルテックスする。

5. アルミブロックにセットし、80℃、3時間インキュベートする。インキュベートの途中で2回軽くボルテックスする。
6. インキュベート後、チューブを氷中に移し、5分静置する。
7. 小型遠心機を使って、室温、16,000 × g、10分間遠心する。
8. 上澄みをピペットマン® で吸って廃棄する。
9. 沈殿に1 mL の蒸留水を添加する。
10. 30秒間ボルテックスする。
11. 小型遠心機を使って、室温、16,000 × g、10分間遠心する。
12. 上澄みをピペットマン® で吸って廃棄する。
13. 9〜12 の操作をさらに1回繰り返す。
14. 生じた沈殿に1 mL の1 M NaOH を添加する。
15. 蓋をしっかり締め、チューブを横にし、室温、16時間、80 rpm で緩やかに往復振とうする。
16. 小型遠心機を使って、室温、16,000 × g、10分間遠心する。
17. 上澄み全量を新しい1.5 mL チューブに移す。
18. 200 μL の濃塩酸を添加する。
19. 蓋をしっかり締め、5秒間ボルテックスする。
20. 4℃、4時間静置する。
21. 小型遠心機を使って、室温、16,000 × g、10分間遠心する。
22. 上澄みを廃棄する。
23. 沈殿に1 mL の蒸留水を添加する。
24. 30秒間ボルテックスする。
25. 小型遠心機を使って、室温、16,000 × g、10分間遠心する。
26. 上澄みを廃棄する。

③プレートリーダーによる定量

1. 1 mL の1 M NaOH を試料入りチューブに添加して沈殿を溶解させる。
2. 新しい1.5 mL チューブに980 μL の1 M NaOH を分注し、20 μL の試料溶液を加えて混合する。
3. UV 領域が測定可能な96穴プレートに、上の2で得られた希釈試料200 μL を添加する。また、ブランク用ウェルには、1 M NaOH を200 μL 添加する。
4. 280 nm の吸光度を測定する。イネ科植物の場合、ウェル内のリグニン濃度は、モウソウチクの磨砕リグニン（MWL）から作成した以下の検量線式から求めることができる。

$$\text{ウェル内溶液のリグニン濃度（mg/L）} = 233.42 \times A_{280}$$

5. 希釈試料の濃度から、希釈前試料の濃度を求め（希釈倍率を乗ずる）、1チューブ

に含まれているリグニン量を求める。この値をDCWまたはCWRの重量で割ってリグニン含量を求める。

参考文献

1) Campbell, M.M. & Ellis, B.E. (1992) *Planta* **186**, 409-417
2) Suzuki, S. et. al. (2009) *Plant Biotechnol.* **26**, 337-340
3) 鈴木史朗ほか (2013) 生存圏研究、**9**、31-33

(鈴木史朗)

3.4.3 アセチルブロマイド法

アセチルブロマイド（以下AcBrと略す）法は1961年Johnsonら[1]が木材試料の、1981年Morrison[2]が草本植物試料のリグニン定量に開発した定量法で、リグノセルロース試料を25%（w/w）のAcBr-酢酸溶媒中で70℃に加熱することで溶解し、280 nmの吸光度を測定する方法である。本法はその後、リグノセルロース試料の溶解機構[3]および吸収スペクトル発現[4]の解明をもとに改良されており、ここでは改良法[5]を説明する。

AcBr法は、25 wt% AcBr-酢酸溶媒中での溶解反応の理解のもとに反応を注意深く進めることで、簡便に、迅速にリグニン量を測定できる。本法ではリグニンの主要単位間の結合であるβ-O-4結合を切断することでリグニンを低分子化する[2,6]とともに、多糖類のグリコシル結合を開裂して低分子化する。と同時に、リグニンおよび多糖類の水酸基は速やかにアセチル化（O-アセチル化）される。しかしこのO-アセチル化反応は、リグニン芳香核フェノール性水酸基のO-アセチル化されていない芳香核へのC-アセチル化反応との競争反応であり（図3.5）、O-アセチル化反応速度が遅いと、芳香核に共役カルボニル基が導入され、300〜310 nmに吸収を持つようになる。この共役カルボニル基をもつ芳香核の分子吸光係数は極めて大きく、少量であってもリグニン定量値に大きな影響を及ぼす（図3.6）。触媒として過塩素酸（$HClO_4$）を加えることにより、芳香核水酸基のO-アセチル化反応速度を大きくするとともに、試料が水を含むとO-アセチル化反応が遅くなり、C-アセチル化が生じてしまうので、予め試料をできる限り乾燥することが重要である。C-アセチル化が生じていないことを確認するために、反応液の250〜400 nmのUVスペク

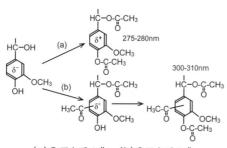

(a)O-アセチル化、(b)C-アセチル化

図3.5 リグニンのO-アセチル化とC-アセチル化反応

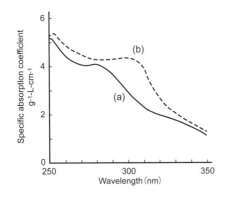

図3.6 AcBr法によって得られたUVスペクトル

(a) 副反応であるC-アセチル化が生じていない状態

(b) 副反応であるC-アセチル化が生じた状態

(b)のように300〜310 nmにC-アセチル化で生じたピークまたはショルダーが見られる場合はデータを採用できない。

トルを測定することを推奨する。なお過塩素酸はタンパク質を凝集、不溶化（白色の沈殿が生じる）する。反応液を静置して上澄み液のUV吸収を測定することで、タンパク質の影響を排除できる。

　本法を用いるにあたっての留意点を以下に指摘しておく。

1) 本法でリグニン量を測定するにあたって、使用する試料量はリグニンとして1〜2 mg、すなわち前抽出済乾燥植物試料として4〜6 mgである。比較的大量の試料がある場合、そこから全体を代表とする微量試料を採取することは困難なことから、本法の適用は推奨されない。逆に試料量が少ない場合に推奨される。

2) 本法ではリグニンの主要単位間の結合である$β$-O-4結合を切断することでリグニンが低分子化して試料全体を溶媒に可溶とする[3]。したがってすでに$β$-O-4結合が切断されているクラフトパルプ中の残存リグニンのかなりの部分は本法では可溶化しないので、本法は適用できない。

3) 植物試料中の抽出成分の多くはリグニンと同じような波長の紫外部（UV）吸収を示す。そこで40メッシュ（420 μm）より細かく粉砕した木材試料はエタノール・ベンゼン［1:2 (v/v)、ベンゼンの共沸温度は69.7℃］またはエタノール・トルエン［2:1 (v/v)、トルエンの共沸温度は77℃］でソックスレー抽出し、草本系植物試料は80％ (v/v) エタノールまたは80％ (v/v) アセトンで煮沸抽出し、さらに温水（40℃）で一昼夜振とう抽出した試料を用いる。

4) 主に草本系植物のようにタンパク質を含む試料のリグニン定量法として酸性ディタージェント法[7]があるが、リグニンの約半量がミセルを形成して可溶となってしまう[8]。クラーソン法では、リグニンと共にタンパク質も不溶区分に入るため、不溶区分の窒素含量を測定して補正しなければならない。本法ではタンパク質は少量添加した過塩素酸と反応して沈殿するため、タンパク質量がリグニン量に影響することがない[4]。

器具、機器

① ラテックスまたはポリエチレン製保護手袋および保護メガネ

② 試料乾燥用真空乾燥機

③ ホウケイ酸ガラス（パイレックス®）製試験管：PTFE（ポリテトラフルオロエチレン：商品名テフロン®）ライナー付スクリューキャップ式ねじ口丸底試験管（15 mL、16.5 × 130 mm）、以下試験管と略す。

④ 肉厚で密封性の高い 50 mL ガラス容器（25 wt% AcBr-酢酸溶媒保存用）

⑤ 0.1 mL、2.5 mL、10 mL および 12 mL を正確に設定できるピペッター

⑥ 50 mL 共通摺り栓付珊珪酸ガラス製メスフラスコ

⑦ アルミブロック恒温槽

⑧ 1.0 cm 石英セルまたは紫外吸光用プラスチックセル

⑨ 紫外可視分光光度計

試薬類（いずれも試薬特級）

① AcBr（比重 1.663 g/mL）

② 氷酢酸（比重 1.049 g/mL）

③ 70％過塩素酸水溶液（比重 1.67 g/mL：60％過塩素酸水溶液でも可）

④ 2 M NaOH

操作

① AcBr と氷酢酸は引火性であり、強い皮膚腐食性や呼吸器への刺激性を持つので、以下のすべての操作で保護手袋、保護メガネを着用し、分光光度計測定以外は防爆型ドラフトチャンバー中で操作する。

② 25 wt% AcBr-酢酸溶媒の調製：上皿天秤を使い、密封性の高いネジ蓋付肉厚耐圧ガラス容器に氷酢酸 49.9 g（約 47.6 mL）をとり、AcBr 10 mL（約 16.63 g）を静かに加えて合計重量を 66.5 g（約 57.6 mL）とする。25 wt% AcBr-酢酸溶媒は密封し、冷蔵庫に保存する。

③ 真空乾燥機で十分乾燥した試料 4 ～ 6 mg を精秤し、15 mL 試験管に入れ、25 wt% AcBr-酢酸溶媒 2.5 mL、次いで過塩素酸 0.1 mL を加えて PTFE ライナー付スクリューキャップを締める。紫外吸収スペクトル測定の対照のため、試料だけを除いた溶液を用意し、試料溶液と同時に以下の操作を行う（以下「ブランク」と呼ぶ）。

④ 予め 70℃に加熱したアルミブロック恒温槽に試料およびブランク試験管をセットし、時々静かに振とうして正確に 30 分加熱する。加熱終了後直ちに、蓋を閉めたまま試験管を氷冷した水浴中に置き冷却する。

⑤ 予め 2 M NaOH（10 mL）と氷酢酸（12 mL）を入れてある 50 mL メスフラスコに、室温以下に冷却した試験管の内容物を投入し、残った内容物を少量の氷酢酸でメスフラスコに洗いこむ。さらに氷酢酸で 50 mL にし、よく振とうしてから 30 分以上室温で静置する。白色の不溶物（タンパク質）が目視されるときは上澄み液のスペクトルを測定する。

⑥ 石英セルを用いブランク溶液を対照として、分光光度計を用いて 250～400 nm の

吸収スペクトルを記録する。酢酸が主成分であるブランクおよび試料溶液は 250 nm が測定最短波長（液層 1 cm で透過率 10 % となる波長）なので、250 nm より短波長での測定はできない。その際、300～310 nm にピークまたはショルダーが認められる場合（図 3.6）にはそのデータは採用しない。

リグニン量の計算

① 280 nm 付近のピークまたはショルダーの吸光度 A を読み取る。

② 採取した試料量 W（g）が 50 mL に溶解しているので試料濃度は 20W（g/L）となる。したがって吸光係数 E_s (g^{-1}·L·cm^{-1}) は、

E_s = A/20W = 0.05A/W (g^{-1}·L·cm^{-1}) となる。

③ リグニン 100 % の吸光係数 E_{100} とすると、E_{100} = 20.0 (g^{-1}·L·cm^{-1}) である[3]から、試料中のリグニン量 L % は、

L（%）= 100 E_s/E_{100} = 100 × 0.05A/W/20.0 = 0.25A/W で求められる。

参考文献

1) Johnson, D.B. et al. (1961) *Tappi* **44**, 793-798
2) Morrison, I.M. (1972) *J. Sci. Food Agric.* **23**, 455-463, 1463-1469
3) Iiyama, K. & Wallis, A.F.A. (1990) *J. Wood Chem. Technol.* **10**, 39-58
4) Iiyama, K. & Wallis, A.F.A. (1989) *Holzforschung* **43**, 309-316
5) Iiyama, K. & Wallis, A.F.A. (1990) *J. Sci. Food Agric.* **51**, 145-161
6) Lu, F. & Ralph, J. (1997) *J. Agric. Food Chem.* **45**, 4655-4660
7) van Soest, P.J. (1963) *J. Assoc. Offic. Agric. Chem.* **46**, 829-835
8) Lam, T.B.T. et al. (1996) *J. Sci. Food Agric.* **71**, 174-178

（飯山賢治）

3.4.4 カッパー価法

カッパー価は、主としてパルプ中のリグニンを定量するための方法であり、パルプを過マンガン酸カリウムと一定の条件の下で反応させた場合に、絶乾パルプ 1 g 当たりが消費した 0.1 N(0.02 mol/L) 過マンガン酸カリウム水溶液の mL 数で表される。一般的に、リグニン含有量(%) =（カッパー価）× 0.15 の関係式が成り立つ。ただし、何らかの酸化履歴を経たパルプでは、この関係式が成り立たないことも多い。

リグニンは、過マンガン酸カリウムによって速やかに酸化される一方、多糖類の酸化は、リグニンと比較するとかなり遅い。これらの事実から、反応初期にはリグニンが選択的に酸化されると見なすことができ、反応を比較的短い時間（10 分）で停止すれば、リグニンの定量が可能となる。このため、反応停止時においても、リグニンあるいはリグニン由来の分解生成物の酸化反応は、完全に終了していない。また、反応停止時において、残存する過マンガン酸カリウムの量が多い場合には、反応停止時

まで速やかに反応が進行する一方、これが少ない場合には、反応停止時よりもかなり前の段階で、反応の進行が遅くなる。したがって、用いた過マンガン酸カリウムのリグニンに対する相対量によって、これの消費される量が影響を受ける。このため、反応中に消費されるべき過マンガン酸カリウムの量が規定されており、これが30～70％であることが求められるので、カッパー価測定に使用すべきパルプの量を、あらかじめ調べておく必要がある。得られた絶乾パルプ1g当たりの0.1 N（0.02 mol/L）過マンガン酸カリウム水溶液消費量（mL数）を、その50％が消費された場合の値に補正することによって、カッパー価が算出される。反応温度は25 ± 0.2℃にすべきであるが、20～30℃の間であれば、補正が可能である。

なお、特に広葉樹パルプの場合には、ヘキセンウロン酸が比較的多く含まれ、これの二重結合部位が過マンガン酸カリウムを消費するため、カッパー価にはヘキセンウロン酸の含有量も反映される。

カッパー価測定全般に関しては、参考文献[1]を参照されたい。

ガラス器具

秤量びん、1Lあるいはより大きいビーカー、200 mLビーカー、100 mLビーカー、200 mLメスフラスコ、100 mLホールピペット、20 mLホールピペット、1Lメスシリンダー、100 mLメスシリンダー、50 mLビュレット、ロート

機器

恒温器、ミキサー、マグネチックスターラー、撹拌子、温度計、ストップウォッチ、スタンド

試薬

0.1000 ± 0.0005 N（0.0200 ± 0.0001 mol/L）過マンガン酸カリウム水溶液、約0.2 N（0.2 mol/L）チオ硫酸ナトリウム水溶液（± 0.005 N（0.005 mol/L）の精度で規定度の明らかなもの、ここではa N（a mol/L）とする）、1.0 N（1.0 mol/L）ヨウ化カリウム水溶液、4 N（2 mol/L）硫酸水溶液、約0.2％デンプン水溶液

操作

準備：

①秤量びんの蓋をずらし、105℃の恒温器に投入して数時間乾燥させた後、蓋を閉じてデシケーター中で室温まで冷却する。冷却後、全体の重量を精秤する（b gとする）。

②気乾パルプ適当量（カッパー価20のパルプの場合3g程度）を細かく引き裂き、適当な時間放置して、空気中とパルプ中の水分との間で平衡を達成させる。

③スタンドに50 mLビュレットを鉛直に取り付け、ロートを用いてa N（a mol/L）チオ硫酸ナトリウム水溶液を加えた後、弁を開放してビュレットの流出部位に溶液を満たす。溶液上部のmL数を記録する。

方法：

　上記の準備②で細かく引き裂いたパルプ約 1 g を精秤して（c g とする）準備①で精秤した秤量びんに入れ、蓋をずらして 105℃の恒温器に投入して、一昼夜乾燥させる。その後蓋を閉め、デシケーター中で室温まで冷却した後、全体を精秤する（d g とする）。再び恒温器に投入して乾燥を繰り返し、d g が恒量であることを確認する。パルプの重量換算率(e)を、式：$e = (d-b)/c$ によって求める。

　準備②で細かく引き裂いたパルプ適当量（カッパー価 20 のパルプの場合 2 g 程度）を精秤し（f g とする）、ミキサーに入れる。1 L メスシリンダー中に入れた 800 mL のイオン交換水のうち、500 mL 程度を用いてパルプをミキサー中で解繊した後、1 L あるいはより大きいビーカーに移す。さらに、ミキサーを 1 L メスシリンダー中の少量のイオン交換水で洗って、解繊したパルプを定量的にビーカーに移す。次に、1 L メスシリンダーからイオン交換水をビーカーに加えて、20 mL 程度をメスシリンダー中に残す。撹拌子をビーカーに投入して、ビーカーをマグネチックスターラーの上に載せ、気泡は巻き込まないが十分な強さで撹拌を始め、測定終了まで撹拌し続ける。このとき温度計で温度を測り、25 ± 0.2℃であることが望ましいが、20～30℃の範囲内であることを確認する。

　200 mL ビーカーに、100 mL ホールピペットを用いて 0.1000 ± 0.0005 N（0.0200 ± 0.0001 mol/L）過マンガン酸カリウム水溶液 100 mL を加え、続いて 100 mL メスシリンダーを用いて 4 N（2 mol/L）硫酸水溶液 100 mL を加える。この溶液全体を、パルプ懸濁液の入った 1 L あるいはより大きいビーカーに加え、直ちにストップウォッチで時間の計測を開始する。速やかに 200 mL ビーカーを 1 L メスシリンダーに残された 20 mL 程度のイオン交換水で洗浄し、これを 1 L あるいはより大きいビーカーに加える。これにより、ビーカー中の全液量は 1,000 mL となるがこれは ± 5 mL でなければならない。温度計で温度を測定し、25 ± 0.2℃であることが望ましいが、20～30℃の範囲内であることを確認し、記録する（g℃とする）。

　正確に 10 分後、20 mL ホールピペットを用いて 1.0 N（1.0 mol/L）ヨウ化カリウム水溶液 20 mL を加え、反応を停止する。遊離したヨウ素は徐々に昇華して失われるため、速やかに準備③で用意した 50 mL ビュレットを用いて滴定する。終点に近付いた際、0.2 % デンプン水溶液を指示薬として少量添加する。終点において、ビュレット中の溶液上部の mL 数を記録し、準備③で記録した mL 数との差から、滴定値 h mL を算出する。

　パルプを加えないこと以外は全く同じ条件下において、ブランク滴定を行い、ブランク滴定値（i mL とする）を求める。

　実際に消費された 0.1000 ± 0.000 5 N（0.0200 ± 0.0001 mol/L）過マンガン酸カリウム水溶液の量（j mL）は、次式により求める。

$j = (i-h) \times (a/0.1)$

カッパー価（K）は、次式により求める。

$K = j/(f \times e) \times 10^L$

ただし、10^L は過マンガン酸カリウムの消費量を50%とするための補正係数で、$L = 0.00093 \times (j-50)$ である。

また、温度補正カッパー価（K'）は、次式により求める。

$K' = K \times \{1 + 0.0013 \times (25-g)\}$

ここで示した方法は非常に大きなスケールであるため、1/10スケールで行い、リグニン量の少ないパルプにも適用可能なミクロカッパー価法が修正法として提案され[2]、広く用いられている。

参考文献

1) Dence, C.W.（1994）リグニン化学研究法（Methods in Lignin Chemistry, Lin, S. Y. & Dence, C.W. eds.、中野準三、飯塚堯介翻訳・監修）、ユニ出版、p.30-32
2) Berzins, V.（1966）*Pulp Pap. Mag. Can.* **67**, T206-T208

（横山朝哉）

3.5 リグニンの化学分解法

3.5.1 ニトロベンゼン酸化

アルカリ性下、リグニンをニトロベンゼンで酸化すると、側鎖のα位とβ位間の炭素－炭素結合が酸化的に開裂し、高収率でバニリンやシリンガアルデヒド等のベンズアルデヒド誘導体が生成する。これらの分解生成物の収量と収量の比を調べることにより元のリグニン中の芳香核構造についての知見を得ることができる[1]。本手法は、その高い再現性と収率からβ-O-4型構造などの非縮合型構造を分析対象として古くから現在に至るまで広く用いられてきたが、ビフェニル型分解生成物についても、基

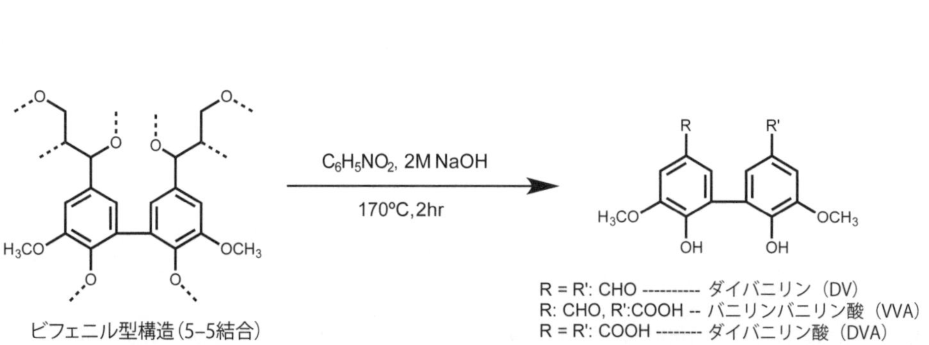

図3.7 ビフェニル型構造からのニトロベンゼン酸化生成物

本的には GC 分析時間を延長するだけで検出可能である（図 3.7）。最近になり、反応条件、反応後の後処理、および分解生成物の起源構造についての再検討が行われ、ビフェニル型構造についても再現性よく分析できるようになった[2]。リグニンの非縮合型構造、並びにビフェニル型構造を分析対象としたニトロベンゼン酸化法の手順を記す。

器具、機器
①振とう式オイルバス
②水素炎検出器（FID）付きガスクロマトグラフ装置（GC）
③GC カラム：IC-1（長さ 30 m、内径 0.25 mm、膜厚 0.4 μm、ジーエルサイエンス）
④スチール製オートクレーブ（10 mL、型式：TVS-1-10 上蓋完全閉止型、耐圧硝子工業）
⑤エバポレーター
⑥その他：万力、メスフラスコ（200 mL）、ホールピペット（2 mL）、分液ロート（100 mL）、ビーカー（100 mL）、共栓付き三角フラスコ（200 mL）、ナシ型フラスコ（100 mL）、シリンジ（1 mL および 10 μL）、パスツールピペット、テフロン®ライナー付ネジ蓋式バイアル瓶（4 mL）、pH 試験紙。

試薬類
ニトロベンゼン、0.1 M および 2 M 水酸化ナトリウム、無水硫酸ナトリウム、ジクロロメタン、ジエチルエーテル、N,O-ビス（トリメチルシリル）アセトアミド（BSAと略称）、3-エトキシ-4-ヒドロキシベンズアルデヒド（別名：エチルバニリン、以下 EV と略称）

操作
①準備：約 50 mg の EV（分子量 166.18 g/mol）を 200 mL メスフラスコに精秤し、0.1 M 水酸化ナトリウムでメスアップして 1.5 mM EV 内部標準溶液を調製する。
②反応：20 mg の脱脂木粉を薬包紙に精秤し、10 mL オートクレーブに加える。ここに、2 M 水酸化ナトリウム溶液 4 mL、および、ニトロベンゼン 250 μL を加える。蓋を閉めて万力で固定し、スパナで増し締めする。予め 170℃に加熱した振とう式オイルバスにオートクレーブを浸け、2 時間振とうする。オートクレーブを流水中で冷却後、蓋を開け、内部標準物質として EV 3 μmol（1.5 mM × 2 mL）をホールピペットで加える。蓋を閉め、溶液が均一になるように振り、再び蓋を開けて内容物をビーカーに移す。オートクレーブを 0.1 M 水酸化ナトリウム溶液で洗浄し（5 mL × 3 回）、洗浄液もビーカーに加える。
③反応後の抽出処理および TMS 誘導体化：ビーカーの内容物を分液ロートに移し、ジクロロメタンで抽出洗浄する（15 mL × 3 回）。有機層（下層）は廃溶媒として除き、水層（上層）を 2 M 塩酸で pH 約 1 に調整する。回収したジクロロメタンは所属

機関の規定に従って回収、処理する。酸性化した水層をジクロロメタンで抽出し（20 mL×2 回）、有機層（下層）を保存する。水層をさらにジエチルエーテルで抽出し（20 mL×1 回）、有機層（上層）を保存する。保存した有機層を合わせ、イオン交換水（20 mL）で抽出洗浄する。有機層（下層）を三角フラスコに移した後、無水硫酸ナトリウムを加え、約 1 時間放置して脱水処理後にろ過する。ろ液をナシ型フラスコに移し、エバポレーターを用いて溶媒を減圧下で留去する。ピリジン 200 µL を加えて内容物を溶かし、バイアル瓶に移す。トリメチルシリル化剤（TMS 化剤）として、BSA 200 µL をシリンジで加え、すばやく蓋を閉める。100℃の恒温器に入れ 10 分間TMS 化反応を行い、放冷後、その 2 µL を GC 分析に供する。

GC 分析条件

試料：上記分析用試料（2 µL）、カラム昇温温度：150℃に 25 分保持、3℃/分で 190℃まで昇温し、続けて 10℃/分で 215℃まで昇温し 45 分保持、10℃/分で 230℃まで昇温し 20 分保持、10℃/分で 280℃まで昇温し 10 分保持（分析時間 122.3 分）、注入口：280℃、検出器：280℃、キャリアーガス：ヘリウム、注入法：スプリットモード（60:1）、カラム流速：1.83 mL/分、検出：水素炎検出器（FID）、保持時間：バニリン（V:8.3 分）、エチルバニリン（EV:10.6 分、内部標準）、シリンガアルデヒド（S:15.9 分）、バニリン酸（VA:23.1 分）、シリンガ酸（SA:34.0 分）、ダイバニリン（DV:72.7 分）、バニリン-バニリン酸（VVA:88.9 分）、ダイバニリン酸（DVA:100.8 分）。

別途、分解生成物の標品のピリジン溶液（V、VA、S、SA、DV、VVA および DVA の混合溶液）と内部標準物質（EV）のピリジン溶液を様々なモル比に混合し、これらを TMS 化後に GC 測定して検量線を作成する。分解生成物に含まれる V、VA、S と SA の合計を非縮合型生成物の収量として DV、VVA と DVA の合計をビフェニル型生成物の収量として算出する。

ビフェニル型の主要生成物である DV は市販されているが（シグマ アルドリッチ ジャパン）、純度が高くないためそのまま検量線に用いると、リグニンからの DV 収量が過大評価される。このため精製が必要である。DV はアセチル化物として結晶化により精製後、ケン化して再び DV に戻すことにより精製可能である[2]。VVA と DVA の調製法については文献[2]を参照されたい。

参考値として上記の分析条件で得られた検量線を記す。

$Y_V = 1.076X_V + 0.0309$、$(0.445 \leq X_V \leq 4.61)$

$Y_{VA} = 0.836X_{VA} + 0.0042$、$(0.0559 \leq X_{VA} \leq 0.594)$

$Y_{DV} = 0.5287X_{DV} + 0.0074$、$(0.103 \leq X_{DV} \leq 1.29)$

$Y_{VVA} = 0.5028X_{VVA} + 0.0042$、$(0.0247 \leq X_{VVA} \leq 0.360)$

$Y_{DVA} = 0.5473X_{DVA} + 0.0071$、$(0.00760 \leq X_{DVA} \leq 0.193)$

ただし Y は、各分解生成物の内部標準物質 EV に対するモル比（例：$Y_{DV}=$ モル$_{DV}$/ モル$_{EV}$）、X は EV に対する GC 面積比（例：$X_{DV}=$ 面積 $_{DV}$/ 面積 $_{EV}$）、カッコ内の数値は X の有効範囲である。

参考文献
1) Chen, C. L.（1994）リグニン化学研究法（Methods in Lignin Chemistry, Lin, S. Y. & Dence, C.W. eds., 中野準三、飯塚堯介翻訳・監修）、ユニ出版、p. 217-232
2) Tamai, A. et al.（2015）*Holzforschung* **69**, 951-958

（秋山拓也）

3.5.2　ニトロベンゼン酸化分解法のミクロ化

　リグニンの芳香族構成は植物種によって異なっており、リグニンを特徴づけるために用いられる必要不可欠な基準の1つである。これまでリグニンの芳香族構成の分析にはニトロベンゼン酸化分解法が広く用いられてきた。

　近年、リグニン生合成の代謝工学が活発に研究されており、膨大な数の遺伝子組換え植物体が作出されるため、多検体のハイスループット分析が必須となっている。しかし、従来のニトロベンゼン酸化分解法は非常にスループットが低く、また比較的多くのサンプル量が必要であるため、少量しか得られない遺伝子組換え植物サンプルなどには従来法を用いることは困難であった。そこで、微量多検体の分析を可能にするため、反応および後処理の工程をミクロ化したプロトコールが開発された[1]。これにより、スループットが従来の約10倍程度まで上昇し、さらには安定同位体標識化合物を内標として用いることにより高精度の定量が可能となった。また、ミクロ化されたことによって、試薬の節約、廃液の減少、ディスポーザブルチューブおよびチップの使用による洗い物の減少などの利点も有している。

器具、機器

①1.5 mL テフロン® チューブ：1.5 mL PFA サンプリングカップ（フロンケミカル）（**図 3.8A**）数回使用毎に新しいチューブに交換する。

②目玉クリップ：目玉クリップ極豆、口幅 20 mm（コクヨ）（**図 3.8B**）

③専用オートクレーブ：Metal Reactor TEM-D1000M（耐圧硝子工業）、装置内には温度センサーの先が浸る程度の蒸留水（約 320 mL）を入れて使用する（**図 3.9**）。

④その他の器具・機器：ピペットマン®（耐薬品性の商品が望ましい）、ボルテックス®、卓上遠心機を使用する。

試薬類

①安定同位体標識化合物：バニリン-d_3、シリンガアルデヒド-d_3（もしくはシリンガアルデヒド-d_6）、p-ヒドロキシベンズアルデヒド（ring-$^{13}C_6$）。市販の特級 1,4 - ジオ

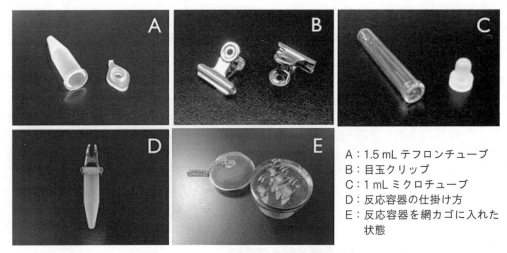

図3.8 反応容器（文献2より転載）

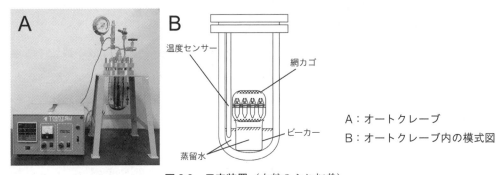

図3.9 反応装置（文献2より転載）

キサンに溶解させ10 mg/mL 溶液を調製し、使用時以外は-20℃で保存する。
② 6 M 塩酸：市販 6 mol/L 塩酸を使用する。
③ 2 M 水酸化ナトリウム：市販 6 mol/L NaOH を 3 倍希釈し、使用する。
④ その他の試薬：ニトロベンゼン、酢酸エチル、硫酸ナトリウム等の試薬は市販の特級品を使用する。

操作

① 2 M 水酸化ナトリウム水溶液 250 µL を入れた反応容器（1.5 mL テフロン® チューブ、図3.8A）を用意し、そこに作業前に真空ポンプで 1 時間ほど乾燥させた脱脂粉末試料を約 5 mg*秤量し、同容器に入れる。

② さらに 2 M 水酸化ナトリウム 250 µL とニトロベンゼン 30 µL を加え、液が漏れないように蓋を押さえながらよくボルテックスする。本工程はゴム手袋を着用し、ドラフト内で作業する。

③ 反応容器が開かないように目玉クリップで挟み、網カゴに直立させた状態（**図**

3.8D、E）でオートクレーブ内にセットする（図3.9）。オートクレーブを密閉し、170℃、0.7〜0.8 MPaの条件下で1時間加熱および加圧する。
④装置内の温度が80℃以下、かつ常圧に戻るまで自然冷却させる。反応容器をオートクレーブから取り出し、氷上で5分冷却した後、卓上遠心機でスピンダウンする。

後処理

以下の各工程は、ゴム手袋を着用し、ドラフト内で作業を行う。

①内部標準として一定量*の安定同位体標識化合物の混合液を反応液に添加し、ボルテックス、次いで卓上遠心機でスピンダウンする。反応液のうち250 μLを1.5 mLポリプロピレン製（PP）チューブに移す。

②酢酸エチル250 μLを1.5 mL PPチューブに加え、ボルテックスし、遠心分離した後、有機層（上層）を取り除く。この作業を合計4回繰り返した後、水層のみを新しい1.5 mL PPチューブに移す。

③得られた水層を6 M塩酸を用いて慎重にpH 2〜3にあわせる。

④200 μLの酢酸エチルを加え、ボルテックスし、遠心分離する。有機層（上層）を新しいPPチューブに回収する。この作業を合計3回繰り返す。

⑤回収した有機層に飽和食塩水を100 μL加え、ボルテックスし、遠心分離する。硫酸ナトリウム（100〜150 mg程度）を入れた新しい1.5 mL PPチューブを用意し、得られた有機層のみを移し、ボルテックス、次いで卓上遠心機でスピンダウンする。

⑥有機層の一部（5〜20 μL程度）を1 mLガラスミクロチューブ（図3.8C）に移す。溶媒を減圧留去し、乾固させた試料をGC-MS用サンプルとする。残りの有機層も同様に乾固させ、窒素置換した後、ストック用サンプルとしてシリカゲルと共に−20℃で保存する。GC-MSで得られるピークが小さい場合は、ストック用サンプルを有機溶媒に再溶解し、濃い濃度のGC-MS用サンプルを再調製する。

*植物試料ごとにリグニン特性が異なるため、試料の仕込み量、混合すべき安定同位体標識化合物の種類および添加量は適宜検討する必要がある。通常、添加量は、各化合物とも1検体につき10〜100 μg程度で分析可能である。

トリメチルシリル（TMS）誘導体化

GC-MS用サンプルに市販のN,O-ビス（トリメチルシリル）アセトアミド（BSA）をシリンジで8 μL添加し、容器を密閉した状態で60℃、45分間加熱した後、卓上遠心機でスピンダウンする。TMS誘導体化したサンプルおよびBSA試薬は湿気に対して不安定であるため、作業は素早く行う。また、BSA試薬の添加に使用したシリンジを放置するとプランジャーが固まり動かなくなるため、使用後は速やかに特級メタノールで洗浄する。

GC-MS分析

0.8 μLをガスクロマトグラフに注入する。TMS化サンプルの分析はShimadzu HiCap-

CBP10キャピラリーカラム（長さ25 m、内径0.22 mm、膜厚0.25 μm）を使用する。分離条件は次のとおりである。インジェクションポート温度：240℃、インタフェース温度：250℃、カラム温度プログラム：初期温度、40℃で2分間保持、40〜230℃まで40℃/分で昇温、230℃で5分間保持、注入方法：スプリットレスモード、キャリアーガス：ヘリウム、キャリアーガスのカラム入り口圧：35 kPa、カラム流量：0.7 mL/分、線速度：38 cm/秒、全流量：50 mL/分。

参考文献

1) Yamamura, M. et al. (2010) *Plant Biotechnol.* **27**, 305-310
2) 山村正臣ほか (2013) 生存圏研究、**9**、41-44

（山村正臣・梅澤俊明）

3.5.3 過マンガン酸カリウム酸化

　リグニン分子中には芳香核に脂肪族側鎖が結合した多様な構造が存在しているが、この脂肪族側鎖部分を選択的に分解して芳香族カルボン酸とし、それを分析することによって芳香核の置換様式およびフェニルプロパン単位の結合様式について知見を得るために過マンガン酸カリウム酸化を行う[1]。

　この酸化反応は、試料中の遊離フェノール性水酸基をあらかじめメチル化してメチルエーテルとすることでリグニン中の芳香核構造を保護したのちに行う。したがって、生成物を分析することによって得られる情報は、遊離フェノール性水酸基を有する構造に限定される。非フェノール性芳香核構造を含めた情報を得るためには、何らかの適切な化学的前処理によってメトキシ基を除く β-O-4結合を開裂して遊離フェノール性水酸基を新生させ、次いでもともと存在したものを含む全ての遊離フェノール性水酸基をエーテル化したのち、本酸化反応を行うことが必要である。このための化学的前処理として、通常クラフト蒸解が行われる。本酸化反応で得られた芳香族カルボン酸中のカルボキシ基をメチルエステルとしたのち、主にガスクロマトグラフを使用して分析する。

器具、機器

① 減圧乾燥機：試料を高温に加熱することなく、効果的に乾燥することができる。
② ウィリー・ミル
③ 高速遠心分離機：懸濁状の試料の分離・回収に使用する。
④ ステンレス製オートクレーブ、100 mL
⑤ 吸引ろ過びん、ビフネルロート
⑥ 50 mL 共栓付三角フラスコ
⑦ 500 mL 三角フラスコ

⑧ガスクロマトグラフ（FID 検出器付き）およびカラム（SP-2100、5％、長さ 2 m × 内径 3 mm）

試薬類
過マンガン酸カリウム、水酸化ナトリウム、硫化ナトリウム、ジアゾメタン、ピロメリット酸メチル

試料調製
あらゆる種類の植物試料を対象とすることが出来るが、反応試薬の浸透性を高めるためにあらかじめ適度に粉砕することが重要である。粉砕には通常ウィリー・ミルを使用する。粉砕した試料中の抽出成分を除去するために、ベンゼン / エタノール（2:1、v/v）のような中性溶媒でソックスレー抽出する。なお、粉砕時のリグニン化学構造の二次的変質を避けるために、粉砕が過度とならないように、また試料温度が過度に上昇しないように注意する必要がある。

アルカリ加水分解
粉砕試料をステンレス製小型オートクレーブに入れ、クラフト蒸解薬液を加えて 160℃で 1 時間程度、クラフト蒸解前処理を行う。処理後、薬液と残渣をビフネルロートと吸引ろ過びんを使用して分離する。この蒸解処理によって、リグニン構成単位間の最も主要なエーテル結合である β-O-4 結合を効果的に開裂することが出来る。試料中のリグニンのほぼ全量がこの処理によって処理液中に溶出する。処理液に希酸を加えて弱酸性とし、生成するクラフト蒸解前処理リグニンの沈殿を高速遠心分離機を使用して分離する。クラフト蒸解薬液の組成：活性アルカリ濃度 50〜60 g/L（Na_2O として）、硫化度 20〜30 ％。

エーテル化
フェノール性水酸基を有する芳香核構造が過マンガン酸カリウム酸化によって分解・変質することを防ぐ目的で、ジアゾメタンあるいはジメチル硫酸を用いたエーテル化前処理を行う。ここではジアゾメタンを用いた場合について記す。減圧乾燥機を用いて十分乾燥した粉末植物試料あるいはリグニン試料を 50 mL 共栓付三角フラスコに入れ、ジアゾメタンのジエチルエーテル溶液を加えて、冷暗所に 2〜3 日間静置する。その段階でジアゾメタンの黄色が消失していた場合は、新たにジアゾメタン溶液を加え更に 2 日間静置する。処理液をナスフラスコに移し、減圧乾固してエーテル化試料を得る。

分別エーテル化
植物試料あるいはリグニン試料中に元々存在したフェノール性水酸基と、クラフト蒸解処理による加水分解で新たに生成したフェノール性水酸基に異なるアルキルグループを導入することによって、試料中のアリールエーテル結合についての知見を得ることができる。通常、前者のメチル化にジアゾメタンを使用してメチルエーテルとする

のに対して、後者にはジアゾエタンを使用してエチルエーテルとする。

過マンガン酸カリウム酸化

エーテル化試料（リグニン量として 10〜100 mg 相当量）を 50 mL 三角フラスコに秤取し、これに t-ブチルアルコール／水（3/1、v/v）4 mL を加えて十分振とうする。ついで、0.5 M 水酸化ナトリウム 40 mL、0.06 M 過ヨウ素酸ナトリウム 100 mL、および 0.03 M 過マンガン酸カリウム 20 mL をこの順に加え、撹拌しながら 82℃で 6 時間保持して酸化反応を行う。なお、反応過程を通じて処理液が過マンガン酸カリウムに特有の紫色を保持していることが重要である。紫色の消失は酸化剤の不足を示しており、過ヨウ素酸ナトリウムおよび過マンガン酸カリウムを追加しなければならない。

エタノール 10 mL を加えて反応を停止させ、生成した黒褐色の沈澱をビフネルロート上に準備した珪藻土の層を通してろ別する。珪藻土層を少量の 1％炭酸ナトリウムで洗浄し、ろ液を先のろ過液に合わせる。この液を少量のジエチルエーテルで 2 回抽出したのち、抽出液を 1％炭酸ナトリウム 15 mL で抽出し、ジエチルエーテル抽出済ろ過液に合わせる。希硫酸を用いて pH 6.5 としたのち、減圧濃縮して液量を 30 mL とする。

過酸化水素酸化

上記の濃縮液に pH 7 に調整した 0.3％ DTPA（ジエチレントリアミンペンタ酢酸）水溶液 0.25 mL、t-ブチルアルコール／水（1/1、v/v）20 mL を加え、炭酸ナトリウム 0.9 g、30％過酸化水素 5 mL を加え、50℃で 10 分間処理する。二酸化マンガン 100 mg を加えて酸化反応を停止させたのち、2〜3 時間室温で静置する。不溶部をろ別したのち、希硫酸を用いて pH 2 とし、アセトン／クロロホルム（2/1、v/v）30 mL を用いて 3 回抽出する（30 mL × 3 回）。抽出液に無水硫酸ナトリウムを加えて乾燥したのち減圧乾固する。

メチルエステル化

減圧乾固物にジアゾメタンのジエチルエーテル溶液 5 mL を加えて 1 時間程度、室温で静置する。なお、この段階でジアゾメタンの黄色が消失していた場合は、再度ジアゾメタン溶液を添加して更に 1 時間程度静置する。次いで、減圧乾固してメチルエステル化試料を得る。

過マンガン酸カリウム酸化生成物のガスクロマトグラフィーによる分析

2 mg のピロメリット酸メチル（内部標準物質）を含むジオキサン 0.5 mL を上記メチルエステル化試料に加え、ガスクロマトグラフィー（GC）用試料とする。ガスクロマトグラフィー条件：カラム；SP-2100、5％、長さ 2 m、カラム温度；130〜300℃（5℃／分で昇温）、注入口および検出器温度；250℃、窒素ガス；40 mL／分。ガスクロマトグラムの 1 例を**図 3.10**[2]）に示す。

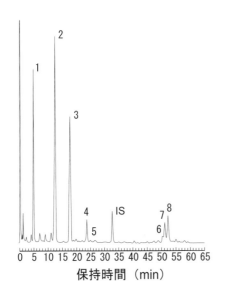

1：p-アニス酸
2：ベラトルム酸
3：3,4,5-トリメトキシ安息香酸
4：イソヘミピン酸
5：メタヘミピン酸
6：2,2′,3,3′-テトラメトキシ-5,5′-ビフェニルジカルボン酸
7：2,2′,3-トリメトキシ-4′,5-ジフェニルエーテルジカルボン酸
8：2,2′,3,6′-テトラメトキシ-4′,5-ジフェニルエーテルジカルボン酸（メチルエステルとしてのガスクロマトグラム）

図3.10　イネワラリグニンの過マンガン酸カリウム酸化生成物（文献2より許可を得て転載）

　分解生成物の定量には、その生成量と同量程度の正確な量の内部標準質を含む試料液を使用する。主要分解生成物である1：p-アニス酸、2：ベラトルム酸、3：3,4,5-トリメトキシ安息香酸、4：イソヘミピン酸、5：メタヘミピン酸、6：2,2′,3,3′-テトラメトキシ-5,5′-ビフェニルジカルボン酸、7：2,2′,3-トリメトキシ-4′,5-ジフェニルエーテルジカルボン酸、8：2,2′,3,6′-テトラメトキシ-4′,5-ジフェニルエーテルジカルボン酸のメチルエステルと内部標準物質をそれぞれ所定量含む試料液を調製し、ガスクロマトグラム上の検出位置の確認、感度補正係数の算出を行うことが望ましい。

参考文献

1) 榊原彰（1990）リグニンの化学—基礎と応用—（増補改訂版）、中野準三編、p.103 - 106
2) 日本木材学会編（2000）木質科学実験マニュアル、文永堂出版、p.118-119

（飯塚堯介）

3.5.4　ジオキサン-塩酸加水分解：リグニンの確認に必須

　リグニンはヒドロキシケイ皮アルコール類（p-ヒドロキシクマリルアルコール、コニフェリルアルコールおよびシナピルアルコール）の脱水素ラジカルの重合体と定義されていることから、単位モノマー間の主要な結合は$\beta\text{-}O\text{-}4$結合である。したがってリグニンにはこの$\beta\text{-}O\text{-}4$結合の存在が必須である。近年リグニンをオゾン分解する[1,2]ことで、エリスロン酸およびスレオン酸が生成することから、リグニン中の$\beta\text{-}O\text{-}4$結合の存在を容易に確認することができる（**3.5.8**）。

しかし、オゾン分解では芳香核は分解してしまうので、どのような芳香核（p-ヒドロキシフェニル核、グアイアシル核、シリンジル核）がβ-O-4結合を形成しているかを知ることはできない。一方、芳香核構造はニトロベンゼン酸化（3.5.1）等で分析できるが、β-O-4結合についての知見を得ることができない。特にイネ科植物細胞壁ではp-クマール酸がリグニン側鎖α位にエステル結合および/またはエーテル結合しており[3〜5]、ニトロベンゼン酸化でp-ヒドロキシベンズアルデヒドを与える[6]。さらに最も古い維管束植物であるヒカゲノカズラ植物門イワヒバ科植物はニトロベンゼン酸化で著量のシリンガアルデヒドを与える[7]が、このシリンギル核がリグニンかどうかを知るためには他の方法を適応しなければならない。

芳香核構造を維持したままβ-O-4結合の存在を確認するために、植物細胞壁を

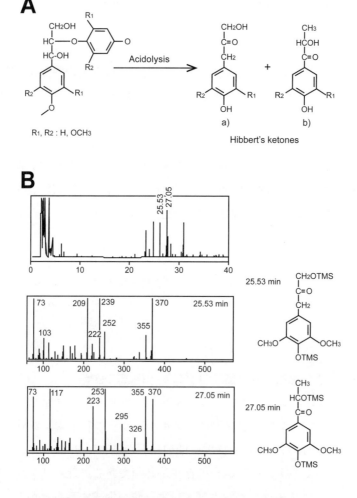

図 3.11　β-エーテル結合の開裂により生成するHibbertのケトンの構造A（aとb）とGC-MSによるHibbertのケトン確認法B（文献7より転載）

ジオキサン - 塩酸で加水分解することにより[8]、β-O-4結合が開裂して生成したHibbert's ketones（図 3.11）を確認する方法が用いられる[9]。本項ではジオキサン - 塩酸での加水分解法について述べることとする。

器具、機器
① 密封性の高いネジ蓋付肉厚耐圧ガラス容器
② 真空乾燥機
③ 100 mL 共通摺合せ丸底またはナスフラスコ
④ 水冷還流冷却管
⑤ ガラス器具用マントルヒーターまたは油浴
⑥ 共通摺合せ栓付 200 mL 三角フラスコ
⑦ ロータリーエバポレーター
⑧ 100 mL 分液ロート
⑨ 5 mL GC 用セプタムバイアル
⑩ BP1 相当品（100％ジメチルポリシロキサン）ヒューズドシリカキャピラリーカラム（長さ 25 m、内径 0.25 mm、膜厚 0.20 μm）
⑪ ガスクロマトグラフ質量分析計（GC-MS）

試薬等（試薬はいずれも特級）
① ジオキサン
② 2 M 塩酸：市販濃塩酸（37％）は 12 M なので、水で 6 倍に希釈することで容易に 2 M 塩酸を調製できる。
③ 沸石または一端を加熱して封じたキャピラリーガラス管
④ 定性ろ紙 No.2（JIS P 3081〔ろ紙（化学分析用）〕に規定される 2 種相当）
⑤ ジクロロメタン
⑥ ジエチルエーテル
⑦ 無水硫酸ソーダ
⑧ N,O-ビス（トリメチルシリル）アセトアミド（BSA）
⑨ 窒素ガス

操作
① 2 M 塩酸を 9 倍量のジオキサンに加えることでジオキサン-2 M 塩酸（9:1、v/v）とし、密封性の高いネジ蓋付肉厚耐圧ガラス容器に密封し、冷蔵庫に保存する。
② 真空乾燥機で充分乾燥した試料約 50 mg を精秤し、100 mL 共通摺合せ丸底またはナス型フラスコに採り、ジオキサン-2 M 塩酸 50 mL を加える。さらに突沸防止用に沸石又は一端を封じたキャピラリーガラス管を入れ、水冷還流冷却管をセットしてガラス器具用マントルヒーターまたは油浴で 4 時間還流加水分解する。直火加熱は厳禁。なお、ジオキサンと水は 87.8℃で共沸（水 18.4 wt%）する。

③ 冷却後、ろ過で不溶残渣を除去した加水分解液を、ロータリーエバポレーターを用いて40℃以下で濃縮（乾固はしない）する。濃縮液に水50 mLを加えて再度エバポレーターで10〜20 mLに濃縮する。この操作で共沸によりジオキサンはほぼ除去される。

④ 濃縮液に2 M塩酸2 mLを加えて酸性にし、100 mL分液ロートに移して、30 mLのジクロロメタンで2回、さらに30 mLのジエチルエーテルで1回抽出する。抽出液を合わせて20 mLの水で洗浄して、抽出液に含まれる少量の塩酸を除去したのち、200 mL三角フラスコに移し、無水硫酸ソーダで脱水する。脱水した抽出液をエバポレーターで乾固したのち、再度2〜3 mLのジエチルエーテルに溶解してGC用5 mLセプタムバイアルに移し、窒素ガスを吹きかけることで溶媒を乾固する。

⑤ 試料の入ったGC用セプタムバイアルにBSA 100 μLを加え密栓して、105℃に調整した乾燥器中に10分間置いてトリメチルシリル（TMS）化する。

⑥ TMS化した試料は、BP1相当キャピラリーカラムを装着したGC-MSで分析する。ガスクロマトグラフの条件は、注入口温度：280℃、カラム温度180℃で10分、その後5℃/分で250℃まで昇温し、250℃で10分保持する。キャリアーガスはヘリウムで流量は30 mL/分とする。

分解生成物の確認図（図3.11）

① p-ヒドロキシフェニル核のHibbertのケトン（図3.11 B：$R_1=R_2=$ H）の分子イオンはm/z 310、グアイアシル核のHibbertのケトン（$R_1=OCH_3$, $R_2=$ H）ではm/z 340、およびシリンギル核のHibbertのケトン（$R_1=R_2=OCH_3$）ではm/z 370である。

② Hibbertのケトンには図3.11 Aに示したように2つの異性体（図3.11 Aaおよびb）があるが、p-ヒドロキシフェニル核のaはm/z 178に、bはm/z 193に、グアイアシル核ではそれぞれm/z 208およびm/z 223に、シリンギル核ではそれぞれm/z 238およびm/z 253のフラグメントが得られることで判定できる。

参考文献

1) Matsumoto, Y. et al. (1993) *Mokuzai Gakkaishi* **39**, 734-736
2) Akiyama, T. et al. (2005) *Holzforschung* **59**, 276-281
3) Lam, T.B.T. et al. (1990) *Phytochemistry* **29**, 429-433
4) Lam, T.B.T. et al. (1994) *Phytochemistry* **37**, 327-333
5) Iiyama, K. et al. (1994) *Plant Physiol.* **104**, 315-320
6) Lam, T.B.T. et al. (1990) *J. Sci. Food Agric.* **51**, 493-506
7) Jin, Z. et al. (2007) *J. Wood Sci.* **53**, 412-418
8) Lapierre, C. et al. (1983) *Holzforshung* **37**, 189-198
9) Jin, Z. et al. (2005) *J. Wood Sci.* **51**, 424-426

（飯山賢治）

3.5.5 チオアシドリシス：二量体分析

　チオアシドリシス処理では、リグニン中のβ-O-4構造やα-エーテル構造を選択的に開裂することができ、チオエチル化された各種単量体が生成する。β-O-4構造由来の単量体のほか、リグニン末端のケイ皮アルコールやケイ皮アルデヒド由来の単量体などが得られ、リグニン中のβ-O-4構造量に関する情報が得られる[1]。非縮合型のシリンギルリグニンとグアイアシルリグニンとの比（S/G比）を求める際にも用いられる。一方、4-O-5構造などのジアリールエーテル構造や5-5構造などのC-C結合は、開裂せずに反応液中に残っている。チオアシドリシス処理後に残存しているリグニンオリゴマーを、ラネーニッケルを用いて脱硫処理することにより、残存している各種二量体を、ガスクロマトグラフを用いて分析できるようになる。ピークの同定は、ガスクロマトグラフ質量分析計と併用して行う。**図3.12**および**図3.13**に示すように、5-5構造や、4-O-5、β-5、β-1、β-β構造などに由来する非常に多くの二量体が検出される。これらのピークを定量分析することにより、リグニン試料中の非縮合

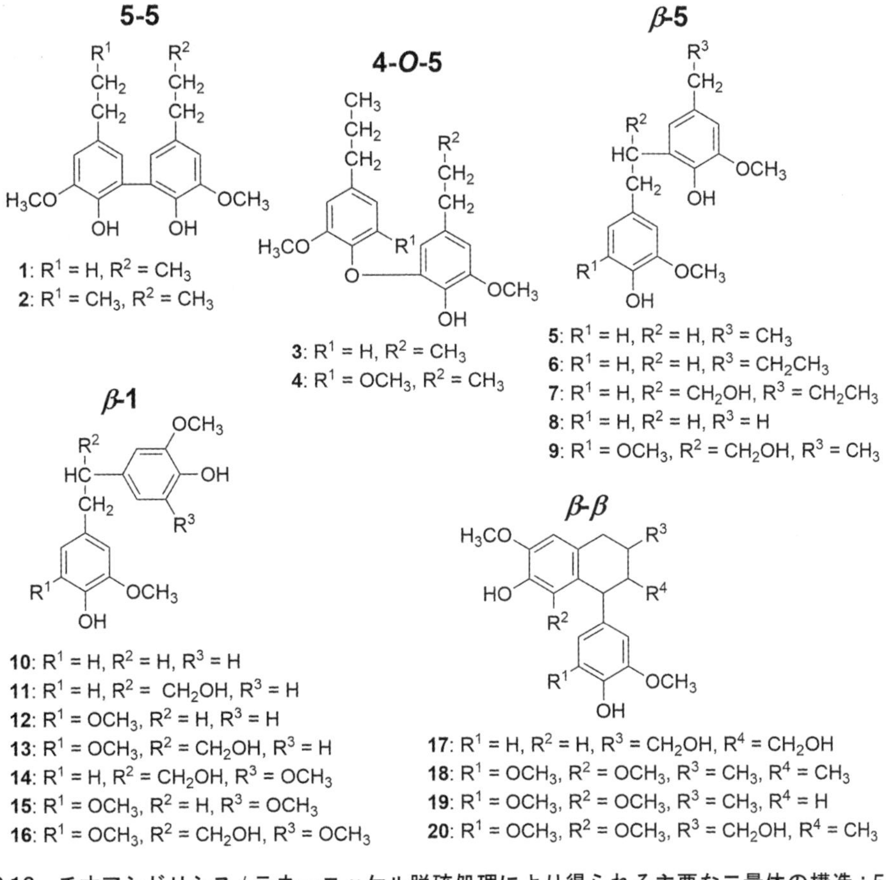

図3.12 チオアシドリシス／ラネーニッケル脱硫処理により得られる主要な二量体の構造：5-5、4-O-5、β-5、β-1、β-β構造
（文献3より許可を得て改変して転載、Copyright©2010, American Chemical Society）

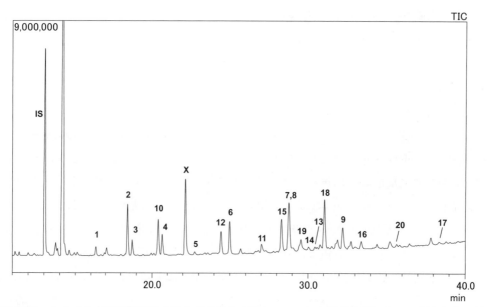

図 3.13 ホオノキ木粉試料のチオアシドリシス/ラネーニッケル脱硫処理によって得られた二量体（TMS化物）の GC-MS クロマトグラム
（文献3より許可を得て改変して転載、Copyright©2010, American Chemical Society）

型の各構造の相対的な量を推定することができる[2]。

器具、機器
①ガラス器具類：メスフラスコ（100 mL）、テフロン®ライナー付スクリュー試験管（20 × 150 mm、30 mL）、ナシ型フラスコ（50 mL）、メスピペット、パスツールピペット、三角フラスコ（30 mL）、GCバイアル（1.5 mL）、ミクロバイアル（0.1 mL）、捕集ビン
②機器類：オイルバス、ロータリーエバポレーター、ガスクロマトグラフ（GC）、ガスクロマトグラフ質量分析計（GC-MS）、TC1-MSキャピラリーカラム（長さ 30 m ×内径 0.25 mm ×膜厚 0.25 μm）

試薬類
①試薬：エタンチオール、BF_3エーテル錯体、1,4-ジオキサン（安定剤不含、分光分析用など）、ドコサン、ジクロロメタン、無水硫酸ナトリウム、炭酸水素ナトリウム、ラネーニッケル（シグマ アルドリッチ ジャパンなど）、N,O-ビス（トリメチルシリル）トリフルオロアセトアミド（BSTFA）、ピリジン、濃塩酸、次亜塩素酸ナトリウム溶液。
②チオアシドリシス試薬：100 mLメスフラスコにジオキサン（約 20 mL）を入れる。さらに、BF_3エーテル錯体（2.5 mL）、エタンチオール（10 mL）を、それぞれメスピペットを用いてメスフラスコに入れ、ジオキサンを加えて全量を 100 mL にする。
③内部標準液：ドコサンを精秤してジオキサンに溶かし、0.1 mg/mL の溶液を調製する。

3.5.5.1 単量体分析

① 充分に乾燥した試料（単離リグニンや木粉など）5 mg を精秤してスクリュー試験管に入れ、チオアシドリシス試薬 5 mL を加える。内部標準液 0.5 mL を加えてキャップを閉め、100℃のオイルバスに入れる。時々振り混ぜながら 4 時間反応させる。

② 反応終了後、試験管を直ちに氷水に入れて冷やす。冷却後、0.4 M $NaHCO_3$ 水溶液 2.5 mL を加え、ふたをしてよく振り反応を止める。塩酸（濃塩酸を 1/4 希釈したもの）を 2～3 滴加え、pH 試験紙を用いて pH 3 程度に調整する。ジクロロメタン 5 mL を加えよく振りまぜる。ジクロロメタン層（下層）をパスツールピペットでとり、無水 Na_2SO_4 を入れた 30 mL 三角フラスコに移す。この抽出操作をさらに 2 回繰り返す。

③ 無水 Na_2SO_4 を用いて脱水したジクロロメタン層をナシ型フラスコに移し、エバポレーターを用いて、乾固させないように注意しながら、全量が 1 mL 程度になるように濃縮する。濃縮液を無水 Na_2SO_4 の入った GC バイアル管に入れ、冷蔵庫に保管する（約半年保存可能）。なお、エバポレーターはドラフト内に設置し、排気を次亜塩素酸溶液の入った捕集ビンに通じて、臭いが漏れ出ないようにする。使用したガラス器具類も次亜塩素酸溶液（水で 100 倍程度に希釈）に浸して、エタンチオールを酸化処理すると臭いが取れる。

④ ミクロバイアル（0.1 mL）に、チオアシドリシス処理した保存液（10 μL）、BSTFA（30 μL）、ピリジン（3 μL）を入れ、室温で約 30 分反応させ、トリメチルシリル（TMS）化する。

⑤ TMS 化した試料を、GC で分析することにより、チオアシドリシスモノマーの分析ができる（**3.5.6**）。GC の条件は、注入口温度：250℃、カラム温度：180℃で 1 分保持し、その後 2℃/分で 280℃まで昇温し、280℃で 30 分保持する。レスポンスファクター（ドコサン）は 1.5 とする。同様の条件で GC-MS 分析し、GC のピークの同定を行う。分析結果は、$\beta\text{-}O\text{-}4$ 構造由来の各単量体の収量をリグニン 1 g 当たりの量（mmol/g）として表す。

3.5.5.2 二量体分析

① ラネーニッケルのスラリーをパスツールピペットなどを用いて、スクリュー試験管に高さ約 1.5 cm 程度になるように入れる。その際、水はできるだけ取り除く。ジオキサンを試験管に少量入れる。GC バイアル管に保存した保存液の全量の約 9 割程度を試験管に入れる。試験管の底から全量が約 4 cm の高さになるようにジオキサンをさらに加える。試験管を軽く振り混ぜ、ガス抜きをしながら全体を混合する。50℃のオイルバスで 4 時間反応させる。反応中は振り混ぜない。反応終了後、試験管を氷水で冷やし、ふたを緩めガス抜きをする（破裂に注意する）。

② 試験管に水 5 mL を加え、さらに少量の塩酸（1/4 希釈）を加えて、pH 3～4 に調整する。pH の確認には pH 試験紙を用いる。pH 調整後、ジクロロメタン 10 mL を加

えて試験管をよく振る。ジクロロメタン層を、パスツールピペットなどを用いて無水 Na_2SO_4 を入れた 30 mL 三角フラスコに移す。この抽出操作をさらに 2 回繰り返す。
③ 無水 Na_2SO_4 を用いて脱水したジクロロメタン層をナシ型フラスコに移し、エバポレーターを用いて、乾固させないように注意しながら、全量が 0.3 mL 程度になるように濃縮する。濃縮液を、無水 Na_2SO_4 の入った GC バイアル管に移す。
④ ミクロバイアル (0.1 mL) に BSTFA (30 μL)、ピリジン (3 μL)、③の試料液 (10 μL) を入れ、室温で約 30 分反応させ、TMS 化する。
⑤ TMS 化した試料を、GC で分析する。GC の条件は、注入口温度：250℃、カラム温度：180℃で 1 分保持し、その後 2℃／分で 280℃まで昇温し、280℃で 30 分保持する。レスポンスファクターは 1.0（ドコサン）とする。同様の条件で GC-MS 分析し、GC のピークの同定を行う。分析結果は、各二量体の構造量を相対値（%）で表す。

チオアシドリシス二量体生成物の同定

ホオノキ木粉のチオアシドリシス／ラネーニッケル脱硫処理により得られる主要な二量体の構造を図 3.12 に、TMS 化後の試料の GC-MS クロマトグラム（TIC）を図 3.13 に示す。これらの各種二量体のピークの同定には、文献のマススペクトルデータ[3,4]を利用することができる。

参考文献

1) Roland, C. et al. (1992) Methods in Lignin Chemistry, Springer-Verlag, p.334-349
2) Lapierre, C. et al. (1991) *Holzforschung* **38**, 275-282
3) Kishimoto, T. et al. (2010) *J. Agric. Food Chem.* **58**, 895-901
4) Saito, K. & Fukushima, K. (2005) *J. Wood Sci.* **51**, 246-251

（岸本崇生・齋藤香織・福島和彦）

3.5.6　チオアシドリシス法のミクロ化

$β$-O-4 構造はリグニンに特徴的かつ主要な構造である。チオアシドリシス法は $β$-O-4 構造由来の分解生成物を与える分析手法であり、この分析は試料中のリグニンの存在も決定できるという点で重要である。数種の手法が知られているが、その中でも酸分解を利用してリグニンを脱ポリマー化する分析法の一つであるチオアシドリシス法が最も頻繁に用いられている。しかし、従来のチオアシドリシス法はスループットが低いため、遺伝子組換え植物体のような多検体の分析には、ハイスループット分析法の確立が必須であった。近年開発されたチオアシドリシス法のミクロ化プロトコール[1,2]では、スループットが従来の約 10 倍まで上昇しており、さらに、ミクロ化によって試薬の節約、廃液の減少、ディスポーザブルチューブおよびチップの使用による洗い物の減少等の利点も有している。

器具、機器

①アルミブロック恒温槽：アルミブロックは 1.5 mL マイクロチューブ用を使用する。

②1 mL スクリューキャップ付ガラスバイアル：マイティーバイアル No.3（マルエム）（**図 3.14A**）

③テフロン® テープ：シールテープ（PTFE 生テープ）（中興化成）

④その他の器具・機器：ピペットマン®(耐薬品性の商品が望ましい)、ボルテックス®、卓上遠心機を使用する。

試薬類

①チオアシドリシス試薬：市販の特級 1,4-ジオキサン、エタンチオール、三フッ化ホウ素ジエチルエーテル錯体の混合液（87.5：10：2.5、v/v）。用時調製する。試薬調製にはガラス製の器具を使用する。

②1 M 塩酸：市販 6 mol/L 塩酸を 6 倍に希釈する。

③1 M 炭酸水素ナトリウム：市販の特級炭酸水素ナトリウムを蒸留水に溶解させ、1 mol/L になるように調製する。

④その他の試薬：メタノール、ヘキサン、ジエチルエーテル、硫酸ナトリウムは市販の特級品を使用する。

操作

①作業前に真空ポンプで 1 時間ほど乾燥させた脱脂粉末試料を約 5～10 mg*秤量し、スクリューキャップ付 1 mL ガラスバイアル（**図 3.14A**）に入れる。

②試料を入れた 1 mL ガラスバイアルに 900 μL のチオアシドリシス試薬と内部標準としてドコサンを 5～20 μL*(10 mg/mL) 加えた後、スクリューキャップを締め、さらにテフロン® テープでしっかりシールする。工程②および③は、ゴム手袋を着用し、ドラフト内で作業を行う。

③よくボルテックスした後、ヒートブロックを用いてガラスバイアルを 100℃で 4 時間加熱する。加熱後は氷上でガラスバイアルを 5 分間冷却する。

＊試料によってリグニン含量が異なるため、試料の仕込み量および内部標準の添加量は適宜検討する必要がある。

A：1 mL ガラスバイアル
B：1 mL ガラスミクロチューブ

図 3.14　実験器具（文献 3 より転載）

後処理

以下の各工程は、ゴム手袋を着用し、ドラフト内で作業を行う。

① 反応液を 200 μL だけ 1.5 mL ポリプロピレン製（PP）チューブに移し、さらに 100 μL の 1 M 炭酸水ナトリウムを加え、10 秒間ボルテックスし、次いで卓上遠心機でスピンダウンする。

② 1 M 塩酸を添加し、pH を 3～4 にあわせる。

③ ジエチルエーテルを 250 μL 添加し、10 秒間ボルテックス、次いで卓上遠心機を用いて有機層（上層）と水層（下層）を分離した後、有機層のみを新しい 1.5 mL PP チューブに回収する。この抽出作業を合計 3 回行う。

④ 回収した有機層に飽和食塩水を 100 μL 加え、ボルテックスし、次いで卓上遠心機で有機層と水層を分離する。得られた有機層をあらかじめ硫酸ナトリウム（100～150 mg 程度）を入れた新しい 1.5 mL PP チューブに移し、10 秒間ボルテックスし、次いで卓上遠心機でスピンダウンする。

⑤ 有機層の一部（5～20 μL 程度）を 1 mL ガラスミクロチューブ（図 3.14B）に移す。溶媒を減圧溜去し、乾固させた試料を GC-MS 用サンプルとする。残りの有機層も同様に乾固させ、窒素置換した後、ストック用としてシリカゲルと共に-20℃で保存する。GC-MS で得られるピークが小さい場合は、ストック用を有機溶媒に再溶解し、濃い濃度の GC-MS 用サンプルを再調製する。

トリメチルシリル（TMS）化

GC-MS 用サンプルに市販の *N,O*-ビス（トリメチルシリル）アセトアミド（BSA）をシリンジで 8 μL 添加し、容器を密閉した状態で 60℃、45 分間加熱した後、卓上遠心機でスピンダウンする。TMS 化したサンプルおよび BSA 試薬は湿気に対して不安定であるため、作業は素早く行う。また、BSA 試薬の添加に使用したシリンジを放置するとプランジャーが固まり動かなくなるため、使用後は速やかに特級メタノールで洗浄する。

GC-MS 分析

0.8 μL をガスクロマトグラフに注入する。TMS 化サンプルの分析は Shimadzu HiCap-CBP10 キャピラリーカラム（長さ 25 m、内径 0.22 mm、膜厚 0.25 μm）を使用する。分離条件は次のとおりである。インジェクションポート温度：240℃、インタフェース温度：250℃、カラム温度プログラム：初期温度、40℃で 2 分間保持、40～230℃まで 40℃/分で昇温、230℃で 26 分保持、注入方法：スプリットレスモード、キャリアーガス：ヘリウム、キャリアーガスのカラム入り口圧：35 kPa、カラム流量：0.7 mL/分、線速度：38 cm/秒、全流量：50 mL/分。

参考文献

1) Yamamura, M. et al.（2012）*Plant Biotechnol.* **29**, 419-423
2) Robinson, A. R. & Mansfield, S. D.（2009）*Plant J.* **58**, 706-714
3) 山村正臣ほか（2013）生存圏研究、**9**、45-47

（山村正臣・梅澤俊明）

3.5.7 オゾン分解法

　オゾン分解法はリグニンの側鎖構造に関して立体化学構造を含めて解析ができる唯一の化学分解法である。これまでに、β-O-4型構造のほか、β-5およびβ-1型構造の解析に用いられてきた[1]。リグニンはオゾンによる芳香核の選択的な開裂により、側鎖部分から立体化学構造を保持したまま低分子の有機酸を遊離する（図3.15）。酢酸-水-メタノール混合溶媒を用いてオゾン酸化すると、エリスロ型およびスレオ型のβ-O-4型構造からは、それぞれエリスロン酸およびスレオン酸が遊離する[2,3]。これらの有機酸を分離・定量することにより、リグニンの側鎖の立体化学構造を解析することができる。オゾン分解法と、これとは対照的に芳香核構造を対象とするニトロベンゼン酸化法（3.5.1）の両者は一対の化学分解法として、しばしばリグニンの解析に用いられてきた[4]。

器具、機器

①オゾン発生器（例：空冷式 ED-OG-R6、エコデザイン）
②酸素ボンベ
③水素炎検出器（FID）付きガスクロマトグラフ装置（GC）

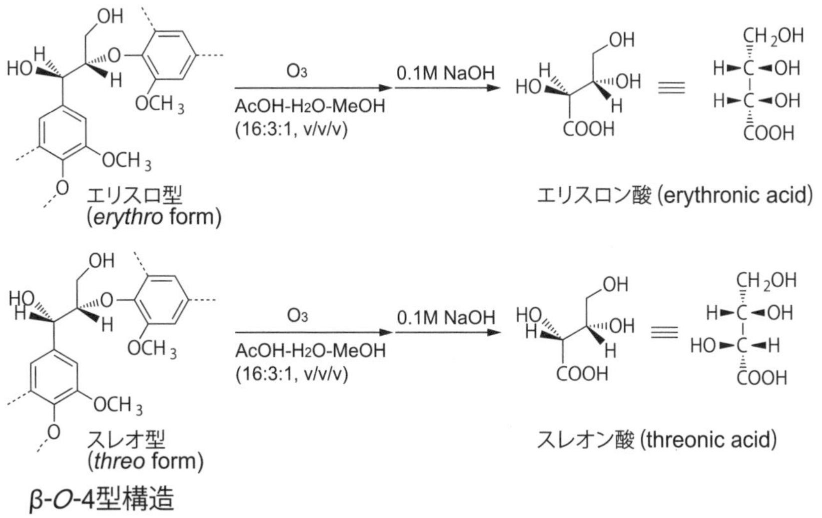

図3.15　β-O-4型構造からのオゾン分解生成物

④ GC カラム：IC-1（長さ 30 m、内径 0.25 mm、膜厚 0.4 μm、ジーエルサイエンス）
⑤ マグネチックスターラー
⑥ pH メーター
⑦ エバポレーター
⑧ 発泡スチロール製容器
⑨ 反応用ガラス器具（図 3.16）：ナスフラスコ（50 mL）、撹拌子（フットボール型）、Y 字管（上下端：15/25 共通摺り合わせ）、ガラス管（上端：15/25 共通摺り合わせ、内径 5 mm×摺り合わせより下 15 cm、下端：内径 1 mm 穴）
⑩ その他：メスフラスコ（100 mL）、ナシ型フラスコ（10 mL）、ホールピペット（10 mL）、パスツールピペット、駒込ピペット、ガラス製カラム（内径 40 mm×長さ 20～30 cm、二方コック、ガラスフィルター付き）、20 mL カラム（エコノパック®カラム、バイオ・ラッド）、洗気瓶、シリコンチューブ（内径 7 mm、外径 12 mm）、テフロン製三方コック、pH 試験紙

試薬類

酢酸－水－メタノール混合溶媒（16:3:1、v/v/v）、ヨウ化カリウム、エリスリトール（*meso*-erythritol）、エリスロノラクトン（東京化成工業社）、スレオン酸カルシウム塩（シグマ アルドリッチ ジャパン）、カチオン交換樹脂（H^+ 型、Dowex® 50W×4、50～100 mesh）、カチオン交換樹脂（NH_4^+ 型）、1 M 水酸化ナトリウム、1 M 塩酸、1 M アンモニア水、ジメチルスルホキシド（DMSO）、ヘキサメチルジシラザン（HMDS）、トリメチルクロロシラン（TMCS）

準備

　カチオン交換樹脂（NH_4^+ 型）の調製：水に浸したカチオン交換樹脂（H^+ 型、約 50 mL）をガラス製カラムに詰めた後、アルカリと酸で繰り返し洗浄する（1 M NaOH 洗浄→水洗浄→1 M HCl 洗浄→水洗浄の繰り返し）。1 M アンモニア水を約 200 mL 流し、カラム溶離液が強塩基性を示すことを pH 試験紙で確認して保存する。使用直前にこの NH_4^+ 型カチオン交換樹脂 10 mL を駒込ピペットで 20 mL カラムに移し、pH が 8 程度になるまで水を通してから使用する。

　10 mM 標準試料の調製：エリスロノラクトン（1 mmol、118.1 mg）、スレオン酸カルシウム塩（1 mmol、155.1 mg）、および 0.1 M NaOH（10 mL）を 50 mL ナスフラスコに加え、水 20 mL で希釈する。これに 0.1 M NaOH を少量ずつ pH が約 10.5 になるまで pH メーターで計測しながら加える。パラフィルム®でフラスコの口を閉じて pH=10～11 で一晩放置すると、全てのエリスロノラクトンが開環しエリスロン酸へ変換される。これを上述の NH_4^+ 型カチオン交換樹脂カラム（10 mL）に定量的に移し、さらに水を pH が 7 になるまで通す。この際、カラム溶離液は 100 mL メスフラ

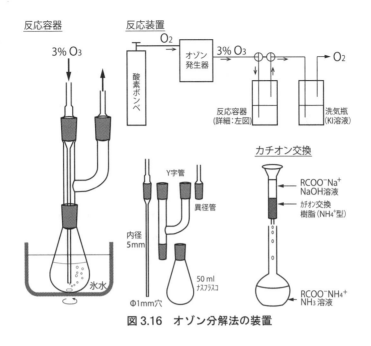

図 3.16 オゾン分解法の装置

スコに回収し、0.1 M アンモニア水（約 2 mL）を加え、水でメスアップして、10 mM エリスロン酸 NH_4^+ 塩と 10 mM スレオン酸 NH_4^+ 塩の混合溶液を得る。

操作

反応：脱脂木粉（50 mg、80 メッシュ通過）またはリグニン試料（10 mg）をナスフラスコに精秤し、氷冷、撹拌の下、AcOH-H_2O-MeOH（16:3:1, v/v/v）混合溶媒（30 mL）に懸濁または溶解させる。これに約 3 % のオゾンを含む酸素（0.5 L/分）を 2 時間バブリングする。10 分間酸素（または窒素）をバブリングして残留オゾンを取り除き、0.1 M チオ硫酸ナトリウム（300 µL）を加える。エバポレーターを用いて減圧下、空冷下で約 20 分脱気した後、40℃以下に加温して溶媒を留去する。さらに酢酸臭がなくなるまで少量の水（1 mL）を加えて繰り返し濃縮乾固する（1 mL × 3 回）。0.1 M NaOH（20 mL）を加え、パラフィルム® でフラスコの口を閉じて一晩室温で放置する（ケン化処理）。内部標準物質としてエリスリトール（10 µmol = 10 mM × 1 mL）をホールピペットで加える。不溶物をろ過で除き、溶液部を NH_4^+ 型カチオン交換樹脂（10 mL）に通し、さらに水で pH が 7〜8 になるまで洗浄する。その際、カラム通過後の溶液は 100 mL メスフラスコに回収して水でメスアップする。この溶液の一部（2 mL）をナシ型フラスコに移してエバポレーターで濃縮した後、真空乾燥器で減圧乾固する。DMSO（300 µL）、HMDS（200 µL）、および TMCS（100 µL）を加え、素早く蓋をして 60℃で 30 分間加熱して TMS 化処理する。反応溶液をバイアル管に移して軽く振り、二層分離した溶液の上層部を GC 分析用の試料とする。

GC 分析条件

試料：上記分析用試料（1 μL）、カラム昇温温度：120℃に5分保持、4℃/分で250℃まで昇温（分析時間37.5分）、注入口温度：250℃、検出器温度：280℃、注入方法：スプリットモード（60：1）、キャリアーガス：He、カラム流速：1.9 mL/分、検出：水素炎検出器（FID）、保持時間（TMS化物）：エリスリトール14.3分、エリスロン酸15.2分、スレオン酸15.6分（**図3.17**）。下記の検量線を用いて、リグニン試料から生成したエリスロン酸とスレオン酸を算出し、それらの比をβ-O-4型構造のエリスロ/スレオ比とする。

検量線の作成：ナシ型フラスコに上述の10 mM 標準試料を20倍希釈した0.5 mM 濃度溶液と、これと別途調製した0.5 mM エリスリトール（1 mL、IS）を内部標準物質として様々なモル濃度比（Acid:IS = 0.2:1〜2:1）に混合する。0.1 M アンモニア水（約1 mL）を加えた後、減圧乾固する。トリメチルシリル化（TMS 誘導体化）後、GC分析して、GC面積比（Acid/IS）に対するモル濃度比（Acid/IS）をプロットした検量線を作成する。

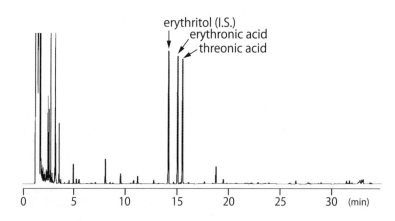

図3.17　針葉樹木粉のオゾン分解生成物（TMS化物）のGCクロマトグラム

参考文献

1) Sarkanen, K.V. et al. (1994) リグニン化学研究法（Methods in Lignin Chemistry, Lin, S. Y. & Dence, C.W. eds.、中野準三、飯塚堯介翻訳・監修)、ユニ出版、p. 282-294
2) Akiyama, T. et al. (2002) *J. Wood Sci.* **48**, 210-215
3) Akiyama, T. et al. (2015) *J. Wood Chem. Technol.* **35**, 8-16
4) Akiyama, T. et al. (2005) *Holzforschung* **59**, 276-281

（秋山拓也）

3.5.8 DFRC 法

　DFRC（<u>D</u>erivatization <u>F</u>ollowed by <u>R</u>eductive <u>C</u>leavage）法は、Lu と Ralph により提唱されたリグニン化学構造分析法であり、リグニン中に存在する非縮合型 β-O-4 構造に関する知見を得るための分析法である[1,2]。本法は、リグニンモデル化合物や MWL、CEL（Cellulolytic Enzyme Lignin）等の単離リグニンだけでなく、木粉にも適用することが可能である。さらに、これまでよく用いられてきた分析法であるチオアシドリシス法に比べ、反応生成物の収率が高い。

　DFRC 法の反応スキームを図 3.18 に示す。本図では、針葉樹型であるグアイアシル型リグニンの例を示す。初めに、臭化アセチルを用いたアセチル化により、フェノール性水酸基およびアルコール性水酸基がアセチル化され、さらにリグニン側鎖のベンジル位が臭素置換される。次に、亜鉛を用いた還元反応により β-O-4 結合が開裂する。最後に、無水酢酸を用いたアセチル化により、β-O-4 結合の開裂により生じたフェノール性水酸基がアセチル化され、最終生成物としてコニフェリルアルコールのジアセチル化物が得られる。この生成物には *cis* および *trans* 異性体が存在するが、より安定である *trans* 異性体が主要生成物として得られる。

　DFRC 法には、β-O-4 構造に加え α-O-4 構造に関する知見を得ることが出来る改良法に関する報告も出されている[3]。

器具、機器
①ロータリーエバポレーター：真空ポンプで減圧を行う機器が好ましい。アスピレーターを用いる場合には、エバポレーターとアスピレーターの間に乾燥トラップを設置

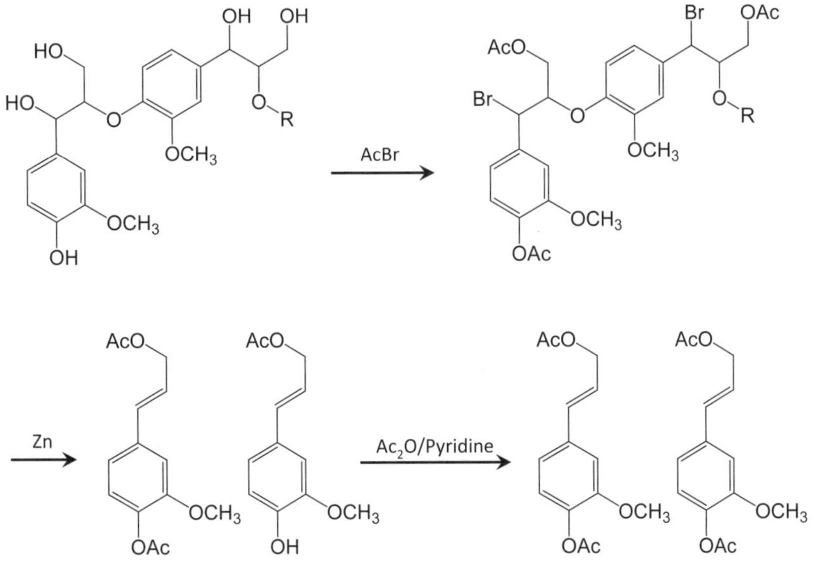

図 3.18　非縮合型 β-O-4 構造に DFRC 法を適用した場合の反応経路

する。
②昇温プログラムと水素炎検出器（FID）が装着されたガスクロマトグラフ装置（GC）
③GCカラム：SPB-5：（長さ30 m、内径0.25 mm、膜厚0.20 μm、シグマ アルドリッチ ジャパン）。HP-5（アジレント）等他社の相当品およびSPB-1等の無極性カラムも使用可能である。

試薬類
①臭化アセチル-酢酸溶液（臭化アセチル：酢酸 /8：92）は、使用するごとに調製する。
②ジオキサン-酢酸-水溶液（ジオキサン：酢酸：水 /5：4：1）は、あらかじめ調製した物を用いても構わないが、ガラス製の容器に入れて冷暗所で保管する。
③亜鉛粉末は、できるだけ粒径が小さいものを使用する。
④内部標準物質としてテトラコサンを使用する。
⑤無水酢酸およびピリジンは、脱水をしたものを使用する。

操作
①リグニンモデル化合物の場合には、10 mL丸底フラスコにモデル化合物10 mgと臭化アセチル-酢酸溶液（臭化アセチル：酢酸 /8：92）2.5 mLを加え、室温下で24時間撹拌する。MWL等の単離リグニンの場合には、リグニン試料10 mgに上記の臭化アセチル-酢酸溶液2.5 mLを加え、50℃で2時間撹拌する。木粉の場合には、木粉20 mgに臭化アセチル-酢酸溶液（臭化アセチル：酢酸 /20：80）3 mLを加え、50℃で3時間撹拌する。反応終了後、ロータリーエバポレーターを用い50℃以下で溶媒を完全に除去する。
②ジオキサン-酢酸-水溶液（ジオキサン：酢酸：水 /5：4：1）2.5 mL、亜鉛粉末50 mgを加えた後、30分間十分に撹拌する。混合物を分液フラスコに移した後、塩化アンモニウム飽和水溶液10 mL、内部標準物質としてテトラコサン3 mgが含まれるジクロロメタン溶液を加える。3％塩酸を加え水層のpHを3以下に調整した後、水層と有機層に分ける。水層をジクロロメタン5 mLで2回洗浄した後、洗浄液と先の有機層を合わせる。有機層に無水硫酸マグネシウムを加え脱水を十分に行った後、ろ過により不溶物を除く。有機層を10 mL丸底フラスコに移し、ロータリーエバポレーターを用い50℃以下で溶媒を完全に除去する。
③ジクロロメタン1.1 mL、無水酢酸0.2 mL、ピリジン0.2 mLを加え、時々フラスコを振りながら室温下で40分放置する。ロータリーエバポレーターを用い50℃以下で溶媒を完全に除去する。溶媒の除去が難しい場合には、少量のエタノールを加えながら除去を行う。

GCによる分析
ジクロロメタン1.5 mLを加え十分に溶かした後、1 μLをGCに注入する。カラム

は、スペルコ製 SPB-5 キャピラリーカラム（長さ 30 m、内径 0.25 mm、膜厚 0.20 μm）を用いる。分離条件は次の通りである；注入口温度：220℃、カラム温度プログラム：初期温度、160℃、300℃まで 10℃ / 分昇温、5 分間保持、注入方法：スプリットモード（スプリット比：約 25:1）、検出：水素炎検出器 FID、検出器温度：300℃。

参考文献

1) Lu, F. & Ralph, J. (1997) *J. Agric. Food Chem.* **45**, 2590-2592
2) Lu, F. & Ralph, J. (1997) *J. Agric. Food Chem.* **45**, 4655-4660
3) Ikeda, T. et al. (2002) *J. Agric. Food Chem.* **50**, 129-135

（池田　努）

3.5.9　γ-TTSA 法　（選択的 β-O-4 結合開裂法）

　リグニンの主要構造は 50％以上含まれると推定されている β-O-4 構造である。よって、その β-O-4 構造を開裂すると高分子リグニンは低分子化し、リグニンが可溶化し、脱リグニンが可能となる。したがって、β-O-4 構造の選択的開裂法の開発は、リグニンの歴史の中で、学問的（リグニンの構造解析）にも、また木材の利用（例えば、木材のパルプ化）においても、極めて重要であるとされてきた。

　現在までに幾つかの分解法が開発されている。歴史的には Acidolysis（Adler ら 1957）、そして Thioacidolysis 法（Lapierre ら 1986）、DFRC 法（Ralph ら 1997）などが開発され、簡便な汎用的リグニン分析法として利用されている。これらの分解法はリグニンの α- ベンジル水酸基の反応性を利用した方法であり、簡便な方法であるが、酸性条件下での反応であるが故、ベンジル位での縮合反応が危惧されること、天然リグニンの α 位での置換基様式（リグニンの生成機構でキノンメチド中間体を経て、形成されると予想される LCC 結合様式など）が失われることなどが問題である。

　そこで、β-O-4 構造の γ 位水酸基（立体障害の大きいベンジル水酸基との反応性の差が利用可）の反応性に着目した新たな選択的 β-O-4 結合開裂法として TIZ 法[1] および γ-TTSA 法[2-4] が提唱された。γ-TTSA 法は γ- トシル化（Tosylation: 反応 a）、チオエーテル化（Thioetherification: 反応 b）、スルホン化（Sulfonylation: 反応 c）、アルカリ処理（Alkali treatment: 反応 d）の 4 段階の反応を経て、β- 脱離反応による β-O-4 結合の選択的な開裂を行う方法である。本法は 4 段階の反応であるが、各反応が IR 法および NMR 法（HSQC）により追跡し得る点、および、チオエーテル化の際に使用されるドデカンチオール（Dod-SH）は無臭であり取り扱いに問題がない点（チオアシドリシス法との対比）が更なる特徴である。ここでは、γ-TTSA 法を MWL に適用したプロトコルを記載する（**図 3.19**）。

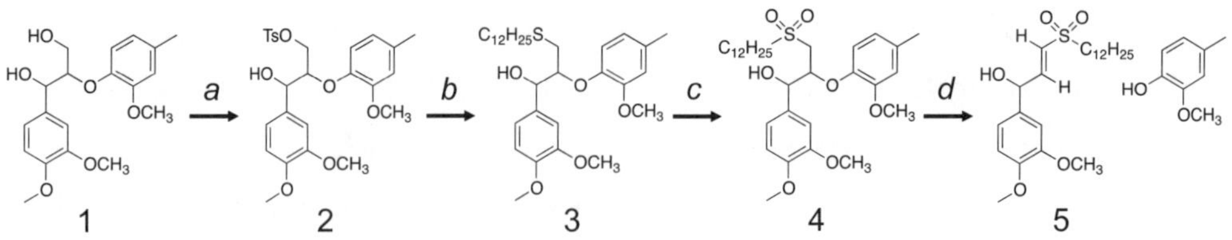

図 3.19　γ-TTSA 法
(a) TsCl/pyridine/r.t./5h、(b) C$_{12}$H$_{25}$SH/K$_2$CO$_3$/DMF/70℃/20h、
(c) oxone/dioxane:H$_2$O = 9:1/r.t./2h、(d) 0.03 N NaOH（dioxane:H$_2$O = 9:1)/25℃/2h

器具、機器
各種ガラス器具、化学反応装置、凍結乾燥機、遠心分離機

試薬類
反応 a（トシル化反応）：ピリジン、トシルクロライド（TsCl）、エタノール、蒸留水
反応 b（チオエーテル化）：ジメチルホルムアミド（DMF）、Dod-SH、炭酸カリウム、ヘキサン、蒸留水
反応 c（スルホン化）：ジオキサン、蒸留水、ペルオキシ一硫酸カリウム（オキソン）
反応 d（アルカリ処理）：ジオキサン、0.3 M NaOH 水溶液、0.3 M HCl 水溶液

操作
①反応 a
MWL（1）（400 mg）をピリジン（5 mL）に溶解させ、TsCl（2.15 g、11.3 mmol）を加えて、室温で 5 時間撹拌する。その後、反応溶液をエタノールに滴下し、再沈殿を行い、遠心分離する。得られた沈殿をエタノールに分散させ、遠心分離（36,000 × g、15 分間）することで、ピリジン臭がなくなるまで洗浄する。その後、最後に蒸留水に分散させ、遠心分離（36,000 × g、15 分間）し、得られた沈殿を少量の蒸留水に分散させ、凍結乾燥すると、γ-トシル誘導体（2）（617.2 mg）が得られる。遠心分離法の代わりに透析法も使用可能である。

②反応 b
γ-トシル誘導体（2）（96.5 mg）を DMF（5 mL）に溶解させ、炭酸カリウム（732.4 mg、5.30 mmol）、Dod-SH（250 μL、1.04 mmol）を加えて、70℃で 20 時間撹拌する。その後、反応溶液を室温まで冷却し、ヘキサン（20 mL）を加えて撹拌、静置し、ヘキサンを除去することで過剰の Dod-SH を除去する。Dod-SH がなくなるまで、この操作を繰返す（5 回程度）。その後、エバポレーターで余剰の DMF を蒸発させると、炭酸カリウムおよび反応生成物の混合物が得られる。この混合物を蒸留水に分散させ、遠心分離（36,000 × g、15 分間）し、得られる沈殿の上澄み液が pH 7 になるまで蒸留水で数回洗浄し、得られた沈殿を少量の蒸留水に分散させ、凍結乾燥すると、γ-チオエーテル誘導体（3）（80.1 mg）が得られる。

③反応 c

γ-チオエーテル誘導体(3)（29.9 mg）をジオキサン・水（9/1）（2 mL）に溶解させ、ペルオキシ一硫酸カリウム（129.9 mg、0.211 mmol）を加え、室温で3時間撹拌する。その後、蒸留水に滴下し、再沈殿させ、遠心分離（36,000 × g、15 分間）する。この操作で得られた沈殿を上澄みが中性になるまで蒸留水で数回洗浄する。その後、凍結乾燥すると、γ-スルホン誘導体(4)（25.1 mg）が得られる。

④反応 d

γ-スルホン誘導体(4)（19.5 mg）をジオキサン(9.0 mL)に懸濁させ、0.3 M NaOH 水溶液(1.0 mL) を加えて、室温で2時間撹拌する。その後、0.3 M HCl 溶液を加えて中和し、濃縮すると分解物(5)（19.5 mg）が得られる。MWL と得られた分解物の HSQC-NMR のスペクトルを図 3.20 に示す。両者を比較すると、分解物の HSQC-NMR（図 3.20b）では、β-β 構造の相関ピーク（Hα/Cα：4.71/85.7 ppm、Hβ/Cβ：3.03/53.8 ppm、Hγ/Cγ：3.89, 4.26/71.5 ppm）が明瞭に確認されるが、β-O-4 構造の H/C 相関ピーク（Hα/Cα：4.84/71.5 ppm、Hβ/Cβ：4.09/85.5 ppm、Hγ/Cγ：3.40, 3.65/58.8 ppm）が全く消失していることから、選択的な β-O-4 構造の開裂が定量的に進行したことが確認される。

本方法は MWL、粗 MWL（糖類含有 MWL）、酵素リグニン（多糖類を酵素で分解した残渣リグニン：CEL など）のみならず、最近の木材可溶化溶剤など、溶媒の選択次第では木材そのものへの適用も可能と考えられ、学問的に極めて有用な方法であ

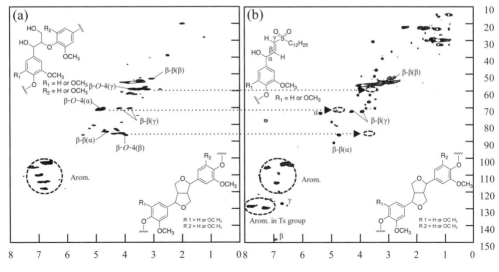

図 3.20　HSQC-NMR スペクトル（文献 4 より転載）
(a) MWL（分解前）、(b) 分解物 (5)

る。また、同様のβ-脱離反応を適用したα-TSA法[5]も従来との対比において興味深い方法である。

参考文献

1) Katahira, R. et al. (2003) *J. Wood Chem. Technol.* **23**, 71-87
2) Ando, D. et al. (2012) *Holzforschung* **66**, 331-339
3) Ando, D. et al. (2013) *Holzforschung* **67**, 249-256
4) Ando, D. et al. (2013) *Holzforschung* **67**, 835-842
5) Ando, D. et al. (2014) *Holzforschung* **68**, 369-376

（安藤大将・中坪文明）

3.5.10 メトキシ基定量

　リグニンの芳香核骨格は、置換されたメトキシ基の数に応じて*p*-ヒドロキシフェニル核（H核）、グアイアシル核（G核）、シリンギル核（S核）の3種類に分類される。このためリグニン試料のメトキシ基を定量することにより、これら3種の芳香核の構成比についての情報が得られる。例えば木材由来のリグニン試料の場合、針葉樹あて材を除けば通常H核は微量であるため、S核とG核の構成比（S/G比）を試料間で比較できる。また、古くからメトキシ基定量法は元素分析の結果と併せて、リグニンの組成式の算出に用いられてきた[1,2]。ここではリグニンのヨウ化水素酸処理によって遊離するヨウ化メチルをガスクロマトグラフィー（GC）で定量分析する手順を記す[3]。

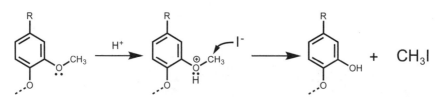

図3.21　ヨウ化水素処理によるメトキシ基からのヨウ化メチルの生成

器具、機器

①オイルバス
②水素炎検出器（FID）付きガスクロマトグラフ装置（GC）
③GCカラム：CP7506（長さ25 m、内径0.32 mm、膜厚1.2 μm、CP-Sil 13 CB for halocarbons、Varian社）
④アルミシールバイアル（**図3.22**、例：アルミシールバイアル（30 mL）、ブチルゴ

ムセプタム、アルミシール TS-OFF 型、ジーエルサイエンス社、以下、反応容器と略す）

⑤試験管立て（35 mm 用 6 本立て）

⑥反応容器用の器具：ハンドクリンパー（20 mm 口径用、ジーエルサイエンス）、ラジオペンチ

⑦その他：ホールピペット（10 mL）、メスフラスコ（50 mL）、シリンジ（2.5 mL、テフロン® シールプランジャー付き）、パスツールピペット、テフロン® ライナー付ネジ蓋式バイアル瓶（2.5 mL、以下、バイアル瓶と略す）

試薬類

57 % ヨウ化水素酸、四塩化炭素、ヨウ化エチル、無水硫酸ナトリウム、炭酸水素ナトリウム

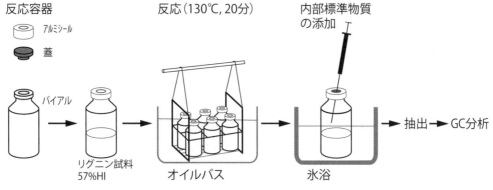

図 3.22　メトキシ基定量の操作概要

操作

反応：五酸化二リン存在下、40℃で一晩、減圧乾燥したリグニン試料（30 mg）を反応容器に精秤する（**注1**）。これに 57 % ヨウ化水素酸（10 mL）をホールピペットで加えた後、素早くゴムセプタムで蓋をする（**注 2、3**）。アルミシールをかぶせ、ハンドクリッパーで強く締め密閉する（**注4**）。予め 130℃に加熱したオイルバスに反応容器を加え、数分ごとに振とうしながら 20 分間加熱する（**注5**）。反応容器を取り出し、氷冷する。

抽出：ペンチでアルミシールの中心部を剥がし、内部標準としてヨウ化エチルの四塩化炭素溶液（0.1 mmol＝0.1 M CH_3CH_2I × 1 mL）をシリンジでセプタムを通して加える（**注6**）。反応容器をよく振った後、再び氷冷する（**注7**）。反応容器が体温で加温されるのを防ぐためにガラス部をキムタオル®等で包み、容器の上端と下端部を指で挟んで保持したまま、ペンチでアルミシールを全て剥がす。氷冷下で蓋を開け、四塩化炭素（10 mL）を加えて蓋を閉じ、容器の上端と下端部を保持して激しく振とう

し、ヨウ化メチルおよびヨウ化エチルを有機層へ抽出する。氷冷下で数分間静置すると二層に分離する。上層の有機層の一部を、予め無水硫酸ナトリウムを加えた 2 mL バイアル瓶にパスツールピペットで移して蓋をした後、軽く振って脱水し、GC 分析用の試料とする。

注 1：これ以降の操作は全て手袋をしてドラフト内で行う。

注 2：中和用の炭酸水素ナトリウム水溶液をバケツに用意し、ヨウ化水素（揮発性）の付着した使用済みのガラス器具を入れて中和する。

注 3：未使用の 57％ ヨウ化水素酸（購入時アンプル容器入り）はテフロン® ライナー付きバイアル瓶に密閉すれば、一週間程度保管できる。

注 4：加熱反応中に漏れないように力一杯締める。

注 5：オイルバスの液面が反応容器内の液面よりも高く、かつ、アルミシールに触れないような高さに設定する（図 3.22）。

注 6：0.1 M ヨウ化エチル溶液の調製：四塩化炭素を 50 mL メスフラスコに容量の半分程度加えて蓋をする。冷蔵庫で冷却後、取り出して水滴が生じない程度の温度になるまでデシケーターで放冷する。精密天秤の上でヨウ化エチル（5 mmol、MW 155.97）をメスフラスコに精秤し、蓋をして撹拌する。常温に戻った後に四塩化炭素でメスアップする。

注 7：ヨウ化メチル（bp 43℃）、ヨウ化エチル（bp 72℃）および四塩化炭素（bp 77℃）は沸点が低いため、抽出過程で一操作ごとに反応容器を氷冷して蒸発を防ぐ。

GC 分析条件

試料：上記分析用試料（1 μL）、カラム昇温温度：40℃、5 分保持、10℃ / 分で 180℃ まで昇温（分析時間 19 分）、注入口温度：200℃、検出器温度：230℃、注入方法：スプリットモード（50:1）、検出：水素炎検出器（FID）、保持時間：ヨウ化メチル 3.6 分、ヨウ化エチル 6.0 分、四塩化炭素 7.4 分

別途、様々な混合比に調製したヨウ化メチルおよびヨウ化エチルを含む四塩化炭素溶液を同様の分析条件で注入して検量線を作成する。この検量線を用いてリグニン試料から生成したヨウ化メチルを算出し、メトキシ基含量とする。

参考文献

1) Chen, C.L. (1994) リグニン化学研究法（Methods in Lignin Chemistry, Lin, S. Y. & Dence, C.W. eds.、中野準三、飯塚堯介翻訳・監修）、ユニ出版、p.336-341
2) 榊原彰、越島哲夫 (1990) リグニンの化学―基礎と応用―（増補改訂版）、中野準三編、ユニ出版、p.132-133
3) Goto, H. et al. (2006) *J. Wood Chem. Technol.* **26**, 81-93

（秋山拓也）

3.5.11 熱分解ガスクロマトグラフィーおよび熱分解ガスクロマトグラフィー / 質量分析法

熱分解ガスクロマトグラフィー（Py-GC）および熱分解ガスクロマトグラフィー / 質量分析法（Py-GC/MS）は高分子化合物の分析方法として開発され、現在では医学や農学などの様々な高分子を扱う広い研究分野において利用されている。煩雑な前処理等を行うことなく木材中のリグニンについての多くの情報を得ることができる。また、きわめて少量の試料であっても分析を行うことができるうえ、用いる分析時間も1時間程度である。熱分解方式としては主に誘導加熱型（キュリーポイント型とも呼ばれる）と加熱炉型が用いられている。前者は試料調製が比較的容易であり熱分解残渣の回収が可能であるが、熱分解温度がパイロホイルの種類で限定される。後者は液体状の試料の分析が容易であり熱分解炉の温度設定を変更することにより様々な温度での熱分解が可能である。またテトラメチルアンモニウム（TMAH）などのメチル化試薬と共に熱分解を行うメチル化熱分解[1]はフェノール性水酸基を有する熱分解生成物の極性を下げてカラムによる分離性を向上させるだけでなく、リグニン結合様式に関する知見も得られる。

3.5.11.1 熱分解 GC

器具、機器

①微量天秤（0.1 μg まで測定できるものが望ましい）
②熱分解装置（誘導加熱型：日本分析工業、加熱炉型：フロンティアラボ）
③昇温プログラムと水素炎検出器（FID）、もしくは質量分析計（MS）が装着されたガスクロマトグラフ装置（GC）
④ GC カラム：HP-1MS（長さ 30 m、内径 0.25 mm、膜厚 0.25 μm、アジレント・テクノロジー）無極性の液相であれば他のメーカーでも可。

試薬

①内部標準溶液：n-エイコサン 20 mg を酢酸エチル 100 mL（メスフラスコ使用）に溶解する。

操作

①使用する器具類（ピンセット、パイロホイル成型器具、作業コーナー）は事前にアセトンを含ませたキムワイプ®などで洗浄する。
②リグニン 50～70 μg を含有する試料、例えばスギ木粉では 150～200 μg をパイロホイル（誘導加熱型、500℃用）もしくはプラチナカップ（加熱炉型）に精秤した後、内部標準溶液 1 μL（n-エイコサン 200 ng 相当）を精確にマイクロシリンジにより加える。パイロホイルを用いた場合は内部標準溶液の溶媒である酢酸エチルが完全に除去されたことを精密天秤で確認後、ピンセットを用いてパイロホイルを折りたたみ試料を密着させる。試料量が多すぎると熱伝導性が下がり充分に試料全てが熱分解され

ず再現性が低下するとともに、生じたタールや熱分解されなかった試料により熱分解炉内が汚染される。

③パイロホイルもしくはプラチナカップを熱分解炉に装着した後、系内をキャリアーガスで必ず置換する。その際に GC の圧力系に変動が生じるので必ず GC が安定することを確認する。誘導加熱型では500℃で4秒間（熱分解炉およびトランスファーチューブは250℃に設定）、加熱炉型では500℃（熱分解炉の温度、トランスファーチューブは250℃に設定）で熱分解すると同時に GC をスタートさせる。

その他の分析条件は次の通りである。カラム温度：50℃（1分間保持）その後毎分5℃昇温し280℃で13分間保持、注入モード：スプリットモード、スプリット比：1/50〜1/100、キャリアーガス：ヘリウム（流速1 mL/分）

データ解析

針葉樹ではグアイアシル型、広葉樹ではグアイアシル型およびシリンギル型、草本類では加えてp-ヒドロキシフェニル型と多数の熱分解生成物が観察される。検出器としてFIDを用いた場合、標品を用いて個々の生成物の検量線を作成すれば熱分解生成物の絶対収量を求めることも出来る[2]。しかし熱分解生成物の種類は非常に多いこと、リグニンが変質した試料ではセルロースなどの多糖類由来のピークと分離が不十分になることから、検出器としてはMSを用いることが推奨される。マススペクトル[3]により生成物の同定およびピークの分離は容易である。ピーク強度は相対的に変動する場合もあるが、内部標準物質とのピーク面積比で補正し、単位重量あたりのピーク面積を求める半定量的な評価が可能である。広葉樹、草本類ではピーク面積比からシリンギル/グアイアシル比を求めることも可能であり、ニトロベンゼン酸化法で得られたシリンガアルデヒド/バニリン比（S/V比）とほぼ一致する[4]。

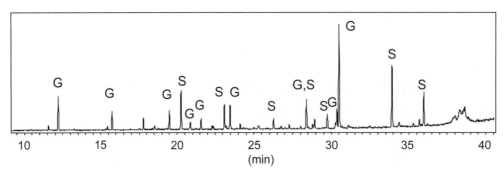

図3.23 広葉樹型リグニンモデルの Py-GC パイログラム
G：グアイアシル核、S：シリンギル核

3.5.11.2　メチル化熱分解 GC

器具、機器

3.5.11.1 と同様

試薬

①内部標準溶液：**3.5.11.1** と同様

②メチル化剤：市販の 25％TMAH 溶液を用いる。空気中の二酸化炭素により分解するため、購入後は直ちにバイアルに小分け保管することが望ましい。

操作

①使用する器具類（ピンセット、パイロホイル成型器具、作業コーナー）は事前にアセトンを含ませたキムワイプ®などで洗浄する。

②リグニン 50〜70 µg を含有する試料、例えばスギ木粉では 150〜200 µg をパイロホイル（誘導加熱型）もしくはプラチナカップ（加熱炉型）に精秤した後、内部標準溶液 1 µL（n-エイコサン 200 ng 相当）を精確にマイクロシリンジにより加える。内部標準溶液の溶媒である酢酸エチルが完全に除去されたことを精密天秤で確認後、25％TMAH 溶液 5 µL を更に加える。パイロホイルを用いる場合はある程度溶媒が除去された後、ピンセットを用いてパイロホイルを折りたたむ。試料量が多すぎると**3.5.11.1** と同様に再現性が低下するとともに、熱分解炉内が汚染される。

③パイロホイルもしくはプラチナカップを熱分解炉に装着した後、系内をキャリアーガスで必ず置換する。その際に GC の圧力系に変動が生じるので必ず GC が安定することを確認する。誘導加熱型では 315℃で 4 秒間（熱分解炉およびトランスファーチューブは 250℃に設定）、加熱炉型では 300℃（熱分解炉の温度、トランスファーチューブは 250℃に設定）で熱分解すると同時に GC をスタートさせる。

その他の分析条件は次の通りである：カラム温度：50℃（1 分間保持）、その後 5℃/分で 300℃まで昇温し、300℃に 9 分間保持、注入モード：スプリットモード、スプリット比：1/50〜1/100、キャリアーガス：ヘリウム（流速 1 mL/分）。

データ解析

TMAH がアルカリ性の試薬であるため、メチル化熱分解ではアルカリ加水分解反応が優先し、得られた熱分解生成物はフェノール性およびアルコール性水酸基とカルボキシル基がメチル化されている。検出器としては MS を用いることが推奨される。単量体の熱分解生成物は主に $β$-O-4 結合の開裂により生成する。また通常の熱分解では検出が困難な $β$-5、$β$-$β$ 二量体熱分解生成物が観察される。マススペクトルとの比較[5]により生成物の同定およびピークの分離は容易である。ピーク強度は相対的に変動する場合もあるが、**3.5.11.1** と同様に内部標準物質を用いることにより半定量的ではあるが $β$-O-4 結合の評価が可能であるほか、^{13}C で標識した TMAH を用いることでシンナミルアルコール末端の評価も試みられている。

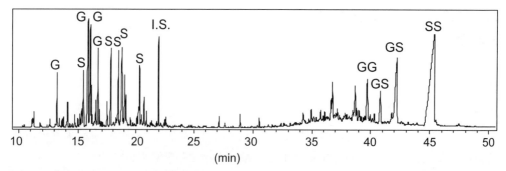

図 3.24 広葉樹型リグニンモデルのメチル化 Py-GC パイログラム
G：3,4 ジメトキシ型核、S：3,4,5 トリメトキシ型核、I.S.：内部標準物質（n-エイコサン）
GG：3,4 ジメトキシ型核二量体、GS：3,4 ジメトキシ型核-3,4,5 トリメトキシ型核二量体
SS：3,4,5 トリメトキシ型核二量体

参考文献

1) Challinor, J.M.（1996）*J. Anal. Appl. Pyrolysis* **37**, 1-13
2) 和泉明子ほか（1995）紙パ技協誌、**49**、1339-1346
3) Meir, D. & Faix, O.（1994）リグニン化学研究法（Methods in Lignin Chemistry, Lin,S.Y. & Dence, C.W. eds.、中野準三、飯塚堯介翻訳・監修）、ユニ出版、p.123-142
4) 蓮見愛ほか（2009）紙パ技協誌、**63**、959-970
5) Kuroda, K. & Nakagawa-izumi, A.（2005）*Organic Geochem.* 53-61

（中川明子）

第 4 章　イメージング

4.1　細胞壁の可視化

4.1.1　組織染色による多糖類、リグニンの観察

　植物細胞の組織観察において、薄切片を作成して光学顕微鏡を用いる方法が最も一般的である。細胞壁成分を組織観察するためには、様々な方法があるが、ここではテクノビット®切片への染色試薬を用いた比較的簡便な検出方法を紹介する。テクノビット®樹脂は、硬化等に熱をかけないためサンプルのダメージが少なく、in situ hybridization や免疫組織化学染色にも利用できるため、幅広い利用が可能である。

器具、機器
①ガラスシャーレ
②スライドグラス
③固定瓶またはプラスチックチューブ：植物試料が浸かる程度の大きさのものを用意する。
④カミソリ
⑤ピンセット
⑥減圧デシケーターと真空ポンプ
⑦包埋用の容器：0.6 または 1.5 mL のプラスチックチューブやヒストフォーム（日新EM）などの樹脂包埋用容器を用いる。
⑧ミクロトーム

試薬類
①固定液 FAA（ホルマリン：氷酢酸：50％エタノール＝5：5：90 v/v）
②エタノールシリーズ（30％、50％、70％、90％、95％、99.5％）
③脱水エタノール：モレキュラーシーブ 3A を加えてよく撹拌し、一晩静置したものを用いる。
④テクノビット®7100（主液、硬化剤Ⅰ、Ⅱ）、テクノビット®3040（Kultzer）やパラプラストプラス®などの包埋材
⑤染色試薬類

操作　テクノビット切片作成方法

固定：

①ガラスシャーレの中で、カミソリを用いて植物組織片の試料を作成する。組織片の大きさは、植物材料によって異なるが、1 cm四方程度の出来るだけ小さい試料の方が固定、脱水、樹脂置換の処理が適切に行えることが多い。プラスチックチューブ（固定瓶など）に入った植物組織片の試料に対し、FAAを試料が確実に浸かる程度入れる。

②プラスチックチューブの口にキムワイプ®等を被せ輪ゴムで止め、減圧デシケーターに入れ、泡が出なくなるまで脱気をする。急激に吸引することは避ける。

脱水：

①試料が流れないように注意しながら、30％エタノールに交換し、30分以上室温で行う。

②同様に、50～99.5％のエタノールに対しても、20分以上室温で処理する。

③脱水エタノールで30分間、2回脱水する。

樹脂置換、包埋：

①テクノビット®7100の主液100 mLに対して硬化剤Ⅰを1 gの割合で完全に溶解させる（テクノビット液）。

②試料をテクノビット液と脱水エタノールの1：1(v/v)溶液により、1時間以上室温で処理する。

③テクノビット液で3時間以上処理し、再びテクノビット液に交換して12時間処理する。

④包埋用の容器にピンセットを用いて試料を入れて、テクノビット液15 mLに対して硬化剤Ⅱを1 mLの割合で混合した硬化用テクノビット液を容器に入れる。

⑤フタをして30分程度おいて硬化させる。フタにはテクノビット®3040を用いると便利である。

切片作成：

　切片作成には、ガラスナイフまたはタングステンナイフをセットしたミクロトームを使って、0.5 μmから5 μmの厚さの切片を切り出す。ピンセットを用いて切片の端を軽くつまみ、スライドグラスの上においた水滴の上にのせる。切片をのせたスライドグラスは自然乾燥させると、切片はガラス面にしっかりと貼り付く。スチールナイフでは良好な切片が得られないことが多い。テクノビット切片は、エタノールによりスライドグラスからはがれやすくなるため、エタノールを用いる染色には不向きである。

染色：

　染色は、スライドグラスの上に貼り付けた切片の上に染色液を滴下して、所定の時

間の処理を行った後、蒸留水等で洗浄する。カバーグラス等は、観察方法にあわせて使用する。

1）染色試薬による細胞壁関連物質の検出と観察

●セルロース染色[1,2]

試薬：カルコフロールホワイト（Fluorescent Brightner 28）

色調：青白、励起波長 350 nm、蛍光波長 430 nm

保存液の調製：カルコフロールホワイトの 0.01％水溶液を調製して冷凍保存する。

使用濃度：保存液を 10 倍希釈して 0.001％として使用する。

操作：10～15 分程度染色を行い、蛍光顕微鏡で観察する。

●カロース染色[2]

試薬：アニリンブルー

色調：青、励起波長 395 nm、蛍光波長 495 nm

保存液の調製：アニリンブルーの濃度が 100 mM になるように 15 mM K_2HPO_4（pH 8.2）に溶かして、冷凍保存する。

使用濃度：保存液を 5 mM に希釈して使用する。

操作：10～15 分程度染色を行い、蛍光顕微鏡で観察する。

●ペクチン染色[1~3]

試薬：ルテニウムレッド

色調：赤色

染色液の調製：ルテニウムレッドの濃度が 0.005～0.05％水溶液になるようにルテニウムレッドを蒸留水に溶かす。保存は推奨しない。

操作：5 分程度染色を行い、光学顕微鏡で観察する。また、バックグラウンドが強く出る場合は、出来るだけ薄い濃度で染色を行う方が望ましい。

●リグニン染色[1,2]（**3.1 参照**）

試薬：フロログリシン（フロログルシノール）

色調：赤色

フロログリシン-塩酸溶液の調製：1％塩酸溶液になるようにフロログリシンを 18％塩酸に溶かす。市販の濃塩酸の濃度は 36.8％であるので、2 倍に希釈して使う。用時調製する。

操作：切片または組織に対して、30 分から 1 時間程度、室温で処理する。

　（エタノールを用いるためテクノビット切片ではなく、パラフィン切片または徒手切片の方が望ましい。）

●クチン、スベリン染色[1]

試薬：スダンⅣ、あるいはスダンブラック

色調：赤

保存液の調製：スダンⅣ、あるいはスダンブラックを70％エタノールに溶かし、0.07％を調製して使用する。遮光保存する。

操作：

①切片に対して50％エタノールで数秒処理する。

②次に染色を5～10分程度行う。

③50％エタノールで1分程度処理した後、観察する。（エタノールを用いるため、テクノビット切片ではなく、パラフィン切片または徒手切片の方が望ましい。）

●ムチン、ムコ多糖染色[3]

試薬：アルシアンブルー

色調：青

保存液の調製：アルシアンブルーを0.1％塩酸（pH 1.0）に溶かして1％溶液を調製する。遮光保存できるが、用時調製が望ましい。

操作：

①切片を0.1％酢酸水溶液に数秒浸す。

②次に染色を30分程度行う。

③99.5％エタノールに3分ずつ3回浸して、観察する。

2）自家蛍光による発光による細胞壁関連物質の検出と観察

UVによる自家蛍光[2]

スポロポレニン：黄色から赤に発光する。

フェルラ酸：青に発光する。

リグニン：青または青白に発光する。

カスパリー線：青または青白に発光する。

参考文献

1) Krishnamurthy, K.V.(1999) Methods in Cell Wall Cytochemistry, CRC Press, p.46-125
2) Ruzin, S.E. (1999) Plant Microtechnique and Microscopy, Oxford Univ. Press, p.145-175
3) 山田和順（1985）核酸と糖、小川和郎、中根一穂編著、朝倉書店、p.223-232

（岩井宏暁）

4.1.2　紫外線顕微鏡、偏光顕微鏡による観察

　リグニンやスベリンは分子内に芳香環を持ち紫外線を吸収するが、セルロースやその他の多糖類は紫外線を吸収しない。紫外線（UV）顕微鏡法はこのような性質を利用して、植物細胞壁におけるリグニンやスベリン等のフェノール性成分の分布を調べるのに有効な手段である。リグニンの沈着（木化）した細胞壁は280 nm付近の紫外線を吸収する。またスベリン化した細胞壁は280 nm付近の他に320 nm付近にも吸

収を示す（図 4.1）。

一般の光学顕微鏡に用いられるガラス光学系は紫外線を吸収するため、UV 顕微鏡は対物レンズをはじめとする光学系全てが石英で作られている。さらに観察には石英製のスライドおよびカバースリップを使用する必要がある。光源としては通常、紫外-可視域にかけて連続的な光が得られるキセノン光源が用いられ、モノクロメーターを用いて波長を変えて試料を照明し、透過像をフィルムまたは CCD に記録する。観察試料の厚さは試料中のリグニンの含有量に応じて変える必要があるが、一般には樹脂包埋し

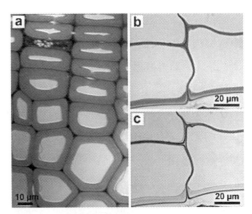

図 4.1　ヒノキ仮道管およびイチョウコルク細胞の紫外線顕微鏡写真
a：ヒノキ横断面（波長 280 nm）
b：イチョウコルク細胞壁（波長 280 nm）
c：イチョウコルク細胞壁（波長 320 nm）

た試料から作製した薄切片（厚さ 0.5〜5 μm）を使用することが多い。通常の染色法に用いられる厚さ数十 μm の切片では紫外線吸収が強すぎるため使用できない場合が多い。薄切片作製のための包埋樹脂には紫外線吸収の比較的少ない樹脂を選ぶか、切片作製後に包埋樹脂を除去する必要がある。免疫標識法に多用されている親水性の LR White 樹脂は 280 nm 付近に強い吸収を示すため使用することができない。

一方、植物細胞壁において、セルロースミクロフィブリルは様々な配向を示す。セルロースは結晶化し、複屈折性を示すが、他の多糖類およびリグニンは複屈折性を示さない。偏光顕微鏡法はセルロースのこのような性質を利用して、植物細胞壁におけるセルロースミクロフィブリルの配向を調べるのに有効な方法である。植物細胞壁の中で、スベリン化した細胞壁も複屈折性を示すことが知られている。試料を偏光の振動方向が互いに直交する 2 枚の偏光板（直交ニコル）の間に入れて観察すると、複屈折性を示さない試料では視野は暗黒となる。また、一次壁のようにセルロースミクロフィブリルがランダムに配向する場合にも視野は暗黒となる。一方、二次壁のようにセルロースミクロフィブリルがある一定の配向を持って存在する場合には細胞壁が光り、その光の強度はミクロフィブリル配向と 2 枚の偏光板との位置関係によって異なる。偏光顕微鏡には回転ステージがあり、試料を回転しながら観察する。

ここでは、(1) UV 顕微鏡を用いて、植物細胞壁におけるリグニンおよびスベリンの分布を観察する方法と、(2) 木材二次壁の横断面切片を用い、偏光顕微鏡により各壁層におけるミクロフィブリル配向の違いを観察する方法について述べる。UV 顕微鏡はリグニンが存在するところが紫外線を吸収して黒くみえるのに対し、偏光顕微鏡ではたとえセルロースが存在しても、その配向が 2 枚の偏光板と同じ方向を向いた場

合には光らず、セルロース分子の配向により明るさが変化する。UV顕微鏡法や偏光顕微鏡法については参考書があるので、それらも参照されたい[1~3]。

4.1.2.1 紫外線顕微鏡法によるリグニン分布の観察

器具、機器
①ロータリーミクロトーム（0.5～5 μm厚さの切片作製が可能なもの）
②ガラスナイフまたはダイヤモンドナイフ（光学顕微鏡用）
③実体顕微鏡
④デザインナイフまたはカミソリ
⑤ホットプレート（50℃前後に加熱可能なもの）
⑥石英製スライドおよびカバースリップ、細切したろ紙
⑦キセノン光源を装着した紫外-可視域顕微分光光度計
⑧石英製投影レンズ
⑨CCDあるいはフィルムを装填したカメラ

試薬類
①液浸用グリセリン
②エタノールシリーズ（30％、50％、70％、90％、95％、99.5％）
③包埋樹脂

操作

樹脂包埋：
①植物試料を採取し、カミソリ等で適切な大きさに細切し、固定液で固定するか、無固定のまま使用する。固定によく用いられるグルタルアルデヒドは重合物が紫外線を吸収する場合があるので、リグニン含量が少ない試料の場合には注意が必要である。また、電子顕微鏡観察用の固定剤である四酸化オスミウムは固定により試料が黒くなるため、四酸化オスミウム固定試料は使用しない方が良い。
②エタノールシリーズで脱水する。
③包埋樹脂に合わせた置換剤（エポキシ樹脂の場合はプロピレンオキシド等）で10～15分、3～4回置換する。
④包埋樹脂と置換剤の混合液で置換する。等量混合液で一晩振とうする。樹脂の浸透しにくい試料では包埋樹脂と置換剤の混合割合を変え、徐々に包埋樹脂の割合を増やしていく。
⑤包埋樹脂のみに置換し、数時間振とうする。
⑥シリコン包埋板またはゼラチンカプセル等に新しい樹脂を入れ、試料を入れた後に、さらに包埋樹脂を加える。小さく切った紙片に番号等を記入し、一緒に硬化させると、硬化後の包埋試料の整理に便利である。
⑦樹脂に適した温度で重合させる。エポキシ樹脂の場合は35℃で1日、45℃

で1日、60℃で2～3日硬化させる。

切片作製、封入：

①包埋樹脂の中の試料の観察したい部分が露出するように実体顕微鏡下でデザインナイフあるいはカミソリを使って削りだす。この操作をトリミングと言う。

②試料をロータリーミクロトームに装着し、ガラスナイフを用いて表面を切削する。切削したい試料表面全体が露出したら、実体顕微鏡下で観察し、再びトリミングする。

③新しいガラスナイフあるいはダイヤモンドナイフ（光学顕微鏡用）を用いて切片を作製する。厚さは約0.5～5 μm程度で、試料中のリグニン（スベリン）量に応じて調節する。木材では、針葉樹はグアイアシルリグニンからなるので、厚さ0.5～1 μm程度でリグニン分布を良好に観察できる。広葉樹材はグアイアシルリグニンとシリンギルリグニンからなり、シリンギルリグニンの吸光係数はグアイアシルリグニンよりも低いため、厚さ0.5～1 μmでは紫外線吸収が弱い場合がある。その場合は切片の厚さを厚くする（約3～5 μm程度）必要がある。スベリン化した細胞壁は厚さ0.5～1 μmで良好に観察できる。

④石英スライド上に水を滴下し、切片を白金線のループ等を用いてナイフボートから水滴上へ移す。

⑤約50℃のホットプレート上で乾燥させる。

⑥グリセリンを滴下し、石英製カバースリップをかける。細切したろ紙で余分なグリセリンを吸い取る。直ちに観察可能であるが、カバーの上からおもりを載せ、一晩程度放置すると、気泡が切片上から他の部分へ移動する。無染色のため、封入後は切片の位置が分かりにくくなる。あらかじめスライドの裏面に切片の周りを囲うようにペンで円を記入しておくとよい。

UV顕微鏡観察：

①石英スライドをUV顕微鏡ステージに載せ、通常光で観察し、焦点を合わせる。染色していないので見えにくいが、コンデンサーの絞りをしぼるか、コンデンサーを下げることでコントラストを増加させると多少は見やすくなる。

②光路を切り替え、紫外光とし、波長、モノクロメーターのバンド幅を設定する。

③石英製投影レンズを介して顕微鏡にCCDカメラを接続し、モニター上で像を確認し、焦点を合わせる。視野絞りを入れ、コンデンサーを上下させて視野絞りの像がはっきり見える位置に調節する。視野絞りの像が視野の中心にくるように調整する。コンデンサー絞りを適切な開口数に設定する。

④視野絞りを除き、焦点を確認して撮影する。焦点の合う位置は通常光での観察位置と少しずれる。フィルムに記録する場合は焦点位置を3段階程度ずらして撮影し、その中から最も焦点が合った画像を選ぶ。

4.1.2.2 偏光顕微鏡によるセルロースミクロフィブリル配向の観察

器具および機器

①ロータリーミクロトーム（0.5〜5 μm 厚さの切片作製が可能なもの）

②ガラスナイフ、またはダイヤモンドナイフ（光学顕微鏡用）

③実体顕微鏡

④デザインナイフ、またはカミソリ

⑤ホットプレート（50℃前後に加熱可能なもの）

⑥偏光顕微鏡

⑦鋭敏色検板

試薬

①エタノールシリーズ（30 %、50 %、70 %、90 %、95 %、99.5 %）

②包埋樹脂

③カナダバルサム、キシレン

操作

樹脂包埋：

　上記の UV 顕微鏡観察の方法に準ずる。電子顕微鏡観察等に用いられる固定法や樹脂包埋法を使用することができる。

切片作製、封入：

①〜③ UV 顕微鏡観察と手順は同様である。厚さ 1〜5 μm の薄切片を作製する。

④通常のスライドグラス上に水を滴下し、切片を白金線のループ等を用いてナイフボートから水滴上へ移す。

⑤約 50℃のホットプレート上で乾燥させる。

⑥キシレンを滴下し、キシレンで適当な粘度に希釈したカナダバルサムを滴下し、カバーガラスをかける。おもりを載せ、細切したろ紙で余分なカナダバルサムを吸い取る。石英スライド上にグリセリン封入した UV 顕微鏡観察用の試料も同様に観察することができる。カナダバルサムの屈折率は細胞壁に近いため、封入後は切片の位置が分かりにくくなる。あらかじめスライドの裏面に切片の周りを囲うようにペンで円を記入しておくとよい。

偏光顕微鏡観察：

①スライドを入れる前に、顕微鏡のポラライザーとアナライザーの目盛をそれぞれ 0°に合わせる。視野を観察し、暗黒となるような角度にアナライザーの角度を微調節する。

②スライドを回転ステージに載せ、焦点を合わせる。

③ステージを回転した時の中心が視野の中心になるように使用する対物レンズをセンタリングする。

④細胞壁の方向が接眼レンズの十字線の方向（ポラライザーとアナライザーの方向）に対して約 45°になるようにステージを回転する。3 層構造からなる二次壁の場合横断面切片では外層（S_1 層）、内層（S_3 層）はセルロースミクロフィブリル傾角が細胞長軸に対して垂直に近いので、明るく光るが、中層（S_2 層）は細胞軸方向に平行に近いのでほとんど光らない（**図 4.2**）。樹

図 4.2 スギ仮道管横断面の偏光顕微鏡写真
直行ニコル下で観察すると、S_1 層と S_3 層が光る。

木の分化中木部の切片を観察すると、形成層帯や細胞拡大帯は一次壁からなるので光らないが、S_1 層が堆積すると光るようになる。二次壁形成中の S_2 層はわずかにしか光らないが、S_3 層が堆積すると、S_3 層が光るようになる。このことを利用すれば、S_1 層と S_3 層の形成時期を特定することができる。

参考文献

1) Fukazawa, K. (1994) リグニン化学研究法（Methods in Lignin Chemistry, Lin, S. Y. & Dence, C.W. eds., 中野準三、飯塚堯介翻訳・監修）、ユニ出版、p.72-81
2) 坪井誠太郎（1972）偏光顕微鏡―透明固態物質の光学的鏡検法―（改訂第 11 刷）、岩波書店、p.123-179
3) 浜野健也（1970）偏光顕微鏡の使い方、技報堂、p.57-106

（吉永　新・高部圭司）

4.2　ネガティブ染色法による電子顕微鏡観察

　ネガティブ染色は電子顕微鏡観察のための染色法の一つである。インフルエンザ等が流行する度にニュースで金平糖のような粒子の写真が示されるが、これが透過電子顕微鏡で観察されたインフルエンザウイルスのネガティブ染色画像である。ネガティブ染色は、インフルエンザウイルスの他にも SRSV（ノロウイルス）、エボラ出血熱等のウイルスについて短時間で検索ができるということから病理検査でよく使われる方法の一つである。

　このようにネガティブ染色は、ウイルス、リボソームなどの細胞内小器官、細胞膜などの細胞片、分離したタンパク質などの大きな分子やセルロースミクロフィブリルなど粒状、繊維状試料を切削することなくその形態や構造を観察するために用いられる簡単で迅速な方法である。しかし、染色剤の濃度、試料の濃度、温度、染色時間、支持膜の種類、支持膜上での試料の乾燥の仕方などがネガティブ染色像に影響を与え

る。本項では、ネガティブ染色の簡単な原理、方法について著者の経験を交えながら述べる。ネガティブ染色については、電子顕微鏡技術を論じた多くの参考書、総説があるので、それらも参照されたい[1~4]。

4.2.1 ネガティブ染色の原理

1959年にBrennerとHorne[5]が、タバコモザイクウイルスやカブ黄斑モザイクウイルスのより詳細な構造を電子顕微鏡で観察するために、酢酸ウランやリンタングステン酸によるネガティブ染色法を開発し、方法論的に確立した[5]。

ネガティブ染色法は、電子線のよく通過するウイルス等の生物の微小構造物の周囲にウラン、モリブデン、タングステン等、電子密度の高い重金属塩類の非結晶性溶液で薄い膜を形成することにより、暗いバックグラウンドの中に試料の像を浮き出させて観察する方法で、試料によって電子密度の高い物質が排除されたために生じる電子密度の濃淡を観察するものである。図4.3に示されるように、試料の染色剤への浸され方の違いで染色剤の厚さが変わり、像の現れ方が変わって来る。ネガティブ染色層が薄いとaのように支持膜に近い下側の像が観察でき、ポジティブ染色像のように見える場合がある。染色層が厚いとbのように上下両面が観察でき、さらにcのような染色状態では上側の片面が強調される[1]。すなわち、染色剤の排除体積効果だけではなく、断面積効果がネガティブ染色で得られる像に反映される。

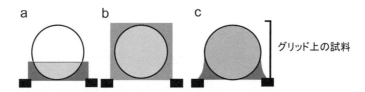

図4.3 染色剤と試料の関係模式図
a: 中空筒状の試料が薄い染色液層に浸り、下部のみのコントラスト
b: 試料全体が染色液層に浸り、全部のコントラスト
c: 試料が全て染色液層にあるが、周辺が染色液でされていない状態のコントラスト[1]

また、試料にサブユニット構造がある場合は、サブユニット間に入り込んだ染色剤によりその内部構造が観察できるようになる。このように、ネガティブ染色では染色剤の厚さによって色々な像が観察される可能性があるので、注意して解釈すべきである。図4.4に染色の程度の異なるセルロースミクロフィブリルのネガティブ染色像を示す。

よりよい像を得るために、試料の乾燥や染色液の除去の程度を調節する必要があるが、これは約3 mm径のグリッド上で行われる目に見えない作業であるため、トライアンドエラーによる経験を積む必要がある。

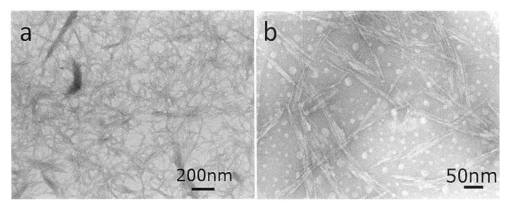

図 4.4　セルロースミクロフィブリル（セルロースナノファイバー）を 2% 酢酸ウラニル水溶液でネガティブ染色した透過電子顕微鏡像
a：試料が染色液に染色されているが、周囲の染色液層が非常に薄いためにポジティブ像のように観察されるもの
b：試料の周囲に染色液の膜が形成され、ネガティブ染色になったもの

4.2.2　染色剤

　ネガティブ染色に多く用いられる染色剤は、リンタングステン酸や酢酸ウランといった電子密度の高い重金属塩類である。リンタングステン酸は、Brenner らによるネガティブ染色の確立時から最も広く使われてきたが、中性付近の pH での使用が可能であること、試料と混合して染色できることなど、広範囲の材料で安定したネガティブ染色が可能である。しかし、酢酸ウランと比較した時、得られる画像の解像度が酢酸ウランの方がはるかに良いことから、酸性領域で使わなければならないにも関わらず、酢酸ウランを使う研究例が多くなっている。但し、ウラン化合物は核原料物質であり、原子力平和利用に関する国際規制物資であるため使用承認申請が必要で、廃棄等扱いが困難であるため、取扱いに十分な注意が必要である。最近、酢酸ウランの代替として酢酸ガドリニウムを用いた染色剤（pH 6.0～6.2）も開発されている。

　リンタングステン酸は 2％以上で用いられる。酢酸ウランは 1～2％水溶液として用いられることが多いが、ネガティブ染色の場合は 4％以上の濃度で用いる方がよい結果を得られるようである。リンタングステン酸系は KOH で中和して用いることができ、ウラン系統のものはそのまま蒸留水に溶かして酸性のままで用いる。

4.2.3　ネガティブ染色用グリッドと支持膜

　グリッドは 300～400 メッシュのものがよいとされているが、国産の 180～200 メッシュでも使用できる。グリッドにはホルムバールあるいはコロジオン支持膜を張る。教科書的には支持膜の親水化処理がよいとされるが、親水化処理をしていなくても染色にはあまり影響はないように思われる。

4.2.4 ネガティブ染色

器具

染色する試料の懸濁液、先端の揃った精密ピンセット、支持膜付きグリッド、マイクロピペット（10〜20 μL）、酢酸ウラニル水溶液（2〜4％濃度）、三角に切ったろ紙、複数のグリッドを染色する場合はスライドガラス、両面テープ

操作

①グリッドをピンセットに挟んで固定する。複数のグリッドを染色する場合は、スライドガラスの一方の端に両面テープを張り、そこにグリッドの端を軽く接着させて固定する（図4.5）。

②マイクロピペットで試料の懸濁液を取り、1滴グリッドに滴下する。

③試料の濃度によって滴下した懸濁液をろ紙でただちに吸い取る（高濃度）、あるいは若干時間をおいて吸い取り（低濃度）、自然蒸発で乾燥させる。ショ糖などを含んでいる場合は、水洗してから以下の作業を続ける。

④染色剤をマイクロピペットで1滴滴下する。

⑤10〜30秒後、グリッドの脇からろ紙で染色剤を吸い取る。この時、グリッド上に見えるか見えない程度の薄い膜が残るようにする。

⑥自然蒸発で乾燥させる。

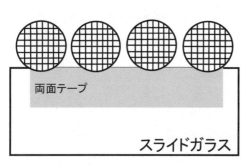

図4.5 簡便に複数のグリッドを染色するときに用いる方法
グリッドは、処理後取りやすくするためにグリッドの端を少しだけ接着する程度にする。

以上のように、ネガティブ染色の手順は、簡単で染色時間が短いため、透過電子顕微鏡観察に素早く持って行くことができ、得られる画像の解釈結果をすぐに得られるという長所がある。また、試料によっては予め染色剤と混合して、その後グリッドに滴下する場合がある。

参考文献

1) 野々村禎昭（1982）医学・生物学電子顕微鏡観察法、日本電子顕微鏡学会関東支部編、丸善、p.135-145
2) Hayat, M. A.（1990）透過電子顕微鏡生物試料作製ハンドブック、永野俊雄訳、丸善、p.191-207
3) 日本電子顕微鏡学会関東支部編（1975）電子顕微鏡生物試料作製法、丸善、p.240-260
4) 水平敏知編著（1986）医学・生物学領域の電子顕微鏡操作マニュアル、講談社サイエンティフィク、p.83-87
5) Brenner, S. & Horne, R. W.（1959）*Biochim. Biophys. Acta* **34**, 103-110

（林　徳子）

4.3 免疫標識法

植物細胞壁中の多糖類、リグニン、タンパク質やこれらの生合成に関与する酵素などの組織内あるいは細胞内の局在を特異的に検出する方法として免疫標識法がある。免疫標識法（immunolabelling）は抗原抗体反応が分子相互の極めて特異性が高い反応であることを利用し、抗体を顕微鏡標本中の抗原（検出対象の分子）に作用させ、抗体にあらかじめ結合させておいた標識化合物（蛍光色素、金コロイドなど）を光学顕微鏡、電子顕微鏡で可視化する方法である。免疫染色、免疫電顕法、蛍光抗体法と呼ばれるものは免疫標識法に含まれる。

免疫標識法は標識手順により以下のように分類される。

①無包埋標識法（non-embedding immunolabelling）
②包埋前標識法（pre-embedding immunolabelling）
③包埋後標識法（post-embedding immunolabelling）
④免疫 SEM 法（immuno-SEM）
⑤免疫レプリカ法（freeze-fracture replica immunolabelling）

無包埋標識法は組織に対して抗体反応を行った後、樹脂包埋せずにそのまま観察するもので、光学顕微鏡（蛍光顕微鏡、共焦点レーザー顕微鏡を含む）での観察に向いている。透過電子顕微鏡観察を行う場合は凍結超薄切片を作製することで可能であるが、切片作製には高度な技術を要する。この方法は、樹脂包埋による抗原の変性を避けることができ、抗体の反応性が高いが、標識抗体は比較的大きな分子であるため、組織への浸透性が悪く、反応むらを生じやすく定量性に欠ける。

包埋前標識法は組織に対して抗体反応を行った後、組織を樹脂包埋し、切片を作製して光学顕微鏡や透過電子顕微鏡で観察するものである。無包埋標識法と同様に抗体の反応性は高いが、反応むらを生じやすい。樹脂包埋を行なうため比較的容易に超薄切片を作製することができ、透過電子顕微鏡観察は容易である。

包埋後標識法は組織を樹脂包埋した後に切片を作製し、薄切片に対して抗体反応を行ない、光学顕微鏡や透過電子顕微鏡で観察するものである。抗体反応前に樹脂包埋を行うため、抗原の検出感度は無包埋標識法、包埋前標識法より劣る。薄切片に対して抗体反応を行なうため比較的反応むらを生じにくく、安定して標識ができ、定量化に向いている。樹脂包埋により組織構造の保存性は良く、抗体反応さえ検出できれば高い分解能で局在を可視化できる。連続切片を使用して光学顕微鏡像と電子顕微鏡像を対応させて観察することも可能で応用範囲が広い。

免疫 SEM 法は抗体反応後の組織を脱水、乾燥、金属コーティングし、走査電子顕微鏡（SEM:scanning electron microscope）で観察するものである。組織表面の立体構造を高い分解能で観察することができる。二次壁形成中の細胞壁新生面でのヘミセル

ロースの分布を観察した例がある[1,2]。

免疫レプリカ法は凍結割断レプリカ法によりレプリカ膜を作製する際に、検出したい分子がレプリカ膜に留まるように温和な条件で試料の除去を行い、得られたレプリカ膜に対して抗体反応を行い、透過電子顕微鏡で観察するものである。この方法によりセルロース合成酵素(CesA)が細胞膜上に存在するロゼット型ターミナルコンプレックスを構成し、その触媒領域が細胞質側に存在することが証明された（4.5.2）[3]。

抗体（免疫グロブリン）

抗体とは動物の免疫応答の際にリンパ球の一つであるB細胞によって産生される糖タンパク質の総称で、免疫グロブリン（immunoglobulin、Igと略する）とも呼ばれる。分子量50,000〜70,000の相同な重鎖（H鎖）2本と、分子量24,000の相同な軽鎖（L鎖）2本からなる左右対称なY字型構造を基本構造とする（図4.6）。軽鎖にはλ鎖とκ鎖の2種、重鎖にはγ鎖、μ鎖、α鎖、δ鎖、ε鎖の5種類があり、重鎖の違いにより免疫グロブリンがクラス分けされている（IgG、IgM、IgA、IgD、IgE）。さらに、IgGには4つ（IgG_1〜IgG_4）、IgAには2つ（IgA_1、IgA_2）のサブクラスがある。IgM、IgD、IgEにはサブクラスはない。

Y字の下半分をFc領域、上半分をFab領域と呼び、Fc領域とFab領域は重鎖のヒンジ領域でつながっている。また、左右の重鎖はヒンジ領域でジスルフィド結合している。Fab領域の先端の部分では約110残基のアミノ酸配列が高度の多様性を示し（可変領域）、この部分が抗原分子中に存在する抗原決定基（エピトープ）の認識に関わっている。これを抗原結合部位という。抗体分子は左右対称な構造をしているので、1分子中に抗原に結合できる部分が2箇所存在することになる。抗体の組織浸透性を高める目的で酵素により抗体分子を分解し、抗体分子の代わりにFabフラグメントを利用することも行われる。

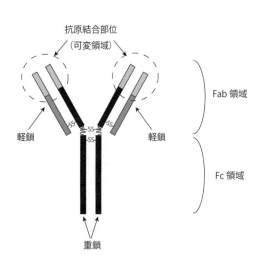

図4.6 抗体（免疫グロブリン）の基本構造

ポリクローナル抗体とモノクローナル抗体

単一のB細胞クローンは単一の抗体分子を産生するが、動物体内では複数のB細胞クローンが複数種の抗体分子を産生しており、血液などの体液中ではそれらが混在して存在している。これをポリクローナル抗体という。抗原を感作（接種）した動物から得られた血清（抗血清）はポリクローナル抗体である。抗体を作製するためには

なるべく精製度の高い抗原を動物に接種する必要があるが、抗原中には複数の抗原決定基が存在することが多いので、通常複数のB細胞クローンが応答し複数種の抗体分子が産生される。抗原がアミノ酸配列既知のタンパク質である場合、タンパク質中の特定の配列に相当する短いペプチドを人工合成し、これを担体タンパク質と結合したものを動物に感作すると、そのペプチド配列部分を抗原決定基とする抗体を得ることができる（抗ペプチド抗体）。この場合はポリクローナル抗体ではあるが、認識する抗原決定基は一つだけである。

抗血清中に含まれる複数種の抗体分子は抗原結合部位（可変領域）のみが異なり、その他の部分は類似した構造をしているので、クロマトグラフィーなどの方法で分別することは極めて困難である。そこで、抗原を感作した動物からB細胞の集団を採取し、限界希釈法などにより個々の細胞に分画して細胞培養すると、培養上清中には単一のB細胞クローンから産生された単一の抗体が得られる。これをモノクローナル抗体という。

免疫標識法においては、組織中の抗原分子は固定、脱水、包埋などの苛酷な処理を受け変性する可能性があるため、一般的には、一つの抗原決定基しか認識できないモノクローナル抗体よりも複数の抗原決定基を認識できるポリクローナル抗体の方が有利である。抗ペプチド抗体の場合はポリクローナル抗体でありながら認識できる抗原決定基は選択したペプチド配列に限られるので、モノクローナル抗体と共通の弱点をもつ。しかし、組織中の抗原さえ検出できればモノクローナル抗体や抗ペプチド抗体の方が抗原抗体反応の特異性を理解しやすいという利点がある。したがって、モノクローナル抗体や抗ペプチド抗体を利用する場合は抗原決定基の変性されやすさを考慮して固定、脱水、樹脂包埋の条件を柔軟に検討する必要がある。

直接法と間接法

免疫標識法では一次抗体（抗原を検出する抗体）に標識物（蛍光色素、金コロイドなど）を結合しておき一段階の抗原抗体反応を行なう「直接法」と、一次抗体には標識物を結合せず、一次抗体を特異的に認識する抗体（二次抗体）に標識物を結合しておき、二段階の抗原抗体反応を行なう「間接法」がある。

直接法は手順が単純であるが、蛍光顕微鏡で光学顕微鏡レベルの観察を行い、さらに透過電子顕微鏡で観察するような場合では、2種類の標識抗体を用意しなくてはならない。

間接法では手順が増えて煩雑なように思えるが、一次抗体作製によく用いられる動物種（ウサギ、マウス、ラットなど）は限られているので、それらの動物種の抗体分子（イムノグロブリン）に対する抗体に蛍光色素や金コロイドを標識した二次抗体を用意しておけば、あらたな抗原に対する一次抗体を作製しても同じ二次抗体を使うことができる。また、一次抗体に対して複数の二次抗体が反応できる場合は検出感度が

向上する。以上のように、間接法の方がメリットが多いので一般的には間接法で免疫標識されることが多い。

二次抗体

抗体作製によく利用される動物種の抗体（免疫グロブリン）に対する二次抗体は様々な標識が付加されたものが市販されており、一次抗体と観察手法に合わせたものを選択する。

一次抗体の動物種（ウサギ、マウス、ラットなど）、クラス（IgG、IgM、IgAなど）、サブクラス（IgG_1、IgG_2 など）、抗原決定基の部位（Fc、Fab、Whole molecule、H+L など）が認識できるかどうかを確認して購入する。抗原によるアフィニティー精製の有無、他動物種の抗体による吸収処理の有無、モノクローナル抗体かポリクローナル抗体かの別、などは抗体反応の特異性に関係するので二重標識を行う場合など必要な場合は検討する。

蛍光色素（FITC、ローダミン、Alexa Fluor® など）が標識された二次抗体は、蛍光顕微鏡や共焦点レーザー顕微鏡用に使用できる。金コロイドが標識された二次抗体は金コロイドの粒径が異なるもの（1〜40 nm）が入手可能であるが、透過電子顕微鏡や高分解能走査電子顕微鏡用には 10 nm 以上の粒径のものが利用しやすい。10 nm 未満の粒径の金コロイドは透過電子顕微鏡でも観察が困難なため、銀増感法により粒径を増大させて観察する。光学顕微鏡下でも観察可能となる増感試薬も市販されており、明視野像が必要な場合は利用できる。多くの金コロイド標識二次抗体は金コロイド粒子の周囲を複数の抗体分子で取り囲んだ構造になっているため、金コロイドの粒径よりも二次抗体の粒径は大きいことに留意する必要がある。粒径が大きいほど顕微鏡像上で認識しやすくなるが、切片への浸透性が悪くなる。

固定

固定は組織中のタンパク質や脂質を変性させたり架橋したりして組織構造を保持する目的で行われる。アルデヒド系固定剤（グルタルアルデヒド、パラホルムアルデヒド）や四酸化オスミウムがよく用いられるが、免疫標識法では検出対象の分子が固定剤によりどのような影響を受けるかを考慮して固定液の組成を決める。

検出対象が細胞壁多糖類の場合は、グルタルアルデヒドや四酸化オスミウムを使用しても抗体反応が検出される場合が多い。検出対象がタンパク質の場合は、4％パラホルムアルデヒドを緩衝液に溶かして使用する。また、タンパク質の二次構造を大きく変化させるグルタルアルデヒドは抗原決定基に悪影響をおよぼす可能性があるため使用しないが、電子顕微鏡用試料で形態保持を改善するために 0.01〜0.5％の範囲でパラホルムアルデヒド固定液に加える場合がある。濃度によってはタンパク質を分解する四酸化オスミウムは使用しない。

緩衝液は使用する組織に適した濃度、pH のリン酸緩衝液、カコジル酸緩衝液、

HEPES 緩衝液などが使用できる。

　化学固定剤を極力用いないで抗原性の保持と形態保持を両立する方法として、凍結置換法がある。試料を氷晶（水の結晶）が生じないように凍結させて物理的に固定した後、水が再結晶しない-80℃以下に保ったまま固定剤を少量含む有機溶媒中で数日間保持し、脱水と同時に固定する方法である。良好な凍結状態を得るには専用の凍結装置（急速凍結装置、高圧凍結装置など）が必要である。詳細は参考書を参照されたい[4,5]。

樹脂包埋

　免疫標識法のために開発された親水性アクリル樹脂が数種類市販されており、LR White® や Lowicryl® K4M がよく使用される。前者は熱重合により硬化するため、熱変性する抗原を検出対象とする場合は向いていない。Lowicryl® K4M は低温紫外線重合が可能であるが、専用の紫外線照射装置が必要である。

　エポキシ樹脂は熱重合することや、疎水性で三次元重合するため抗体の浸透が悪く、免疫標識法にはあまり用いられない。しかし、薄切が容易で像質が優れるため、細胞壁多糖類など組織中に比較的多く存在して熱による変性がない分子が検出対象の場合は使用することができる。

　ここでは、樹脂包埋切片を包埋後標識法により抗体標識し、光学顕微鏡と透過電子顕微鏡で観察する方法について述べる。組織の固定、脱水、樹脂包埋や透過電子顕微鏡については参考書があるので、それらも参照されたい[4～6]。

4.3.1　免疫蛍光標識法（間接蛍光抗体法）

器具、機器

①剥離防止スライドガラス：MAS コートスライドガラス（松波硝子工業）
②撥水マーカー：Liquid Blocker（大道産業）
③湿箱：市販のタッパーウェア® など、しっかりと密閉できスライドガラス数枚を重ねずにおける大きさの容器
④染色瓶：金属製のカゴに 10～15 枚程度スライドガラスを入れることができるもの。例えば、染色バット 15 枚用（アズワン、1-4398-21）と金具・縦型（アズワン、1-4398-11）など
⑤キムワイプ®
⑥ブロアー
⑦カバーガラス
⑧綿棒

試薬類

　市販の一次抗体および二次抗体を使用する場合、抗体により適した緩衝液の条件が下記と異なる場合があるので、製品に付属する取扱説明書をよく読むこと。

① TBS（トリス緩衝生理食塩水）：トリス（ヒドロキシメチル）アミノメタン 1.2 g（20 mM）、塩化ナトリウム 4.5 g（225 mM）を脱イオン水 400 mL に溶かし、0.1 M NaOH または 0.1 M HCl で pH を 7.2 に調整する。金コロイドを用いた免疫金標識法と比較する場合は条件を揃えるために pH を 8.2 に調整する。脱イオン水を加えて全量を 500 mL とした後、メンブレンフィルター（ポアサイズ 0.22〜0.45 μm）でろ過する。防腐剤としてアジ化ナトリウム 0.49 g（15 mM）を加えてもよい。

② ブロッキング液（1％牛血清アルブミン（BSA）を含む TBS）：抗体反応の前に切片にブロッキング液を反応させておき、抗体が非特異的に吸着する部位をブロックする。調製した液はメンブレンフィルター（ポアサイズ 0.22〜0.45 μm）でろ過してから使用する。非特異的反応が抑えられない場合は BSA の濃度を 1〜10％の範囲で調節する、二次抗体動物種の正常血清を 1〜5％の濃度で加える、BSA の代わりにスキムミルクを用いる、0.1％Tween20 を加えるなどにより改善することがある。

③ 一次抗体

④ 二次抗体：一次抗体の動物種（ウサギ、マウス、ラットなど）、クラス（IgG、IgM、IgA など）、サブクラス（IgG_1、IgG_2 など）、抗原決定基の部位（Fc、Fab、Whole molecule、H+L など）に対応したもの。標識蛍光色素は Thermo Fisher Scientific の Alexa Fluor® シリーズは蛍光が強く退色が遅いので扱いやすい。

⑤ 50％（v/v）無蛍光グリセリン：無蛍光グリセリンと脱イオン水を等量混合する。

⑥ キシレン

準備

① ロータリーミクロトームを用いて作製した 0.5〜1 μm 厚の樹脂包埋切片を、MAS コートスライドガラスに数枚のせる。抗体の使用量をなるべく少なくするため、直径 15 mm 程度の範囲に切片を集めるように載せる。

② 撥水マーカーで切片全体を囲むように円を描く。

③ タッパーウェア®の底にキムワイプ®を敷き、脱イオン水で湿らせる。

④ 切片を載せたスライドガラスをタッパーウェア®に置く。以後の操作では切片の乾燥を防ぐため、極力ふたをする。

抗原抗体反応

① ブロッキング液 50〜100 μL を撥水マーカーで描いた円に滴下する。ふたをして室温で 30 分反応させる。この間に一次抗体をブロッキング液で希釈しておく。

② スライドガラスを振って液を取り除く。

③ 直ちにブロッキング液で希釈した一次抗体 50〜100 μL を滴下する。室温で 1〜4 時間または 4℃で一晩反応させる。

④ 染色瓶 3 個に TBS を適量入れる。スライドガラスを染色瓶に入れた時に切片が液面よりも下になるようにする。

⑤一次抗体反応後のスライドガラスを振って液を取り除く。
⑥金属かごにスライドガラスを入れ、TBSの入った染色瓶に入れる。
⑦金属かごを30秒ゆり動かし、その後5分間静置する。これを合計3回おこなう。
⑧使用した一次抗体に適合する二次抗体をブロッキング液で必要量希釈する。
⑨スライドガラスを振って液を取り除き、タッパーウェア®に置く。
⑩二次抗体50〜100 μLを滴下する。
⑪室温、2時間反応させる。
⑫④〜⑦の方法で、TBSで5分間、3回洗浄する。
⑬脱イオン水を入れた染色瓶に金属かごを入れて30秒ゆり動かし、その後5分間静置する。
⑭スライドガラスを振って液を取り除き、乾燥させる。

封入
①キシレンを含ませた綿棒で撥水マーカーを取り除く。
②50%無蛍光グリセリンを1滴滴下する。
③カバーガラスをかける。
④スライドガラスは遮光した箱中で保管する。

観察（図4.7）
①標識色素の励起波長、蛍光波長に適したフィルターを用い、落射型蛍光顕微鏡または共焦点レーザー顕微鏡で観察する。
②励起光強度が強すぎると退色を招くので、観察や撮影時以外はなるべく励起光のシャッターを閉じるようにする。
③励起光をNDフィルターで減光し、カメラの露出時間を長くする、あるいはカメラの感度を高くすることで退色を抑えることができる。

4.3.2 免疫金標識法（免疫電子顕微鏡法）
器具、機器
①支持膜付きニッケル（Ni）グリッド：200〜300メッシュ程度のNiグリッドにホルムバール支持膜を貼る。銅（Cu）グリッドは長時間の反応中にCuが溶出するので使用できない。支持膜作製については参考書を参照のこと[4〜6]。
②湿箱：市販のタッパーウェア®など、しっかりと密閉できシャーレを入れることができる大きさの容器
③シャーレ：直径6〜9 cm程度のもの
④パラフィルム®
⑤精密ピンセット
⑥ブロアー

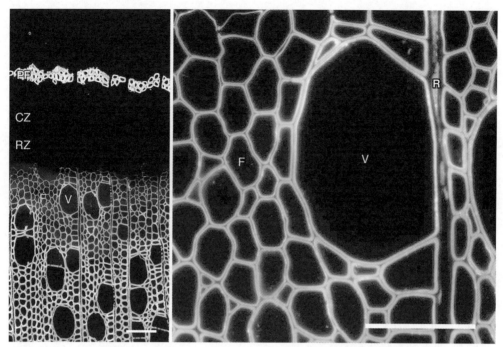

図 4.7　抗キシラン抗体（LM10）および Alexa Fluor® 488 標識二次抗体で免疫蛍光標識したポプラ分化中木部の蛍光顕微鏡像
二次壁を持つ木部細胞および師部繊維（PF）に標識がみられるが、形成層帯（CZ）、細胞拡大帯（RZ）、師部の一次壁のみを持つ細胞には標識が見られない（左）。道管要素（V）、木部繊維（F）、放射柔細胞（R）の二次壁に標識が見られるが、複合細胞間層には標識が見られない（右）。スケールバーはいずれも 100 μm を示す。

試薬類

　市販の一次抗体および二次抗体を使用する場合、抗体により適した緩衝液の条件が下記と異なる場合があるので、製品に付属する取扱説明書をよく読むこと。

① TBS（トリス緩衝生理食塩水）：トリス（ヒドロキシメチル）アミノメタン 1.2 g（20 mM）、塩化ナトリウム 4.5 g（225 mM）を脱イオン水 400 mL に溶かし、0.1 M NaOH または 0.1 M HCl で pH を 8.2 に調整する。脱イオン水を加えて全量を 500 mL とした後、メンブレンフィルター（ポアサイズ 0.22〜0.45 μm）でろ過する。防腐剤としてアジ化ナトリウム 0.49 g（15 mM）を加えてもよい。

② ブロッキング液（1％牛血清アルブミン（BSA）を含む TBS）：抗体反応の前にブロッキング液を切片に反応させておき、抗体が非特異的に吸着する部位をブロックする。調製した液はメンブレンフィルター（ポアサイズ 0.22〜0.45 μm）でろ過してから使用する。非特異的反応が抑えられない場合は BSA の濃度を 1〜10％の範囲で調節する、二次抗体動物種の正常血清を 1〜5 ％の濃度で加える、BSA の代わりにスキムミルクを用いる、0.1％ Tween20 を加えるなどにより改善することがある。

③ 一次抗体

④二次抗体：一次抗体の動物種（ウサギ、マウス、ラットなど）、クラス（IgG、IgM、IgAなど）、サブクラス（IgG_1、IgG_2など）、抗原決定基の部位（Fc、Fab、Whole molecule、H+Lなど）に対応したもの。金コロイド標識は粒径15 nmのものが観察のしやすさと抗体の浸透性の点で扱いやすい。

⑤2％酢酸ウラニル染色液：調製法および染色方法は参考書を参照のこと。[4〜6]

⑥クエン酸鉛染色液：調製法および染色方法は参考書を参照のこと。[4〜6]

準備

①ウルトラミクロトームを用いて作製した超薄切片（50〜80 nm厚）の樹脂包埋切片を支持膜付きNiグリッドに数枚載せる。

②タッパーウェア®の底にキムワイプ®を敷き、脱イオン水で湿らせる。

③シャーレにパラフィルム®を貼り、マイクロチューブの底などでくぼみを必要数作る。

④パラフィルム®を貼ったシャーレをタッパーウェア®に置く。以後の操作では切片の乾燥を防ぐため、極力ふたをする。

抗原抗体反応

①ブロッキング液約25 μLをパラフィルム®のくぼみに滴下する。

②切片を載せたグリッドをブロッキング液に浮かべる。

③ふたをして室温で30分反応させる。この間に一次抗体をブロッキング液で希釈しておく。

④ブロッキング液で希釈した一次抗体25 μLをパラフィルム®のくぼみに滴下し、グリッドを浮かべて、室温で1〜4時間または4℃で一晩反応させる。

⑤ブロッキング液約25 μLをパラフィルム®のくぼみに滴下し、グリッドを浮かべて、室温で15分間洗浄する。これを3回行う。

⑥使用した一次抗体に適合する二次抗体をブロッキング液で必要量希釈する。

⑦ブロッキング液で希釈した二次抗体25 μLをパラフィルム®のくぼみに滴下し、グリッドを浮かべて、室温で1〜4時間反応させる。

⑧⑤の方法で、ブロッキング液で15分間、3回洗浄する。

⑨脱イオン水約25 μLをパラフィルム®のくぼみに滴下し、グリッドを浮かべて、室温で15分間洗浄する。

⑩2％酢酸ウラニル水溶液、クエン酸鉛染色液で電子染色を行う。試薬の調製および染色方法は参考書を参照のこと[4〜6]。

⑪グリッドを乾燥させ、グリッドケースに保存する。

観察

透過電子顕微鏡で加速電圧80〜100 kV程度で観察する（図4.8）。

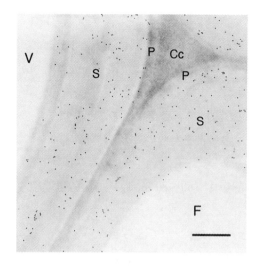

図 4.8　抗キシラン抗体（LM10）および 10 nm 金コロイド標識二次抗体で免疫金標識したシロイヌナズナの道管（V）および木部繊維（F）の透過電子顕微鏡像
金コロイド標識は二次壁（S）に散在する黒点として観察される。一次壁（P）やコーナー部細胞間層（Cc）には標識は見られない。スケールバーは 500 nm を示す。

参考文献

1) Awano, T. et al.（2000）*Protoplasma* **212**, 72-79
2) Hosoo, Y. et al.（2006）*Protoplasma* **219**, 11-19
3) Kimura, S. et al.（1999）*Plant Cell* **11**, 2075-2085
4) 平野寛、宮澤七郎（1992）よくわかる電子顕微鏡技術、医学・生物学電子顕微鏡技術研究会編、朝倉書店
5) Hayat M. A.（2000）Principles and Techniques of Electron Microscopy, Biological A plications, Fourth Edition, Cambridge University Press
6) 門谷裕一（2011）超薄切片法の実際、西村書店

（粟野達也・髙部圭司）

4.4　TOF-SIMS 法

　飛行時間型二次イオン質量分析（Time-Of-Flight Secondary Ion Mass Spectrometry, TOF-SIMS）とは、試料表面に一次イオンを照射し、試料表面から放出される二次イオンを検出する表面分析法の一種である[1]。一次イオン源としては Ga、Cs、Au、Bi、Ar、および O などが利用されている。二次イオンとしては試料表面の無機金属・有機化合物などがそのまま、あるいはフラグメント化を伴いながらイオン化したものが検出される。照射される一次イオンビームを細く絞って試料表面を走査し、どの部位からどのような二次イオンが発生したのかを分析することで、様々な化合物の分布状態を可視化することができる。マススペクトル上で認識された化合物 A について、その検出強度をイメージングするまでの概略を図 4.9 に示した。

　本項では植物試料を TOF-SIMS 測定に供するために留意すべき点をまず記述する。続いて試料調製における要点を紹介し、データ解析手法の概要を述べる。

4.4.1 試料の保管

　TOF-SIMS 測定を行うにあたってまず留意すべき点は、TOF-SIMS が試料表面の数 nm のみを分析するということである。10 mm 角の木材ブロックを測定しようとしたとき、その最表面 10 nm に何らかの汚れが付着したとする。このとき木材全体に対しての汚染物質の濃度は 1 ppm でしかないが、TOF-SIMS 測定で分析される最表面においては 100 % であり、木材由来の情報は全く得られない。データのクオリティは試料表面をどれだけクリーンな状態で測定できるかにかかっていると言って良い。

　頻出する汚染物質の例としてはポリジメチルシロキサン（PDMS）が挙げられる。PDMS は、その化学的安定性・安全性から離型剤、可塑剤、表面改質剤、および界面活性剤（消泡剤）として幅広く利用されている。ジメチコンという名前で毛髪用洗剤などにもよく含まれている。PDMS は周囲環境、つまり試料の保管容器から試料表面へと容易に移動する。さらに二次イオンとしての検出感度も非常に高いため、微量汚染であっても強いシグナルとして検出される。PDMS を取り除くためにはヘキサンによる洗浄が効果的であるが、一度試料表面に吸着した PDMS の完全除去は難しい。またその洗浄過程で試料中のほかの化合物も除去されてしまう、あるいは分布状態が変化してしまう可能性がある。

　試料を保管するにあたっては、薬包紙（ポリプロピレンコート紙）、アルミホイル®、ポリプロピレン製容器、よく洗浄されたガラス容器を筆者らは推奨している。新品のガラス器具は離型剤として PDMS が表面に残存しているため、あらかじめよ

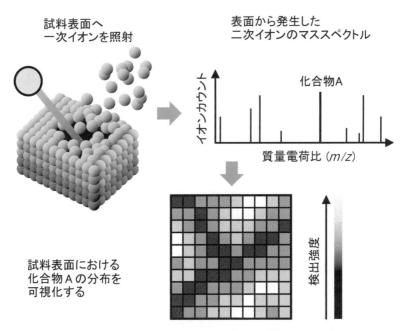

図 4.9　TOF-SIMS によるイメージング質量分析の概略

く洗浄してから利用する。ディスポーザブルピペットやピンセット、薬さじ等の器具についても同様である。

4.4.2 測定用試料・標品の調製

試料表面の平滑性は重要である。図 4.9 に図示したように、一次イオンビームは試料表面に対して斜めに入射されるのが一般的である。試料表面に凹凸が存在する場合、斜め照射のビームを当てることができず、測定できない箇所が発生する。また凹凸によりイオンの移動する距離に差異が生じるため、飛行時間型検出器においては質量分解能の低下にも繋がる。

植物試料を測定するためには、ミクロトーム・剃刀などで表面切削を行ってクリーンかつフラットな表面を作製するのが簡便かつ一般的な前処理であろう。表面切削手法については顕微鏡観察のための手法をほぼそのまま利用することができるが、上述したように表面汚染の防止には留意しなければならない。また当然ながら、樹脂包埋を行った試料では樹脂由来のイオンが検出されるし、抽出操作を行った固体試料から抽出成分を検出することはできない。何を検出したいのか、検出したくないのかをよく考え、調製法を検討する必要がある。以下では植物固体、粉末、および液体試料についての調製例を挙げる。用いる物品はすべて十分に洗浄されたものとする。

植物固体試料の場合

ミクロトームで試料ブロックを表面切削する、あるいは数十～百 μm 厚の切片を作製することで、測定に供することができる。木材ブロックの場合、水への浸漬などを行うことで切削しやすくする場合もある。また採取直後に凍結した試料をそのまま切削し、凍結乾燥してから測定に供することも可能である。抽出成分を除去して測定したい場合は、有機溶剤で切片を洗浄し、乾燥させてから用いる。

粉末試料の場合

試料は高真空下でイオンビームを受けるため、微細粉末などは移動してしまうことがあり、何らかの方法で固定しておく必要がある。In（インジウム）や Au などのやわらかい金属薄膜に押し込む、粘着テープに固定するなどの手法が利用できる。粘着テープは種別により可塑剤などを含むため注意を要するが、例えば電子顕微鏡用のカーボンテープなどが利用できる。試料が溶剤溶解性を有する場合、Si 板などの上で溶液をキャスト（成膜、析出）して測定に供することも可能である。用いられる基板材料には様々な汚染物質が吸着されているため、十分に洗浄した基板材料を用いて測定直前に固定する。

植物中において対象化合物は通常単独では存在せず、周囲にナトリウム、カリウムなどの無機金属が存在する。TOF-SIMS スペクトルにおいて、有機化合物はこれらの無機金属が付加したイオンとして検出される場合も多い。そのため、無機金属が存在しない状態で標品測定を行っても、植物中から発生する二次イオンとは一致しない場

合がある。標品測定の段階においては、NaClやKClなどの無機金属源を共存させた測定についても検討を要する。

液体試料の場合

粉末試料同様に固定する必要がある。特に試料が水平ではなく、傾いた状態で測定される装置を用いる場合には注意を要する。試料ステージを冷却して固化させる、あるいはろ紙に吸着させて測定するなどの手法が利用できる。ろ紙に吸着させる場合は、当然ながらろ紙のみの測定を行って標品吸着ろ紙のそれと比較する必要がある。また粉末試料の項で述べたように対象試料中で共存していることが予測される無機金属などの添加も検討する必要がある。

4.4.3 試料の測定

一般的にTOF-SIMS測定では、イメージング用の高平面分解能測定とスペクトル用の高質量分解能測定とがそれぞれ行われている。両者の主な違いは一次イオンビームが細くて長い（イメージ用）か、太くて短い（スペクトル用）かということであり、用途に応じて使い分けられている。またイメージング解析を目的としている場合に考慮しなければならないパラメータとして「スタティック限界」がある。これは試料表面を"測定によって損傷を受けていない"ものとして扱うために定められた、一次イオン照射量の上限（10^{12}〜10^{13} ions/cm^2）である。これらを踏まえて、各測定の走査範囲、測定時間、そして測定種別（ポジティブイオンあるいはネガティブイオン、イメージ測定あるいはスペクトル測定）を決定する必要がある。

本稿ではフラグメントイオンを解釈する上での基礎的事項に触れた後、TOF-SIMSの特徴であるイメージング解析手法について紹介する。

スペクトル解析

TOF-SIMS測定において、検出可能な分子量は最大数千程度までとされている。高分子成分がそのままイオン化することはほとんどなく、分解により生じたフラグメントイオンとして検出される。繰り返し単位のある高分子では重合単位間結合での開裂（フラグメント化）が起こりやすい。例えばセルロースでは無水グルコース残基（$C_6H_{10}O_5$）が繰り返し単位なので[$C_6H_{10}O_5$]$_n$[H$^+$]（m/z 163、325、487、649）のようなイオンが検出される。さらに小さな単位へのフラグメント化も起こり、CH_3、C_2H_5、C_3H_7、C_2H_3Oのようなイオンも多数検出される。このような小さなイオン種は、様々な有機化合物から同様に検出されるため、特定構造へと直接還元して考えることは難しい。しかしながら、元の有機化合物の構造に依存して、それらフラグメントイオンの比率が異なることから、多変量解析を用いてイメージングへと利用することも可能である。

ヘミセルロースについてはその構成単位の構造および標品測定の結果から、[$C_5H_8O_4$][H$^+$]（m/z 133.05）および[$C_5H_6O_3$][H$^+$]（m/z 115.04）が代表イオンとして扱

われてきた。しかしながら、最近の多変量解析を利用した研究では、植物試料の測定においては他成分からも同 m/z のイオンが発生しており、必ずしもこれらのイオンがヘミセルロースのみに由来しているわけではないとする報告[2]もある。複雑系を対象として分析を行うにあたっては、あるイオンの起源が複数である可能性を常に考慮しなければならない。

　植物細胞壁を構成する主要成分のひとつであるリグニンは、構成ユニットが複数存在することに加えてその結合様式が多様であるため、スペクトルの解析は複雑である。**図 4.10a-c** にはリグニン構成単位の構造を示した。TOF-SIMS 分析で主に利用される各リグニン構成単位由来のフラグメントイオンは、それぞれのユニットが有するメトキシ基の個数の違いから m/z 30 ずつの差異がある。グアイアシル単位（G-unit）から生じるフラグメントイオンの例を**図 4.10d-f** に示した。これらのフラグメントイオンは、リグニン中のエーテル結合などが切断されて生じるが、5-5′結合のような強固な結合は切断されないため、リグニンのすべての構造単位から同じようにフラグメントイオンが生じるわけではない[3]。

イメージ解析

　カキノキ（*Diospyros kaki*）の木口面の測定例[4]を**図 4.11** に示した。TOF-SIMS 測定で最初に得られるイメージはトータルイオン像（**図 4.11a**）と呼ばれるものであ

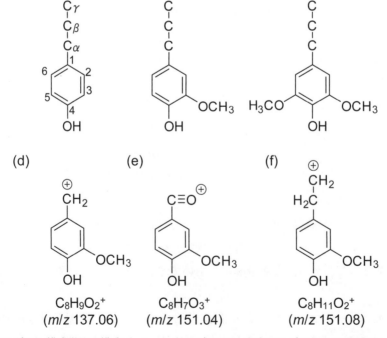

図 4.10　リグニン構成単位の構造（a、b、c）および G-unit 由来フラグメントイオン（d、e、f）の例

る。このとき、各画素にはその地点から得られたマススペクトルが格納されており、画素の明るさはイオンカウントの合計値を示す。よってこの明暗は実際の試料表面の凹凸や形状とは異なった意味合いを有することに留意しなければならない。例えばある特定の場所に無機塩が存在すると、イオン化収率の差からそこが非常に明るく見えるであろう。この各ピクセルが有するマススペクトルデータに対して各種の計算処理を施すことで、イメージング解析を行う。

最も単純な処理は、特定イオンを指定して、そのイオンのみの分布状態を確認することである（図 4.11b、c、d）。図にはナトリウム、カリウム、および抽出成分（4,8-dihydroxy-5-methoxy-2-naphthaldehyde）を示した。検出強度が大きく、特徴的な分布を有するイオンであれば十分にその状況を把握することができる。図の場合、ナトリウムは大きな細胞内にのみ局在しているが、カリウムは広く分布していること、抽出成分はいくつかの特定細胞に局在していることがわかる。複数のイオンについて比較する場合、それぞれのカラースケールを RGB に割り当てることで、成分分布の差異をカラー画像として一度に表現することも可能である。また、2 つのイオンを選択し、その比率を用いてイメージングすることで、成分変化のコントラストをより見易くすることもできる。

イメージ内の特定の領域を指定し、その範囲から得られたマススペクトルを全体

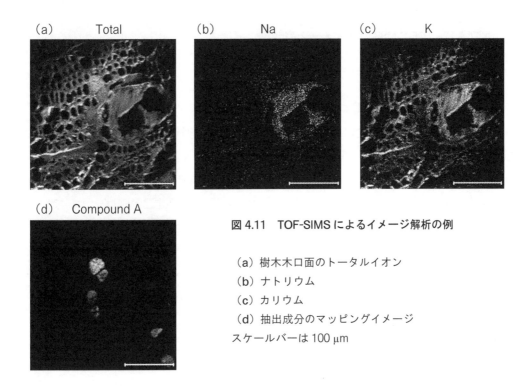

図 4.11 TOF-SIMS によるイメージ解析の例

（a）樹木木口面のトータルイオン
（b）ナトリウム
（c）カリウム
（d）抽出成分のマッピングイメージ
スケールバーは 100 μm

のマススペクトルから抜き出して再構築（図4.12）することもできる。このような領域を関心領域（Region of Interest、ROI）と呼ぶ。図では、特定細胞のみを選択したROI（図4.12a）と、それ以外を選択したROI（図4.12c）を作成し、それぞれの領域におけるマススペクトルを示した。特定細胞のマススペクトル（図4.12b）ではm/z 218イオンが非常に強く検出されているが、その他の領域（図4.12d）ではほとんど検出されていないことがわかる。特に植物試料を対象とする場合、目的とする細胞・組織が定まっているのであれば、ROI解析は非常に有用である。

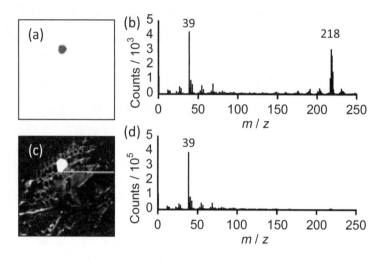

図4.12　TOF-SIMSによるイメージ解析の例
作成された特定細胞の内（a、b）と外（c、d）のROIおよび抽出されたスペクトル

4.4.4　他測定法との組み合わせによるデータの補完

　TOF-SIMSは"顕微"質量分析法ではあるが、電子顕微鏡と比較してその平面分解能は劣る。また、二次イオン収率は化合物によって大きく異なっており、イオンの検出強度を存在量と直接結びつけることはできない。つまり図4.12bにおいてK（m/z 39）と抽出成分（m/z 218）の存在量は、イオンカウントでは近い強度を示しているものの、実際には数桁以上の濃度差で存在している可能性がある。

　TOF-SIMSの特徴を活かしながら、以上のようなポイントを補足するため、同一領域を走査電子顕微鏡で観察して詳細な組織情報を得る、あるいはクロマトグラフィー分析に供して定量分析を行うなど、他測定手法と組み合わせることも有効である。

参考文献

1)　Briggs, D. & Seah M. P. eds.（2004）表面分析：SIMS―二次イオン質量分析法の基礎と応用―、志水隆一、二瓶好正監訳、アグネ承風社

2) Goacher, R. E. et al.（2011）*Anal. Chem.* **83**, 804–812
3) Saito, K. et al.（2005）*Biomacromolecules* **6**, 2688–2696
4) Matsushita, Y. et al.（2012）*Holzforschung* **66**, 705–709

（青木　弾・福島和彦）

4.5　細胞壁合成酵素の可視化

4.5.1　エンド型キシログルカン転移酵素（XET）活性の可視化

　植物細胞壁は、キシログルカンを分子間でつなぎ換える活性を含む（図4.13A）。この活性を担う酵素は、エンド型キシログルカン転移酵素／加水分解酵素（Xyloglucan endotransglucosylase/hydrolase、XTH）ファミリーに属す。XTHにはキシログルカン分子をつなぎ換える活性（XET活性）をもつもの以外に、エンド型キシログルカン加水分解活性（XEH活性）をもつもの、反応条件により両活性を持つものが知られる。このファミリーに属す酵素をコードする*XTH*遺伝子は、コケ植物をはじめとして陸上植物のゲノムに普遍的に存在することから、全ての陸上植物は、XET活性を持つと考えられている。ここでは、蛍光標識したキシログルカンオリゴ糖（Xyloglucan oligosaccharide、XGO）を用いた、XET活性の可視化（図4.13B）について述べる。

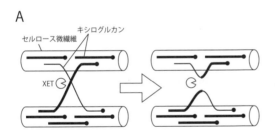

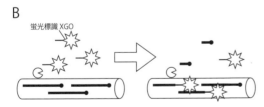

図4.13　XET活性（A）およびその可視化法（B）の模式図
キシログルカンの還元性末端を丸で示している。つなぎ換えの様子がわかるようキシログルカン鎖は、場合によって線の太さを変えている。

4.5.1.1　可視化の原理

　キシログルカンは、セルロース微繊維の表面を覆うようにして結合している。そこに、蛍光化合物で標識したXGOを共存させておくと、XET活性により、細胞壁にあるキシログルカン鎖と蛍光標識XGOとの間でつなぎ換えが起き、蛍光標識が細胞壁にとりこまれる（図4.13B）。この標識を蛍光顕微鏡や共焦点顕微鏡で観察すること

で、XET 活性を、細胞または組織レベルで検出することが可能になる。

4.5.1.2　蛍光標識 XGO の調製

　XGO 還元末端の化学構造は、XET 活性に影響を与えないことが知られている。そこで、XET を測定する際は、XGO の還元末端を標識することができる。標識 XGO の作製法として、これまでに、いくつかの蛍光標識化合物やカップリング法が報告されている[1,2]。ここでは、突出したアミノ基を持つ Fluorescein isothiocyanate（FITC）誘導体を「還元的アミノ化反応」で XGO の還元末端に一段階カップリングする方法を述べる。

　なお、還元的アミノ化反応は、糖の還元末端を標識する主要な化学反応の一つで、実際の操作は、DMSO やピリジンを溶媒として、反応性の高いアミノ基を導入した蛍光化合物をオリゴ糖と混ぜ、酢酸とともに加熱することが多い。その後、還元剤を用いて結合を不可逆的なものにする。蛍光標識や化学反応の変更を検討する場合は、生体分子と機能性化合物のカップリング法をまとめた良書[3]があるので、そちらも参考にされたい。

器具、機器

①80℃に加熱できるアルミバスと 13 mm 径の丸底試験管にあうアルミブロック（例：TAITEC DTU-1C、AL-1336）

②薄層クロマトグラフィー用ガラスチェンバー（例：CAMAG 022.5256；500 mL 前後のトールビーカーでも代用可能）

③ブラックライトが照射できる電気スタンドか手持ちライト（市販の電気器具にブラックライトの蛍光灯や LED 光源をつける）

④冷却トラップを備えた濃縮遠心機（例：Thermo Fisher Scientific SPD131DDA）、または、吹きつけ式濃縮装置（例：EYELA MGS-2200）

⑤微量遠心機（例：OMY MX-200）

⑥ねじ口試験管（テフロン®ライナー付スクリューキャップ式ねじ口丸底試験管：13 × 100 mm）

⑦その他：パスツールピペット、有毒なシアンガスを発生する試薬を用いるので、ドラフトが必要である。

試薬類

① XGO（市販品では、東京化成工業から七糖タイプ H1041 や九糖タイプ N0693 が購入できる。また、Megazyme から七、八、九糖混合物 O-XGHON が購入できる。**表 9.5**）、セロテトラオース（XET によって取り込まれないオリゴ糖の対照区として用いる。市販品では、東京化成工業から C2796 の型番で入手できる。）

②フルオレセインカダベリン（Life Technologies A-10466）

③シアノ水素化ホウ素ナトリウム（95％以上の純度のもの：酸と反応して毒性のシア

ンガスを発生する。吸湿性が高く劣化しやすいため、密閉容器に入れて保管する。本来、白色だが、褐色が強くなってきたら適切な方法で廃棄する。）
④シリカゲル担体 TLC ガラスプレート（Merck 5065-32122）
⑤その他：DMSO、酢酸、2-プロパノール、酢酸エチル、メタノール（すべて特級）

操作

① XGO およびセロテトラオースを 8 mM になるよう DMSO に溶かす（溶液1）。フルオレセインカダベリンを 30 mM になるよう DMSO に溶かす（溶液2）。酢酸と DMSO を等量混ぜる（溶液3）。（溶液1）50 μL、（溶液2）130 μL、（溶液3）20 μL を混ぜ、パスツールピペットを使って、ねじ口試験管の底に入れる。

②アルミバスで 80℃、2 時間、加温する。

③手袋を装着し、ドラフト内で、シアノ水素化ホウ素ナトリウムを数 mg 秤量する。量り取ったシアノ水素化ホウ素ナトリウムを 1 M になるよう 30％（v/v）酢酸：DMSO 溶液に懸濁する。固形物が見える場合は、60℃で数分間温めて溶かす（溶液4）。

④ステップ②で得た反応液を放冷後、ドラフト内で、（溶液4）を 100 μL 加え、ピペッティングでよくまぜ、フタをする。

⑤アルミバスで 80℃、1 時間、加温する。

⑥放冷後、ドラフト内で、薄層クロマトグラフィーの要領で反応液を TLC ガラスプレートにスポットする。

⑦ 2-プロパノール、酢酸エチル、水を体積比 2:1:2 で混ぜた溶液で展開し、ブラックライト照射下でスポットの周りを鉛筆でマークする。マーク内部のシリカゲル部分を、スパーテルなどではがし、1.5 mL 微量遠心管に集める。1 mL のメタノールを入れて、激しく撹拌し、遠心分離後、上清を新しいチューブに移す。0.5 mL のメタノールで同様の操作を繰り返す。

⑧濃縮遠心機でメタノールを揮発させ、残った固形物として FITC ラベルしたオリゴ糖を得る。

4.5.1.3　蛍光標識 XGO を用いた XET 活性の可視化

　XET 活性は、植物体内に広く分布するが、そのレベルは、細胞の状態や種類によって変動する。例えば、BY-2 培養細胞（葉タバコブライトイエロー2号から誘導されたタバコ BY-2 細胞）は、さかんに分裂している植継ぎ3日目から4日目に、高い XET 活性を持つが、増殖が停止する頃には、低い XET 活性しか示さなくなる。また、ポプラの発達中の繊維も、強い XET 活性を持つことが知られている[4]。培養細胞における XET 活性を可視化するには、蛍光標識 XGO を含む培地で2時間程度培養したあとに顕微鏡観察に供する。組織内の XET 活性を可視化するには、ビブラトームなどで未固定の切片を作製し、蛍光標識 XGO を含む pH 5.5 前後の緩衝液中

に2時間程度浸した後に顕微鏡観察に供する。

　観察には、蛍光顕微鏡、または、共焦点レーザー顕微鏡を用いる。このとき、顕微鏡は、蛍光色素の種類に応じた光源およびフィルターセットを備えている必要がある。FITCは、蛍光化合物として長く使われてきたため、多くの蛍光顕微鏡および共焦点レーザー顕微鏡は、FITCの蛍光の検出に適した光源およびフィルターセットを標準で装備している。あまり使われていない波長を持った蛍光色素による標識を試みる場合は、使用予定の顕微鏡が、その蛍光色素を観察できるか、予め見極めておく必要がある。また、植物細胞は、少なからず自家蛍光を持っている。そこで、非特異的な蛍光を評価するための陰性対照を必ず同じ実験に含める。例えば、蛍光標識XGOの代わりに蛍光標識セロテトラオースを用いる対照区、あるいは、比較的壊れにくい切片を観察する場合は、切片を10分ほど煮沸してXET活性を失活させた対照区などを準備する。

　ここでは、上記で作製したFITC標識XGOおよびFITC標識セロテトラオースを用いてBY-2細胞におけるXET活性を、共焦点レーザー顕微鏡を用いて観察する方法を述べる。なおBY-2培養細胞の基本的な取り扱いや培地の組成については、日本語の手引き書があるのでそちらを参考にされたい[5]。

器具、機器

① FITCを観察できる蛍光顕微鏡もしくは共焦点レーザー顕微鏡（例:Olympus FV1000-D BX61）

② BY-2培養のためのインキュベーター（27℃に設定でき、回転培養が可能なもの：例えばNew Brunswick Scientific社 Innova 4230）

③ 微量遠心機（例:TOMY MX-200）

④ その他：1.5 mL微量遠心管、通常の光学顕微鏡観察に用いるスライドガラスおよびカバーガラス（スライドガラスに試料をマウントする際に、精密ピンセット、柄付針、真空ポンプ用グリースがあるとよい）。

操作

① BY-2を継代培養する。細胞を含まない培地を準備しておく。

② FITCラベルしたオリゴ糖（XGOとセロテトラオース）を1 mMになるよう水に溶かす（遮光の上で-20℃で保存可能）。

③ 植継ぎ3日目のBY-2培養細胞懸濁液を約0.5 mL、1.5 mL微量遠心管に取り分ける。

④ ②で作製したストック溶液を終濃度が0.1～1 μMになるように、BY-2培養細胞の懸濁液に加え、ピペッティングでゆっくり混ぜる。

⑤ 27℃で2時間インキュベートする。この間30分置きに、チューブを上下逆さまにする操作を繰り返し、ゆっくりと混ぜる。

⑥新しい培地を使って、細胞を洗い（微量遠心機を用いる：500×g、2分、室温）、未反応の標識オリゴ糖を除く。

⑦スライドガラスに注射器などを使って、真空ポンプ用グリースで1 cm辺の正方形の土手を作る。その内側に、インキュベートした細胞懸濁液を20 μL注ぎ、空気が入らないよう、カバーガラスを斜めにしながらおろして、マウントする。

⑧顕微鏡と励起光用の光源（蛍光顕微鏡なら水銀ランプ、共焦点レーザー顕微鏡なら488 nmレーザー）を立ち上げ、適切なフィルターセットを選ぶ。（蛍光色素に合わせて自動的に適切な光路が選択されるようパソコンが制御するタイプの顕微鏡も普及している。マニュアルで設定する場合は、励起フィルターとダイクロイックミラーのセットおよび吸収フィルターを選択する。）

⑨スライドガラスをセットし、明視野でピントを合わせた上で撮影する。明視野像と蛍光観察像を撮影し、重ね合わせることで細胞の中のどこに蛍光が蓄積しているかを判別できる。明視野像は、微分干渉などでコントラストを上げると見やすい像が得られる。

参考文献

1) Fry, S.C. (1997) *Plant J.* **11**, 1141-1150
2) Ito, H. & Nishitani, K. (1999) *Plant Cell Physiol.* **40**, 1172-1176
3) Hermanson, G.T. (2013) Bioconjugate techniques, Third edition. Academic Press
4) Nishikubo, N. et al. (2007) *Plant Cell Physiol.* **48**, 843-855
5) 福田裕穂（1997）植物の細胞を観る実験プロトコール、福田裕穂ほか監修、秀潤社、p.187-189

（篠原直貴・西谷和彦）

4.5.2 セルロース合成酵素の可視化

　細胞壁中でセルロースは、分子鎖が束なったセルロースミクロフィブリルという糸状の構造体を形成している。陸上植物のセルロースミクロフィブリルは直径約4 nm、長さはμmオーダーの不定長である。セルロースを合成する酵素は細胞膜に埋め込まれており、細胞膜中で集合構造をとっている。この構造はセルロース合成酵素複合体と呼ばれている[1,2]。ミクロフィブリル構造が形成される理由は、セルロース合成酵素複合体から複数本のセルロース分子鎖が同時に合成されながら結晶化するためである。セルロース合成酵素複合体に含まれる酵素の数や配列様式は生物種により異なり、その結果、合成されるセルロースミクロフィブリルの形状は生物種により様々である[3]。

　セルロース合成酵素複合体を電子顕微鏡で観察するためには、フリーズフラクチャー法が有効である。フリーズフラクチャー法とは、急速凍結した生細胞をナイフ

等で割断した後に金属蒸着を施して割断面の鋳型（レプリカ）を作製して観察する方法である。特に細胞膜では脂質二重層の疎水性面に沿って凍結割断されやすく、細胞膜に存在するセルロース合成酵素複合体のような膜タンパク質の二次元的な分布を明らかにすることできる。

　膜タンパク質の観察のみが目的の場合、フリーズフラクチャー後のレプリカを強酸などで処理して細胞質を除去して観察する。一方、膜タンパク質の成分も同定したい場合には免疫フリーズフラクチャー法を用いる。この場合、強酸の代わりに SDS（Sodium dodecyl sulfate）のような界面活性剤を使用してレプリカを洗浄する。界面活性剤はタンパク質を水可溶化するもののタンパク質の分解には至らない。凍結割断で露出した細胞膜と膜タンパク質は白金とカーボンによる蒸着によって物理的にレプリカに固定されているので、SDS 処理後も膜タンパク質はレプリカ上に保持される。そしてレプリカを抗体標識することで膜タンパク質の成分を同定できる[4]。免疫フリーズフラクチャー法により、植物のセルロース合成酵素複合体（6 個の膜顆粒で構成され、ロゼットと呼ばれる）にセルロース合成酵素が含まれることが確かめられた[5]。

　ここでは、免疫フリーズフラクチャー法による植物のセルロース合成酵素の観察方法の実際について述べる。

器具・装置

① 急速凍結装置（Leica, EMCPC）：自作する場合、小さな金属容器（直径約 1 cm、高さ 5 cm 程度の金属筒）と発泡スチロール容器を使用する。
② フリーズフラクチャー装置（Baltec、BAF400D）：同様の装置は Leica や JEOL も製造している。
③ 実体顕微鏡（低倍から 20 倍程度まで可変できるタイプが使いやすい）
④ 回転式シェーカー（回転速度を可変できるタイプ）
⑤ 安全カミソリ
⑥ レギュレーター付きの小型プロパンガスボンベ
⑦ ふた付きの発泡スチロール容器（長辺 20 cm 程度の小型のもの）

試薬類

液体窒素、市販のドライイースト粉末（使用時に水で溶いてペースト状にする）、セルラーゼ（Yakult、Onozuka R10）、プロテアーゼ阻害剤カクテル（Roche、Complete Mini）、SDS、ブロッキング剤（Roche、Blocking reagent）、抗セルロース合成酵素抗体（ウサギ抗血清）、金コロイド標識抗ウサギ IgG 抗体（EY Laboratories）、酢酸緩衝液（pH 4.5）、PBS（10 mM リン酸緩衝液、150 mM NaCl、pH 7.4）

操作

急速凍結：

凍結操作で液化プロパンを使用するので、必ずドラフト内で行うとともに実験中は火気厳禁とする。

① 金属筒を発泡スチロール容器内に固定し、金属筒の周りを液体窒素で満たして充分冷却する。

② ガスボンベのレギュレーターに細いチューブを装着し、プロパンガスを金属筒の底面にゆっくりと吹き付ける。プロパンガスの液化を確認しながら金属筒内に液化プロパンを溜める。

③ 試料を安全カミソリで1～2 mm角に切り出す。

④ 試料台に少量のイーストペーストを載せ、そこへ試料を埋め込み、ピンセットを用いて試料台を液化プロパン中へ投入する。

⑤ 数秒経過後に試料台を液体窒素の入った容器で一時保管する。

凍結割断と金属蒸着：

① フリーズフラクチャー装置の冷却された試料テーブルに、試料台を載せて排気する。

② 既定の真空度になった時点で試料を冷却したナイフで割断する。

③ 試料テーブルの温度を-110℃にセットして約30秒間保持する。

④ 白金を45°の角度で蒸着、引き続き真上からカーボンを蒸着する。

⑤ 装置から試料台を取り出し、液体窒素の入った容器で一時保管する。

レプリカの洗浄：

① 細胞壁消化液（5％セルラーゼ、50 mM 酢酸緩衝液、pH 4.5）を調製し、そこへプロテアーゼ阻害剤カクテル（Complete Mini の場合、10 mL につき1錠）を加える。約2 mL の細胞壁消化液を直径約2 cm 程度のシャーレまたは24ウェルプレートへ入れ、その中へ試料台をそっと沈める。

② シェーカーでシャーレを穏やかに振とうしながら、室温で2時間程度処理する。時々、実体顕微鏡で試料の様子を観察して溶解具合を確認し、細胞壁の消化が不十分ならば処理時間を延長する。

③ 同じ要領で約2 mL のレプリカ洗浄液（2.5％ SDS、PBS、10 mL につき1錠のプロテアーゼ阻害剤）へ先の太いピペットでレプリカをそっと移し、穏やかに振とうする。途中で新しい液へ移して計2時間の処理を行う。

④ PBS を入れたシャーレへレプリカを移してレプリカを洗浄する。ゆっくり振とうさせながら5分間の洗浄を3回繰り返す。

レプリカの免疫標識：

貴重な抗体を節約するため、抗体処理はパラフィルム®やプラスチックシャーレ上に

抗体の液滴を作製し、レプリカを移動させることで一連の処理を行う。SDSで洗浄した後のレプリカはもろく、粘着性を有する。移動の際には先端を切って太くしたピペットチップやパスツールピペットなどで注意深く行う。また移動の際、液ごとレプリカをピペットで吸うことになるが、できるだけ次の処理液への持ち込みの液を少なくするように注意する。抗体の処理中に試薬が乾燥しないように注意する。

① プラスチックシャーレに水で湿らせたろ紙、パラフィルム® を順に敷いて保湿容器を作る。
② 保湿容器のパラフィルム上にブロッキング液（1% Blocking reagent、PBS）を100 μL程度滴下して液滴を作り、ここへレプリカを移す。蓋をして37℃で30分間処理する。
③ レプリカをブロッキング液で希釈した抗セルロース合成酵素抗体（自作した抗体の場合、事前に濃度を検討する）の液滴へ移す。保湿容器内で37℃、2時間処理する。
④ PBSの液滴へ移す。5分間の洗浄を3回繰り返す。
⑤ レプリカを二次抗体（ブロッキング液で50倍程度に希釈）の液滴へ移す。保湿容器内で37℃、2時間処理する。
⑥ PBSで3回、蒸留水で2回の洗浄を行い、支持膜を貼った電子顕微鏡グリッドにレプリカを回収する。

電子顕微鏡観察：
観察は透過電子顕微鏡で行う。金属レプリカは電子線損傷を受けにくいので観察しやすい試料である。ただしコントラストが比較的高いので、加速電圧を100 kV以上で観察することにより膜顆粒と金粒子の区別がつきやすくなる。図4.14では、6個の

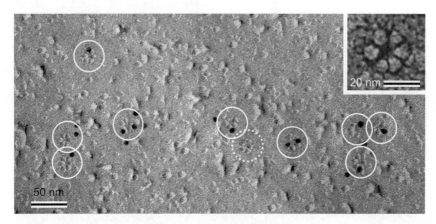

図4.14　アズキ芽ばえのロゼット型セルロース合成酵素複合体
抗セルロース合成酵素抗体の反応部位は黒い金粒子の付着から判定できる（白丸の実線で囲まれたところ）。白丸の点線で囲まれたロゼットは金粒子が付着していない。挿入図は6個の膜顆粒で構成されるロゼットの拡大像を示す。

膜顆粒で構成されたロゼット構造が1つまたは複数の黒い粒子（金粒子）で標識されている像を示す。本手法は、金粒子の大きさを変えることで多重染色も可能である[4]。

参考文献

1) Brown, R.M. Jr. & Montezinos, D. (1976) *Proc. Natl. Acad. Sci. USA* **73**, 143-147
2) Mueller, S.C. & Brown, R.M. Jr. (1980) *J. Cell Biol.* **84**, 315-326
3) Okuda, K. & Sekida, S. (2007) Cellulose: Molecular and Structural Biology, Brown, R.M. Jr. & Saxena, I.M. eds, Springer, p.199-215
4) Fujimoto, K. (1995) *J. Cell Sci.* **108**, 3443-3449
5) Kimura, S. et al. (1999) *Plant Cell* **11**, 2075-2085

（木村　聡）

4.5.3 Analysis of protein-protein interactions in plant Golgi apparatus

　植物細胞壁生合成に関与する多くのタンパク質（酵素）は、タンパク質複合体を形成して機能すると考えられる。この項では、タバコにおける一過性発現系を採用し、ゴルジ体における膜タンパク質の複合体を研究するための迅速な方法、二分子蛍光相補性アッセイ（bimolecular fluorescence complementation assay）、およびウミシイタケルシフェラーゼのタンパク質相補性アッセイ（Renilla luciferase protein complementation assay）について記述する。

　Some proteins involved in cell wall biosynthesis are functionally coordinated through protein-protein interactions in the Golgi apparatus[1~6]. Studies of protein-protein interactions among the cell wall biosynthetic proteins in the Golgi apparatus is challenging because these proteins are membrane proteins and often lowly abundant, therefore a large amount of materials and careful optimization of detergents and other agents are needed. Recently several *in vivo* and non-invasive methods have been adapted for studies of protein-protein interactions among plant cell wall biosynthetic proteins[7]. Bimolecular fluorescence complementation assay (BiFC) is a widely adapted method whereby a pair of proteins of interests (POIs) is recombinantly fused to N- and C-terminal fragments of yellow fluorescent protein (YFP), which are brought together to reconstitute a functional YFP upon interaction between the POIs. A strong fluorescence emitted from YFP with a superb signal-to-noise ratio allows detection by fluorescence microscopy and identification of subcellular location of the protein interaction. However, the interaction between the two fragments of YFP is irreversible, often raising questions about the validity of detected interaction[8]. Luciferase protein fragment complementation assay (Luc-PCA) is another protein fragment complementation assay similar to BiFC, and uses luciferase instead of YFP. Although the signal intensity derived from luciferase is often too low for subcellular-level determination of the signal origin, it offers a superb signal-to-noise ratio and importantly the reconstitution of the two split fragments of luciferase is reversible, hence the rate of false positive is minimal[4]. This chapter describes the use of these two complementary techniques to study protein-protein interactions in the plant Golgi apparatus. Both BiFC and Luc-PCA can be performed in the native plants from which the POIs originate as long as the plants are transformable, although this can take several months. As a rapid approach, these POIs can be heterologously and transiently expressed in the leaves of tobacco (*Nicotiana benthamiana*) plants and the signals can be detectable within a week[7].

4.5.3.1 Materials and preparation

Growth and transformation of *N. benthamiana*

1. Cylindrical plastic pots (ca. 4 cm diameter, ca. 4 cm height) and a tray.
2. Potting soil available in gardening shops. (Optional) Vermiculite can be added to potting soil in the 1:2 ratio.
3. Greenhouse or growth facility with the following day and night setting: daytime temperature 24℃ and 12hr light; night temperature 18℃ and 12hr dark. These settings can be modified: for example, we have successfully used plants grown at 28℃ day temperature.
4. Bactimos (Garta, Odense, Denmark), a larvicide based on *Bacillus thuringiensis israelensis* for minimising fungus gnat infestation. In the US, a similar product named 'Gnatrol WDG' is manufactured by Valent (Walnut Creek, CA) and available from various suppliers.
5. Plant nutrients available in gardening shops.
6. Tobacco plants infiltration buffer: 10 mM 2-(*N*-morpholino)ethanesulfonic acid (MES), pH 5.6; 10 mM $MgCl_2$; 100 μM acetosyringone.
7. 1 mL syringes without needles.

Plasmids, bacterial strains, media, and incubators

1. Binary vectors (e.g. pCAMBIA) capable of replication in *Escherichia coli* and *Agrobacterium tumefaciens* and contain T-DNA cassette for transformation of plants. GATEWAY-enabled binary vectors for construction of fusion proteins from POIs and the reporter protein fragments (*i.e.* N- and C- fragments of YFP and luciferase derived from the sea pansy *Renilla reniformis*) are described elsewhere[4,9].
2. Electrocompetent cells of *A. tumefaciens* PGV3850 C58C1. These can be prepared by growing the Agrobacterial strain in 200 mL of Lurie-Bertani (LB) medium (10 g Bacto Tryptone, 5 g Yeast Extract, 5 g NaCl in 1 L) in exponential phase, followed by harvesting

the cells by centrifugation and three successive washes in the excess of sterile H$_2$O. The final pellets can be resuspended in 1 mL of 10% (v/v) glycerol and aliquots (40 μL each) in sterile 1.5 mL Eppendorf® tubes are stored at −80℃ until use.

A. tumefaciens transformation

1. An electroporator, electroporation cuvettes (0.1 cm or 0.2 cm) and an incubator set at 28℃.

2. The plasmid DNA (up to 4 μL with the concentration of 100 ng/μL) is added to the Agrobacteria competent cells, gently mixed by tapping the tube with a finger tip, and electroporation is performed in a 0.1 cm cuvette with the following setup: resistance, 400 Ω; voltage, 2.5 kV; capacitance, 25 μF. Five hundred microliters of LB is added to the mixture. The diluted mixture is incubated at 28℃ for 1hr and spread on LB medium containing 1.5 % (v/v) agar and appropriate antibiotics and incubated at 28℃. Transformants appear as colonies within 1.5 days.

3. Transfer 3 colonies to LB media containing appropriate antibiotics and grow the cells with the agitation at 220 rpm at 28℃ for 1.5 days. The culture is ready for use for transformation of tobacco plants or can be stored at −80℃ after mixing with a sterile 80 % (v/v) glycerol stock solution to achieve the final glycerol concentration of 20 % (v/v).

Confocal laser scanning microscopy

1. Glass slides and double-sided adhesive tape.

2. Leica TCS SP5 confocal scanning laser microscope equipped with acousto-optical beam splitter, Argon laser (excitation wavelengths at 458, 477, 488, and 514 nm) and He-Ne laser (excitation wavelengths at 543 and 633 nm), and a 40 × water immersion objective (Leica Microsystems).

Renilla Luc-PCA and luminescence measurement

1. Assay buffer: 0.5 M NaCl, 0.1 M potassium phosphate pH 7.4, 1 mM EDTA, 0.02 % (w/v) BSA supplemented with protease inhibitors (complete EDTA-free protease inhibitor, Roche, Basel, Switzerland).

2. A chrome ball (diameter 3 mm) per sample.

3. A mixer mill (Retsch® MM301, Haan, Germany).

4. A Nunc black 96 well plate (Thermo Scientific, Rockford, IL, USA).

5. Coelenterazine-h (Biosynth AG, Staad, Switzerland), 10 μM.

6. A luminometer (Berthold TriStar² LB 942, Berthold, Bad Wildbad, Germany).

4.5.3.2 Procedure

Transformation of *N. benthamiana*

1. Three mililiters of overnight cultures of Agrobacterial strains are centrifuged and the cell

pellets are resuspended in 3 mL of the infiltration buffer.

2. For co-expression of POIs fused to the complementary halves of the reporters (YFP or *Renilla* Luc), the Agrobacterial strains carrying the respective constructs are combined such that the cell densities of individual strains are adjusted to desired values between 0.02 and 0.6 at optical density at 600 nm (OD_{600nm}). As a negative control, the infiltration buffer alone is used to infiltrate the plants. Another important set of negative controls is a series of proteins, fused to the reporter fragments, that are known to be targeted to the same cellular compartment (e.g. the Golgi apparatus) and known not to interact with the POIs. In addition, the expression levels of the POIs and proteins used as the negative controls should be pre-determined by fusing them with the full-length YFP followed by expression under the same conditions in the leaves of *N. benthamiana*. If the signal is too low, the expression level may be enhanced by either increasing the Agrobacterial inoculum in the infiltration mixture and/or by co-infiltrating with Agrobacterial strain harboring P19 for suppressing post-transcriptional gene silencing mechanism[10]. In the latter case, the negative control should be prepared by infiltration of a mixture consisting of the buffer and Agrobacterial strain harboring P19. Conversely, if the signal is too strong, the expression level may be lowered by decreasing the Agrobacterial inoculum. The combined resuspensions are allowed to stand at room temperature for 1 hr before infiltration.

3. By using a 1 mL syringe, the resuspension is infiltrated into the leaf tissue (**Figure 4.15**). With the syringe tip gently pressed against the underside (abaxial side) of the leaf, the

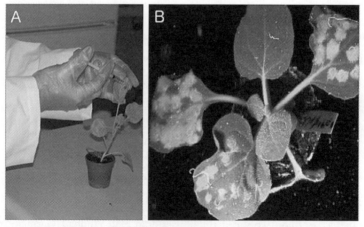

Figure 4.15　Transformation of *N. benthamiana* by Agrobacterial infiltration
A: Hand-injection of Agrobacterial resuspension in the infiltration buffer using a 1 mL syringe
B: An example of successful transformation as shown by the expression of the full-length YFP in the infiltration site
The fluorescence appears as white patches on the leaves upon elimination with an UV lamp.

resuspension is injected into the leaf tissue by slowly pressing down the piston. An area of at least 2 cm diameter should be infiltrated. The area of successful infiltration is apparent by its water-soaked appearance. For each construct at least one leaf each from three independent plants is infiltrated. Up to four independent infiltrations are made routinely in each leaf without overlapping. The area of infiltration is marked by a permanent pen.

4. The infiltrated plants are placed in greenhouse for subsequent observation between 2 days post infiltration (dpi) and 6 dpi.

BiFC analysis with confocal laser scanning microscopy

1. For each expressed protein, three independently infiltrated areas of the leaves are excised (ca. 1.5 cm × 1.5 cm) with scissors and are fixed with upper side down on a microscope glass slide by using double adhesive tape.
2. A drop of water is placed between each specimen and the 40× water immersion objective.
3. The typical set up used for imaging fluorescent signals by using Leica TCS SP5 CLSM is as follows. Gains of photomultiplier (PMT) are typically between 700 and 850 and excitation and emission wavelengths are 514 nm for excitation and the range between 535 nm and 560 nm for detection of the YFP emission signal.
4. Images of at least three randomly selected positions per leaf specimen are recorded and three leaf specimens are analyzed for each expressed protein. An example is shown in

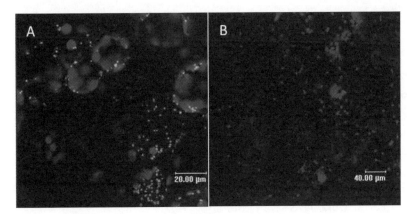

Figure 4.16　An example of BiFC in the plant Golgi apparatus
ARAD1 and UXS2 are type II membrane proteins localized to the Golgi apparatus.
A:ARAD1 homomeric interaction[2]
Split halves of YFP were fused to ARAD1 to generate ARAD1-YN and ARAD1-YC, which were co-expressed in *N. benthamiana*. The intense punctate signals are due to complemented YFP fluorescence and are characteristics of the Golgi apparatus.
B:Negative control
ARAD1-YN was co-expressed with UXS2-YC. The two proteins are not involved in the same biosynthetic pathway and hence do not interact. No YFP signal is visible. Weak background signals seen both in the panels A and B are due to chloroplast autofluorescence.

Figure 4.16. The signal morphology and intensity across different cells should be largely identical. A detailed optimization protocol is described elsewhere[7].

Renilla Luc-PCA

1. Three leaf discs (diameter 0.5 cm) from each of three infiltrated leaves are punched out and pooled into tubes containing 200 µL ice cold assay buffer as described above and a chrome ball (diameter 3 mm) is added. For each protein-protein interaction (PPI) tested, three independent samples, each comprised of a pool of three independent leaf discs, are assayed.

2. The plant material is macerated in a mixer mill (Retsch® MM301, Haan, Germany) at 25-30 Hz for 1 min. Samples must be kept on ice.

3. Of each sample, 100 µL is transferred to a black 96 well plate. The 100 µM coelenterazine-h stock solution is placed in an automated injector.

4. Ten microliters of the coelenterazine-h solution is automatically injected to each well and bioluminescence measured for 30 s immediately after addition in the luminometer.

5. The experiment should be repeated at least three times with independent transfection of *N. benthamiana*. Means of the relative luminescence unit (RLU) values derived from three independent experiments is transformed to the Log_{10} scale, which is used for statistical evaluation by Student's T-test (independent test with two tails) for evaluation of the significant difference from the Log_{10} transformed RLU value obtained for the negative control.

References

1) Oikawa, A. et al. (2013) *Trends Plant Sci*. **18**, 49-58
2) Atmodjo, M.A. et al. (2011) *Proc. Nat. Acad. Sci.* **108**, 20225-20230
3) Harholt, J. et al. (2012) *Planta* **236**, 115-128
4) Lund, C.H. et al. (2015) *J. Exp. Bot.* **66**, 85-97
5) Zeng, W. et al. (2010) *Plant Physiol.* **154**, 78-97
6) Chou, Y.-H. et al. (2012) *Plant Physiol.* **159**, 1355-1366
7) Sakuragi, Y., et al. (2011) *Methods Mol. Biol.* **715**, 153-67
8) Søgaard, C. et al. (2012) *PLoS ONE* **7**, e31324
9) Gehl, C. et al. (2009) *Mol. Plant* **2**, 1051-1058
10) Voinnet, O. et al. (2003) *Plant J.* **33**, 949-956

（桜木由美子）

4.6 ライブセルイメージング

　ライブセルイメージングとは、顕微鏡を使って生きたままの細胞を観察する手法であり、この手法により、細胞壁構築においても重要な役割を担う膜小胞を介した物質や情報のやりとり（膜交通）を、生きた細胞の中で観察することが可能である。この節では、膜交通のイメージングに最もよく用いられる共焦点レーザー顕微鏡、細胞膜上やそのごく近傍の観察に適した全反射顕微鏡、2014年にノーベル化学賞の授賞対象となった超解像顕微鏡について、その原理や使用方法を紹介する。

4.6.1　ライブセルイメージングの歴史[1〜4]

　ライブセルイメージングをはじめとした観察手法の洗練や、顕微鏡の性能の向上は、これまでの科学の発展に大きく貢献してきた。それらの背景には、今も昔も変わらぬ人間のミクロの世界に対する探究心と好奇心がある。顕微鏡がいつ誰によって発明されたかについては諸説あるが、1590年にオランダの眼鏡士であったヤンセン父子が、二つの拡大レンズを組み合わせることにより小さなものが大きく見えることを偶然発見し、顕微鏡の原型を作ったと言われている。1655年にはイギリスの物理学者フックが、対物レンズと接眼レンズを組み合わせた複式顕微鏡を作成した。フックは自身の著書『ミクログラフィア（顕微鏡図譜）』（1665年）のなかで、コルクのなかに見られる壁によって区切られた部屋を「修道院の小部屋」を意味する「セル」と名付け記述している。これが生物の基本単位である細胞の初めての発見であった。コルクの細胞は死んでいるため、フックがこのとき観察していたのは実は細胞壁であった。細胞壁は細胞説の生みの親と言えよう。1800年代に入ると、顕微鏡の生産はビジネスとして取り組まれるようになり、商業的競争原理が相乗してその性能は著しく向上した。

　ライブセルイメージングの歴史は20世紀に始まる。1907年、フランスの研究グループがウニの受精と胚発生の様子を世界で初めて映像として収めることに成功し、ライブセルイメージング技術の飛躍的発展が始まる。オランダの物理学者フリッツ・ゼルニケは、試料の屈折率の部分的な違いによって乗じる位相の差をコントラストとして検出する位相差顕微鏡を開発した（1941年）。これにより、無染色の透明な試料、すなわち生きた細胞を傷つけることなく観察することが可能となった。この功績により、ゼルニケは1953年にノーベル物理学賞を受賞する。その後、微分干渉観察法やレリーフコントラスト観察法などが確立され、現在もさまざまな観察に用いられている。

　ライブセルイメージングの歴史において特筆すべきは、蛍光観察技術の進展である。蛍光顕微鏡は1913年にレーマンらにより発明され、当初は標本が自然に発する蛍光（自家蛍光）の観察に用いられていた。1950年、クーンズらにより蛍光抗体法

が発表され、細胞内のある特定の分子を蛍光物質でラベルして観察することが可能になった。この方法は、位相差顕微鏡観察と比較し、観察対象のみを光らせるため高感度での観察が可能であり、対象が輸送小胞のように小さい構造であっても検出できるという利点がある。しかし、蛍光抗体法は試料を固定する必要があるため、生きた状態の細胞を観察することは不可能であった。1962年、下村らが大量のオワンクラゲから緑色蛍光タンパク質（GFP）を単離することに成功し、蛍光観察技術に新たなブレイクスルーがもたらされた。観察対象の分子とGFPを融合し、これを細胞内で作らせることによって、非侵襲的に観察対象を蛍光物質でラベルすることが可能となったのだ。これにより、生きた細胞の中で特定分子の挙動を高感度に観察する技術が確立し、下村らはその功績が認められ2008年にノーベル化学賞を受賞した。顕微鏡機能、光源、検出器などの高性能化や新しい蛍光物質の開発などによって、ライブセルイメージング技術は日々進歩しており、医学、生物学分野の発展に役だっている。

4.6.2 共焦点レーザー顕微鏡（図4.17）[1〜5]

一般的な蛍光顕微鏡では、一定の領域を均一に照射するため、焦点の合っていない部分の蛍光も検出されてしまい、厚みを持った試料で微細な構造を見分けることが難しい。これを克服したのが共焦点顕微鏡である。共焦点顕微鏡の基本原理は1957年にアメリカのコンピューター科学者であるミンスキーによって発明された。1969年には、輝度が高い、出力が安定している、特定の波長をもつ、直進性に優れる、と

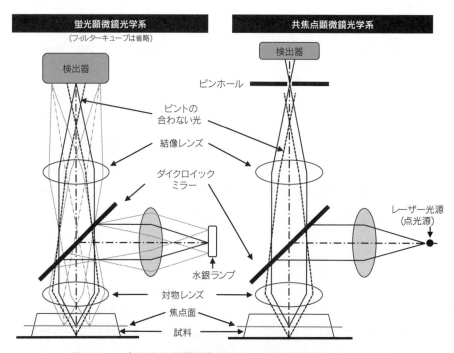

図4.17　一般的な蛍光顕微鏡光学系と共焦点顕微鏡光学系の比較

いった特徴を有するレーザーが共焦点顕微鏡の光源として用いられるようになり、1985年から市販が開始された。共焦点レーザー顕微鏡は、対物レンズの焦点位置と共役な位置にピンホールを配置することにより、焦点の合った位置からの光のみを検出する顕微鏡システムである。レーザー光源は、対物レンズにより焦点に集光され、その位置の蛍光物質を励起する。この蛍光は逆経路を通り、ダイクロイックミラーによって励起光と分離され、コンフォーカルレンズにより集光される。このとき、焦点面からの光は共焦点位置に集光しピンホールを通過することができるが、焦点以外からの散乱光はピンホールによって物理的に遮断される。これにより焦点面の情報のみが抽出される。共焦点レーザー顕微鏡はXYZ方向の分解能に優れており、光学的切片画像の取得が可能である。

ガルバノミラー方式（図4.18左）[1,5]

上述のシステムでは、サンプル上の一点のみの情報が検出されるため、平面画像を得るには試料上を二次元的に走査する必要がある。これに用いられるのがガルバノ走査システムである。このシステムは、ガルバノミラーと呼ばれる二組の鏡を電磁石で回転させることによりレーザーの反射方向を調整し、試料を固定したまま走査するものである。なお、Z軸に関してはステッピングモーターやピエゾ素子を用いて、対物レンズやステージを移動する方法がとられる。

ニポウディスク方式（図4.18右）[5,6]

ガルバノミラー方式がシングルビームで走査するのに対し、ニポウディスク方式は

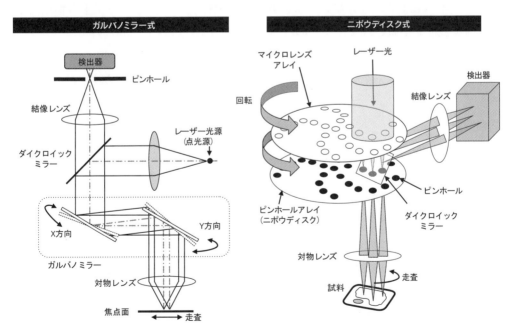

図4.18　共焦点スキャナーの比較

ニポウディスクと呼ばれる回転板を使用することにより、マルチビームで試料をスキャンする方法である。ニポウディスクとは、円形のディスクに多数のピンホールが螺旋状に配置されたもので、ピンホールアレイとも呼ばれる。これと、マイクロレンズを螺旋状に配置したマイクロレンズアレイとを同時に高速回転させることによりマルチビームが形成され、一度に多点の共焦点情報を取得できる。したがって、ニポウディスク方式共焦点顕微鏡は高速で運動するものの観察に優れている。また、一本のビームを分割して照射するため、退色や光毒性のリスクが低く長時間の観察にも適している。

顕微鏡観察における注意点

実際に顕微鏡を用いて鮮明な画像を取得するには、操作や各パラメータの設定方法について習熟する必要がある。したがって、慣れないうちはその顕微鏡の扱いに詳しい者やメーカーに助言を求めること推奨する。実験ごとの注意点については、秀潤社『新版 植物の細胞を観る実験プロトコール』や『改訂3版 モデル植物の実験プロトコール』を参照されたい。ここでは、ライブイメージング観察を行う際の一般的な注意点をいくつか挙げる。

①蛍光物質の選択

最近では色のバリエーションだけでなく、光刺激により蛍光の波長が変化するものや不安定化するものなど、さまざまな特徴をもつ蛍光物質が販売・使用されている。これらを用いて多色観察する際は、必要な励起レーザーと、複数の蛍光シグナルを分離できる装置が顕微鏡に備わっていることを確かめておく必要がある。例えば、カール・ツァイス社 LSM780 顕微鏡には、スキャンと同時に蛍光のスペクトル情報を取得できる機能が搭載されており、sGFP（508 nm）と EYFP（527 nm）のように近接した蛍光を分離することができる。ただし、観察対象の蛍光強度のバランスによっては、蛍光のクロストークが生じ、うまく分離できないこともあるため注意が必要である。

②自家蛍光

クロロフィル、リグニンなどの二次壁成分、NADPH などの分子は自家蛍光を発する。例えばクロロフィルは 680 nm 付近に非常に強い自家蛍光を発する。そのため、検出器に葉緑体の影が映り込むといったシグナルの漏れ込みが生じやすい。この場合、適切なフィルターを用いて自家蛍光をカットするか、蛍光波長の検出範囲を最適化するといった工夫が必要になる。また、観察の際は自家蛍光と目的の蛍光を間違えないよう注意を払う必要がある。目的の蛍光物質を発現しない個体を同じ条件で観察した際、自家蛍光がどれくらい観察されるかを確認し、レーザー強度や露光時間などの条件を最適に設定することが重要である。

③蛍光タンパク質の融合・発現による影響の確認

　蛍光物質を連結させることにより、対象分子の機能が変化する場合がある。そのため、いくつかの組み合わせ（N末融合、C末融合、分子中央に融合など）で、比較観察を行った方がよい。理想的には、これらコンストラクトのうち、目的の分子の欠損変異を相補することが確認できたものを用いるのがよい。また、膜タンパク質は過剰発現により凝集体を形成することがあるため、その発現量に留意する必要がある。標的分子自身のプロモーターで蛍光融合タンパク質を発現させることが望ましいが、プロモーター活性が低い場合は蛍光が検出限界を下回ることがある。さまざまな可能性を考慮し、各実験手法の長所と短所を理解しながら綿密な研究計画のもとに解析を行うべきである。

4.6.3　全反射照明蛍光顕微鏡法：TIRFM（Total Internal Reflection Fluorescence Microscopy）

特徴

　全反射照明蛍光顕微鏡法は、カバーガラス表面から100 nm程度のごく限定された領域にのみ発生させた励起光を用いることにより、高感度かつバックグラウンドの極めて低い蛍光観察を行う手法である[7]。昨今の生命科学では、生体分子の一分子イメージングや細胞膜近傍におけるタンパク質の挙動解析に用いられることが多い。今後、植物の細胞壁研究においても、膜交通や細胞骨格を介した細胞壁資材の配置制御メカニズムの解明に向けた強力なツールとなることが期待される。

原理

　全反射とは、屈折率の大きな物質から小さな物質に光が入る際、入射角がある一定の角度（臨界角）より大きいと、境界面で全て反射される現象のことを指す。実際の観察においては、カバーガラス（屈折率約1.52）と水溶液（屈折率約1.33）の境界で全反射が起こる際、水溶液側へ僅かに染み出す特殊な光（エバネッセント光）を励起光として利用する。エバネッセント光は、カバーガラス界面からの距離に応じて指数関数的に減少するため、照明領域における蛍光分子の挙動は、その明滅で表現されることが多い（図4.19）。

　比較的厚い細胞壁を持つ植物細胞においても、励起光の入射角度を臨界角より若干小さく設定して照明距離を拡大することで、斜光照明と呼ばれる細胞膜近傍を対象にした同様の蛍光観察が可能とされる[8]。ただし、ガラスに近い屈折率（約1.45）を持つ細胞壁[9]と細胞質基質の境界でもエバネッセント光の発生が予想されており[10]、植物の細胞膜近傍における全反射照明蛍光観察の成立については議論の余地が残されている。

植物細胞観察への応用例

　ここでは、細胞膜上でエンドサイトーシス小胞形成に関わるタンパク質をGFPで

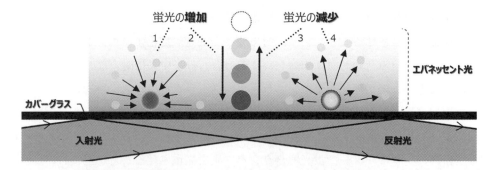

図 4.19　全反射照明蛍光顕微鏡における蛍光分子の挙動とその見え方
顕微鏡視野内における蛍光輝度の増加はエバネッセント光照明領域での蛍光分子の集合（1）や侵入（2）を示す。一方で、蛍光輝度の減少は、照明領域からの脱離（3）や分散（4）を示す。

標識したものを発現するシロイヌナズナの根の表皮細胞において、その蛍光を全反射照明蛍光顕微鏡により観察する例を以下に示す。

準備するサンプル、機器、試薬
・倒立型全反射照明蛍光顕微鏡システム（ニコン社：TIRF2）
・CMOS カメラ（Andor 社：Zyla 4.2）
・ムラシゲ・スクーグ（MS）寒天培地で生育したシロイヌナズナ幼植物体
・スライドグラス（松波硝子：76 × 26 mm、No.1s）
・カバーグラス（松波硝子：24 × 60 mm）
・MS 液体培地

観察方法
①播種後 7 日ほどのシロイヌナズナの根をスライドグラスにのせ、MS 液体培地を適量たらした後、カバーグラスをかぶせる[*1]。
②サンプルを顕微鏡の試料台にセットし、透過像を見ながらおおよその視野やピントを合わせておく[*2]。
③光路を CMOS カメラモードに切り替え、モニター画像を見ながらレーザー角度調整用マイクロメーターを操作し、全反射条件を探す[*3]。
④撮影する細胞を決定したのち、1 フレーム当たりの露光時間やカメラの各種パラメータを設定し、画像を取得する（**図 4.20**）[*4]。

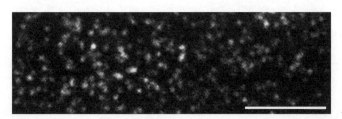

スケールバーは 5 μm

図 4.20　シロイヌナズナ根表皮細胞における GFP 融合型小胞形成実行因子（ダイナミン）の全反射照明像

注意点

*1 柔らかい組織を観察する場合はカバーガラス同士でサンプルを挟むとよい。
*2 干渉縞の原因となるので、サンプルをセットする際には対物レンズに滴下したエマルジョンオイルに気泡が入らないよう注意する。
*3 全反射照明状態になると、バックグラウンド蛍光が急激に暗くなるので判断の目安にするとよい。
*4 特に長時間のタイムラプス観察を行う際には、画質に悪影響を及ぼすフォーカスドリフトを防止する装置を利用することが望ましい。

4.6.4 超解像顕微鏡

19世紀末にアッベとレイリーが発表した定式（式1）によって、識別可能な2点間の最小距離 ∂（分解能）は、観察に用いる光の波長 λ の約半分が限界であることが示された。

$$\partial = 0.61\, \lambda / n\sin\theta \quad (式1)$$

λ：光の波長、n：屈折率（refraction index）、$n\sin\theta$：NA（レンズの開口数）

この式に従うと、可視光線を光源として用いる光学顕微鏡では、分解能は約200 nm が限界である。例えば、NA=1.4 の100倍の油浸レンズで、λ=488 nm のとき、∂=213 nm となる。さらに微細な観察をおこなうためには、波長の短い光を用いる必要がある。可視光線よりも波長の短い電子線を用いた電子顕微鏡は、光学顕微鏡に比べナノメートルオーダーの非常に高い分解能を達成することができる。しかし、電子顕微鏡はサンプルを凍結や化学物質により固定する必要があり、生きた生体サンプルの観察は現在のところ不可能である。そこで、生きたサンプルを（式1）の分解能の限界を超えて観察する試みが続いている。

可視光線を用いた、（式1）の分解能の限界を越えた顕微鏡を超解像顕微鏡と総称する。ライブイメージング分野における超解像顕微鏡に対する関心は非常に高く、2014年のノーベル化学賞は、超解像顕微鏡の開発を行った E. Betzig、S. W. Hell、W. E. Moerner に授与された。これまでに商業化された超解像顕微鏡は、誘導放出制御法、蛍光局在顕微鏡法、構造化照明法のいずれかを用いたものである[11]。

構造化照明顕微鏡法：SIM（Structured Illumination Microscopy）

構造化照明顕微鏡法は、モアレ効果（図4.21）と呼ばれる現象の利用により、水平方向に約100 nm、垂直方向に約300 nm の分解能が得られる[12]。

しかし、その超解像化には、異なる縞状パターンでの照明を施した複数枚の画像取得とその情報を元にした演算処理が必要であり、時間分解能は後述の SCLIM（super-resolution confocal live imaging microscopy）に及ばない。一方、汎用性の高い GFP や

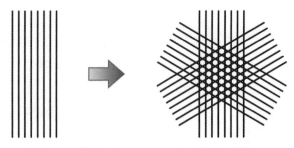

図 4.21　構造化照明に用いられるモアレ効果
モアレは規則性のある模様（左）を複数重ね合わせた際に、元の模様とは異なる模様（右）が発生する現象のことを指す。縞状の励起光を用いると、光の回折により通常の顕微鏡法では取得不可能なサンプルの構造情報を得ることができる。実際には、照明の向きを少しずつ変化させて撮影した複数の画像からの情報を統合することによって、サンプルの微細構造を復元する。

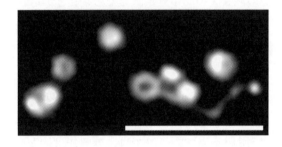

図 4.22　シロイヌナズナ根表皮細胞におけるゴルジ体局在型 GFP の構造化照明顕微鏡像
ゴルジ体（白）が丸い輪や小管様の構造をしていることが分かる。スケールバーは 5 μm

RFP といった蛍光タンパク質をそのまま観察対象の標識に用いることができる点[12]（**図 4.22**）や、全反射照明蛍光顕微鏡との組み合わせにより細胞膜近傍のより高解像度なライブイメージングが可能である点[13]を考慮すると、植物細胞壁研究への親和性は高い。

誘導放出制御法：STED（Stimulated Emission Depletion）

　誘導放出制御法では、蛍光励起用レーザー光と誘導放出用レーザー光を同時に観察領域に照射する。観察領域の中心の強度が 0 になるようにドーナツ状の誘導放出用レーザーを照射することで、ドーナツの中心以外の蛍光分子を強制的に励起状態から基底状態に落とす（誘導放出）ことにより、中心領域のみからの蛍光を取得することができ、その領域を回折限界よりも小さな領域にすることで、超解像観察を達成する。現在のところ、2 色の STED 顕微鏡は実用化されているが、3 色以上の多色化は難しい。

蛍光局在顕微鏡法：PALM（Photoactivated Localization Microscopy）/STORM（Stochastic Optic Reconstruction Microscopy）

　蛍光局在顕微鏡法では、蛍光分子の点像分布関数（Point Spread Function, PSF）*から、蛍光分子の中心位置を推定できることを利用する。微弱な励起光により観察視野中に存在する蛍光分子の一部のみをランダムに励起し、その観察画像からそれぞれの

蛍光分子の中心位置を決定する。同時に光っている蛍光分子が十分離れていれば、それぞれの蛍光分子の中心点を正確に求めることができる。この操作を数千回から数万回繰り返し行い、その観察像を重ね合わせることで、1つの超解像画像を作製する。それぞれの蛍光分子の位置を正確に求められるため空間分解能は極めて高いが、大量の画像取得をおこなうために非常に時間がかかり、ライブイメージングには適さない。また、使用できる蛍光色素にも、光変換が出来る等の制限がある[14]。

注意点

＊顕微鏡における像は波動光学の立場で考える必要がある。点光源から放出された光は対物レンズを通過し焦点の周囲で互いに干渉して三次元の回折パターンを作る。これを点像分布関数と呼ぶ。理想的なレンズではこの三次元回折パターンを焦点面で見るとエアリーディスクと呼ばれる明暗が周期的に繰り返す同心円状パターンとなる。実際には対物レンズの収差や光学系を含む装置全体の様々な影響により点像分布関数は歪曲する。そのため顕微鏡装置全体の点像分布関数の正確な形を知ることが重要である[15]。

デコンボリューションによる超解像化

光学顕微鏡で取得した画像は、光学系に由来するボケを含んでいる。このボケは光学系の特性に従いPSFとして表現される。PSFからフーリエ変換を行い、光学系に固有の光学伝達関数を導き、その逆演算（デコンボリューション）を行うことで、ボケを減らした画像を得ることができる。PSFを求める方法には、蛍光ビーズを顕微鏡で実際に撮影し、その結果をもとに求める方法と、理論値を適用する方法がある。実際に使用する装置における像の歪みを補正できるため、蛍光ビーズ画像の実測をもとにPSFを求めることが望ましい。デコンボリューション処理を行うことのできる市販のソフトウェアとしては、Volocity、Huygens などがある。

STEDやPALM/STORMなどの超解像顕微法は高い分解能を達成することができるが、生体内の高速な動きを追うには時間分解能が十分とは言えない。そこで、高速で画像を取得した後、得られた画像をデコンボリューション処理することにより、高速かつ高解像度のイメージングを可能にすることができる。全視野蛍光顕微鏡で得られた像にデコンボリューションを行うことで分解能を改善することができるが、全視野蛍光顕微鏡よりも空間分解能の高い共焦点蛍光顕微鏡で得られた像にデコンボリューションを行うことでさらに分解能を高めることができる。理化学研究所中野生体膜研究室で開発された高速高感度共焦点顕微鏡システム（SCLIM）では、前述のニポウディスク式共焦点蛍光顕微鏡と多色同時観察システムを組み合わせ、得られた画像をデコンボリューション処理することで、高い空間分解能（100 nm以下）かつ高速（数秒で3次元画像の取得が可能）でライブイメージングを行うことが可能である（図4.23)[16]。

図 4.23　酵母細胞における蛍光標識したゴルジ体のデコンボリューション前後の画像
左が処理前、右が Volocity でデコンボリューション処理後の画像
デコンボリューション処理を行うことで微細な構造が観察可能となる。
スケールバーは 1 μm

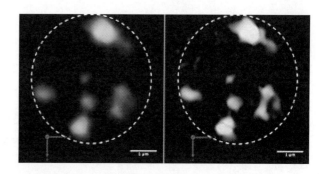

PSF の算出に用いる蛍光ビーズ画像の撮影[17]

準備するサンプル、試薬

・蛍光ビーズ（Molecular Probes、TetraSpeck™ microspheres、0.1 μm、fluorescent blue/green/ogange/dark red）

・スライドグラス（松波硝子：76 × 26 mm、No.1s）

・カバーグラス（松波硝子：22 × 22 mm）

・水（MilliQ または蒸留水）

・マウント剤（VECTOR，VECTASHIELD® Mounting Medium）

・マニキュア

操作

ビーズ一つ一つがばらばらに観察できる濃度に水で希釈した蛍光ビーズ溶液 2 μL をマウント剤約 2 μL とともにマイクロピペットを用いてスライドガラスにのせ、カバーガラスをかぶせた後にマニキュアで封入する。マニキュアが十分に乾燥してから顕微鏡のステージにのせ、各色ごとに z 軸方向に 0.1 μm 間隔で 100 枚程度（ビーズの焦点面の上下各 50 枚程度）撮影する。この際、露光時間を十分に取り、明るくノイズの少ない画像を取得する。

注意点

顕微鏡の分解能よりも小さい蛍光ビーズを選択し、蛍光ビーズから空間的に広がって観察されるボケを十分含む領域を撮影する。顕微鏡の画像取得条件は、使用する顕微鏡システムにより異なるため、最適な条件を予め検討する必要がある。

参考文献

1) 稲継理恵ほか（2006）植物細胞工学シリーズ 22、植物の細胞を観る実験プロトコール（新版）、福田裕穂、西村幹夫、中野明彦監修、秀潤社、p.26-30、p.77-82、p.100-105、p.168-175、p.176-184
2) http://zeiss-campus.magnet.fsu.edu/index.html
3) http://bioimaging.jp/learn/
4) Landecker, H. (2009) *Nature Methods* **6**, 707-709
5) 竹内雅宜ほか（2005）植物細胞工学シリーズ 21、モデル植物の実験プロトコール（改訂 3 版）、

島本功、岡田清孝、田端哲之監修、秀潤社、p.221-225
6) https://www.yokogawa.co.jp/scanner/technology/genri2.htm（最終確認日 2016 年 1 月 2 日）
7) Toomre, D. & Manstein, D. J.（2001）*Trends Cell Biol.* **11**, 298-303
8) Fujimoto, M. et al.（2007）*Plant Biotech.* **24**, 369-350
9) Woolley, J.T.（1975）*Plant Physiol.* **55**, 172-174
10) Wan, Y. et al.（2011）*Plant Methods* **7**, 27
11) Schermelleh, L. et al.（2010）*J. Cell. Biol.* **190**, 165-175
12) Langhorst, M.F. et al. *Biotechnol J.* **4**, 858-865
13) Fiolka, R. et al.（2012）*Proc. Natl. Acad. Sci. USA.* **109**, 5311-5315
14) Kner, P. et al.（2009）*Nat. Methods* **6**, 339-342
15) Inou'e, S. & Spring, K. R.（2001）ビデオ顕微鏡―その基礎と活用法―寺川進、市江更治、渡辺昭訳、共立出版、p.28-31、p.47-52、p.66-70、p.578-580
16) Kurokawa, K. et al.（2013）*Methods Cell Biol.* **118**, 235-242
17) 原口徳子ほか（2007）生細胞蛍光イメージング―阪大・北大　顕微鏡コースブック―、原口徳子、木村宏、平岡泰編、共立出版、p.237-239

（上田貴志・伊藤瑛海・藤本　優・石井みどり）

4.7　元素分布イメージング

　植物は多くの元素で構成されており、植物の成長になくてはならないと考えられている 17 の元素は必須元素（essential mineral elements）と呼ばれ、また特定の植物や条件下で必要とされる元素は有用元素（beneficial elements）と呼ばれる[1,2]。必須元素の中でも特に量の多い炭素、酸素、水素は、植物細胞の骨格となる元素であり、細胞壁を形成する主要な元素として植物体に存在する。カルシウムやホウ素は細胞壁成分に結合しその構造維持に寄与していることが知られている。その他の必須元素は、タンパク質や脂質あるいは DNA や RNA といった核酸など生命活動に不可欠な成分を構成するほか、微量な必須元素や有用元素も細胞壁を形成するうえでそれぞれ重要な役割を担っている。これらの元素をどの程度必要とするか（要求度）は、植物種によって異なる。一方、植物にとって有害な元素も植物体に含まれる場合もある。これらの元素は、大気物質などの元素が、根から吸収され、あるいは降雨やエアロゾル（空中に浮遊した微小粒子）により葉などに沈着し植物体に吸収されると考えられる。これらの有用なあるいは有害な元素が植物体のどこにどの程度存在するのかを明らかにすることは、植物の細胞レベルあるいは個体レベルの生命活動の機能を理解するうえで重要となる。

　植物における元素の分析は、一般に試料を粉砕して測定することが多く、その結果は定量的な測定値として得ることができる。一方、元素が植物体のどこに存在するかを視覚的に解析する手法として元素分布イメージングがある。この項では、元素分布

イメージングで用いられる装置のうちエネルギー分散型X線分析装置（EDXあるいはEDS;Energy Dispersive X-ray Spectrometry）を付属した走査電子顕微鏡（SEM/EDXあるいはSEM/EDS）を用いた方法について、手法の解説とともに試料の調製や測定における注意点について述べる。

4.7.1　SEM/EDXとは

SEM/EDXとは走査電子顕微鏡（SEM）にエネルギー分散型X線分析装置（EDX）を取り付けた装置であり（図4.24）、試料の表面構造をSEMで観察しながら元素分析ができる。

まずSEMの特徴と原理について簡単に説明する。SEMとは、ラフな表現をすると、数十倍から数十万倍程度の拡大倍率で試料の表面の立体構造を観察できる装置である。装置は、電子線を発生させる電子銃や電子線（電子プローブ）をコントロールするレンズなどの電子光学系と、試料を載せる試料ステージ、電子線の検出器で構成されており、これらの空間は真空になっている。また、これらを操作するコンピューターでは画像の表示と記録を行う。電子線を試料に当てる（照射する）と、試料表面およびその直下から様々な種類の電子・電磁波（二次電子、反射電子、特性X線、連続X線など）が放出される。試料から発生するこれらの情報を二次元的に走査、検出することにより試料の様々な情報を得ることができる。このうち二次電子を用いると、試料の表面の凹凸情報を得ることができ、試料表面の形態・立体構造を明らかにできる[3～5]。

EDXは試料の元素組成を分析する装置である。電子線照射により発生する特性X線のエネルギー（波長）は元素特有のため、試料から放出された特性X線のエネル

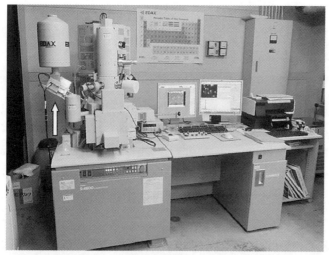

図4.24　森林総合研究所が所有するSEM/EDX装置（Hitachi S4800／EDAX Genesis）
矢印はEDX検出器、検出器は液体窒素で冷却する写真のタイプと液体窒素冷却不要のタイプがある。

ギーを測定することにより元素の定性分析ができる。また、エネルギーの強度比を利用して定量分析も可能である。最近の装置では、原子番号4のベリリウム（Be）あるいは5のホウ素（B）から92のウラン（U）までの測定が可能であり、多元素同時測定もできる。

　SEM/EDXとしての最大の特徴は、SEMで観察している領域をダイレクトに元素分析ができることであり、そのため試料の構造と成分組成を組み合わせた情報を得ることができる。電子線が照射されている領域の分析を行う点分析では、SEMの画像から測定部位を選択できる。例えば細胞壁と細胞質をSEMで確認し、それぞれを分析すると部位による成分の違いを調べることができる。また、ある2点間に直線を引き、その直線上を分析する線分析では成分特性の変化を連続的に明らかにできる。さらに、特定の元素（特定のエネルギーの特性X線）に注目して観察領域を二次元的に調べることで元素マッピングの作成が可能となる。これは面分析とも呼ばれる。SEM/EDXの多元素同時マッピングにより試料中の同一視野で複数の元素の分布を知ることができる（図4.25）。元素マッピングの空間分解能（解像度）は1マイクロメートル程度であるが、試料の厚さを薄くするなどの工夫により0.1マイクロメート

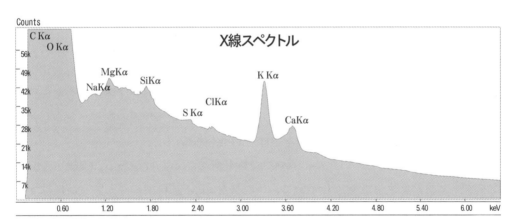

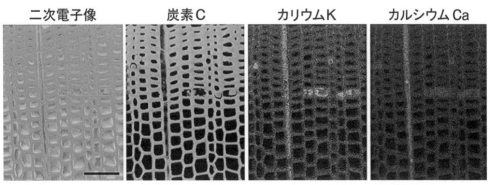

図4.25　SEM/EDXスペクトルと元素マッピングの例
スギ材（心材）では、カリウムとカルシウムが特徴的な分布をしているのが分かる。
スケールバーは50 μm

ル程度の解像度を得ることができる。SEMの空間分解能（数ナノメートル）に比べて分解能が低いのは、特性X線が試料内部からも発生するためである。検出できる元素濃度の限界は0.1〜1 wt%程度と言われるが[4,5]、植物試料等の場合、試料全体としての濃度が低い場合でも特定の場所に高濃度に蓄積する元素はEDXにより検出することができる。

4.7.2 SEM/EDX測定の実際

試料の種類や状態、あるいは使用する機器のソフトウェアによって作業が異なるが、共通した流れは、試料調製→SEM観察→EDX測定→データ解析となる。ここでは植物試料の測定時に注意すべきポイントを説明する。

①試料調製

SEM観察でよい像を得るためには観察に適した試料作製が重要である。同様に、SEM/EDX測定でよい結果を得るためにも、目的の解析に合わせた試料の作製が重要である。植物試料のSEM/EDX測定では試料形状、乾燥、コーティング等において通常のSEM観察と共通した注意事項に加えて元素分析ならではの注意も必要となる。

通常のSEM観察では試料の形状は問わない場合が多いが、SEM/EDXでは測定面がなるべく平らであることが望ましい。凹凸のある試料では、その凸部が電子線やX線の光路の物理的障壁となる可能性があり、また入射および放出角度の違いで検出効率が変化する可能性もある。そのためブロック試料の場合であっても測定面をミクロトームなどで平滑にする。平滑にできない場合は、試料形状に注意しながら測定部位の選択をする。また、ミクロトームで作製した切片を測定試料とする場合も多い。試料厚さが薄いほうが後述するような帯電（チャージアップ）現象を防ぎ、安定した分析に効果的であり、また空間分解能を上げる効果もある。

SEM/EDX内は真空であるため、試料は乾燥状態である必要がある。実験室やデシケーターで自然乾燥（風乾）していても、試料をSEM試料室に導入する前にはオーブン等で完全に乾燥させる必要がある。ただし、SEMの種類や測定条件によっては乾燥させなくてもよい場合もある。乾燥方法としてはオーブンによる乾燥が手軽であるが、乾燥収縮による試料の変形が起こりやすい。そのため、とくに細胞壁と細胞内容物を観察・測定する場合などは凍結乾燥が有効である。この場合、凍結固定はできるだけ瞬間凍結が望ましい。成書等で提案されている方法を参考に試料作製するのがよいだろう[3]。また、試料によっては臨界点乾燥が適当な場合もある。

②試料の試料載台への固定とコーティング

植物試料のSEM/EDX測定で最も問題となる点が、試料の帯電（チャージアップ）現象による観察視野の異常な明暗のコントラストと、観察視野のドリフト（視野がゆっくり移動する、いきなり大きく移動する）の発生である。チャージアップやドリフトは鮮明なSEM像が得られないだけでなく安定した測定を妨げる。これらを防ぐ

ために、試料載台への固定とコーティングをいかに行うかが重要である。

　乾燥等の準備ができた試料は、SEM 用試料載台に載せる。このとき、しっかりと固定することがチャージアップやドリフトを防ぐために重要となる。試料載台は分析結果への影響が少ないものにする。とくに切片など比較的薄い試料の場合は、カーボン製の載台を用いる。表面を鏡面状に加工した載台を用いると、切片をそのまま吸着させて固定させることができる。一般的には、試料を試料載台にしっかりと固定させるために接着剤などが用いられる。導電性を付与したテープやペーストが市販されており、チャージアップを防ぐためにこれらの使用が効果的である。カーボン両面テープは汎用性が高く、脱着も容易である。高さのある試料などではカーボンペーストや銀ペーストを用いることが多いが、植物試料の場合カーボンペーストを用いるのが一般的である。植物試料にはカーボンがもともと多く含まれ、分析への影響が少ないためである。これらのペーストを用いる場合、含有する有機溶媒を揮発させ、十分に乾燥させる。また、試料の側面にも塗布し、次に説明するコーティングをあわせて行うことにより良い導通を得ることができ、安定した測定が可能となる。

　チャージアップの主な原因は、植物試料が非導電性であるためである。非導電性の試料は電子線の負の電荷が試料表面から逃げることができず、試料自体がチャージアップする。通常の観察であれば、低加速電圧を用いることなどでチャージアップを防ぐことも可能であるが、EDX 測定の場合、特性 X 線を効率よく発生させるために加速電圧を下げることはできず、観察時の工夫では防ぐことが難しい。そのため、試料を金属でコーティングし導電性を付与する。植物試料で最も多く用いられるものはカーボンコーティングである。上でも述べたように、カーボンは植物試料のほぼ全領域にもともと含まれるため、ほかの元素分析への影響が少ない。通常の SEM 観察用に用いられる金や白金コーティングも SEM/EDX で用いられる場合がある。この場合、コーティング材の特性 X 線エネルギーが目的元素のエネルギーと近い場合は測定の障害になることもあるので注意が必要である（例えば金 Au の Mβ と S の Kα、白金 Pt の Mβ と P の Kα など）。また、コーティングが厚くなると X 線強度は減少するため、チャージアップをしない程度の薄いコーティングがよい。

③ SEM および EDX の設定

　植物試料を用いて SEM/EDX 測定を行う場合、試料の組織構造と元素マッピングの両方ともが鮮明な結果を得ることが重要である。筆者は、まず 1〜3 kV 程度の低加速電圧で組織構造を観察し、その後、加速電圧を上げて（15〜20 kV）分析を行っている。鮮明な SEM 像を得るには装置の最適な設定が重要であるが、EDX で正しい測定結果を得るためにも装置の最適な設定が重要である。各装置において、EDX 検出器はその検出効率が最適になるように分析するときの試料高さ（ワーキングディスタンス：WD）が設定されている。各装置のマニュアルに従い、それぞれの加速電圧や

WDで装置が最適な状態になるようにしておく必要がある。とくに、基本的なことであるが、電子線の光軸調整と非点補正は必ず行う。

植物試料のEDX分析では加速電圧の設定も大事なポイントとなる。加速電圧が高いほど発生するX線エネルギーが大きくなる一方、試料ダメージも大きくなり、電子線の入り込みにより試料内部の情報が混在する可能性が高くなる。加速電圧の値は目的元素の特性X線エネルギー値の2倍以上の値がよいとされており、たとえばFe-Kα線（6.403 keV）を測定するなら13 kV以上となる。植物試料の場合は、測定する元素の特性X線エネルギー値、発生するエネルギー量、試料ダメージ等を考慮し、加速電圧15kVで測定してから判断するとよい。

信号量（CPS）、時定数（デッドタイム）、画素数、積算時間の設定などもEDX測定において重要である。EDX分析の実際の操作は装置のソフトウェアの推奨値を使うのがよいだろう。試料の状態によるが、信号量は5,000〜15,000 CPSを目安に考える。また、植物試料の場合は、コーティング等をしていてもドリフトが問題になることが多い。ソフトウェアにドリフト補正機能がついている場合は利用するとよい結果が得られる。

4.7.3　実験時の注意点

元素が植物体のどこにどの程度含まれるのかを解明することは、植物の機能を細胞レベルで解析するヒントとなる。植物試料の元素分布イメージングが必要な場面では、おそらく微量な元素がターゲットになることが多いだろう。この場合、長時間のマッピングが必要となるため、検出量を多くしながら試料ダメージを防ぐという相反する技術を駆使する必要が出てくる。測定やデータ解析は、装置やソフトウェアの改良により推奨値やマニュアルに従えば解析結果が得られる。よい実験結果を得るためにはその前段階である試料調整が重要であることを強調しておく。

参考文献

1) 米山忠克ほか（2010）新植物栄養・肥料学、朝倉書店
2) Buchanan, B. et al. eds（2000）Biochemistry and Molecular Biology of Plants, American Society of Plant Biologists
3) 日本顕微鏡学会関東支部編（2000）走査電子顕微鏡、共立出版
4) 堀内繁雄、弘津禎彦、朝倉健太郎編（1996）電子顕微鏡 Q&A －先端材料解析のための手引きー、アグネ承風社
5) 日本電子株式会社、走査電子顕微鏡 A〜Z　SEMを使うための基礎知識、http://www.jeol.co.jp/words/semterms/sem-a_z.pdf（最終確認日 2015年12月24日）

〔黒田克史〕

応用編

第5章 材料の作出

5.1 木部細胞分化誘導

　木部細胞は、木部繊維細胞、道管・仮道管細胞、木部柔細胞から構成される。このうち、木部繊維細胞や道管・仮道管細胞はセルロース微繊維やリグニンが沈着した厚い二次細胞壁をもつ。また、道管・仮道管細胞は二次細胞壁が局所的に肥厚し、秩序だった紋様を作り出すとともに、細胞死を起こし、空洞の筒となる。木部細胞は、植物体の中心部分で他の細胞と一緒につくられるために、二次細胞壁の形成過程の詳細な解析は、しばしば困難であった。これを解決するために、木部細胞分化を試験管内で誘導する方法が開発されてきた。ここでは、3つの方法を紹介する。

5.1.1 ヒャクニチソウ道管細胞分化誘導系

　この実験系はヒャクニチソウ（Zinnia elegans）の葉から、葉肉細胞を単離し、これをオーキシンとサイトカイニンを含む培地で培養することで、直接、道管細胞へ分化させる系である。40％程度の葉肉細胞が、3日以内に道管細胞に分化する。これまでに、この系を用いて、細胞生物学的解析、生化学的解析、分子生物学的解析がなされ、様々な二次細胞壁形成に関連する因子が単離・同定されてきている[1〜3]。この実験系では、葉肉細胞は、前形成層的な細胞に分化したあとで、道管細胞に分化すると考えられている。

器具・機器
① プラスチックトレー
② グロースチャンバー
③ ブレンダー（刃とカップが取り外して滅菌可能なもの）
④ 培養用の試験管
　20 mL 用として φ 30 mm × 200 mm 試験管　必要数
　3 mL 用として φ 18 mm × 180 mm 試験管　必要数
⑤ 駒込ピペット　1本
⑥ 駒込ピペット（口を切って太くしたもの）　1本
⑦ ナイロン製ふるい（50〜80 μm の穴のサイズ）とそれに合うトールビーカー（300〜500 mL）　1組
⑧ 蓋付プラスチックビーカー（1 L）　1個
⑨ プラスチックビーカー（1 L）　1個

⑩ 大きなピンセット（全長 25～30 cm）　2 本

⑪ 滅菌済み 50 mL プラスチック遠沈管　2 本

⑫ 細胞懸濁用 500 mL フラスコ

⑬ タッパーウェア®

⑭ 使い捨てプラスチックグローブ

⑮ 回転培養器

⑯ バーミキュライト

⑰ ハイポネックス®（N：P：K＝6：10：5）

　試験管と 500 mL フラスコは二～三重にアルミホイル®で蓋をして、乾熱滅菌する。ブレンダーの刃とカップ、ナイロン製ふるいとトールビーカー、蓋付きプラスチックビーカー、ピンセット、綿栓を入れた駒込ピペットはアルミホイル®で包んでからオートクレーブ滅菌する。葉の洗浄用に 500 mL フラスコに入れた脱イオン水（3 本）もオートクレーブ滅菌する。

試薬類

① 培地

葉肉細胞の培養には、"Fukuda と Komamine の培地"[1] を用いる。

ショ糖	10 g
D-Mannitol	36.4 g
Stock A	20 mL
Stock B	2.5 mL
Stock C	2.5 mL
Vitamin mixture Stock	2.5 mL
Folic acid Stock	2.5 mL
BA Stock	1 mL
NAA Stock	1 mL
脱イオン水を加え	1 L　（KOH で pH 5.5 に調整）

その後、オートクレーブ滅菌する。

② **Stock A**

KNO_3	20.2 g
$MgSO_4 \cdot 7H_2O$	2.47 g
$CaCl_2 \cdot 2H_2O$	1.47 g
KH_2PO_4	0.68 g
NH_4Cl	0.54 g
脱イオン水を加え	200 mL

溶解後、ろ過滅菌してから冷蔵保存

③ **Stock B**

MnSO$_4$・4H$_2$O	1 g
H$_3$BO$_3$	0.4 g
ZnSO$_4$・7H$_2$O	0.4 g
Na$_2$MoO$_4$・2H$_2$O	10 mg
CuSO$_4$・5H$_2$O	1 mg
脱イオン水を加え	100 mL

溶解後、冷蔵保存

④ **Stock C**

Na$_2$EDTA・2H$_2$O	1.48 g
FeSO$_4$・7H$_2$O	1.12 g
脱イオン水を加え	100 mL

溶解後、121℃で20分間オートクレーブすることによりキレートを促進させる。冷蔵保存

⑤ **Vitamin mixture Stock**

myo-Inositol	4 g
Nicotinic acid	0.2 g
Glycine	80 mg
Pyridoxine・HCl	20 mg
Thiamine・HCl	20 mg
Biotin	2 mg
脱イオン水を加え	100 mL

溶解後、小分けにしてから冷凍保存する。4℃では数週間保存可能

⑥ **Folic acid Stock**

Folic acid: 20 mg/100 mL H$_2$O

最終容量よりやや少ない脱イオン水に入れ、撹拌しながら1 M NaOHを加えて完全に溶解する。メスアップしてから冷蔵保存

⑦ **BA（N$_6$-benzyladenine）Stock**

BA: 20 mg/100 mL 0.1 M KOH

溶解後、冷蔵保存

⑧ **NAA（1-naphthalenacetic acid）Stock**

NAA: 10 mg/100 mL H$_2$O

0.1 mLのエタノールで溶解後、脱イオン水を加える。冷蔵保存

⑨ 次亜塩素酸ナトリウム溶液

⑩ Triton® X-100

操作

ヒャクニチソウ芽生えの育成：

① ヒャクニチソウ（Canary bird 種または Envy 種）の種子を、0.25％次亜塩素酸ナトリウム溶液中で時々撹拌しながら 10 分間表面殺菌する。

② 流水で 10 分間以上洗浄する。

③ プラスチックトレーに入れたバーミキュライト上に播種し、薄く覆土してから水をひたひたに注ぐ。

④ 25℃で、白色蛍光灯（およそ 100 μmol m^{-2}s^{-1}）を光源とした 14 時間明期・10 時間暗期の光周期下で 14 日間育成する。播種から 4 日後に 100 倍希釈したハイポネックス®を与え、その後は、バーミキュライトの表面が乾いたら水遣りを行う。

細胞の単離と培養：

① 0.1％次亜塩素酸ナトリウムおよび 0.001％（w/v）Triton® X-100 を含む 500 mL の滅菌液を 1 L ビーカー内に作製する。

② 播種後 14 日目の芽生え第一葉を刈り取る。グローブを装着し、長さが 3〜4 cm の葉を収穫する。葉はしおれないようにタッパー内で水に浮かべておく。

③ ピンセットを用いて葉を①で作製した滅菌液に移し、ときどき穏やかに撹拌しながら、10 分間表面殺菌を行う。

④ クリーンベンチ内に置いた蓋付きビーカーに、予め洗浄用の滅菌水を 1 本分移しておく。そこに、葉をピンセットですくい上げるようにして入れる。蓋をして、約 30 秒間、ビーカー全体を回して洗浄を行ってから、葉が流出しないように蓋で押さえながら、洗浄液を捨てる。その後、新しい滅菌水を用いて葉を洗う作業を 2 度繰り返す。

⑤ 予め 60 mL の培地を入れておいたブレンダーカップに、新しいピンセットを用いて葉を移す。刃を装着し、8,000〜10,000 rpm で 35 秒間ブレンダーを運転し、葉を破砕する。

⑥ トールビーカーの上に置いたナイロン製ふるいに破砕液を注いでろ過し、細胞塊を取り除く。このとき、先の太い駒込ピペットを用いてろ過を促す。

⑦ さらに新しい培地 40 mL を用いて、ふるい上に残った破砕物から細胞を洗い出す。

⑧ 得られたろ液を 50 mL プラスチック遠沈管 2 本に移し、200 × g で 1 分間遠心する。沈殿した葉肉細胞が舞い上がらないように気を付けながら、デカントで上清を捨てる。

⑨ ⑧で上清をとった 2 本の遠沈管に新たな培地を 40 mL ずつ入れてから、遠沈管をゆっくり数回振ることで細胞を再懸濁する。これを再度遠心にかけてから、上清を捨てる。

⑩ 40 mL の培地で細胞を懸濁し、それを 500 mL フラスコ内に入れた適量の培地に移

して撹拌する。そこから少量を分取し、血球計算盤を用いて細胞密度を測定する（最適な細胞密度は $5〜8 \times 10^4$ cells/mL）。
⑪ 駒込ピペットを用いて細胞懸濁液を 3 mL あるいは 20 mL ずつ分注する。
⑫ 27℃、暗所、10 回転 / 分で回転培養を行う。

5.1.2 シロイヌナズナ子葉を用いた道管細胞分化誘導系

近年、シロイヌナズナ子葉に対して、オーキシン・サイトカイニンに加え、bikinin と呼ばれるキナーゼ阻害剤を処理することで、道管細胞を誘導することができる新たな分化系が確立された[4,5]。この際、子葉の葉肉細胞が前形成層細胞と呼ばれる維管束前駆細胞を経て、道管細胞へと分化転換する。この実験系においては、既存の変異体やマーカーラインを容易に扱うことができるため、今後、細胞分化における分子遺伝学的解析のツールとして普及することが期待される。

器具・機器

① 滅菌済みエッペンドルフチューブ®
② 滅菌済み 6 ウェルプレート（Sumilon）　1 枚
③ 滅菌済み 12 ウェルプレート（Sumilon）　1 枚
④ 滅菌済みピンセット　2 本
⑤ ピペットマン® P1000
⑥ 滅菌済みピペットマンチップ（P1000 用）
⑦ サージカルテープ
⑧ ロータリーシェーカー

試薬類

①培地

A. 芽生え育成用培地

ショ糖	10 g
MES	0.5 g
MS Basal Medium（SIGMA, M5519）	1/2 量
Milli-Q® 水を加え	1 L　（KOH で pH 5.7 に調整）

その後、オートクレーブ滅菌する。

B. 子葉培養用培地

グルコース	10 g
MS Basal Medium（SIGMA, M5519）	1/2 量
Milli-Q® 水を加え	200 mL　（KOH で pH 5.7 に調整）

その後、オートクレーブ滅菌する。

② **2,4-D（2,4-dichlorophenoxyacetic acid）Stock**

2,4-D: 25 mg/10 mL

エタノールで溶解した後、Milli-Q® 水にて調製

ろ過滅菌のあと、小分けにして冷凍保存

③ **Kinetin Stock**

kinetin: 5 mg/10 mL 0.1 M KOH

ろ過滅菌のあと、小分けにして冷凍保存

④ **Bikinin Stock**

bikinin（ChemBridge）: 27.3 mg/10 mL DMSO（10 mM）

ろ過滅菌のあと、小分けにして冷凍保存

凍結融解は最小限（3回以内）にとどめる。

⑤殺菌水

次亜塩素酸ナトリウム：10 mL

0.1％ Triton®-X100：0.1 mL

脱イオン水を加え、100 mL に合わせる。

⑥滅菌水

脱イオン水をオートクレーブ滅菌する。

⑦固定液

酢酸エタノール液（酢酸1：エタノール3、容積比）

操作

シロイヌナズナ芽生えの育成：

① 種子の入った1.5 mL チューブに、殺菌水を1 mL 加えてよく振った後、ローテーターで5分間攪拌する。

② スピンダウンしてから、クリーンベンチ内に持ち込み、5分程度静置する。

③ 静置後、ピペットマン®で上清を取り除く。

④ 滅菌水を1 mL 加え、よく攪拌する。

⑤ 種子が沈んだら、ピペットマン®で上清を取り除く。

⑥ ④〜⑤のステップをさらに2回繰り返す。

⑦ 滅菌水を1 mL 加える。

⑧ 4℃で2日間静置し、低温処理を行う。

⑨ 6ウェルプレートに1ウェルあたり10 mL の芽生え育成用培地を分注する。

⑩ P1000のピペットマン®を用い、1ウェルあたり10粒程度播種する。

⑪ サージカルテープでプレートをシールする。

⑫ 22℃、連続光（45〜55 μmol m^{-2}s^{-1}）、110 rpm で、6日間振とう培養する。

⑬ 子葉が2枚展開し、その後間に本葉が少し出てきた植物を分化誘導に使用する。

子葉を用いた分化誘導：

① 冷凍保存しておいたホルモン類を予め室温に戻し、溶かしておく。子葉培養用培

地 200 mL に 2,4-D Stock、Kinetin Stock をそれぞれ 0.1 mL、Bikinin Stock を 0.2 mL 加え、分化誘導用の培地とする。
② 調製した培地を 12 ウェルプレートに 1 ウェルあたり 2.5 mL ずつ分注する。
③ 水耕栽培に使用した 6 ウェルプレートの蓋の裏に植物を置き、ピンセットを使い、胚軸の部分で切断していく。根を切除した地上部は、乾燥しないように芽生え育成用培地に浮かべておく。（水耕栽培した植物は絡まっているので、子葉を傷つけないように注意しながら、ピンセットで軽くほぐしていく。）
④ 必要量の地上部が揃ったら、ピンセットですくい上げるようにして分化誘導用培地の入った 12 ウェルプレートへ移す。
⑤ 12 ウェルプレートをサージカルテープでシールする。
⑥ 22℃、連続光（60〜70 μmol m^{-2}s^{-1}）、110 rpm で 4 日間振とう培養する。

観察

① 分化誘導培養を行った地上部を酢酸エタノール液に入れ、固定を行う。（3 時間〜一晩）
② 固定した地上部を、ピンセットを使って解体し、子葉のみを取りだす。
③ 取り出した子葉を透明化液で封入し、プレパラートを作製する。

5.1.3 シロイヌナズナ培養細胞を用いた道管細胞分化誘導系

シロイヌナズナの培養細胞（ALEX 株）を用い、後生木部道管分化のマスター転写因子 VND6 の発現を estradiol の添加によって誘導することにより、人為的に後生木部道管の分化を誘導する実験系が開発された[6]。この実験系は、道管細胞への分化誘導が極めて容易であり、均一かつ多量のサンプルを調製することが可能である。また、ほとんど細胞塊を生じない細胞株を親株に用いていることから顕微鏡観察にも適しており、道管細胞のライブセルイメージングのツールとして実績を上げている[7]。

器具・機器

① P5000 のチップ（先端 5 mm 程度をはさみで切ったもの）
② 250〜300 mL のトールビーカー
③ 100 mL 三角フラスコ
④ バイオシリコ（N-28）
⑤ 15 mL 容量のファルコンチューブ
⑥ 50 mL 三角フラスコあるいは 12 ウェルプレート
⑦ 恒温振盪培養機

P5000 のチップはトールビーカーに入れ、二重にしたアルミホイル®で蓋をする。オートクレーブ（20 分、120℃）で滅菌する。50 mL 三角フラスコは二重のアルミホイル®で蓋をしてオートクレーブで滅菌する。

試薬類

① MS 培地

A. 継代培養用 MS 培地

ショ糖	30 g
MS 無機混合塩（WAKO, 392-00591）	4.6 g
B5 Vitamin mixture Stock	10 mL
2,4-D Stock	1 mL
脱イオン水を加え	1 L（KOH で pH 5.8 に調整）

100 mL の三角フラスコに 15 mL ずつ分注し、バイオシリコで口に栓をし、二重のアルミホイル® でバイオシリコごと口を覆う。その後、オートクレーブで滅菌する。

B. 分化誘導用 MS 培地

ショ糖	30 g
MS 無機混合塩	4.6 g
B5 Vitamin mixture Stock	10 mL
脱イオン水を加え	1 L （KOH で pH 5.8 に調整）

メディウムびん等に分注し、オートクレーブで滅菌する。

② **B5 Vitamin mixture Stock**（100 × Stock として調製）

myo-イノシトール	8 g
チアミン塩酸塩	0.8 g
ニコチン酸	0.08 g
ピリドキシン塩酸塩	0.08 g
脱イオン水を加え	200 mL

10 mL ずつ小分けにして冷凍保存

③ **2,4-D（2,4-dichlorophenoxyacetic acid）Stock**

2, 4-D: 1 mg/mL H_2O（1 M KOH を加えて溶解させる）

冷蔵庫で保存

④ **Hygromycin Stock**

Hygromycin B: 50 mg/mL H_2O

ろ過滅菌し、小分けにして冷凍保存

⑤ **Brassinolide Stock**

Brassinolide: 10 mM DMSO

小分けにして冷凍保存

⑥ **Estradiol Stock**

17β-estradiol: 10 mM DMSO

小分けにして冷凍保存

⑦ **WGA Stock**

Alexa Fluor 594-conjugated WGA: 1 mg/mL H_2O

小分けにして冷凍保存

操作

継代培養：

① 1 週間毎に、クリーンベンチ内で細胞懸濁液 12 mL を、新しい継代培養用 MS 培地（15 mL）に滅菌した P5000 チップを用いて植え継ぎ、Hygromycin Stock を 15 μL 加える。

② 植え継いだ細胞を 22℃、124 rpm、暗所で振とう培養する。

分化誘導：

① 植え継ぎ後 6～8 日目の細胞懸濁液 1 mL を 15 mL 容量のファルコンチューブに分注し、分化誘導用 MS 培地 9 mL を加える。

② 数分間静置し、細胞がチューブの底に沈んだところで上清から 5 mL 除去する。

③ Brassinolide Stock と Estradiol Stock を 1 μL ずつ加え（終濃度 2 μM）、穏やかに撹拌する。

④ 滅菌した 50 mL 三角フラスコあるいは 12 ウェルプレートに細胞を移し、22℃、124 rpm、暗所で培養する。（12 ウェルプレートの場合、各ウェルに 1 mL で培養するとよい。サージカルテープでシールする際に蓋を少し持ち上げた状態にし、通気をよくする。）

観察

① 18 時間程度で二次細胞壁が形成され始め、36 時間程度で分化率が最大になる。

② WGA Stock を終濃度 1 mg/L になるように添加し、5 分程度振とうする。二次細胞壁が蛍光色素で染色される。

参考文献

1) Fukuda, H. & Komamine, A. (1980) *Plant Physiol.* **65**, 57-60
2) Fukuda, H. (1997) *Plant Cell* **9**, 1147-1156
3) Fukuda, H. (2004) *Nat. Rev. Mol. Cell Biol.* **5**, 379-391
4) Kondo, Y. et al. (2014) *Nat. Commun.* **5**, Article number: 3504
5) Kondo, Y. et al. (2015) *Mol. Plant* **8**, 612-621
6) Oda, Y. et al. (2010) *Curr. Biol.* **20**, 1197-1202
7) Oda, Y. & Fukuda, H. (2012) *Science* **337**, 1333-1336

（福田裕穂・近藤侑貴・小澤靖子・岩本訓知・小田祥久）

5.2 導管液の採取

　導管液は細胞死した道管要素の細胞壁から成る道管や仮道管の中（アポプラスト空間）を流れる液体で、根の中心柱内の細胞の細胞壁の延長ととらえることができる。道管は導管とも書くが、これは、器官間をつなぐ輸送経路の機能に着目した表現である。導管液は根から茎葉へ物質や情報を輸送する媒体として機能しており、その動力は葉での蒸散による水の引き上げと根の中心柱内に輸送された栄養塩類等に起因する浸透圧による根圧である。スベリン化した細胞壁（カスパリー線）に囲まれた内皮によってシールドされた中心柱の中で、道管は木部柔組織細胞等に囲まれており、それらの細胞から水をはじめ土壌から吸収・輸送した無機物質や、根で合成された糖質やタンパク質、植物ホルモン（サイトカイニン）等を含む様々な有機物質が分泌され、導管液となる[1,2]。導管液はヘチマ水やメープルシロップ、シラカバ樹液などとして化粧品や食品、飲料にも利用されている。

　導管液を採取するには以下の方法が知られているが、茎の切り口で破壊された細胞の細胞質や篩管、乳管からの物質の混入がしばしば問題になる。導管液の成分には昼夜で変化しているものがあるので、切断のタイミングに注意が必要である[2,3]。また、地上部切除後、1〜2日で導管液の成分が変化する場合があるので、液が出続けていてもできるだけ早めに切り上げる。

　採取した導管液はなるべく低温に保ち、解析を行う物質に合わせた処理を行う。

5.2.1　根圧法
5.2.1.1　草本植物[3]

操作

① 鉢植え植物の場合、土に水を十分に与えた後、土中の余分な水は排出し、根の通気をはかる。
② 茎または胚軸を地上5〜30 cmで切断する。
③ 蒸散を防ぐために切り株に付いている葉を全て切除する。

図5.1　圃場におけるカボチャ導管液の採取の様子
一晩で数百ミリリットルの無色透明な導管液が採取できる。白い糸状の浮遊物が生じる場合があるが、乳管由来のラテックス等の混入の可能性が考えられる。

④ 蒸留水で切り株の切り口をすすぐ。
（以下はつる性植物か、鉢植え植物の場合）
⑤ つるを曲げるか、植木鉢を傾けるかして茎を氷や保冷剤で冷やした容器の中に導く。
⑥ 切り口から滴下する液体を、数時間〜1日間採取する。
（以下は地植え植物の場合）
①〜④の操作は上と同じ。
⑤ 脱脂綿をボール状に丸めながら切り株の先端に取り付け、蒸発を防ぐためにプラスチックラップで巻いて、輪ゴムで基部を留める。
⑥ 数時間から1日後に脱脂綿を回収する。
⑦ 遠沈管に脱脂綿を入れ、$700 \times g$ で10分間遠心し、底にたまった液体を回収する。

図 5.2　圃場におけるブロッコリー導管液の採取の様子
茎の切り口を蒸留水で洗浄後に脱脂綿を取り付け、ビニール袋をかぶせて根元を輪ゴムで留める。

5.2.1.2　落葉性木本植物

操作

① 早春に芽生える直前の植物のつるを切るか（ブドウなど）、または幹に小さい穴をあけ（サトウカエデ、シラカバなど）、シリコン等のチューブを取り付ける。
② チューブから出る液体を冷却した容器に集める。
③ 成否は樹種とタイミングによって決まる。多くの樹種では遊離糖としてブドウ糖と果糖が含まれるが、サトウカエデ（メープルシロップ）にはショ糖が多く含まれる。

5.2.2　吸引法（茎の硬い木本植物など）[4]

操作

① 主枝または側枝を切断する。

図 5.3　吸引法による樹液の採取の様子
ポプラ（セイヨウハコヤナギ：*Populus nigra* var. *italica*）の枝を切断し、蒸留水で洗浄後、ゴムチューブを接続し、フラスコを介して吸引ポンプに接続する。（文献4より転載）

② 切り口を蒸留水で洗浄し、肉厚のシリコンチューブ等を取り付ける。シリコンチューブの反対側は、冷却した三角フラスコ等につなぎ、フラスコ内を吸引ポンプを用いて数時間から1日吸引する。例えば、アズワン社（AS ONE Co.）のエアーポンプ（Compact air pump NUP-2）を用いると、-0.08 MPaの安定した圧力が得られる。
③ フラスコにたまった液体を回収する。
④ 吸引力があまり強すぎると生体内の導管液の組成とかけ離れてしまう可能性があるので、本来の葉における蒸散によって生み出される吸引力に近いほど望ましい。この方法では、根圧や蒸散の影響を受けにくいので、一年中比較的一定の条件で導管液を採取できる。

5.2.3　加圧法（鉢植えの茎の弱い草本植物など）[5]

操作

① 植物の植わった鉢を密閉できるプラスチック等の容器に入れる。茎を切断して切り口を蒸留水で洗浄する。
② 蓋にあけた小さな穴から茎を外に出し、茎にゴムやシリコンのチューブ等を巻いて穴の隙間を塞ぐ。
③ 吸引法で用いたのと同様のエアーポンプの排気または圧縮空気等を用いて容器を加圧する。
④ 切り口に滲み出てくる液体をピペット等で回収する。

参考文献

1) 佐藤忍（2013）植物細胞壁、西谷和彦、梅澤俊明編著、講談社、p. 292-294
2) Satoh, S.（2006）*J. Plant Res.* **119**, 179-187
3) Oda, A. et al.（2003）*Plant Physiol.* **133**, 1779-1790
4) Furukawa, J. et al.（2011）*Plant Root* **5**, 56-62
5) Erik, M. et al.（2009）*Environ. Sci. Technol.* **43**, 324-329

（佐藤　忍）

5.3　ホウ素トランスポーター

　植物細胞壁は多糖やタンパク質のみから構成されるのではなく、カルシウム、ホウ素、（イネ科植物における）ケイ素といった無機元素も重要な構成要素である。植物の一次細胞壁に存在するペクチン質多糖ラムノガラクツロナンⅡ（RG-Ⅱ）は、側鎖Aのアピオース残基間にホウ酸ジエステル結合を形成し、二量体化して存在している（**6.4**）。このホウ酸によるRG-Ⅱの架橋は、ペクチン質多糖のネットワーク形成とゲル化に必須であると考えられ、植物の微量必須元素であるホウ素の主要な生理機能で

ある。

　植物体内でRG-IIの架橋に用いられるホウ酸は、土壌中に存在するホウ酸に由来している。ホウ素は土壌溶液中にホウ酸$B(OH)_3$の形態で存在し、植物は環境中から根の細胞内にホウ酸を吸収する。根に取り込まれたホウ酸は導管へ積み込まれ、地上部器官に送られる。一次細胞壁は根や葉を含むあらゆる器官・組織に存在するため、送られた器官でRG-IIの架橋に利用される。

　ホウ酸が欠乏した環境においては、植物組織中のホウ素濃度の低下が起こる。これに伴いRG-IIのホウ酸架橋率は低下し、成長抑制の症状が観察される。ホウ素欠乏症状は一般に、根の伸長阻害、新葉の展開抑制、花粉管の伸長抑制といった若い組織の成長点で観察されやすい。これは、急速に細胞伸長する成長点でホウ素要求量が多いことに加え、ある器官に一度運ばれた後に他の器官に移動することが少ない、ホウ素が再転流しにくい元素であることが理由と考えられる。

　ホウ酸は無電荷の小分子であるため、脂質二重膜を透過しやすく、植物体内を蒸散にしたがって受動拡散によって運ばれる。加えて、輸送体（トランスポーター）とよばれる膜に埋め込まれた膜タンパク質を介して運ばれる。モデル植物であるシロイヌナズナ（*Arabidopsis thaliana*）から、根細胞へホウ酸の吸収を担うNIP5;1、導管への積み込みを担うBOR1、根における細胞壁への分配を担うBOR2など、ホウ酸濃度が低い環境で機能する分子が複数単離・同定されている[1]。これらの分子は、RG-IIの架橋に利用されるホウ酸を根や地上部組織へ効率的に送るために働いており、輸送体の機能を破壊した変異株では野生型株と比較してRG-II架橋率の低下やホウ素欠乏症がおこりやすくなる（図5.4）。

　また、RG-IIの構造異常によりRG-IIのホウ酸架橋の効率が低下したシロイヌナズナ*mur1*変異株は、ホウ酸濃度依存的な生育を示すことも報告されている。この変異株はホウ酸通常条件においてはRG-II架橋率の低下により葉の展開抑制を示すのに対し、ホウ酸過剰条件ではRG-II架橋率が高濃度のホウ酸の存在によって部分的に回復し、葉の展開抑制の緩和が起こる。

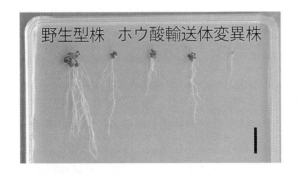

図5.4　シロイヌナズナホウ酸輸送体変異株のホウ素欠乏条件下における固形培地での生育
左よりシロイヌナズナ野生型株（Col-0）、*BOR1*破壊株（*bor1-3*）、*BOR2*破壊株（*bor2-1*）、*BOR2*破壊株（*bor2-2*）、*BOR1/BOR2*二重破壊株（*bor1-3/bor2-1*）を示す。変異株は野生型株と比較して生育抑制が観察される。スケールバー：10 mm

以上のように、環境中のホウ酸濃度や植物体でのホウ酸輸送体の機能の有無は、RG-IIのホウ酸架橋率およびその他の細胞壁成分に影響を与える要因である。また、環境中のホウ酸濃度に対する生育特性の異なる変異株には、RG-IIの合成やホウ酸架橋に関与する分子の変異株が含まれている。

　環境中のホウ酸濃度を変化させる実験で最も重要な点は、ホウ酸の混入（コンタミネーション）を減らし、ホウ酸濃度を制御することである。ホウ酸は水に溶けやすく、あらゆるところから混入がおこりうる。特にホウ酸欠乏処理を行う際にはホウ酸の汚染が微量であっても、結果に影響を与えることから注意が必要である。地域によっても異なるが、水道水にはμMレベルのホウ酸が含まれていると想定される。そのため、水道水を用いて一般の植物を栽培した場合には、栄養成長期で顕著な欠乏症が観察されることはほぼない。実験に際しては、ガラス容器の原料にホウ素が含まれるため、ホウ酸欠乏処理にはプラスチックを用いることが必要である。使用する水は、蒸留水の蒸留管はガラス製であるため蒸留水ではなく、超純水を用いることが望ましい。また、ホウ酸欠乏処理用の専用器具を用いることもホウ酸混入防止を助ける。

5.3.1　植物のホウ素欠乏処理

器具・機器

① 超純水製造装置（Millipore、オルガノなど）

植物栽培実験においては、MilliQ® 微量分析タイプ（Millipore）は必ずしも必須ではないが、原水・純水の水質によってはイオン交換カラムの高頻度の交換が必要となる場合がある。

② プラスチック製（ポリプロピレン製など）のメスシリンダー、ビーカー、ボトル
固形培地を作成する場合にはオートクレーブ可能なボトルを用いる。

③ （固形培地用）オートクレーブ、滅菌プラスチックシャーレ

④ （水耕栽培用）ロックウール：グロダンロックウール（日東紡）
農業資材として販売されており、植物一般に用いることが可能である。

⑤ （水耕栽培用）プラスチック製のポット（遮光）、穴をあけた黒いプラスチック板
シロイヌナズナのポットとしては15 cm角程度のプラスチック製の容器の使用が可能である。透明なプラスチック容器を用いる場合には黒いビニルテープで周囲を覆い、遮光できるようにする。ナタネ（*Brassica napus*）やイネ（*Oryza sativa*）にはワグネルポットを用いる。

⑥ 人工気象器などの植物栽培装置
湿度制御機能は必須ではないが、水耕栽培には湿度制御機能がある人工気象器の使用が望ましい。ホウ酸は蒸散流を介した受動拡散によっても運ばれるため、湿度条件によってホウ酸吸収が大きく異なり、環境中のホウ酸濃度が同一であっても植物組織の

ホウ素濃度に影響するためである。低湿度で蒸散量が多い場合にはホウ酸吸収は高まり、高湿度で蒸散量が少ない場合にはホウ酸吸収は抑制される。密閉したシャーレを用いた固形培地での栽培では、シャーレ内の湿度が高いために蒸散が抑制されている。外気にさらされる水耕栽培と密閉したシャーレの固形培地を比較すると、固形培地の方がホウ素欠乏症状を出すことが相対的に容易である。

試薬類

① 植物培養用の無機塩類

ホウ酸濃度を変化させる場合にはホウ酸をのぞいて、その他の塩類の濃縮溶液を作製する。塩類の組成は対象とする植物の条件を参照されたい。

② ホウ酸

300 mM などのホウ酸溶液を作製し、希釈して用いる。多くの植物種では培地に数十 μM のホウ酸が含まれていれば十分である。顕著な欠乏処理には、ホウ酸濃度が 0〜数 μM 以下の培地が必要である。

③（固形培地用）固化剤：ゲランガム（和光純薬工業など）

平面に置いて根を培地内に進入させる場合には 0.15％、直立させ固形培地表面に根をはわせる場合には 1％ を用いる。寒天（アガー）は海藻由来であるためホウ酸が混入している。ホウ酸欠乏処理を行う栽培にはゲランガムを用いる。固化剤の無機塩類の混入については、各試薬の検討を行った論文を参照されたい[2]。

④（固形培地用）糖：スクロース（1％）

植物栽培用の固形培地に糖添加は必須ではないが、成長は速くなる。

操作

培養液・固形培地作製：

① 使用するプラスチックボトルやメスシリンダーを超純水で数回洗浄し、混入したホウ酸を除去する。

② 超純水に無機塩類の濃縮溶液を添加する。最終濃度に合わせてホウ酸溶液を加える。必要に応じて pH を調整し、メスアップする。

③（固形培地の場合）スクロースを溶解させ、ゲランガムを固まりにならないように少しずつ添加して溶解させる。オートクレーブ滅菌後、プラスチックシャーレに分注し、固める。

④（水耕栽培の場合）②で調製した培養液を遮光して保存する。栽培温度付近で保存し、培養液交換の際に植物にストレスを与えないようにする。

植物栽培：

①（シロイヌナズナ水耕栽培の場合）ロックウールにコルクボーラーを差し込み、直径 10 mm の円柱を作製する。ロックウールは水道水および大量の超純水でつけおき洗浄を行い、ホウ酸の混入を低減させる。円柱の上部に播種し、ロックウールを超純

水に浸して発芽させる。黒いプラスチック板の穴に、円柱型のプラスチック支持体をセットしておく。これは、1.5 mL チューブの底とふたを切断したものが使用できる。播種7日後、円柱型ロックウールをプラスチック支持体に差しこみ、培養液の入ったポットの上にプラスチック板を置く（図 5.5）。

② （ナタネ等の水耕栽培の場合）湿らせた濾紙上で発芽後、超純水で一週間生育させる。根が伸長した幼植物の胚軸をスポンジで覆い、黒いプラスチック板の穴に入れ、培養液の入ったポット上にプラスチック板を置く（図 5.6）。

③ （固形培地の場合）種子を表面殺菌し、プラスチックシャーレの固形培地に播種する（図 5.4）。

④ ホウ酸欠乏処理は長期的な処理と短期的な処理がある。短期的な処理の場合には、高濃度のホウ酸を含む培地で生育させた植物を低濃度のホウ酸を含む培地に移植する。この際、根の表面に高濃度のホウ酸が付着していることから、ホウ酸を含まない培養液での洗浄を迅速に行い、移植することが望ましい。上記の水耕栽培の場合に

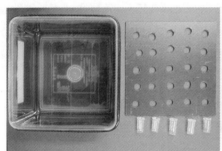

図 5.5　シロイヌナズナ水耕栽培例
ロックウールから根が伸長した様子

図 5.6　ナタネの水耕栽培によるホウ素欠乏処理例

(a)ホウ素欠乏：
　ホウ素添加なし（16 日目）
(b)ホウ素通常：
　30 μM ホウ酸添加（16 日目）

ポット上部からの写真
(c)ホウ素欠乏（21 日目）
(d)ホウ素通常（21 日目）

スケールバー：10 mm

は、黒いプラスチック板を持ち上げて、複数の植物体の根を同時に、異なるポットに移動させることが可能である。

5.3.2　ホウ素栄養変異株の単離と解析

器具・機器
① ドラフトチャンバー
② 植物栽培用具：5.3.1 を参照

試薬類
① 変異原処理試薬：メタンスルホン酸エチル（EMS）、N-エチル-N-ニトロソウレア（ENU）など

　EMS や ENU はアルキル化剤であり、ランダムな点変異を主に誘発する。ランダムな変異導入にはトランスファー DNA（T-DNA）やトランスポゾン挿入、ガンマ線やイオンビーム照射も用いることが可能であり、これらは外来遺伝子の挿入や、自身の配列の欠損などを引き起こす。また、近年ではゲノム編集技術が開発され、対象とする遺伝子に変異を導入することが可能となってきている。変異原処理や変異株取得については、他の一般的なプロトコール集も参照されたい。

操作

薬剤処理による変異株の作出：
① ドラフト内で薬剤による変異誘発処理を行う。シロイヌナズナでは 0.15～0.3 ％ の EMS で一昼夜（8～15 時間）低速で撹拌しながら、数千から数万種子の処理を行うのが一般的である。植物種によって薬剤処理に葯（やく）や頴花（えいか）を用いる。
② 純水で薬剤を洗浄した後、処理当代の植物を成育させ、後代の種子を得る。シロイヌナズナの場合、変異誘発処理をした種子にはヘテロザイガスで変異が導入されるため、劣性変異を目的とする場合には、変異がホモザイガス化した種子が含まれる後代を用いる。

変異株の探索と確立：
① 低濃度のホウ酸を含む培地条件で、変異誘発処理された種子の後代種子を播種する。方法は 5.3.1 の方法に従う。シロイヌナズナの場合は数千から数万種子を用いて、一次スクリーニングを行うのが一般的である。野生型株（親株）と比較して、異なるホウ素栄養特性を示す株を探索し、選抜する。RG-II 架橋形成に重要な分子や成長に必要なホウ酸を輸送するホウ酸輸送体の変異株は、低濃度のホウ酸環境において野生型株と比較してホウ素欠乏症状が起こりやすいことが想定される。栄養成長期のホウ素欠乏症状としては、葉の展開抑制（特に上位葉の萎縮）、根の細胞伸長抑制が指標となる。生殖成長期では、花芽形成不全、雄性不稔（花粉管伸長抑制など）、雌性不稔が指標である。また、変化が植物の外観に顕著に現れない場合も、植物組織の

ホウ素濃度やRG-IIホウ酸架橋率が変化していることもある。

② 選抜された植物個体を生育させ、後代の種子を得る。選抜時と同じ栽培条件で、後代の複数の種子を対象として表現型を観察し、二次スクリーニングを行う。

③ 選抜された変異株は、野生型株（親株）と戻し交雑を行い、表現型の原因遺伝子変異以外の変異を除く。

ホウ酸輸送体変異株の取得：

　既知のホウ酸輸送体の変異株および相同遺伝子の変異株は、公開されている変異株集団から取得することが可能である。様々な植物のゲノム情報および変異株系統が公開されている。理化学研究所バイオリソースセンター実験植物開発室ではシロイヌナズナなどの様々な変異株系統（https://epd.brc.riken.jp/ja/resource/catalog_plantc）（最終確認日 2022 年 12 月 14 日）（**9.1**）、ソーク研究所はシロイヌナズナの T-DNA 挿入株系統（T-DNA Express - Salk Institute Genomic Analysis Laboratory signal.salk.edu/cgi-bin/tdnaexpress）（最終確認日 2022 年 12 月 14 日）を研究用に供与している。

参考文献

1) Miwa, K. & Fujiwara, T. (2010) *Ann. Bot.* **105**, 1103-1108
2) Gruber, B.D. et al. (2013) *Plant Physiol.* **163**, 161-179

（三輪京子）

第6章 細胞壁多糖類の調製と構造解析

6.1 アラビノガラクタン-プロテインの調製と構造解析

　植物の細胞壁は主に細胞壁多糖類で構成されており、セルロース、ペクチン、ヘミセルロースに分けられる。ペクチンとヘミセルロースは細胞壁の分画法に基づく名称であり、両者をまとめてマトリックス多糖と呼ばれることが多い。細胞壁には多糖類ばかりでなく、タンパク質や糖タンパク質（glycoprotein）が含まれている。アラビノガラクタン-プロテイン（arabinogalactan-protein:AGP）も細胞壁成分の一つで糖とタンパク質が共有結合した複合糖質である。しかしながら、糖含量が高い（≥90 %）ので、一般的にはプロテオグリカン（proteoglycan）と呼ばれている。

　AGPは単子葉、双子葉の高等植物各組織に普遍的に分布している。AGPは細胞内で合成された後、グリコシルホスファチジルイノシトール（GPI）アンカーという糖鎖を介して細胞膜に結合しており、膜との結合が切れて細胞壁に移行すると考えられている。AGPは一般的には、水溶性、分子量は数万〜数十万、AGPのコアペプチドは全体の約10 %を占め、プロリン（Pro）、ヒドロキシプロリン（Hyp）等に富んでいるのが特徴である。分子種が多く、シロイヌナズナでは少なくとも47個のコアタンパク質遺伝子が同定されている[1]。AGP含量は一般的に少ない（植物組織乾燥重量の1 %以下）。アラビアゴムノキの樹液（アカシアガム）もAGPであり、市販されている。カラマツの心材にはコアペプチドを含まないアラビノガラクタン（AG）が多く含まれており、市販されている。

　本項では、可溶性細胞壁成分の一例としてAGPを取り上げて、ダイコン根のAGPの単離・精製について述べる。さらに、AGPの糖鎖特異的分解酵素の探索のための基質［β-(1→3)-ガラクタン］の調製法、酵素［エキソ-β-(1→3)-ガラクタナーゼ］の精製、エキソ-β-(1→3)-ガラクタナーゼを用いたAGP糖鎖の構造解析を取り上げる。**図6.1**にダイコン根のAGPの糖鎖構造の模式図と糖鎖分解酵素の作用様式のまとめを示す[2,3]。

6.1.1 AGPの単離と精製

　野菜市場で購入した青首ダイコン（*Raphanus sativus*）の根の両端部分を除き、皮をむいて細断する（生重量8.9 kg）。3倍量の1 mM $HgCl_2$を含むPBS緩衝液（0.13 M NaClを含む14.5 mM リン酸緩衝液、pH 7.2）とともにワーリングブレンダー（あるいは家庭用ジューサーミキサー）で5分間破砕する。塩化水銀（$HgCl_2$）は組織中に含

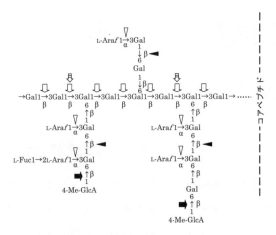

図 6.1 ダイコン成根 AGP の糖鎖構造と糖鎖分解酵素
構造模式図は簡略に描いてあるが、β-(1→6)-ガラクトシル残基から成る側鎖は 1 残基から少なくても 20 残基までの長い側鎖も含まれる。図中に糖鎖分解酵素の作用点も示してある。⇩、エキソ-β-(1→3)-ガラクタナーゼ：◀、エンド-β-(1→6)-ガラクタナーゼ：➡、β-グルクロニダーゼ：▽、α-L-アラビノフラノシダーゼ：⇩、エンド-β-(1→3)-ガラクタナーゼ

まれる加水分解酵素の作用を抑える目的で添加している。なお、重金属廃液は所属機関の規定に従って回収処理している。植物量が多いので小分けにして、発熱を防ぐため低温下（4℃）で作業を繰り返す。さらに、マグネチックスターラーを用いて、破砕液を室温で 40 分間撹拌して可溶性成分を抽出する。ブフナーロートと吸引ビンを用いてろ過し、ろ液を遠心分離する（冷却遠心機大型ローターで 8,000 × g、20 分間）。抽出液は酸化防止のため、一度、窒素ボンベから窒素ガスをバブリングし、低温下で保存している。抽出液をロータリーエバポレーターで濃縮する。抽出液はかなりの量になるので、筆者らは数台のエバポレーターを使用している。濃縮液を撹拌しながら、1/6 量の 7 ％（w/v）酢酸銅溶液を加えて、ペクチン等を沈殿させる（かなりの沈殿物が生じる）。上清に 3 倍量のエタノールを加えて組織抽出成分を沈殿させ、沈殿物を 80 ％（v/v）エタノールに分散させる。この懸濁液に氷水中で冷却しながら 5 M 塩酸を徐々に加えて、最終濃度 0.3 M に調整して 30 分間撹拌する。生じた沈殿を回収し、水に懸濁分散して低温下で 5 mM EDTA 液に、次に水に透析する。筆者らはメルクミリポア社製 Elix 純粋製造装置を用いて精製水を作っている。出発材料の量にもよるが、十分に脱塩を行うために、透析外液を交換しながらそれぞれ 2 日間透析している。上清を回収して凍結乾燥して粗 AGP 画分とする（収量 1.5 g）。

AGP の精製はイオン交換クロマトグラフィーとゲルろ過クロマトグラフィーで行う。粗 AGP 画分を水に溶解し、室温で、水で平衡化した CM-セルロースカラム（5 × 25 cm:H^+ 型）（和光純薬工業（株）等から購入できる）に載せて水で溶出する。フラクションコレクターを使って分画する（15 mL/tube）。溶出液の 280 nm の紫外部吸収とフェノール-硫酸法（**1.1.2.1**）で全糖量を測定する。カラムに吸着しない

素通り画分にほとんどの糖が溶出されるので、本画分を回収する。本操作は粗 AGP 画分のカチオン成分を除くのが目的である。回収画分を 2 M アンモニア水で中性に調整し、濃縮後、透析する（直ぐに次のステップを行わない場合は凍結保存する）。次に、本試料を水で平衡化した DEAE- セルロース（3.6 × 30 cm:HCO_3^-型）（和光純薬）に載せ、水で溶出した後、0 から 0.5 M $NaHCO_3$ の直線濃度勾配（水 1 L と 0.5 M $NaHCO_3$ 1 L をグラジエント装置を使って混合）で溶出する。筆者たちは（株）サンプラテック社製「密度勾配装置」を用いているが、プラスチック加工業者に依頼した手作りグラジエント装置も併用している。糖は 0.05～0.1 M の $NaHCO_3$ 濃度に主要な 1 ピークとして溶出される。場合によっては、低濃度側に小ピークが現れることもある。主要ピークを回収、透析、凍結乾燥する（収量 470 mg）。

部分精製 AGP を 0.01 ％ NaN_3（防腐剤）を含む PBS 緩衝液で平衡化したセファロース® 6B カラム（4 × 100 cm）（GE ヘルスケア・ジャパン）でゲルろ過する（15 mL/tube）。高分子デキストランとグルコースを同様に溶出して空隙容積（void volume、V_0）と内容積（inner volume、V_i）を求めておくと、糖は分配係数（K_d）0.50 付近に 1 ピークとして溶出される。280 nm の紫外部吸収は極わずかである。本画分を回収、透析、凍結乾燥する（精製 AGP、430 mg）。場合によっては本標品を再度ゲルろ過クロマトグラフィーで精製度を高めることもある。本標品はダイコン乾燥重量の 0.1 ％ の収率で得られ、超遠心分析とガラス濾紙を用いた高圧電気泳動で単一である。分子量 88,000、糖含量 88 ％ でタンパク質を含む（ケルダール法で測定した窒素量、Kjeldahl N 1.1 ％）。糖組成は L-Ara:Gal:4-O-メチル-グルクロン酸（4-Me-GlcA）= 24：62：14（mol ％）である[4]。前述のように、植物組織には数多くの AGP 分子種が含まれているので[1]、ここで得られたダイコン根 AGP も異なる AGP 分子種の混合物である可能性がある。AGP の性質をさらに調べるためには単分子種の AGP の単離とその構造解析が課題である。

6.1.2 AGP 糖鎖分解酵素の探索と精製
6.1.2.1 β-(1→3)-ガラクタンの調製

AGP 糖鎖は複数の構成糖を含み、結合様式も複雑であるので、AGP を基質に使用すると AGP 糖鎖のどの部位が作用を受けるかが判らず、糖鎖特異的分解酵素を見出すことは困難である。分解酵素の探索には特定の酵素活性を検出できる基質が必要となる。AGP 糖鎖の主鎖は Gal が β-(1→3)-結合していることに着目して、市販アカシアガムをスミス分解して β-(1→3)-ガラクタンの調製を行った[5,6]。アカシアガム（15 g、シグマ アルドリッチ ジャパン）を 0.1 M メタ過ヨウ素酸ナトリウム（1.5 L）で 4℃、7 日間静置し過ヨウ素酸酸化を行う。反応時間は 4 日間でも構わない。エチレングリコール（10 mL）を添加して未反応の過ヨウ素酸を分解し、pH 試験紙を用いて 5 M NaOH（約 7 mL）で中和する。エバポレーターで濃縮後、低温下で水に透析

する（かなりの塩を含むので水を交換しながら2〜3日透析する）。水素化ホウ素ナトリウム（7.5 g）を加えて一晩室温に静置し還元反応を行う。6 M酢酸を加えて中和する。かなり発泡（水素ガス）するので、マグネチックスターラーで撹拌しながら6 M酢酸を少しずつ加える。溶液をエバポレーターで濃縮後、透析する。

溶液（58 mL）に1/3量の4 Mトリフルオロ酢酸（TFA）を加えて、室温（約25℃）で48時間静置し緩和な酸加水分解を行う。わずかな不溶物を冷却遠心機で除き、得られる上清を冷却しながら2倍量のエタノールに加える。生じた沈殿を遠心分離して回収する。沈殿はエタノール、アセトン、石油エーテルの順で洗浄し、真空デシケーター中で減圧乾燥させる。得られる粉末がスミス分解1回物である（収量5.9 g）。同様の操作を繰り返すことによって、スミス分解2回物（最初の反応液量700 mL、収量3.1 g）、スミス分解3回物（最初の反応液量500 mL、収量1.6 g）が得られる。最終的にアカシアガム15 gから収率11%でβ-(1→3)-ガラクタンが得られる。セファロース®6Bカラムを用いて調べると、分子量分布はブロードであるが、主成分は分子量約25,000である。筆者らはスミス分解3回処理したものをβ-(1→3)-ガラクタンと呼んでいるが、若干（約10残基に1残基の割合）の分岐結合したGalが含まれている（図6.2）。

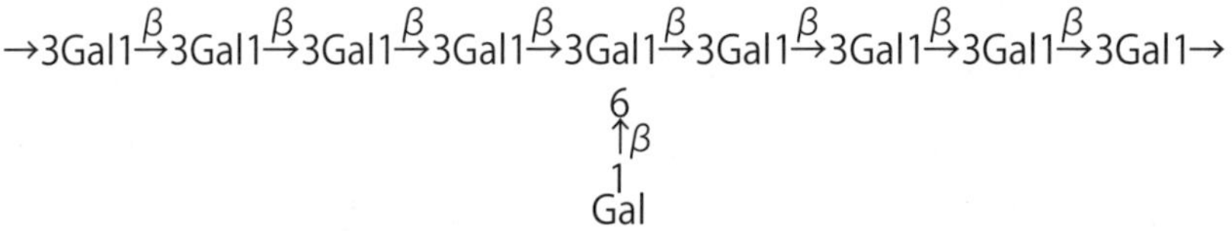

$$\rightarrow 3Gal1 \xrightarrow{\beta} 3Gal1 \xrightarrow{\beta} 3Gal1 \xrightarrow{\beta} 3Gal1 \xrightarrow{\beta} 3Gal1 \xrightarrow{\beta} 3Gal1 \xrightarrow{\beta} 3Gal1 \xrightarrow{\beta} 3Gal1 \xrightarrow{\beta} 3Gal1 \rightarrow$$
$$\underset{Gal}{\overset{1}{\underset{\beta}{\overset{6}{\uparrow}}}}$$

図6.2 アカシアガムから調製したスミス分解3回物［β-(1→3)-ガラクタン］の構造模式図

6.1.2.2 エキソ-β-(1→3)-ガラクタナーゼの精製

市販酵素剤から新規な酵素、エキソ-β-(1→3)-ガラクタナーゼを精製した。先ず、β-(1→3)-ガラクタンを基質として各種市販酵素剤の分解活性を測定した。酵素反応はβ-(1→3)-ガラクタン（5 mg/mL）、酵素液、50 mM酢酸緩衝液（pH 4.6）を含む反応液0.1 mLを37℃でインキュベートして行った。酵素活性は基質が分解されて遊離する還元糖量をソモギーネルソン法（1.1.1.2）で測定して求めた。酵素1単位は1分間に1 μmolのGal相当の還元力を生じる酵素量と定義した。ウスバタケ（*Irpex lacteus*）由来の「ドリセラーゼ」（協和醗酵工業社、2010年からはあすか製薬社が販売）に強い分解活性を検出したので、本酵素剤から酵素を精製した。研究成果は1990年に論文発表した[7]。

以下の操作は氷冷、または低温下（4℃）で行う。酵素剤粉末（50 g）を100 mMトリス-塩酸緩衝液（pH 8.0、100 mL）に懸濁し、市販セルロース粉末6 gを加えて

30 分間撹拌する。本操作は、酵素剤中のセルラーゼを吸着除去するのが目的である。遠心分離後上清を回収する。沈殿は同緩衝液（75 mL）で再懸濁して同様に処理する。合わせた上清を 10 mM トリス-塩酸緩衝液（pH 8.0）に透析する。透析は、緩衝液を交換しながら一晩行う。酵素液を同じ緩衝液で平衡化した DEAE-セルロースカラム（5 × 25 cm）（タイプ DE-52、ワットマン社）に載せ、同緩衝液で溶出する。フラクションコレクターを使って分画（17 mL/tube）し、酵素の失活を防ぐ目的で各フラクションチューブには予め 1 mL の 500 mM 酢酸緩衝液（pH 4.6）を加えておく。溶出液の酵素活性と 280 nm の紫外部吸収を測定する。酵素はカラムに吸着せず素通り画分に溶出されるが、夾雑成分がかなり除かれるので酵素の精製には有効である。活性画分を回収し、YM-5 メンブレン（直径 76 mm、分子量 5,000 カット）を装着した限外ろ過装置（350 mL 容量、1990 年当時のアミコン社、現在はメルクミリポア社）で濃縮し、10 mM 酢酸緩衝液（pH 5.0）に透析する。

酵素液を 10 mM 酢酸緩衝液（pH 5.0）で平衡化した CM-トヨパールカラム®（1 × 47 cm）（タイプ 650M、東ソー）に載せ、同一緩衝液で溶出する。280 nm の吸光度が低下したら 10 から 100 mM 酢酸緩衝液（pH 5.0）の直線濃度勾配（溶出液量計 400 mL）で酵素を溶出する。酵素画分は部分分離した 2 ピークとして溶出される。酢酸緩衝液の低濃度側に溶出される画分を回収、濃縮し、1 mM リン酸緩衝液（pH 6.8）に透析する。同一緩衝液で平衡化したハイドロキシアパタイトカラム（1.5 × 8 cm）（バイオ・ラッド）に載せ、同一緩衝液で溶出後、酵素を、1 から 10 mM リン酸緩衝液（pH 6.8）の直線濃度勾配（溶出液量計 150 mL）で溶出する。酵素はブロードな単一ピークとして溶出される。酵素画分を濃縮後、pH 7.0 から 9.0 の範囲のアンホライン（両性担体）を用いた等電点電気泳動装置（モデル 8101、110 mL 容量、1990 年当時の LKB 社、現在日本エイドーが販売）で 600 V、5 日間泳動する。その後、1 mL ずつ分画する。酵素は等電点 8.0〜8.5 の範囲に分画される。活性画分を回収、濃縮後、20 mM 酢酸緩衝液（pH 4.6）で平衡化したセファデックス™ G-50 カラム（1.8 × 60 cm）（GE ヘルスケア・ジャパン）を通過させ脱塩を行う。酵素画分を濃縮し、精製酵素として凍結保存する。精製酵素は、出発酵素剤の活性の 4 % の収率で得られ、比活性は 166 倍となる。SDS-ゲル電気泳動で単一バンドであり、分子量は 51,000 である。

本酵素は図 6.1 に示すように、AGP 糖鎖の主鎖である β-(1→3)-結合している Gal 残基に非還元末端から作用するエキソ型酵素であり、側鎖が結合している分岐部分はバイパスして分解が進む。したがって、AGP 糖鎖から Gal と側鎖オリゴ糖が分解産物として生じる（図 6.3）。本酵素は新規な酵素であることが判ったのでエキソ-β-(1→3)-ガラクタナーゼ（EC 3.2.1.145）と名付けた[7]。その後、精製酵素のアミノ酸配列を基に *I. lacteus* の本酵素遺伝子をクローニングした。ピキア酵母（*Pichia*

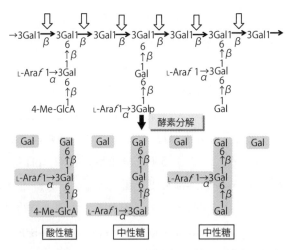

図 6.3　エキソ-β-(1→3)-ガラクタナーゼの AGP 糖鎖への作用と酵素分解生成物
本酵素は⇩で示したように β-(1→3)-ガラクタン主鎖の非還元末端から糖鎖を順番に切り出す酵素である。β-(1→6)-ガラクタン側鎖が結合している分岐部分はバイパスして分解が進行する。予め、α-L-アラビノフラノシダーゼで処理して L-Ara 残基を除いておく。側鎖が結合していない場合は Gal が遊離し、4-Me-GlcA が付加した側鎖（酸性糖）も付加していない側鎖（中性糖）もオリゴ糖として丸ごと切り出される。側鎖 β-(1→6)-ガラクタン鎖に L-Ara 残基が結合している元の AGP 糖鎖の場合は分解率が低下する。

pastoris）を用いて組換えエキソ-β-(1→3)-ガラクタナーゼを作成し、実験に用いている[8]。

6.1.3　AGP 糖鎖の構造解析

　上記のエキソ-β-(1→3)-ガラクタナーゼに加えて、**図 6.1** に示した α-L-アラビノフラノシダーゼ、ならびに市販の β-ガラクトシダーゼ（Grade Ⅷ、シグマ アルドリッチ ジャパン）を用いてダイコン成根 AGP の糖鎖構造を調べた[7]。

　先ず、AGP の非還元末端付近に結合している L-Ara 残基を除去するために 100 mg（比色定量による糖含量）の AGP を 10 mL の 10 mM クエン酸-リン酸緩衝液（pH 3.0）に溶かして *Rhodotorula flava* の α-L-アラビノフラノシダーゼ[9] を 1 単位（36 μg）加え、37 ℃で一晩反応させる。沸騰水中 5 分間加熱して反応を止め、Dowex® 50W（H⁺）の小カラム（1.5 × 5 cm）を通過させて脱塩する。カラムは糖が流れきるまで（カラム体積の約 2 倍量）の水で溶出する。溶出液をエバポレーターで濃縮しセファデックス G-15 カラム（2.0 × 75 cm）（GE ヘルスケア・ジャパン）に載せ、水で溶出する。糖の溶出パターンをフェノール - 硫酸法（**1.1.2.1**）で測定して高分子画分を回収し、凍結乾燥する。この操作でダイコン根 AGP に結合している大部分の L-Ara が除去される。その後、同様な基質特異性を持つアカパンカビの α-L-アラビノフラノシダーゼの遺伝子をクローニングし、組換え酵素を作成して実験に用いている[10]。また、クロコウジカビ由来の精製酵素標品がメガザイム社（日本代理店：日本バイオ

コン社）から市販されている。

　得られた高分子画分の一部（57 mg）を 12 mL の 50 mM 酢酸緩衝液（pH 4.6）に溶解し、エキソ-β-(1→3)-ガラクタナーゼ 1.8 単位（21 μg）を加え、37℃で 24 時間反応させる。遊離する還元糖量を経時的に測定し、酵素分解が定常（試料の全糖量に対して Gal 換算で 26%）に達したことを確認した後で、沸騰水浴中で加熱して反応を止める。Dowex® 50W（H⁺）小カラムを通過させて脱塩後、一部（28 mg）を 1%（v/v）酢酸で平衡化したセファデックス™ G-100 カラム（2 × 50 cm）を用いてゲルろ過する（1.7 mL/tube）。糖は、分子量 52,000 の高分子画分（9%）と低分子画分（91%）の 2 ピークとして溶出され、酵素分解によって糖鎖の大部分が切りだされる。それぞれの画分を回収し、エバポレーターで濃縮する。濃縮液に水を加えて濃縮操作を繰り返して酢酸を除く。高分子画分はコアタンパク質に切れ残りの糖鎖が結合した AGP のコア部に相当すると考えられ、構成糖分析（**1.6**）、メチル化分析（**1.8**）によってその構造を調べる。

　ゲルろ過で得られた低分子画分は DEAE-セルロース カラム（1.5 × 6 cm：HCO₃⁻型）を用いたイオン交換クロマトグラフィーで分画する。水 70 mL でカラムを溶出すると、カラムに非吸着の中性画分（31%）と 0 から 0.5 M NaHCO₃ の直線濃度勾配（計 200 mL）で溶出される酸性画分（69%）の 2 つの画分が得られる。酸性画分は約 80 mM NaHCO₃ 付近にピークを持つ 1 成分として溶出される。酸性画分は Dowex® 50W（H⁺）小カラムを通過させて脱塩する。各々の画分を 1% 酢酸で平衡化

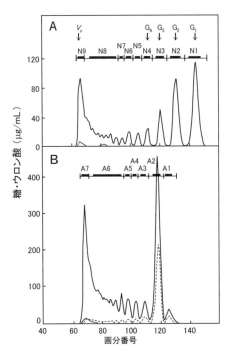

図 6.4 ダイコン成根 AGP 糖鎖のエキソ-β-(1→3)-ガラクタナーゼによる分解物のバイオゲル®P-2 カラムを用いた分画

A：中性オリゴ糖画分
B：酸性オリゴ糖画分
フェノール-硫酸法による糖含量：———
カルバゾール-硫酸法によるウロン酸含量：- - - -
V_0：空隙容積
G_1〜G_4：ガラクトースおよびβ-(1→6)-ガラクトオリゴ糖（重合度 2〜4）の溶出位置
中性オリゴ糖画分（A の太い横線で示した N1〜N9）と酸性オリゴ糖画分（B の太い横線で示した A1〜A7）を回収して構造解析した。

したバイオゲル® P-2 カラム（2.6 × 91 cm：400 メッシュ以下、最近のカタログ表示では"Extra Fine"）（バイオ・ラッド）でゲルろ過する（2.5 mL/tube）（図 6.4）。フェノール-硫酸法（1.1.2.1）で全糖量を、カルバゾール-硫酸法（1.1.3.1）で酸性糖量の溶出パターンを測定する。中性画分を 9 画分（N1〜9）、酸性画分を 7 画分（A1〜7）に分け、全糖量を測定して各画分の収量を求める。

得られた画分はペーパークロマトグラフィーによる純度検定、PAD 検出器を用いた HPLC（1.6.2）、β-ガラクトシダーゼによる酵素分解、メチル化分析（1.8）、NMR 分析（2.1.1）等で調べた。N1 は Gal、N2〜5 は β-(1→6)-結合した二〜五糖のガラクトオリゴ糖と同定された。N8、N9 は β-(1→6)-結合した高級ガラクトオリゴ糖混合物（重合度約 20 まで）であり、少量の L-Ara が Gal 残基の O-3 位に分岐結合していることが判った。同様な分析で、酸性オリゴ糖画分は 1 残基の 4-Me-GlcA が中性オリゴ糖画分の非還元末端 Gal 残基の O-6 に結合した構造であることが判った。元の AGP 糖鎖はこれらのオリゴ糖側鎖に L-Ara がさらに分岐結合している（図 6.1）。

参考文献

1) Showalter, A.M.（2001）*Cell. Mol. Life Sci.* **58**, 1399–1417
2) Haque, M.A. et al.（2005）*Biosci. Biotech. Biochem.* **69**, 2170-2177
3) Shimoda, R. et al.（2014）*Biosci. Biotech. Biochem.* **78**, 818-831
4) Tsumuraya, Y. et al.（1988）*Plant Physiol.* **86**, 155-160
5) Sekimata, M. et al.（1989）*Plant Physiol.* **90**, 567-574
6) Kitazawa, M. et al.（2013）*Plant Physiol.* **161**, 1127-1126
7) Tsumuraya, Y. et al.（1990）*J. Biol. Chem.* **265**, 7207-7215
8) Kotake, T. et al.（2009）*Biosci. Biotech. Biochem.* **73**, 2303-2309
9) Uesaka, E. et al.（1978）*J. Bacteriol.* **133**, 1073-1077
10) Takata R. et al.（2010）*Carbohydr. Res.* **345**, 2516–2522

（円谷陽一）

6.2 キシログルカンの調製と構造解析

植物一次細胞壁はペクチン様多糖、ヘミセルロース性多糖およびセルロースと総称される多糖類から構成されている。細胞壁から多糖類を抽出するには、一般に、熱水、シュウ酸アンモニウム、EDTA などのキレート剤によるペクチン様多糖の抽出と、それに続く 4〜24％の水酸化カリウム（または水酸化ナトリウム）などのアルカリによるヘミセルロース性多糖の抽出の二つに大きく分けられる。アルカリ抽出残渣はセルロース画分として取り扱われる。ペクチン様多糖、ヘミセルロース性多糖画分

には種々の多糖類が混在しており、植物種や組織が異なると、含まれる多糖の種類や割合、微細構造も異なる。一般に、ペクチン様多糖として、ホモガラクツロナン、ラムノガラクツロナン、アラビナン、(1→4)-β-D-ガラクタン、ペクチン性アラビノガラクタンなどがある。ヘミセルロース性多糖としては (1→3)-β-D-グルカン、(1→3),(1→4)-β-D-グルカン、キシログルカン、グルクロノキシラン、グルクロノアラビノキシラン、グルコマンナンなどがある。目的多糖の構造を解析するためには、細胞壁多糖類の大まかな分画、得られた画分からの目的多糖の分離・精製、そして種々の方法による構造解析という手順を踏まなければならない[1]。

高等植物の一次細胞壁の主要ヘミセルロース性多糖の一つにキシログルカンがあるが、その構造的特徴および性質は次のとおりである。

キシログルカンはセルロース様 (1→4)-β-D-グルカンを主鎖としてそのグルコース残基の O-6 の位置が、α-D-キシロース残基、β-D-ガラクトース-(1→2)-α-D-キシロース残基、α-L-アラビノース-(1→2)-α-D-キシロース残基、α-L-フコース-(1→2)-β-D-ガラクトース-(1→2)-α-D-キシロース残基などで置換された構造をもつ一種のセルロース天然誘導体である。分子間の相互作用が強固であり、セルロース分子とも結びついているため、細胞壁から抽出するには比較的強いアルカリ溶液が必要である。抽出後のキシログルカンの性質は植物種によって異なり、水に対する溶解度の違いとしても観察される。すなわち、双子葉植物のキシログルカンはアルカリ抽出後、水に溶けやすいが、イネ科植物のキシログルカンのなかには、一旦細胞壁から分離し、かつ共存多糖を除くと、アルカリ水溶液には溶解するが、水には溶けないものもある。これはイネ科植物のキシログルカン主鎖が双子葉植物よりも置換基が少なく、かつ側鎖も短いためと考えられる。水溶性キシログルカンはデンプンと同様にヨウ素試薬で呈色するため、比色定量することが可能である（**1.1.4**）。

単離したキシログルカンの化学構造は、①構成単糖類の種類と組成比、②構成糖残基間のグリコシド結合の種類、③構成糖残基の配列順序、④構成糖残基の結合配向、⑤分子量（重合度）などの実験結果をもとに推定される。より詳細な微細構造を解析するためには基質特異性の明確な酵素を用いる方法との組み合わせも有効である[1]。以下、リョクトウ（*Vigna radiata*）暗発芽幼植物細胞壁とオオムギ（*Hordeum vulgare*）幼植物細胞壁を例にとり、キシログルカンの分離・精製および構造解析の詳細を述べる。

6.2.1 リョクトウ暗発芽幼植物細胞壁のキシログルカン[2～8]

6.2.1.1　分離・精製

1）細胞壁の調製

リョクトウ暗発芽幼植物から頂部と根部を除いたもの（生重量 560 g）を凍結し、2℃に冷却した 0.05 M トリス-塩酸緩衝液（pH 7.6）1.5 L とともに、氷冷しながらワー

リングブレンダーでホモジナイズする。遠心分離により不溶物を集め、ベンゼン-エタノール（2:1）の混液で3回の抽出を行って抽出物を除去する。抽出残渣をアセトンで洗浄した後、減圧下で乾燥して、粗細胞壁8.47 gを得る。

2）抽出

粗細胞壁から、熱水（80〜85℃）600 mLで3回（1回2時間）抽出し、さらにシュウ酸-シュウ酸アンモニウム混液（それぞれ0.25％溶液を等量混合）200 mLで6回（80〜85℃、1時間）抽出して抽出物を除く。続いて窒素気流を通じながら抽出残渣を4％水酸化カリウム溶液200 mLで2回（室温、24時間）抽出し、抽出物を除く。窒素気流を通じながらこの4％水酸化カリウム抽出残渣を24％水酸化カリウム溶液200 mLで2回（室温、24時間）抽出を行い、キシログルカンを含む抽出液を得る。この抽出液を酢酸で中和し、蒸留水に対して透析して水溶性低分子物質を除く。内液を回収し濃縮した後、エタノールを5倍量加え多糖画分を沈澱として回収する。沈澱は、エタノールとエーテルで順次洗浄・脱水し、真空下で乾燥する。

3）精製

3)-1　精製ステップ1：デンプンとタンパク質の除去

24％水酸化カリウム抽出画分を0.02 Mリン酸緩衝液（pH 6.9）に懸濁しα-アミラーゼを0.1 mg/100 mgの割合で加えインキュベート（40℃、48時間）し、混入しているデンプン系物質を分解する。沸騰水浴中で10分間加熱して酵素を失活させたのち、冷却し、pHを7.4に調整してプロナーゼEを0.1 mg/250 mgの割合で加え、45℃で48時間処理し、共存タンパク質を分解する。沸騰水浴中で10分間加熱して酵素を失活させた後、蒸留水に対して透析して凍結乾燥（収量0.87 g）する。

3)-2　精製ステップ2：ヨウ素複合体形成による沈澱

3)-1で除デンプンおよび除タンパクした24％水酸化カリウム抽出画分を再び24％水酸化カリウム溶液に溶解し、不溶物を除去する。可溶物を酢酸で中和し（pH 4.8）、4℃で一晩放置する。生じた沈澱は遠心分離にて除去し、上清にエタノールを5倍量加えて低温室に一晩放置する。生じた沈澱を遠心分離にて集め、塩化カルシウム溶液（比重1.3）に溶解した後、遠心分離にて不溶物を除去する。可溶物にヨウ素-ヨウ化カリウム溶液（4％ヨウ化カリウム溶液にヨウ素を3％になるように溶解）を過剰に加えて4℃で2時間放置する。生じた沈澱を遠心分離（20,000 × g、30分）で集めて、熱水に溶解してヨウ素の色が消失するまでチオ硫酸ナトリウムを加える。蒸留水に対して透析して塩類を除き、凍結乾燥する（収量536 mg）。このようにして得られたキシログルカンはほぼ純粋であるが、混在する少量の酸性多糖とタンパク質を除くため、次の操作を行う。

3)-3　精製ステップ3：DEAE-Sephadex™ A-25カラムクロマトグラフィー

粗キシログルカン（500 mg）をあらかじめ0.01 Mリン酸緩衝液（pH 6.0）で平衡

化した DEAE-Sephadex™ A-25 のカラム（φ3 × 13 cm）にのせ、0.01 M リン酸緩衝液、0.5 M リン酸緩衝液（pH 6.0）、0.5 M および 1 M 水酸化ナトリウム溶液で順次溶出する。それぞれの溶出画分を蒸留水に対して透析し、回収した内液を濃縮し、凍結乾燥する。キシログルカンは、0.01 M リン酸緩衝液（pH 6.0）によりその大部分が溶出される（収量 355 mg）。この画分から回収された標品はきわめて純度（超遠心分析と電気泳動分析で均一）が高い。

6.2.1.2　構造解析

1）分子量分析、糖組成分析、糖結合様式（メチル化）分析

　精製キシログルカンをゲルろ過クロマトグラフィー（Sepharose® CL-6B）に供すると平均分子量は約 16 万である。構成糖モル比はグルコース：キシロース：ガラクトース：フコース = 49：34：12：5 である。これをメチル化分析に供すると、非還元末端キシロース、非還元末端フコース、非還元末端ガラクトース、2-結合（および/または 4-結合）キシロース、2-結合ガラクトース、4-結合グルコースおよび 4,6-結合グルコースが検出され、本多糖が(1→4)-D-グルカンを主鎖としてその多くのグルコース残基の O-6 の位置で分岐していることがわかる。

2）酵素による加水分解と分解物の構造解析

2)-1　*Trichoderma viride* のセルラーゼによる加水分解

　試料（300 mg）を 150 mL の蒸留水に溶解し、4 mg の *T. viride* のセルラーゼ（生化学工業）を加えて表面を数滴のトルエンで覆い 48 ℃で 72 時間反応させる。反応後、沸騰湯浴中で 15 分間加熱して酵素を失活させ、遠心分離で不溶物を除去する。上清を凍結乾燥して、10 mL の蒸留水に溶解して Bio-Gel® P-2 のカラム（φ1.5 × 145 cm）でゲルろ過クロマトグラフィーを行う。高級オリゴ糖（重合度の大きい少糖、

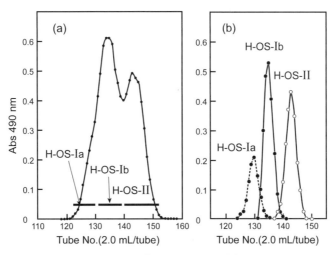

図 6.5　H-OS の Bio-Gel® P-4 による分画（文献 4 より転載）

H-OS）画分を集めて凍結乾燥（収量 213 mg）し、2 mL の蒸留水に溶解しゲルろ過クロマトグラフィーに供する（Bio-Gel® P-4、φ2×200 cm）。ゲルろ過をくり返し、精製品を得る（図 6.5）。収量は、H-OS-Ia（十糖）：19.3mg、H-OS-Ib（九糖）：66.9 mg、H-OS-II（七糖）：55.3 mg である。十糖、九糖および七糖画分の構成糖モル比は、それぞれグルコース：キシロース：ガラクトース：フコースが 4.0：2.9：2.3：1.1、4.0：2.6：1.2：1.0、および 4.0：2.8：0：0 である。

2)-2　オリゴ糖の構造解析

3種のオリゴ糖のうち九糖を例にとり、詳細な構造解析法を以下に述べる。十糖と七糖等に関しては文献 4 と 6 を参照していただきたい。

2)-2-1　糖組成分析と糖結合様式分析

H-OS-Ib（九糖）はグルコース、キシロース、ガラクトースとフコースが 4:3:1:1 のモル比で構成されている。メチル化分析結果から、このオリゴ糖が、非還元末端フコース（1モル）、非還元末端キシロース（2モル）、2-結合（あるいは 4-結合）キシロース（1モル）、2-結合ガラクトース（1モル）、4-結合（あるいは）6-結合グルコース（2モル）、そして 4,6-結合グルコース（2モル）からなっていることがわかる。また、本オリゴ糖を水素化ホウ素ナトリウム（$NaBH_4$）で還元した後にメチル化分析に供すると、4-結合（あるいは 6-結合）のグルコース残基に相当するピークが半減し、新たに 4-結合のグルシトール残基のピークが認められる。これは、4-結合のグルコース残基が還元末端に存在することを示す。

2)-2-2　九糖の屑片分析

H-OS-Ib（九糖）を *A. oryzae* のイソプリメベロース生成オリゴキシログルカン加水分解酵素 [IPase：キシログルカンオリゴ糖に対して高い特異性を示し、オリゴ糖主鎖の非還元末端からイソプリメベロース {α-D-Xyl-(1→6)-D-Glc、IP} 単位で加水分解する酵素] で分解すると、イソプリメベロース（6-*O*-α-D-キシロピラノシル-D-グルコース）とペーパークロマトグラフィー（展開溶媒ピリジン：ブタノール：水 = 4:6:3、上昇法）で R_{Glc} 0.25 を示すオリゴ糖（OS-X）が重量比約 1:1.1 で得られる（図 6.6）。

2)-2-3　OS-X の構造解析

OS-X は、グルコース、キシロース、ガラクトースおよびフコースが約 2:1:1:1 のモル比で構成されている五糖である。また、メチル化分析の結果より、非還元末端フコース（1モル）、2-結合（あるいは 4-結合）キシロース（1モル）、2-結合ガラクトース（1モル）および 6-結合（もしくは）4-結合のグルコース（2モル）からなっていることがわかる。このオリゴ糖の構成単糖の配列順序を調べる目的で OS-X の屑片分析を加酢分解と酸部分分解を行う（図 6.6）。

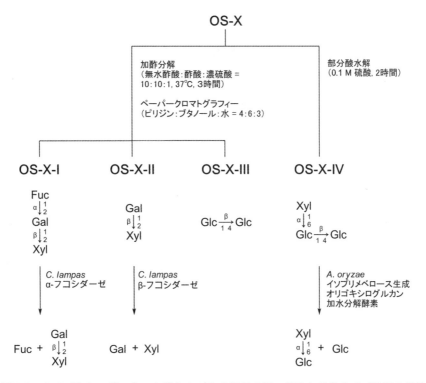

図 6.6　オリゴキシログルカン九糖およびその部分分解で得られる各オリゴ糖類の構造

加酢分解と分解物の分析：OS-X（60 mg）に 5 mL の無水酢酸を加え、次いで氷酢酸 5 mL と濃硫酸 0.5 mL を加えて 39℃で 3 時間放置する。反応混合液をクロロホルムで抽出し、抽出液を脱水後濃縮する。これを 0.05 M ナトリウムアルコラート（NaOCH$_3$）で脱アセチル化し、Amberlite™ IR-120（H$^+$ 型）で処理した後に減圧濃縮する。濃縮物を Bio-Gel® P-2 によるゲルろ過クロマトグラフィーに供すると、三糖画分と二糖画分が得られる。これをペーパークロマトグラフィー（ピリジン：ブタノール：水 = 4:6:3、上昇法）に供すると、三糖画分は単一成分（R_{Glc} 0.71）であるが、二糖画分が 2 成分（R_{Glc} 0.81 と 0.67）からなることがわかる。そこで調製用ペーパークロマトグラフィーにより、二糖画分から OS-X-II（R_{Glc} 0.81）と OS-X-III（R_{Glc} 0.67）を得る。

最終的に3種の精製オリゴ糖であるOS-X-I（三糖:10.2 mg）、OS-X-II（二糖:5.8 mg）およびOS-X-III（二糖:17.9 mg）が得られる。

　OS-X-IIIは、グルコースのみからなる二糖で、メチル化分析、ペーパークロマトグラフィーによるR_f値および$[α]_D$値（+30）から、セロビオース（4-O-$β$-D-グルコピラノシル-D-グルコピラノース）と同定できる。

　OS-X-II（R_{Glc} 0.81、$[α]_D$+10）は、ガラクトースとキシロースが等モルからなる二糖である。$NaBH_4$で還元後、加水分解し、ペーパークロマトグラフィーに供するとガラクトースとキシリトールが検出される。また、ペーパークロマトグラフィーで、この糖はトリフェニルテトラゾリウムクロライド（TTC）試薬で発色しないことから、還元末端残基のO-2位が結合に関与していることがわかる。さらに$β$-ガラクトシダーゼ（*Charonia lampus* 由来）で処理すると、ガラクトースとキシロースに完全に分解される。これらの結果をもとにして、OS-X-IIは2-O-$β$-D-ガラクトピラノシル-D-キシロピラノースであると同定できる。

　OS-X-Iはフコース、ガラクトース、キシロースが1:1:1のモル比で構成されている三糖である。メチル化分析により、非還元末端フコース（1モル）、2-結合ガラクトース（1モル）および2-結合（あるいは4-結合）キシロース（1モル）の存在がわかる。$NaBH_4$で還元した後に加水分解すると、フコース、ガラクトースのほかにキシリトールがペーパークロマトグラフィーで検出され、キシロースが還元末端残基であることがわかる。また、この糖もTTC試薬でまったく発色しないため、（1→2）結合のみからなる三糖であると推定される。そこで$α$-フコシダーゼ（*C.lampus* 由来）を作用させると、フコースとOS-X-IIとに分解されることから、OS-X-IIIはO-$α$-L-フコピラノシル-(1→2)-O-$β$-D-ガラクトピラノシル-(1→2)-D-キシロピラノースと同定できる。

部分酸分解と分解物の分析：OS-X（30 mg）を、0.1 M硫酸で部分分解（沸騰湯浴中、2時間）し、分解物をBio-Gel® P-2ゲルろ過クロマトグラフィーに供し、オリゴ糖OS-X-IVを主要画分として得る。このオリゴ糖はグルコースとキシロースが2：1からなる三糖である。また、メチル化分析の結果から、OS-X-IVのキシロース残基は非還元末端に結合しており、グルコース残基は4-結合および6-結合していることがわかる。そこでIPase処理を行うと、イソプリメベロースとグルコースが1：1のモル比で得られる。これらの結果より、OS-X-IVはO-$α$-D-キシロピラノシル-(1→6)-O-$β$-D-グルコピラノシル-(1→4)-D-グルコピラノースであると同定できる。

　これらの部分分解物（各オリゴ糖）の構造解析の結果を組み合わせることにより、OS-Xの構造はO-$α$-L-フコピラノシル-(1→2)-O-$β$-D-ガラクトピラノシル-(1→2)-D-キシロピラノシル-(1→6)-O-$β$-D-グルコピラノシル-(1→4)-D-グルコピラノースであると推定できる。

以上の結果より、九糖の構造は2モルのイソプリメベロースと1モルの五糖（OS-X）から構成されていること、そして五糖が九糖グルカン主鎖の還元末端側に位置することがわかる。

3）酵素による加水分解と分解物の陰イオンクロマトグラフィーによる分析

大部分の双子葉植物のキシログルカンは、1,4-結合 β-D-Glc 残基の主鎖に、α-D-Xyl 残基、β-D-Gal-(1→2)-α-D-Xyl 残基、α-L-Fuc-(1→2)-β-D-Gal-(1→2)-α-D-Xyl 残基などが O-6 位に側鎖として結合している。キシログルカンはエンド-β-1,4-D-グルカナーゼ（セルラーゼ）処理により、主要オリゴ糖単位として、XXXG、XLXG、XXLG、XLLG、XXFG および XLFG を生成する（図6.7）。

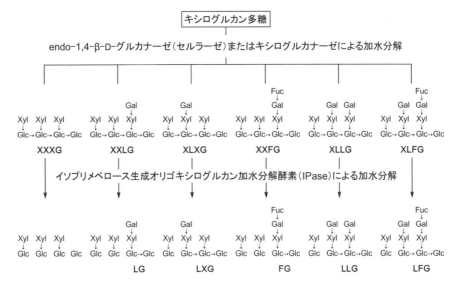

図6.7 双子葉植物キシログルカンをセルラーゼやキシログルカナーゼで加水分解して得られるオリゴ糖、およびそのオリゴ糖に対するイソプリメベロース生成オリゴキシログルカン加水分解酵素の作用機序
｛Glc: β-Glc-(1→4)-、Xyl: α-Xyl-(1→6)-、Gal: β-Gal-(1→2)-、Fuc: α-Fuc-(1→2)-｝

キシログルカンオリゴ糖は、その主鎖をグルコースから成る断片および側鎖をもつ断片に分けて命名され、それぞれの断片は、特有の一文字コードで示される。G=β-D-Glc；X=α-D-Xyl-(1→6)-β-D-Glc；L=β-D-Gal-(1→2)-α-D-Xyl-(1→6)-β-D-Glc；S=α-L-Ara-(1→2)-α-D-Xyl-(1→6)-β-D-Glc；F=α-L-Fuc-(1→2)-β-D-Gal-(1→2)-α-D-Xyl-(1→6)-β-D-Glc である（図6.8）。大部分の双子葉植物キシログルカンは、XXXG タイプのサブユニットからなる。

個々のオリゴ糖ユニットの構造は前述のごとく詳細に解析されている。構造が同定されたこれらの標準キシログルカンオリゴ糖混合物（図6.8）をパルスドアンペロメ

トリー検出器付き Dionex 社製 CarboPac™ PA 1 陰イオン交換樹脂カラムのクロマトグラフィー（以下、陰イオンクロマト）に供した際、十糖の XLFG と八糖の XLXG は同一位置に溶出するため両者をそれぞれ分離することができない（図 6.9a）。一方、XLFG を IPase で加水分解すると、IP と八糖の LFG が生成する。また、XLXG を同様に IPase 処理すると IP と六糖の LXG が生成する（図 6.7）。これら LFG と LXG は異なる位置に溶出し、XXLG から生成する四糖の LG、XXFG から生成する五糖の FG、XLLG から生成する七糖の LLG のそれぞれについても溶出位置は異なる（図 6.9a）。

そこで、まずキシログルカン多糖をエンド-1,4-β-D-グルカナーゼで加水分解し、分解物（XXXG、XXFG、XLXG と XLFG の混合物、XXLG、および XLLG）を陰イオンクロマト分析に供し XXXG、XXFG、XLXG と XLFG の混合物、XXLG、および XLLG の 5 つの比率を求める（図 6.9b）。次にグルカナーゼ加水分解物を IPase で加水分解し、陰イオンクロマト分析に供して LXG と LFG の比率をもとめ、その比率から XLXG と XLFG の比を算出する（図 6.9c）。この方法によりキシログルカンを構成する主要オリゴ糖 6 種を迅速に定量することができる。図 6.9b と図 6.9c はダイズ幼植物のキシログルカンの場合を示してある。この方法を用いて、リョクトウ暗発芽幼植物のキシログルカンを構成しているオリゴ糖単位を求めると、XXXG:XXLG:XLXG:XXFG:XLLG:XLFG = 21:5:3:19:2:11 であることがわかる。

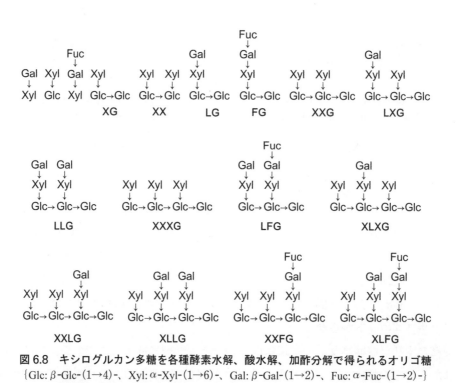

図 6.8　キシログルカン多糖を各種酵素水解、酸水解、加酢分解で得られるオリゴ糖
{Glc: β-Glc-(1→4)-、Xyl: α-Xyl-(1→6)-、Gal: β-Gal-(1→2)-、Fuc: α-Fuc-(1→2)-}

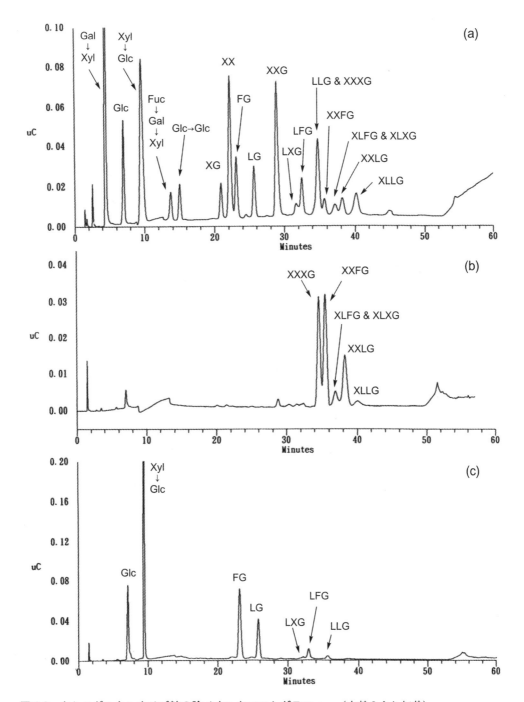

図 6.9 キシログルカンオリゴ糖の陰イオンクロマトグラフィー（文献 8 より転載）
a) 図 6.8 に示したオリゴ糖混合物の溶出パターン
b) ダイズキシログルカンのキシログルカナーゼ加水分解物の溶出パターン
c) ダイズキシログルカンのキシログルカナーゼ加水分解物をさらに IPase で加水分解したものの溶出パターン

本法を用いる場合、構造解析するキシログルカンは精製品であることが望ましい。エンド-β-1,4-D-グルカナーゼ（セルラーゼ）で加水分解される多糖が分析対象となるキシログルカン試料に混入している場合、混入多糖由来オリゴ糖も検出される。そのため、キシログルカンオリゴ糖の陰イオンクロマト分析を困難にする可能性がある。しかし、セルロース｛(1→4)-β-D-グルカン｝とその誘導体であるリン酸膨潤セルロース、カルボキシメチルセルロース、ヒドロキシエチルセルロース、さらには (1→3),(1→4)-β-D-グルカン、グルコマンナンなどの β-(1→4)-結合には全く作用せず、キシログルカンの分岐していないグルコシル残基と O-4,6 位が置換されたグルコシル残基の O-4 位間のグルコシル結合のみを加水分解する、いわゆるキシログルカンに特異的なエンド-(1→4)-β-D-グルカナーゼを用いると、試料にキシログルカン以外の上述多糖が多少含まれていても問題はない (6.2.2)。

6.2.2 オオムギ暗発芽幼植物細胞壁のキシログルカン[9〜11]

6.2.2.1 分離・精製

1) 細胞壁の調製

オオムギの暗発芽幼植物から子葉鞘と第一葉（約 3〜4 cm）を切り取り（生重量 1,004 g）、-20℃で凍結する。凍結試料を 2℃に冷却した 0.05 M トリス-塩酸緩衝液 (pH 7.6) 3 L とともに低温下でワーニングブレンダーを用いてホモジナイズする。遠心分離（1,500 × g、20 分）して不溶物を集め、蒸留水、エタノールおよびアセトンで順次洗浄し、減圧下で乾燥する（粗細胞壁の収量 23.3 g）。

2) 抽出

粗細胞壁 (20 g) を、シュウ酸-シュウ酸アンモニウム混液（それぞれ 0.25％溶液を等量混合）500 mL で 19 回（75〜85℃、1 時間）抽出して抽出物を除く。不溶物を 4％水酸化カリウム溶液 500 mL で 3 回（室温、18〜20 時間）抽出し、抽出物を除く。不溶物を 24％水酸化カリウム溶液 500 mL で 3 回（室温、18〜20 時間）抽出し、抽出液を酢酸で中和し、蒸留水に対して透析して水溶性低分子物質を除く。透析内液を回収し、凍結乾燥する。

3) 精製

3)-1　精製ステップ 1：デンプンとタンパク質の除去

2) で得られた粗抽出物を 0.02 M リン酸緩衝液 (pH 6.9) に懸濁し、唾液 α-アミラーゼを 0.1 mg/100 mg の割合で加えて 40℃で 48 時間インキュベートし、デンプン系物質を分解する。沸騰水浴中で 10 分間加熱して酵素を失活させたのち、冷却し、pH を 7.4 に調整してプロナーゼ E を 0.1 mg/250 mg の割合で加え、45℃で 48 時間処理し、共存タンパク質を分解する。沸騰水浴中で 10 分間加熱して酵素を失活させ、酵素処理液を蒸留水に対して透析する。透析内液を遠心分離し、可溶物と不溶物をそれぞれ凍結乾燥する（収量は可溶物で 0.43 g、不溶物で 0.71 g）。

3)-2　精製ステップ2：アルカリ再溶解と中和沈澱

　不溶物（500 mg）を 50 mL の 2 M 水酸化ナトリウムに溶解し、遠心分離にて不溶物を除き、可溶物の pH を酢酸にて 4.2 に調整する。生じた沈澱を遠心分離にて回収し、蒸留水、エタノール、エーテルにて順次洗浄し、減圧下で乾燥する（収量 321 mg）。

6.2.2.2　構造解析

1) 分子量分析、糖組成分析、糖結合様式（メチル化）分析

　得られたキシログルカンをゲルろ過クロマトグラフィー（Sepharose® CL-6B）に供すると、平均分子量は約 14 万 Da である。構成糖モル比はグルコース：キシロース：ガラクトース：アラビノース = 62：29：5：4 である。メチル化分析に供すると、非還元末端キシロース、4-結合グルコースおよび 4,6-結合グルコースが主要メチル化糖として検出され、本多糖が（1→4）-D-グルカンを主鎖としてその約 36 ％のグルコース残基の O-6 の位置で分岐していることがわかる。

2) キシログルカナーゼ加水分解と分解物の構造解析

　暗発芽オオムギ幼植物キシログルカンを *T. viride* 由来エンド-β-(1→4)-D-グルカナーゼ（CMCase）で加水分解すると、グルコースおよびセロビオースの他に、XXGG、XXG、XX、XG などのオリゴ糖が得られる。これでは β-(1→4)-D-グルカン主鎖のグルコース残基の中で O-6 位がキシロースで置換されていないグルコース残基の明確な配列を知ることが出来ない。そこで、キシログルカンに特異的な *Geotrichum* sp. M128 エンド-β-(1→4)-D-グルカナーゼ（M128 Xg-ase：キシログルカナーゼ、キシログルカンは加水分解するが他の β-D-グルカンには全く作用せず、キシログルカン多糖およびオリゴ糖に対して分岐をもたないグルコース残基の還元末端側を加水分解する。7.2.4 参照）で加水分解すると、*T. viride* CMCase で得られる加水分解物（オリゴ糖）よりも重合度の大きいオリゴ糖も得られる（図 6.10）。そのためキシロースで置換されていないグルコース残基の長さを知るには、本酵素は非常に有効である。以下、キシログルカナーゼで加水分解して得られるオリゴ糖を、さらに種々の酵素で加水分解し、それぞれの酵素加水分解前後の質量分析結果を踏まえた構造解析法について述べる。

　オオムギ幼植物キシログルカンを M128 Xg-ase で加水分解し、加水分解物を液体クロマトグラフィーで 18 画分に分画する。主要画分 3、5、8、10、13、17 を再クロマトで精製する。

　得られた画分に含まれるオリゴ糖の構造推定は、*Geotrichum* sp. M128 由来オリゴキシログルカン還元末端特異的セロビオハイドロラーゼ｛Oxg-RCBH：オリゴキシログルカンの還元末端を認識するエキソグルカナーゼで、2つのグルコシル鎖（GG、XG や LG）を遊離する｝、*Eupenicillium* sp. M9 IPase（M9 IPase）、*Trichoderma viride*

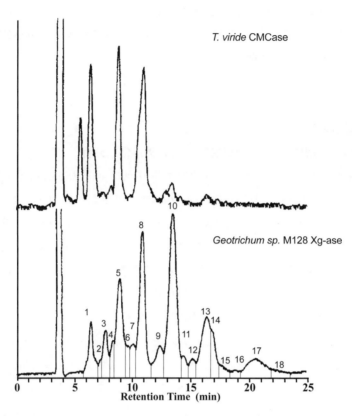

図 6.10　オオムギキシログルカンの M128 Xg-ase および CMCase 加水分解物の HPLC による分画
（文献 11 より転載）

oligosaccharide in Fr.13	oligosaccharides obtained by		
	β-D-galase	β-D-glcase + M9 lPase	Oxg-RCBH
Gal ↓ Xyl　Xyl ↓　　↓ Glc→Glc→Glc→Glc→Glc **XLGGG**	Gal ↓ Xyl　Xyl ↓　　↓ Glc→Glc→Glc→Glc→Glc **XXGGG**	Gal ↓ Xyl　Xyl ↓　　↓ Glc　Glc→Glc→Glc→Glc **X**　　**LGGG**	Gal ↓ Xyl　Xyl ↓　　↓ Glc　Glc→Glc　Glc→Glc **X**　**LG**　**GG**
Gal ↓ Xyl　Xyl ↓　　↓ Glc→Glc→Glc→Glc→Glc **LXGGG**	Gal ↓ Xyl　Xyl ↓　　↓ Glc→Glc→Glc→Glc→Glc **XXGGG**	Gal ↓ Xyl　Xyl ↓　　↓ Glc→Glc→Glc→Glc→Glc **LXGGG**	Gal ↓ Xyl　Xyl ↓　　↓ Glc→Glc　Glc→Glc **LXG**　**GG**
Xyl　Xyl ↓　　↓ Glc→Glc→Glc→Glc→Glc **XXGGGG**	Xyl　Xyl ↓　　↓ Glc→Glc→Glc→Glc→Glc→Glc **XXGGGG**	Xyl　Xyl ↓　　↓ Glc　Glc　Glc　Glc　Glc **X**　**X**　**G**　**G**　**G**	Xyl　Xyl ↓　　↓ Glc→Glc　Glc→Glc　Glc→Glc **XX**　**GG**　**GG**
Xyl　Xyl ↓　　↓ Glc→Glc→Glc→Glc→Glc **GXXGGG**	Xyl　Xyl ↓　　↓ Glc→Glc→Glc→Glc→Glc→Glc **GXXGGG**	Xyl　Xyl ↓　　↓ Glc　Glc　Glc　Glc　Glc **G**　**X**　**X**　**G**　**G**	Xyl　Xyl ↓　　↓ Glc→Glc　Glc→Glc　Glc→Glc **GX**　**XG**　**GG**

図 6.11　画分 13（八糖）に含まれるオリゴ糖の推定構造式と酵素処理加水分解物の推定構造式
{Glc: β-Glc-(1→4)-、Xyl: α-Xyl-(1→6)-、Gal: β-Gal-(1→2)-、Fuc: α-Fuc-(1→2)-}

由来β-D-グルコシダーゼ（β-D-glcase）、および*Bacillus circulans*由来β-D-ガラクトシダーゼ（β-D-galase）の加水分解前後の質量分析により行う。ここでは、画分13について説明する。

画分13に含まれると推定されるオリゴ糖の構造、およびそれらのオリゴ糖を各種酵素で加水分解したときに生じると考えられるオリゴ糖の構造を**図6.11**に示す。また、画分13の各種酵素加水分解物の質量分析結果を**図6.12**に示す。

画分13を質量分析に供すると、[（六炭糖）$_6$（五炭糖）$_2$+Na]$^+$に相当する、m/z 1278.1に分子イオンピークが観察される。

画分13のβ-D-galase加水分解物を質量分析に供すると、[（六炭糖）$_5$（五炭糖）$_2$+Na]$^+$に相当する1116.64と、[（六炭糖）$_6$（五炭糖）$_2$+Na]$^+$に相当する1278.71のピークが観察（**図6.12a**）され、画分13の（六炭糖）$_6$（五炭糖）$_2$は（Glc）$_6$（Xyl）$_2$および（Glc）$_5$

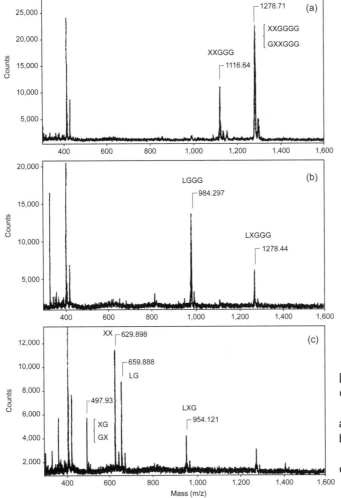

図6.12 画分13の加水分解物の質量分析スペクトル
（文献11より転載）
a）β-D-galase加水分解物
b）β-D-glcaseおよびM9 lPase加水分解物
c）Oxg-RCBH加水分解物

(Xyl)$_2$(Gal)$_1$である。さらに、M128 Xg-ase の作用機作を考えると、画分 13 に含まれるオリゴ糖は XLGGG、LXGGG、XXGGGG および / または GXXGGG であると推定できる。そこで、これを明らかにする実験を行う。

まず、画分 13 を β-D-glcase と IPase の混合物で加水分解し、質量分析に供する（図 6.12b）。IPase により XLGGG から得られる LGGG に相当するピーク｛[(六炭糖)$_5$(五炭糖)$_1$+Na]$^+$= 984.297｝と、IPase によっても β-D-glcase によっても加水分解されない LXGGG に相当するピーク｛[(六炭糖)$_6$(五炭糖)$_2$+Na]$^+$= 1278.44｝が得られる。XXGGGG と GXXGGG は、ともに IPase と β-D-glcase によってイソプリメベロースとグルコースに加水分解される。

次に、画分 13 の Oxg-RCBH 加水分解物を質量分析に供する（図 6.12c）。LXGGG から生じる LXG に相当するピーク｛[(六炭糖)$_4$(五炭糖)$_2$+Na]$^+$= 954.121｝、および XLGGG から生じる LG に相当するピーク｛[(六炭糖)$_3$(五炭糖)$_1$+Na]$^+$= 659.888｝が観察される。さらに XXGGGG に由来する XX に相当するピーク｛[(六炭糖)$_2$(五炭糖)$_2$+Na]$^+$= 629.898｝、および GXXGGG に由来する GX と XG に相当するピーク｛[(六炭糖)$_2$(五炭糖)$_1$+Na]$^+$= 497.93｝が観察される。

以上の結果より、M128 Xg-ase、M9 IPase、β-D-glcase、β-D-galase、および Oxg-RCBH それぞれの基質特異性を考慮すると、画分 13（八糖画分）に含まれるオリゴ糖は、XLGGG、LXGGG、XXGGGG、および GXXGGG であることがわかる。

なお、主要画分である画分 3（四糖）、5（五糖）、8（六糖）、10（七糖）、および 17（九糖）を同様に分析（詳細は文献 11 を参照）すると、四糖は XX、五糖は XXG、六糖は XXGG、七糖は XXGGG と LXGG、九糖は XLGGGG、LXGGGG、

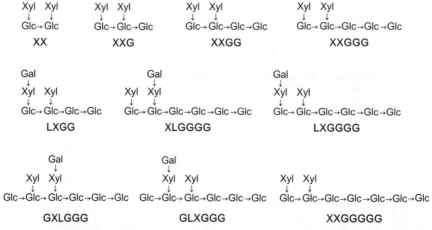

図 6.13　画分 3（四糖）、5（五糖）、8（六糖）、10（七糖）および 17（九糖）に含まれるキシログルカンオリゴ糖の構造式
｛Glc: β-Glc-(1→4)-、Xyl: α-Xyl-(1→6)-、Gal: β-Gal-(1→2)-、Fuc: α-Fuc-(1→2)-｝

GXLGG、GLXGGG および XXGGGGG から構成されていることがわかる（図 6.13）。

これらの結果より、オオムギ暗発芽幼植物細胞壁のキシログルカンは β-(1→4)-D-グルカン主鎖において側鎖を持たないグルコース残基が 2、3、4 および 5 個の連なりを有していることがわかる。

参考文献

1) 加藤陽治（1991）植物細胞壁と多糖類（桜井直樹、山本良一、加藤陽治共著）、培風館、p.173-202
2) Kato, Y. & Matsuda, K. (1976) *Plant Cell Physiol.* **17**, 1185-1198
3) Kato, Y. & Matsuda, K. (1980) *Agric. Biol. Chem.* **44**, 1751-1758
4) Kato, Y. & Matsuda, K. (1980) *Agric. Biol. Chem.* **44**, 1759-1766
5) Matsushita, J. et al. (1985) *Agric. Biol. Chem.* **49**, 1533-1534
6) Kato, Y. & Matsuda, K. (1994) *Methods in Carbohydrate Chemistry*, Vol. X. (BeMiller N. J. ed) John Wiley & Sons, Inc., p.207-216
7) Kato, Y. et al. (1985) *J. Biochem.* **97**, 801-810
8) Konishi, T. & Kato, Y. (1998) *Biosci. Biotechnol. Biochem.* **62**, 2421-2424
9) Kato, Y. et al. (1981) *Agric. Biol. Chem.* **45**, 2737-2744
10) Kato, Y. et al. (1981) *Agric. Biol. Chem.* **45**, 2745-2753
11) Kato, Y. et al. (2004) *J. Appl. Glycosci.* **51**, 327-333

（加藤陽治・三浦絢子）

6.3　キシランの還元性末端の構造解析

広葉樹キシランはグルクロノキシラン（GX）と呼ばれ、木材中に 20〜30% 含まれる。この GX の主鎖は β-(1→4)-結合した D-キシロピラノース（Xyl*p*）残基からなる。単一側鎖として、Xyl*p* 残基に α-(1→2)-結合した 4-*O*-メチル-D-グルクロノピラノシルウロン酸（MeGlcA*p*）残基と痕跡量のグルコピラノシルウロン酸（GlcA*p*）残基をもつ[1]。Xyl*p* 残基と MeGlcA*p* 残基の比は平均 10：1 である。重合度（DP）は単分散で、およそ 160 である。珍しい例として、ユーカリ（*Eucalyptus globules*）材の GX では、MeGlcA*p* の一部が *O*-2 で β-D-ガラクトピラノース（Gal*p*）残基で置換されている[2]。

これらに加え、40 年ほど前に、シラカバ（*Betula platyphylla*）やアスペン（*Populus tremula*）の木粉からアルカリ水溶液で直接抽出された GX を部分加水分解すると、著量の GalA、4-*O*-(α-D-GalA*p*)-D-Xyl と Rha が検出されることが知られて、これらの糖は夾雑（きょうざつ）しているペクチンなどに由来するものと考えられていた。著者らは分別沈殿等による GX の精製を試みたが、いずれの方法でもこれらの糖を除去することができなかった[3]。また、メチル化 GX の加水分解物から 3,4-di-*O*-Me-D-GalA*p* と 2,3-di-*O*-Me-4-*O*-(3,4-di-*O*-Me-α-D-GalA*p*)-D-Xyl を得て[4]、GalA 残基が GX

の構成成分である可能性が高いことを指摘した。

その後、著者らは GX をキシラナーゼで加水分解してその生成物から β-D-Xyl$p$-(1→4)-β-Xyl$p$-(1→3)-α-L-Rha$p$-(1→2)-α-D-GalAp-(1→4)-D-Xyl という糖鎖構造を見出した[5]。続いて、この糖鎖が Johansson らにより GX の還元性末端に位置することが実証された[6,7]。さらに、著者らはこの還元性末端の糖鎖構造は針葉樹のアラビノグルクロノキシラン（AGX）にも存在することを見出した[8]。

この還元性末端の糖鎖構造はアルカリ溶媒中でのピーリング反応を遅らせる効果があり[6,7]、木材のクラフトパルプ化に関連して重要である。また、最近、この糖鎖が双子葉植物の二次壁における正常な GX の生合成においてプライマーかターミネターの役割を担っていて、GX 鎖長をコントロールするものであることがわかり、注目されるようになった[9]。

そこで、著者らがこの糖鎖の構造解明で用いたイオン交換樹脂クロマトグラフィーによる酸性オリゴ糖の分離法と構造解析法を紹介することにする。

また、この構造解析で箱守メチル化法[10]（1.8.1）を多用したが、このメチル化法により MeGlcAp 残基は β-アルコキシ脱離反応を受けて、hex-enopyranosyluronic acid 残基に変わること[4,11,12]、さらに、この残基は酸に不安定であると考えられていたが、メチル化 GX のキシロシド結合を開裂するメタノリシスやトリフルオロ酢酸（TFA）での加水分解で残存することも見出した[4,11,13]。これらのことは多糖類の構造研究上重要と思われたので最後に述べる。

6.3.1　実験手法

①旋光度 $[\alpha]_D^{25}$ の測定

自動旋光度計（JASCO、DIP-SL）を用いて水溶液として 25℃で測定する。

②中和当量の測定

試料（10 mg）を蒸留水（2 mL）に溶かし、0.05 M NaOH で中和後、ラクトンを開裂するため pH スタットを用いた自動滴定で、室温、窒素気流下 pH 8 に 4 時間維持し、NaOH の消費量から算出する。

③ウロン酸の定量

脱炭酸法[14] によって生じた CO_2 を 0.25 M NaOH に吸収させて、酸滴定により求める。

④重合度の測定

粘度法[15] により測定する。極限粘度 $[\eta]$ をカドキセン溶液中で測定し、重量平均重合度（DPw）を次式により求める。

$[\eta] = 9.2 \times 10^{-3} \times DPw \times 0.84$

⑤ガスクロマトグラフィー（GC）

島津製作所製 GC-1C クロマトグラフ（水素炎検出器）を用い、キャリアーガス

に N_2 を使用し、以下の 2 本のカラムを用いる。(a) 3％ OV 17 on Shimalite (80〜120 mesh) を充填したステンレスカラム (187.5 × 0.3 cm)、N_2 流速：70 mL/ 分、カラム温度：100〜250℃、昇温速度：5℃/ 分、(b) 3％ ECNSS-M on Gas Chrom Q (100〜120 mesh) を充填したガラスカラム (200 × 0.3 cm)、N_2 流速：80 mL/ 分、カラム温度：180℃

⑥ガスクロマトグラフィー-マススペクトロメトリー (GC-MS)

日本電子社製 JMS-D100 GC-MS を用い、イオン化電圧：75 eV、イオン源温度：250℃で測定する。

⑦単糖類の組成分析

島津製作所製高速液体クロマトグラフ LC-10AT を用い、中村ら[16]の方法に準じて分析する。カラムには東ソー、TSK-gel® SUGAR AX1 を、溶媒には 0.5 M ホウ酸塩-1.0％エタノールアミン-塩酸緩衝液 (pH 7.9) を使用し、相対量を内蔵のコンピューターで求める。

⑧加水分解

加水分解は、0.5〜2.0 M TFA を用い、95〜100℃、30 分〜2 時間行う。TFA はロータリーエバポレーターを使って減圧下留去し、刺激臭がなくなるまで残渣に水を加えて留去を繰り返す。

⑨酸性オリゴ糖のメチル化

酸性オリゴ糖のメチル化は箱守法[10]による。試料 (10 mg) をシリコンゴムキャップのついた血清ビン中で、2 mL のジメチルスルホキシド (DMSO) に溶解し、容器内を窒素で置換し、あらかじめ調製した DMSO 中のメチルスルフィニルカルバアニオン (**1.8.1**) (2 mL) を滴下する。超音波浴 (40 kc/sec) で、ときおり撹拌しながら、4 時間室温に放置する。その後、ヨウ化メチル (2 mL) を外部から冷水で冷却しながら滴下し、その溶液を超音波浴で 30 分撹拌して、4 時間室温に放置する。この反応液を水中に注ぎ、クロロホルムで抽出し、抽出液を水で洗浄、塩化カルシウムで乾燥後、濃縮乾固する。

⑩メチル化オリゴ糖のメタノリシスと生成物の分析

メチル化オリゴ糖のメタノリシスは 2.5％無水メタノール性塩化水素で 8 時間還流する。炭酸銀で中和後、ろ過し、ろ液はロータリーエバポレーターで減圧下乾固する。生成物はカラム充填剤に 3％ OV 17 on Shimalite を用いて GC-MS で分析する。

⑪メチル化オリゴ糖の加水分解と生成物の分析

メチル化オリゴ糖は 2 M TFA で、100℃、2 時間加水分解する。加水分解物中の酸性糖と中性糖はイオン交換樹脂を使って分離する。加水分解残渣の中和当量を求め、その中和当量の 10 倍の容量の Dowex® 1 × 8 (CH_3COO^- 型) を充填したカラムを通して、中性糖をアンスロン試薬 (**1.1.2.2**) で呈色しなくなるまで蒸留水で溶出す

る。吸着された酸性糖は5 Mの酢酸で溶出し、溶出液をロータリーエバポレーター（30℃）で濃縮乾固する。

中性糖部は$NaBH_4$で還元し、過剰の試薬はDowex® 50W（H^+型）を加えて分解し、ろ過して樹脂を除去する。ろ液は濃縮し、ホウ酸はホウ酸メチルとして気化させる（1.6.1.1）。その後、生成物をピリジン・無水酢酸でアセチル化し、部分的にメチル化されたアルディトールアセテートに変え、カラム充填剤に3% ECNSS-M on Gas Chrom Qを用いてGC-MSで分析する。各ピークは1,5-di-*O*-acetyl-2,3,4,6-tetra-*O*-methyl-D-glucitolの保持時間の対比から同定する。

酸性糖部は上記のようにメタノリシスでメチルエステルメチルグルコシドに変換し、GC-MSで分析する（1.6.1）。

⑫ 分析用カラムによる酸性糖の*Dv*値測定

各酸性糖のイオン交換クロマトグラフィーにおける分配係数*Dv*値の測定には2本の分析用カラムを使用する。（カラムA）Diaion™ CA08Y（23-25 μm、CH_3COO^-型、5×930 mm）、展開溶媒：0.02 Mおよび0.08 M酢酸ナトリウム（pH 5.9）、流速：0.6 mL/分、（カラムB）Aminex® A-27（12-15 μm、CH_3COO^-型、5.0×500 mm）、展開溶媒：0.5 Mおよび1.0 Mの酢酸、流速：0.34 mL/分。

*Dv*値は次式によって計算する。

$$Dv = V/X - \varepsilon_I$$

ここで、Vはピーク溶出量、Xはカラム容積、ε_Iはイオン交換樹脂単位体積当たりの空隙容積である。

6.3.2 GXの単離

シラカバ木粉（100～120 mesh、200 g）をソックスレー抽出器を用いてメタノールで抽出、風乾にする。この脱脂木粉を4 L蒸留水で2日間室温下ときおり撹拌しながら抽出する。残渣を風乾後、10% KOH（2 L）で室温、窒素気流下3時間振とうしながら抽出する。キャラコ布を用いて吸引ろ過後、ろ液を0.25 Lの酢酸を含有する5.2 Lのメタノールに撹拌しながら滴下する。沈殿したGXは遠心分離で回収し、80%エタノール、無水のエタノール、エチルエーテルで順次洗浄し、その後減圧下五酸化二リン上で乾燥する（収率15.5%）。

このGX（30 g）を再び5% KOH溶液（2 L）に溶かし、エタノール（1.5 L）を加えて沈殿させて精製する。沈殿は上記のように遠心分離して回収、洗浄、乾燥する（収量20.5 g）。

GXの中性糖組成はXylと痕跡のRhaからなる。メトキシル含量：2.56%、ウロン酸含量：9.7%、酸可溶性リグニン：0.9%、カドキセン溶液中での極限粘度：67.2 cm^3/g（DP：183）。

6.3.3 GXの酵素による加水分解と分解物の構造解析

6.3.3.1 *Tyromyces palustris* のキシラナーゼによる加水分解

①酵素加水分解

　GX（10 g）を 200 mL の蒸留水に懸濁し、その懸濁液を温浴上 100℃で 15 分加熱し、半透明の溶液にする。この溶液に 0.1 M 酢酸緩衝液（pH 5.0）を加えて 500 mL に希釈する。この基質溶液を褐色腐朽菌 *T. palustris* の菌体外酵素から精製した β-キシラナーゼ（10 mL）[17]で 40℃、18 時間培養する。この方法で、20 g のキシランを処理する。GX の 67％ が加水分解される。

　培養後、カチオン交換樹脂（Dowex® 50W × 8、H^+型）でナトリウムイオンを除去して、ろ液を濃縮乾固して、淡黄色の残渣 13.4 g を得る。これを蒸留水に溶解し、中和当量を求め、その中和当量の 10 倍の容量の Dowex® 1 × 8（CH_3COO^-型）を充填したカラムを通して、中性糖をアンスロン試薬で呈色しなくなるまで蒸留水で溶出する。溶出液はロータリーエバポレーター（30℃）で濃縮乾固する。中性糖の収量は 11.2 g である。吸着された酸性糖は 5 M の酢酸で溶出し、溶出液を濃縮乾固する。酸性糖部の収量は 2.2 g である。

②酵素加水分解で生成した酸性糖の分別

　酵素加水分解で生成した酸性糖部（収量：2.2 g）はできるだけ少量の水に溶解し、1.0 M NaOH で中和後、ラクトンを開裂するため、pH スタットを用いて 0.05 M NaOH を滴下し、pH 8 に 4 時間維持してから、分取用イオン交換樹脂カラムで分離する。カラムには強塩基性アニオン交換樹脂 Diaion™ CAO8Y（23-25 µm CH_3COO^-型、15 × 930 mm）を用い、展開溶媒として 0.08 M 酢酸ナトリウム（酢酸を加えて pH 5.9 にしたもの）を用いる。流速は 1.5 mL/分、検出器に示差屈折計を用いて、溶出液を 15 mL ごとにフラクションコレクターで分画・採取する。相互に一部重なり合っているフラクションは、さらに各 0.02 M 酢酸ナトリウム（pH 5.9）を用いて再度同じカラムで分別する。酢酸ナトリウム（pH 5.9）を溶離液とするイオン交換クロマトグラフィーでは酸性糖は分子量の大きさに従って分別される。各フラクションを強酸性カチオン交換樹脂（Dowex® 50W、50〜100mesh、H^+型）で処理して、ナトリウムイオンを除去してから濃縮乾固して秤量する。

　三糖類以上のフラクション（Fr.1〜4）は、分取用カラム（Aminex® A-27、12-15 m、CH_3COO^-型、10 × 830 mm）を用いて、展開溶媒に 0.5 M 酢酸を用い、流速 0.7 mL/分とし、10 mL ごとにフラクションコレクターで分画・採取し、濃縮乾固して、秤量する。二糖類以下の酸性糖（Fr.5〜7）は上記と同じ Aminex® A-27 カラムで、展開溶媒に 1.0 M 酢酸を用いて、流速 0.7 mL/分での再クロマトグラフィーにかけ、上記同様に回収する。酢酸を溶離液とするイオン交換クロマトグラフィーで酸性糖は酸の強さに従って分別、精製される。最終的に 9 個の酸性糖が純粋な状態で単離され

る。各フラクションの収量を**表 6.1** に示す。

表 6.1 グルクロノキシランの酵素加水分解で生成した酸性糖（文献 5 より転載）

Fr.	収量 (mg)	酸性オリゴ糖	分配係数 Dv 値				$[\alpha]_D$ (文献値)	中和当量 (理論値)
			NaOAc		AcOH			
			0.02 M	0.08 M	0.5 M	1.0 M		
1:S1	26.2	O-(4-O-Me-α-D-GlcAp)-(1→2)-O-β-D-Xyl$p$-(1→4)-O-β-D-Xyl$p$-(1→4)-O-β-D-Xyl$p$-(1→4)-D-Xyl (MeGlcA^{4}Xyl$_4$)	0.73				+1.0° (+0.6°)	741 (736)
1:S2	61.4	O-β-D-Xyl$p$-(1→4)-O-β-D-Xyl$p$-(1→3)-O-α-L-Rha$p$-(1→2)-O-α-D-GalAp-(1→4)-D-Xyl (Xyl$_2$RhaGalAXyl)	1.33		1.58		+1.2°	722 (736)
2:S1	370.3	O-(4-O-Me-α-D-GlcAp)-(1→2)-O-β-D-Xyl$p$-(1→4)-O-β-D-Xyl$p$-(1→4)-D-Xyl (MeGlcA^{3}Xyl$_3$)	1.66		2.00		+28° (+23°)	609 (604)
3:S1	14.7	O-β-D-Xyl$p$-(1→4)-O-β-D-Xyl$p$-(1→3)-O-α-L-Rha$p$-(1→2)-D-GalAp (Xyl$_2$RhaGalA)	2.94		2.21		-39.3°	615 (604)
3:S2	11.7	O-β-D-Xyl$p$-(1→3)-O-α-L-Rha$p$-(1→2)-O-α-D-GalAp-(1→4)-D-Xyl (XylRhaGalAXyl)	3.00		3.12		+19.1°	596 (604)
4:S1	16.4	O-(4-O-Me-α-D-GlcAp)-(1→2)-O-β-D-Xyl$p$-(1→4)-D-Xyl (MeGlcA^{2}Xyl$_2$)		1.07	4.12	1.74	+43.2° (+53°)	483 (472)
5:S1	31.4	4-O-(α-D-GalAp)-D-Xyl (GalAXyl)		3.72	8.20	3.75	+92.5°	330 (326)
6:S1	1003.7	4-O-Me-D-GlcA (MeGlcA)		7.96	24.17	11.6	+42.1°	236 (208)
7:S1	54.6	D-GalA		10.57	14.26	6.65	+49.0°	212 (194)

6.3.3.2 酵素加水分解生成物の同定

　加水分解生成物中の中性糖部（収量 11.2 g）は Xyl と Xyl$_2$[β-D-Xyl$p$-(1→4)-D-Xyl]（モル比 1.4:1）および痕跡の Xyl$_3$ からなる。Xyl が大量に生成することから、このキシラナーゼには β-キシロシダーゼが混在していることがわかる。

9個の酸性糖の同定は以下の方法による。
①分析用イオン交換樹脂カラムで、展開溶媒として0.02 Mおよび0.08 M酢酸ナトリウム（pH 5.9）、0.5 Mおよび1.0 M酢酸を用いたクロマトグラムからそれぞれ分配係数（D_v値）を計算して、標品のそれと比較する。
②2 M TFAでの加水分解後、中性糖部と酸性糖部をそれぞれイオン交換クロマトグラフィーで分析する。
③箱守法によりメチル化し、メタノリシス後生成したメチル化糖をGC-MSにより同定する。
④ウロン酸類はメタノリシス後、TMS誘導体に変えて、GC-MSにより同定する。
⑤中和当量を測定する。

各酸性糖の同定結果、収量、D_v値、旋光度 $[\alpha]_D^{25}$、中和当量を表6.1に示す。

上記9個の酸性糖は2系列に分類される。一つはMeGlcA（Fr.6:S1）とXyl残基からなるもので、MeGlcA^{4}Xyl$_4$(Fr.1:S1)、MeGlcA^{3}Xyl$_3$(Fr.2:S1)、MeGlcA^{2}Xyl$_2$(Fr.4:S1)である。主なものはFr.6:S1とFr.2:S1で、他の2つは少量で、MeGlcAXylは検出されない。

図6.14に、メチル化Fr.2:S1のメタノリシス生成物のガスクロマトグラムを示す。図中の1はMe 2,3-di-*O*-Me-D-xylosidesで、2はMe 3,4-di-*O*-Me-2-*O*-(Me 2,3,4-tri-*O*-Me-α-D-glucopyranosyluronate)-D-xylosidesである。Fr.1:S1とFr.4:S1も同じメタノリシス生成物を与える。これらの結果はこれらのオリゴ糖ではMeGlcA残基が非還元性末端のXyl残基の*O*-2に結合していることを示す。

最近の研究で、種々の起源から数種の作用機作の異なるキシラナーゼが見い

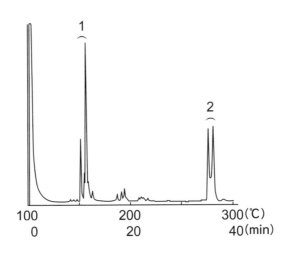

図6.14 メチル化Fr.2:S1のメタノリシス生成物のガスクロマトグラム（文献5より転載）
カラム：OV 17（3% Shimalite W、80〜100 mesh、0.3 × 187.5 cm）
1：Me 2,3-di-*O*-Me-D-xylosides
2：Me 3,4-di-*O*-Me-2-*O*-(Me 2,3,4-tri-*O*-Me-α-D-glucopyranosyluronate)-D-xylosides

だされている[18]。例えば、Family 10 に属するキシラナーゼは GX を加水分解して MeGlcA^{3}Xyl$_3$ を、Family 11 キシラナーゼは MeGlcA^{3}Xyl$_4$ を与える。ここでは、MeGlcA^{3}Xyl$_4$ は見いだされず、おもに MeGlcA^{3}Xyl$_3$（Fr.2：S1）が生成していることから、使用したキシラナーゼは Family 10 に属する酵素を含んでいると思われる。少量ではあるが MeGlcA^{2}Xyl$_2$（Fr.4：S1）が生成している。Family 5 に属する酵素は MeGlcA^{3}Xyl$_3$ に作用して MeGlcA^{2}Xyl$_2$ と Xyl を与えることが知られている。また GH5 に分類されるユニークな酵素 appendage-dependent xylanases は作用に当たって側鎖 MeGlcA を必要とする[19]。この酵素はβ-キシロシダーゼと共同で GX から MeGlcA^{2}Xyl$_2$ を生成することが知られている。使用したキシラナーゼにはこれらの酵素の混在も推定される。また、遊離の MeGlcA が多量に得られたことはα-glucuronidase も含まれていることがわかる[20]。

もう一つの系列は GalA（Fr.7：S1）と GalAXyl（Fr.5：S1）に加えて、新たに3個の酸性糖、すなわち、2〜3個の Xyl 残基、GalA 残基、Rha 残基からなるもので、Xyl$_2$RhaGalAXyl（Fr.1：S2）、Xyl$_2$RhaGalA（Fr.3：S1）、XylRhaGalAXyl（Fr.3：S2）である。GalA はメチルエステルメチルグリコシドの TMS 誘導体の GC-MS によって、GalAXyl はメチル化誘導体の GC-MS によって確認される。後者のマススペクトルを図 6.15 に示す。そのフラグメントイオンはα-(1→4)-結合したアルドビオウロン酸に対して提案されたスキームでよく説明することができる[21,22]。

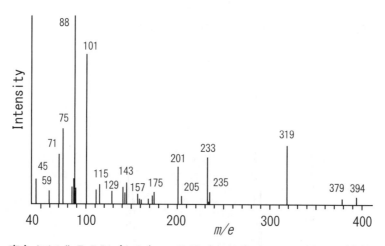

図 6.15　完全メチル化 Fr.5:S1｛4-O-(α-D-GalAp)-D-Xyl｝のマススペクトル（文献 5 より転載）

2 M TFA、100℃、2時間の加水分解により、Fr.1：S2 と Fr.3：S1 は中性糖として Xyl と Rha を 2.0：1.0 の比率で与え、酸性糖として Fr.1：S2 は GalAXyl を、また Fr.3：S1 は GalA を与える。一方、Fr.3：S2 は GalAXyl とともに、Xyl と Rha を 1：

1 の比率で与える。0.5 M TFA、95℃、30 分での部分加水分解では、中性糖として Rha、Xyl に加えて Xyl_2 が Fr.1：S2 および Fr.3：S1 から生成するが、Fr.3：S2 からは Xyl_2 は生成しない。また、これらの酸性糖は $NaBH_4$ で還元後の 1 M TFA、100℃、1 時間の部分加水分解で、Fr.1：S2 と Fr.3：S2 は 4-O-(α-D-GalAp)-D-xylitol を与えたが、Fr.3：S1 は GalA を与える。

メチル化 Fr.1：S2 はメタノリシスで Me 2,3,4-tri-O-Me-D-xylosides、Me 2,3-di-O-Me-D-xylosides、Me 2,4-di-O-Me-L-rhamnosides と Me 2,3-di-O-Me-4-O-(Me 3,4-di-O-Me-α-D-galactopyranosyluronate)-D-xylosides を与え、それらは GC-MS で同定される。メチル化 Fr.3：S2 の場合は Me 2,3-di-O-Me-D-xylosides は生成しない。メチル化 Fr.3：S1 は、Fr.1：S2 で生成した部分メチル化アルドビオウロン酸の代わりに Me (Me 3,4-di-O-Me-D-galactoside) uronates を与える以外は Fr.1：S2 と同じ部分メチル化糖を与える。

これらはさらにメチル化、酸加水分解後、中性糖部をアルディトールアセテートに変換して GC-MS で分析する。これら 3 つの酸性オリゴ糖 Fr.1：S2、3：S1 と 3：S2 は予期通りのピークを与える。図 6.16 に示すように、Fr.1：S2 は 1,5-di-O-Ac-2,3,4-tri-O-Me-D-xylitol、1,4,5-tri-O-Ac-2,3-di-O-Me-D-xylitol と 1,3,5-tri-O-Ac-2,4-di-O-Me-L-rhamnitol を与える。これらの部分メチル化アルディトールアセテートは予期通りのマススペクトルを示す（図 6.17）[23]。

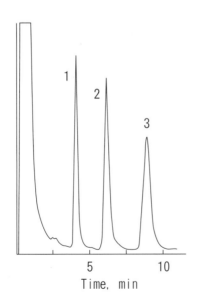

1：1,5-di-O-Ac-2,3,4-tri-O-Me-D-xylitol
2：1,3,5-tri-O-Ac-2,4-di-O-Me-L-rhamnitol
3：1,4,5-tri-O-Ac-2,3-di-O-Me-D-xylitol

図 6.16　完全メチル化 Fr.1:S1 の加水分解によって得られる中性糖のアルディトールアセテートのガスクロマトグラム（文献 5 より転載）

これらの酸性オリゴ糖の立体配置に関しては、Fr.1：S2 の旋光度（表 6.1）から Fr.3：S2 のそれ（表 6.1）を引くことによって、非還元性末端の Xyl-(1→4)-Xyl 結

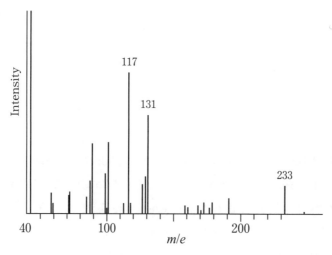

図6.17 1,3,5-tri-*O*-Ac-2,4-di-*O*-Me-L-rhamnitol のマススペクトル（文献5より転載）

合は β-配置と考えられる。このことは、Fr.1:S2 が部分加水分解で Xyl_2 を与えることからも実証される。Fr.3:S2 と Fr.5:S2 の旋光度の差から（1→3）-D-Xyl と（1→2）-L-Rha 結合は左旋性と示唆され、前者は β-結合で、後者は α-結合と考えられる。

6.3.4 GX および AGX の還元性末端の構造

上記の研究では糖鎖構造 β-D-Xyl*p*-(1→4)-β-D-Xyl*p*-(1→3)-α-L-Rha*p*-(1→2)-α-D-GalA*p*-(1→4)-D-Xyl が GX の主鎖中でどのように分布しているのかは不明である。シラカバ木粉を $NaBH_4$ で還元後温和な条件で加水分解すると、著量の 4-*O*-(α-D-Gal*p*A)-D-xylitol が得られるが、4-*O*-(α-D-GalA*p*)-D-Xyl はまったく検出されない。この結果から、この糖鎖構造は GX 中に1個で、その還元性末端に存在すると結論される[6,7]。

また、針葉樹の AGX も還元性末端にこの糖鎖構造をもつことが明らかにされている。スプルース（*Picea abies, Karst*）木粉を $NaBH_4$ で還元後、温和な条件でホロセルロースを調製し、それを上記研究で用いたオオウズラタケ（*T. palustris*）菌体外酵素から精製したキシラナーゼで処理して、その生成物の中から β-D-Xyl*p*-(1→3)-α-L-Rha*p*-(1→2)-α-D-GalA*p*-(1→4)-D-xylitol が単離されている[8]。図6.18 に、そのメチル化誘導体の質量分析の帰属を示す。

この還元性末端の糖鎖構造はシロイヌナズナ（*Arabidopsis thaliana*）[9]、ケナフ（*Hibiscus cannabinus*）[24]、ユーカリ[2] の GX からも見いだされていて、今後の GX の生合成研究においてその役割が明らかにされていくものと期待される。

6.3.5 箱守法によるメチル化で生じる β-脱離反応

箱守メチル化法[10] は多糖類の構造研究によく使われている。上記のアルドウロン酸類の構造研究にも有効である。しかし、箱守法でメチル化した GX の 2 M TFA、

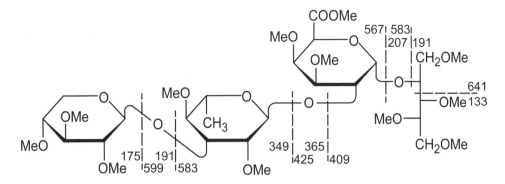

図6.18 β-D-Xylp-(1→3)-α-L-Rhap-(1→2)-α-D-GalAp-(1→4)-D-xylitol の完全メチル化誘導体の質量分析の帰属（文献8より転載）

100℃、2時間の加水分解生成物からメチル化中の副産物として 2-O-(4-deoxy-2,3-di-O-Me-β-L-*threo*-hex-enopyranosyl uronic acid)-3-O-Me-D-Xyl が単離されている[4,11]。このことは箱守メチル化法でβ-脱離反応が生じることを示している。そこで、これを確認するため、MeGlcAXyl と GalAXyl をメタノリシス後、ケン化してカルボキシ基を遊離の状態のメチルグルコシド誘導体に変換して箱守法でメチル化する。その結果では、前者では完全メチル化誘導体に加えて、不飽和のメチル化誘導体が生成するが、後者では完全メチル化誘導体のみが生成する。ただ、後者の完全メチル化誘導体を再メチル化すると不飽和メチル化誘導体が得られる。これらのことから O-4 を置換されているヘキシュロン酸（カルボキシ基は遊離の状態）は箱守メチル化法でβ-脱離反応を受けることがわかる[12]。

箱守メチル化法は二段階からなる。第一段階では、試料はその溶解性に依存するが、長時間 DMSO 中で強塩基のメチルスルフィニルカルバアニオンに曝される。第二段階では、生成したアニオンがヨウ化メチルと反応してメチル化が進行する。2-O-(4-O-Me-α-D-GlcAp)-D-Xyl［MeGlcAp Xyl と略］［図6.19、化合物1］を窒素雰囲気下25℃、メチルスルフィニルカルバアニオンで処理すると急速にβ-脱離反応を受け、2-O-(4-deoxy-β-L-*threo*-hex-4-enopyranosyluronic acid)-D-Xyl［図6.19、化合物2］が生成する。このことからβ-脱離反応は第一段階で生じることが明らかである。O-4 が置換され、カルボキシ基がエステル化されているヘキシュロン酸は塩基による作用で容易にβ-脱離反応の受けることが知られていたが、カルボキシ基が遊離の状態でもβ-脱離が起きることが明らかである[13]。

また、hex-4-enopyranosyluronic acid 残基は酸に不安定であると考えられるが、上述のように、2 M TFA での加水分解や 1% 無水メタノール性塩化水素でのメタノリシスでも残存するこが見出される[4,11]。そこで、2-O-(4-O-Me-α-D-GlcAp)-D-Xyl、2-O-(4-deoxy-β-L-*threo*-hex-4-enopyranosyluronic acid)-D-Xyl を 80～100℃の 0.5 M 硫酸で加

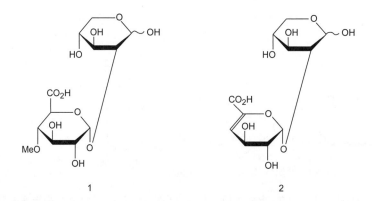

図 6.19　1：2-*O*-(4-*O*-Me-α-D-GlcA*p*)-D-Xyl、2：2-*O*-(4-deoxy-β-L-*threo*-hex-4-enopyranosyluronic acid)-3-*O*-Me-D-Xyl の構造式（文献 13 より転載）

水分解し、反応速度係数を算出する[13]。その結果を関連オリゴ糖の反応速度係数とともに**表 6.2**に示す。前者は酸加水分解に強い抵抗性を示すことはよく知られている。**表 6.2**より、後者は前者より 70 倍速く加水分解されることがわかる。二重結合が導入されることによってキシロース残基間のα-(1→2)-結合の酸に対する安定性は極端に減少する。しかし、その加水分解速度は 2-*O*-(4-*O*-Me-α-D-Glc*p*)-D-Xyl と同程度であり、Xyl_2のそれより 3.5 倍遅い。2-*O*-(4-*O*-Me-α-D-GlcA*p*)-*O*-β-D-Xyl*p*-(1→4)-D-Xyl のキシロシド結合のそれよりはおよそ 2 倍速いことがわかる[13]。

表 6.2　2-*O*-(4-Deoxy-β-L-*threo*-hex-4-enopyranosyluronic acid)-D-Xyl の酸加水分解における反応速度データ（文献 13 より転載）

Compound	$k \times 10^6$ (sec^{-1})			E (kcal.mol^{-1})	S (cal.deg^{-1}.mol^{-1})
	80°	90°	100°		
2-*O*-(4-Deoxy-β-L-*threo*-hex-4-enopyranosyluronic acid)-D-Xyl	99	255	863	28.5	4.0
2-*O*-(4-*O*-Me-α-D-GlcA*p*)-D-Xyl	1.2	4.4	12.7	31.3	3.5
2-*O*-(4-*O*-Me-α-D-GlcA*p*)-D-Xy[la)]	1.22	4.6	14.2	32.4	3.5
2-*O*-(4-*O*-Me-α-D-Glc*p*)-D-Xyl	59.5	234	746	33.0	16.1
Xylobiose (β-D-Xyl*p*-(1→4)-D-Xyl)	274	1018	3089	32.7	18.3
Xylosidic bond in 2-*O*-(4-*O*-Me-α-D-GlcA*p*)-*O*-β-D-Xyl*p*-(1→4)-D-Xyl	43.4	162	505	32.4	13.8

a) Roy & Timell[25,26] により報告された活性化エネルギー値より再計算

参考文献

1) Ebringerova A. et al. (2005) *Adv. Polym. Sci.* **186**, 1-67
2) Togashi, H. et al. (2009) *Carbohydr. Polymers* **78**, 247-252
3) Shimizu, K. & Samuelson, O. (1973) *Svensk Papperstidn.* **76**, 150-155
4) Shimizu, K. (1975) *Mokuzai Gakkaishi* **21**, 662-668
5) Shimizu, K. et al. (1976) *Mokuzai Gakkaishi* **22**, 618-625
6) Johansson, M.H. & Samuelson, O. (1977) *Wood Sci. Technol.* **11**, 251-263
7) Johansson, M.H. & Samuelson, O. (1977) *Svensk Papperstidn.* **80**, 519-524
8) Andersson S.L. et al. (1983) *Carbohydr. Res.* **111**, 283-288
9) Pena, M.J. et al. (2007) *Plant Cell.* **19**, 549-563
10) Hakomori, S. (1964) *J. Biochem.* **55**, (2) 205-208
11) Shimizu, K. (1976) *Mokuzai Gakkaishi* **22**, 51-53
12) Shimizu, K. (1981) *Carbohydr. Res.* **92**, 65-74
13) Shimizu, K. (1981) *Carbohydr. Res.* **92**, 219-224
14) Johansson, A. et al. (1954) *Svensk Papperstidn.* **57**, 41-43
15) Wikström, R. (1968) *Svensk Papperstidn.* **71**, 399-404
16) Nakamura, A. et al. (2000) *Biosci. Biotechnol. Biochem.* **64**, 178-180
17) Ishihara, M. et al. (1975) *Mokuzai Gakkaishi* **21**, 680-685
18) Collins, T. et al. (2005) *FEMS Microbiol. Reviews* **29**, 3-23
19) Nishitani, K. & Nevins D.J. (1991) *J. Biol. Chem.* **266**, 6539-6543
20) Ishihara, M. & Shimizu, K. (1990) *Mokuzai Gakkaishi* **34**, 58-64
21) Kováčik, V. et al. (1968) *Carbohydr. Res.* **8**, 282-290
22) Heyns, K. et al. (1969) *Carbohydr. Res.* **9**, 79-97
23) Björndal, H. et al. (1970) *Angew. Chem. Internat. Edit.* **9**, 610-619
24) Komiyama, H. et al. (2009) *Carbohydr. Polymers* **75**, 521-527
25) Roy, N. & Timell, T.E. (1968) *Carbohydr. Res.* **6**, 482-487
26) Roy, N. & Timell, T.E. (1968) *Carbohydr. Res.* **6**, 488-490

〈志水一允〉

6.4 ラムノガラクツロナンIIホウ酸複合体の調製と解析

　ホウ素（B）は植物の必須元素であり、欠乏すると成長点の壊死や不稔を含む多様な障害が発生する。Bが植物体内でいかなる生理機能を果たしているかは長らく不明であったが、1996年にダイコン（*Raphanus sativus*）よりペクチン質多糖ラムノガラクツロナンII（RG-II）がホウ酸エステルで架橋された複合体（RG-II-B）が単離され[1]、これをきっかけに植物におけるBの機能解明が大幅に進展した。

　RG-II-BにおいてBは1：2型ホウ酸エステルとして2分子のRG-IIを架橋している。RG-IIは細胞壁ペクチンを*endo*-ポリガラクツロナーゼ（EPGase）で消化することで遊離する多糖断片であり、実際にはより高分子量のペクチンの部分領域に相当する。したがってBは、細胞壁でRG-II領域とエステル結合することでペクチンに分子

間架橋を形成していることになる。架橋されたペクチンはゲルとして細胞壁に沈着し、細胞の力学的強度維持、細胞接着や保水などさまざまな機能を果たすと考えられている。

RG-IIはポリガラクツロン酸主鎖に4本の側鎖が結合した構造を有し、側鎖には複数の特異的構成糖が含まれる。それらRG-II構成糖の生合成が阻害された変異体植物では細胞壁の構造異常や著しい生育阻害が見られるほか、花粉管の伸長阻害による不稔も発生する[2]。このことは、細胞壁構築と細胞の分化・成長におけるRG-II-B架橋の生理的重要性を表している。ここでは、このRG-II-Bの細胞壁からの単離・精製と分析について述べる。

6.4.1 細胞壁からのRG-II-Bの精製

RG-II-Bは維管束植物には普遍的に存在するが、細胞壁あたりの含有量は植物種により著しく異なる。また種によっては細胞壁が酵素分解を受けにくく、RG-II-Bを効率的に可溶化できないものもある。筆者らは、RG-II-Bの細胞壁あたりの含量、可溶化効率がともに高いこと、また細胞壁標品の親水性が高く、酵素処理の際に取り扱いが容易であること等の理由から、ダイコン可食部の細胞壁からRG-II-Bを精製することが多い。そこで以下にはダイコン細胞壁を材料とした場合の精製例を記述する。ただし、RG-IIの構造は植物種間で高度に保存されていることから、酵素処理によるペクチンの分解に問題がなければ、他の材料からも同様の手順でRG-II-Bを精製可能と考えられる。実際に筆者らはこれまでにタバコ（*Nicotiana tabacum*）、キャベツ（*Brassica oleracea*）、セロリ（*Apium graveolens*）、パパイヤ（*Carica papaya*）等からもRG-II-Bを精製しているが、カラムクロマトグラフィーにおけるRG-II-Bの挙動はダイコン由来のものとほぼ同一であった。

RG-II-Bは弱酸性〜弱アルカリ性のpH範囲では安定なので、精製時のクロマトグラフィーは室温で操作して差し支えない。一方、酸性条件下（pH 2以下）ではホウ酸エステルが容易に加水分解されるため複合体は分解する。またRG-II-Bには複合体の安定化因子としてカルシウムイオンが含まれており、EDTA、CDTA等のカルシウムキレーターでこのカルシウムを除去することでもホウ酸とRG-IIの解離が起こる。したがってRG-II-Bを精製する際には、細胞壁調製や可溶化、精製の過程で酸やキレーターを用いることは避ける。

可溶化に用いる酵素について

RG-II-BはEPGaseの作用によりペクチンから切り出されるので、細胞壁からRG-II-Bを可溶化するには精製EPGase、あるいはEPGase活性を含む市販酵素製剤を用いる。プロトプラスト調製用あるいは食品工業用等として市販されている細胞壁分解酵素は通常複数の酵素の混合物であり、EPGase以外の活性も含まれるが、RG-II-Bを更に小さな単位に分解する活性は通常含まれていないので、それら酵素製剤は

RG-II-B の単離に利用できる。混在するセルラーゼ、キシラナーゼ等の活性により細胞壁が分解されることで可溶化が促進される可能性もある。実際の可溶化効率は酵素ごとに異なる。例えばドリセラーゼは様々な植物種の細胞壁から RG-II-B を可溶化する能力が高いが、高価でもある。筆者らは通常、ペクチナーゼ SS（*Aspergillus niger* 由来、食品工業用）を用いて RG-II-B を調製している。この酵素はドリセラーゼほど強力ではなく、材料とする種によっては RG-II-B を可溶化できないことがあるが、少なくともダイコン細胞壁については細胞壁に含まれる RG-II-B をほぼ完全に可溶化できる。精製 EPGase を可溶化に用いる場合は、RG-II 領域周辺のガラクツロン酸残基がエステル化されていると RG-II-B の可溶化が不完全になるため、予め細胞壁を希アルカリでケン化処理する必要がある。

器具、機器

①陰イオン交換クロマトグラフィーカラム：DEAE-Sepharose Fast Flow（Cytiva）、Cl^- 型、16 × 300 mm

②ゲルろ過クロマトグラフィーカラム：HiLoad 16/600 Superdex™ 75（Cytiva）16 × 600 mm

③ペリスタルティックポンプ

④グラジエントミキサー：全量 1 L の直線濃度勾配を作成できるもの

⑤フラクションコレクター

⑥遠心分離機

⑦振とう機

⑧凍結乾燥機

⑨分光光度計

試薬類

①ペクチン分解酵素：ペクチナーゼ SS（協和化成工業）

②透析膜

③その他の試薬：トリスヒドロキシメチルアミノメタン（トリス）、酢酸、酢酸ナトリウム、塩酸、塩化ナトリウム、蒸留水、フェノール-硫酸法（**1.1.2.1**）に必要な試薬、ホウ素あるいは 2-ケト-3-デオキシ糖の定量（**6.4.2**）に必要な試薬

操作

①ダイコン細胞壁標品 2 g とペクチナーゼ SS（0.2 g）を 20 mM 酢酸ナトリウム緩衝液（pH 4.0）200 mL と混合する（**注1、2**）。雑菌の繁殖を防ぐためにトルエン数滴を滴下する。室温で 48 時間振とうする。

②分解液を 10,000 × g、20 分遠心し、上清を回収する。沈殿を蒸留水に懸濁して再度遠心し、洗液を上清と合一する。浮遊物がある場合はろ過により除く。

③pH メーターでモニターしながら 2 M トリスを添加し、pH 7〜8 に調整する。

④分解液を予めカラム緩衝液（20 mM トリス-塩酸緩衝液、pH 8.0）で平衡化した DEAE-セファロース® カラムにアプライする。続いてカラム緩衝液で非吸着物質を完全に溶出させる。

⑤（a）カラム緩衝液 0.5 L、（b）0.5 M 塩化ナトリウムを含むカラム緩衝液 0.5 L、から成る塩化ナトリウム直線濃度勾配で吸着物質を溶出させる。フラクションコレクターを用いて 10 mL ずつ回収する。

⑥各フラクションに含まれる糖と RG-II-B を測定する。糖はフェノール-硫酸法（1.2.2.1）で定量する。RG-II-B は B 含量を測定するか（2.3）、または RG-II の特

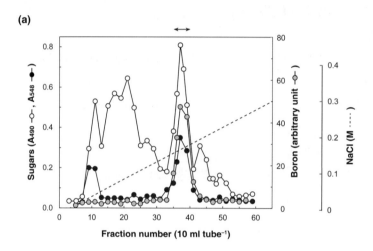

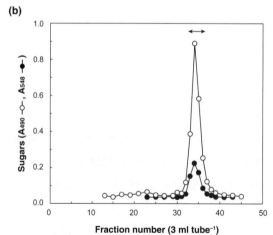

図 6.20　ダイコン細胞壁からの RG-II-B の精製例
（a）：ペクチナーゼ SS による細胞壁加水分解物のイオン交換クロマトグラム（DEAE-Sepharose® Cl⁻型、16 × 300 mm）
（b）：（a）で得た RG-II-B 含有画分のゲルろ過クロマトグラム（HiLoad Superdex™ 75、16 × 600 mm）
490 nm、548 nm はそれぞれフェノール-硫酸法、チオバルビツール酸法のアッセイ結果を表す。各精製段階で、両矢印で示したフラクションを回収する。

異的構成糖である 2-ケト-3-デオキシ糖をチオバルビツール酸法（6.4.2）で定量する。クロマトグラムを作成し、回収するフラクションを決定する。通常、RG-II-B は塩化ナトリウム濃度 0.15～0.2 M 程度で溶出する（**図 6.20**）。

⑦ RG-II-B を含むフラクションをまとめ、蒸留水に対して透析した後に凍結乾燥する。

⑧ サンプルを 2 mL 以下のゲルろ過カラム緩衝液（100 mM 塩化ナトリウムを含む 20 mM トリス-塩酸緩衝液 pH 8.0）に溶解する。同じ緩衝液で平衡化した Superdex™ 75 カラムにアプライし、フラクションコレクターを用いて 3 mL ずつ回収する。

⑨ ⑥と同様に各フラクションの糖、RG-II-B を測定する。

⑩ 回収するフラクションをまとめて蒸留水に対して透析し、凍結乾燥する。ダイコン細胞壁 2 g から約 30～40 mg の RG-II-B が得られる。

注 1：植物種によっては細胞壁標品の撥水性が強く酵素液中に分散しにくい場合がある。大抵はインキュベート中に徐々に水になじむが、気になる場合は予め少量のジメチルスルホキシド（DMSO）で細胞壁をプレウェット処理してから緩衝液を加えると酵素と混合しやすい。

注 2：ペクチン分解に EPGase を用いる場合、細胞壁標品を 0.1 M 水酸化ナトリウムに懸濁して 4℃で 4 時間ケン化処理した後、細胞壁（乾燥重量）1 g あたり 25 unit の EPGase を添加し、pH 5 で 48 時間室温でインキュベートする。

6.4.2　チオバルビツール酸法による 2-ケト-3-デオキシ糖の定量

　RG-II の側鎖に含まれる 3-デオキシ-D-マンノ-2-オクツロソン酸（KDO）、3-デオキシ-D-リクソ-2-ヘプツロサル酸（DHA）は、これらの酸性糖を過ヨウ素酸酸化し、生じる β-ホルミルピルビン酸をチオバルビツール酸と反応・発色させて定量する。ここでは、過剰の過ヨウ素酸の分解に原法で使われていた亜ヒ酸ナトリウムに代えて亜硫酸ナトリウムを使用した York らの改良法[3]を記す。

試薬類

① 0.5 M 硫酸

② 過ヨウ素酸液：過ヨウ素酸（HIO_4）を 0.04 M となるように 62.5 mM 硫酸に溶かす。冷蔵保存する。

③ 亜硫酸ナトリウム液：亜硫酸ナトリウムを 2 %（w/v）となるように 0.5 M 塩酸に溶かす。使用直前に調製する。

④ チオバルビツール酸溶液：2-チオバルビツール酸（4,6-ジヒドロキシ-2-メルカプトピリミジン）を 25 mM となるように温水に溶かす。冷蔵保存する。

⑤ DMSO

操作

①試料 0.4 mL（2-ケト-3-デオキシ糖 2〜20 nmol）を試験管にとり、0.5 M 硫酸 0.1 mL を加えて混和する。2-ケト-3-デオキシ糖を含まないブランクも用意する。

②ガラス球（ビー玉）で蓋をして沸騰湯浴中で 30 分間加熱後、室温まで放冷する。

③過ヨウ素酸液 0.25 mL を加えて混和し、室温で 20 分放置する。

④余剰の過ヨウ素酸を分解するため亜硫酸ナトリウム液を加える。必要な添加量を決定するため、ブランク試料に亜硫酸ナトリウム液 50 μL を添加し、撹拌する操作を繰り返す。液はヨウ素の生成によりいったん褐色となるが、更に亜硫酸ナトリウムを添加するとヨウ素も還元され無色となる。この段階までに要した液量（通常 300〜400 μL）を過ヨウ素酸の分解に必要な液量と考え、残りの全ての試料に添加して混合する。

⑤チオバルビツール酸液 0.5 mL を加えて混合する。

⑥沸騰湯浴中で 15 分加熱し、発色させる。

⑦反応液が熱いうちに DMSO（1.0 mL）を加えて混合する（色素の安定化のため）。

⑧室温まで放冷し、548 nm の吸光度を測定する。

6.4.3 RG-Ⅱの糖組成分析

RG-Ⅱ-B の構成糖のうち、ウロン酸（ガラクツロン酸およびグルクロン酸）、アセリン酸（3-C-カルボキシ-5-デオキシ-L-キシロース）および 2-ケト-3-デオキシ糖（KDO および DHA）を除く中性糖については、常法どおり RG-Ⅱ-B をトリフルオロ酢酸（TFA）で加水分解し、単糖混合物をアルジトールアセテート誘導体化することで分析可能である（1.6.1.1）。ウロン酸についてはメタノリシス後にトリメチルシリル誘導体として分析するか（1.6.1.2）、m-ヒドロキシビフェニル法（1.1.3.2）等の方法で比色定量する（この場合ガラクツロン酸とグルクロン酸は区別できない）。KDO、DHA は酸に不安定で、通常の構成糖分析に用いられる酸加水分解条件では分解する。メタノリシスしてトリメチルシリル誘導体として分析するか、あるいはまず温和な酸処理で KDO または DHA を還元末端とするオリゴ糖を遊離させ、C-2 位のケトン基を還元して酸抵抗性を付与した後に単糖への加水分解、カルボキシ基の還元とアルジトールアセテート誘導体化を行う。詳細は文献[3,4]を参照されたい。KDO、DHA を区別する必要がなければチオバルビツール酸法で比色定量してもよい。アセリン酸も分子内のカルボキシ基を還元することでアルジトールアセテート誘導体として分析できる[5]。

RG-Ⅱ の主鎖と側鎖間の 4 つのグリコシド結合はいずれも一般的なグリコシド結合より不安定で、0.1 M TFA、40℃の処理で加水分解される。このことを利用し、温和な酸処理によって細胞壁から RG-Ⅱ 側鎖を選択的に遊離させ、質量分析に供することで RG-Ⅱ の構造解析を行う方法も報告されている[6]。（RG-Ⅱ-B のメチル化分析については 1.8 参照）

6.4.4 RG-Ⅱ架橋率の測定

十分量の B を吸収した植物の細胞壁に含まれる RG-Ⅱ は、ほぼ全量がホウ酸エステルにより架橋され RG-Ⅱ-B として存在する。一方、B が欠乏したり RG-Ⅱ の構造が変異したりすると、架橋されていない単量体 RG-Ⅱ が増加し、細胞壁の構造に異常が生じる。このため細胞壁に含まれる RG-Ⅱ のどれだけが架橋されているか解析することは、植物の B 栄養診断や変異株の表現型解析に有用である。松永・石井は細胞壁に EPGase を作用させて RG-Ⅱ を遊離させ、サイズ排除 HPLC で二量体（RG-Ⅱ-B）と単量体を分離・定量して架橋率を求める方法を報告している[7]（2.3.2）。また RG-Ⅱ 単量体と RG-Ⅱ-B はイオン交換クロマトグラフィーでも分離されるので、この性質によっても架橋率を算出できる（図 6.21）。

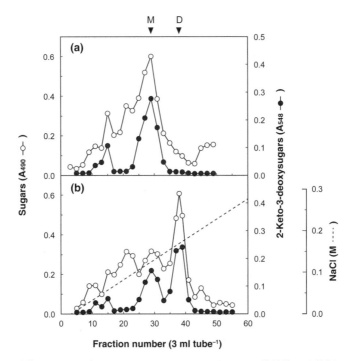

図 6.21 イオン交換クロマトグラフィーによる RG-Ⅱ-B と RG-Ⅱ 単量体の分離例
予め 0.1 M 塩酸で処理（30 分、室温）し、RG-Ⅱ におけるホウ酸架橋を破壊したダイコン細胞壁を、(a)そのまま、あるいは (b)10 mM ホウ酸・10 mM 塩化カルシウムとともに 12 時間インキュベートした後、ペクチナーゼ SS で消化し、DEAE-Sepharose® カラムで分画した（10 × 300 mm、300 mL の 0～0.5 M 塩化ナトリウム濃度勾配で溶出）。490 nm、548 nm はそれぞれフェノール-硫酸法、チオバルビツール酸法のアッセイ結果を表す。パネル上部の M、D はそれぞれ RG-Ⅱ 単量体、RG-Ⅱ-B の溶出位置を示す。塩酸処理した細胞壁ではホウ酸架橋が分解され、RG-Ⅱ は全て単量体として存在する(a)が、架橋因子 B および安定化因子 Ca^{2+} とインキュベートすることで架橋が再形成され、RG-Ⅱ-B のピークが出現する(b)。

参考文献

1) Kobayashi, M. et al. (1996) *Plant Physiol.* **110**, 1017-1020
2) O'Neill, M.A. et al. (2004) *Annu. Rev. Plant Biol.* **55**, 109-139
3) York, W.S. et al. (1985) *Carbohydr. Res.* **138**, 109-126
4) Stevenson, T.T. et al. (1988) *Carbohydr. Res.* **179**, 269-288
5) Spellman, M.W. et al. (1983) *Carbohydr. Res.* **122**, 115-129
6) Séveno, M. et al. (2009) *Planta* **230**, 947-957
7) Matsunaga, T. & Ishii, T. (2006) *Anal. Sci.* **22**, 1125-1127

〈小林　優・間藤　徹〉

6.5　オリゴガラクツロン酸の調製法とバイオアッセイ

　ペクチンは、食品化学の分野ではゲル化剤や増粘安定剤としてジャムやゼリーの材料に頻繁に用いられる素材である。ペクチンの起源は植物の細胞壁を構成する多糖類であり、ガラクツロン酸が α-(1→4) 結合で直鎖に連なったポリガラクツロン酸を主鎖として、これに多様な中性糖が複雑に結合した側鎖から構成されている[1]。

　近年、ペクチンが植物の生体防御に関与していることが明らかとなった。この図式では、植物を攻撃する病原微生物が菌体外に酵素を分泌し、この作用で分解されたペクチンの断片であるオリゴガラクツロン酸が、内因性のエリシターとして宿主である植物の生体防御のスイッチをオンにする役割を果たすとされている。興味深いことに、これらの活性は、植物の種類やオリゴ糖の重合度に依存していることが知られているので、植物の防御機構の解明には、オリゴガラクツロン酸の調製や重合度による分離の操作が必須である[2]。

　本項では、自然界の植物と病原菌の相互作用をモデルとして、実験室でリンゴ搾汁残渣からリンゴペクチンを調製する方法、リンゴ病原菌由来のペクチン分解酵素であるエンドポリガラクツロナーゼ（EPG）を樹脂に固定化したバイオリアクターによるオリゴガラクツロン酸の連続調製と調製されたオリゴガラクツロン酸の分離と同定、さらにオリゴガラクツロン酸がラットのコレステロールと血圧に及ぼす影響について記述する。

6.5.1　リンゴ搾汁残渣からリンゴペクチンの抽出

器具、機器

①オーバーヘッドスターラー
②減圧ろ過装置、アスピレーター
③凍結乾燥機

試薬類

①エタノール（発酵エタノール、99％、1級）

②0.05 M 塩酸

操作

①搾汁直後の湿残渣 1 kg を 5 L のビーカーに量りとり、2 L のエタノールを加え、オーバーヘッドスターラーを用いて室温で 24 時間撹拌する。ガラス繊維濾紙を通して減圧ろ過し、エタノール抽出部とエタノール不溶部に分離する。エタノール不溶部に新しいエタノール 2 L を加えて、抽出を繰り返す。この操作を全部で 3 回行う。

②上記で得られたエタノール不溶部 5 g を 500 mL の三角フラスコに量りとり、0.05 M 塩酸 200 mL を加え、沸騰湯浴中（100℃）で 60 分間抽出を行う。室温まで放冷後、ガラス繊維濾紙を用いて減圧ろ過を行う。ろ液に 2 倍量のエタノールを加え、室温で 12 時間撹拌してエタノール沈殿を行う。沈殿を減圧ろ過し、70％エタノールで洗浄後、脱イオン水に溶解し、0.45 μm のフィルターで微粒子を取り除いた後、凍結乾燥を行ってペクチンを得る。

6.5.2　固定化酵素によるオリゴガラクツロン酸の連続調製

器具、機器

①アーリン氏型ガラスろ過器
②マグネティックスターラー

試薬類

①糸状菌（*Stereum purpureum* ASP-4B）から精製された EPG[3]
②アフィゲル® 10（バイオ・ラッド）
③プロテインアッセイキット（バイオ・ラッド）

操作

①精製した EPG 50 μg を 3 mL の 0.1 M HEPES 緩衝液（pH 7.5）に溶解し、1 mL のアフィゲル®10 に固定化する。固定化されずに溶出された酵素量を色素結合法によるプロテインアッセイキットにて測定し、その結果から固定化された酵素量を算出する。

②アーリン氏型ガラスろ過器（直径 2 × 10 cm）に酵素を固定化したアフィゲル® 10 を 1 mL 入れ、基質として 0.01 M 酢酸緩衝液（pH 5.0）に溶解した 0.15％のポリガラクツロン酸（シグマ アルドリッチ ジャパン）5 mL を加え、スターラーで撹拌しながら反応させる。反応後、ガラスろ過器から反応液を流し出すことにより酵素の反応終了とする。

③酵素反応液の全ガラクツロン酸量をカルバゾール‐硫酸法[4]（**1.1.3.1**）で、還元末端ガラクツロン酸量を Milner-Avigad 法[5] で、それぞれ測定し、平均重合度を求める。固定化酵素の繰り返し回数とオリゴ糖の平均重合度を**図 6.22** に示す。

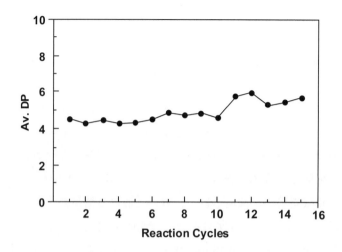

図 6.22　固定化エンドポリガラクツロナーゼによるオリゴガラクツロン酸の連続調製

6.5.3　高速陰イオン交換クロマトグラフィーとパルスドアンペロメトリー検出器（HPAEC-PAD）によるオリゴガラクツロン酸の分離と同定

器具、機器

①高速陰イオン交換クロマトグラフィーとパルスドアンペロメトリー検出器のシステム（HPAEC-PAD）（ダイオネクス社）

② CarboPac™ PA1（4 × 250 mm）、CarboPac™ PA Guard

操作

①オリゴガラクツロン酸の分析にはダイオネクス社の HPAEC-PAD システムを用いる[6]。このシステムは、溶離液デガスモジュール（EDM-2）、4液スタンダードグラジエントポンプ（AGP）、パルスドアンペロメトリー検出器（PAD）、ポストカラムのリエージェントデリバリーモジュール（RDM）、およびクロマトグラフ用スーパーワークステーションから構成される。

②オリゴガラクツロン酸は、ペリキュラー型の陰イオン交換カラムである CarboPac™ PA1（4 × 250 mm）とプレカラムとして CarboPac™ PA Guard を用いて分離する。

③移動相には、A液として 150 mM NaOH と B液として 1.0 M NaOAc を含む 150 mM NaOH を用い、流速を 1.0 mL/分として 60 分間に A：B = 90：10 から A：B = 0：100 になるようなリニアグラジエントで溶出する。

④検出器の感度を向上させる目的からポストカラムデリバリーモジュールに 300 mM NaOH を設置し、PAD セルの流速が 1.5 mL/分になるように流速を調節する。

⑤PAD 検出器には Au 電極を用い、3 段階の印加電圧のパルスシークエンスのプログラムを設定する。すなわち、$E1 = 0.10$ V（t=50 msec）、$E2 = 0.60$ V（$t2 = 120$ msec）、$E3 = -0.80$ V（$t3 = 120$ msec）の波形を描き、積分時間を 250 ms から 500 ms とする。

⑥オリゴ糖混合物の場合は 1.0 mg/mL、分離されたオリゴ糖の場合はそれぞれ 0.1 mg/mL の濃度になるように溶液を調製し、メンブレンフィルターで微粒子を除いた後、25 μL をインジェクトする。HPAEC-PAD と CarboPac™ PA1 によるオリゴガラクツロン酸の分離例を図 6.23 に示す。

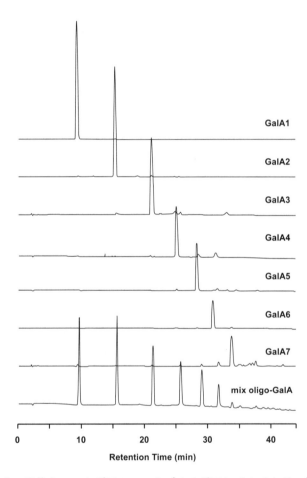

図 6.23　高速陰イオン交換クロマトグラフィーとパルスドアンペロメトリー検出器（HPAEC-PAD）によるオリゴガラクツロン酸の分離と同定

6.5.4　分取陰イオン交換クロマトグラフィーによるオリゴガラクツロン酸の分離

器具、機器

①ペリスタルティックポンプ
②フラクションコレクター
③ロータリーエバポレーター
④凍結乾燥機

試薬類

① DEAE Sephadex™ A-25（GE ヘルスケア・ジャパン）

② NH₄HCO₃

③ Sephadex™ G-15（GE ヘルスケア・ジャパン）

操作

① 0.3 M NH₄HCO₃ で平衡化した DEAE Sepahadex™ A-25（カラムサイズ、2.5 × 40 cm、200 mL）にオリゴ糖混合物 15 mg を注入し、非吸着部を溶出するため 0.3 M NH₄HCO₃ 250 mL を 0.5 mL/ 分の流速で流し、フラクションコレクターを用いて 5 mL ずつ Fr.50 まで分取する。

② 次に、0.3 M NH₄HCO₃ から 0.6 M NH₄HCO₃ のリニアグラジエントで 1,000 mL を溶出させ、Fr.51 から Fr.250 を分取する。

③ それぞれのフラクションに含まれるウロン酸量をカルバゾール - 硫酸法（1.1.3.1）により検出する。DEAE Sephadex™ A-25 によるオリゴガラクツロン酸の典型的な分離例を図 6.24 に示す。

④ 分離された各オリゴ糖を回収し、ロータリーエバポレーターで濃縮した後、Sephadex™ G-15 により脱塩する。

⑤ 脱塩したオリゴ糖を凍結乾燥により粉末化する。

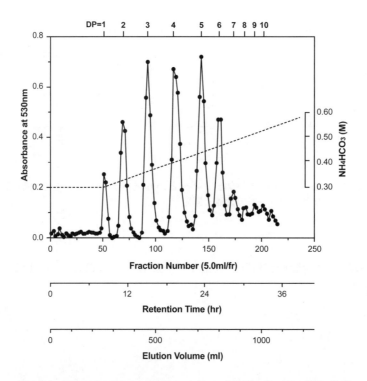

図 6.24　DEAE Sephadex A-25 によるオリゴガラクツロン酸の分離

6.5.5 オリゴガラクツロン酸がラットのコレステロールと血圧に及ぼす影響

実験動物

①高血圧自然発症ラット（SHR:Spontaneously Hypertensive Rat）

器具、機器

①尾動脈圧測定装置 PS-100（理研開発社）

試薬類

①ペクチン（ユニー社、RED RIBBON 3G）

②オリゴガラクツロン酸（平均重合度8）

操作

①実験群を対照群、ペクチン投与群、およびオリゴガラクツロン酸投与群の3つに分け、1群を5匹とする。

② AIN組成に準拠した試験飼料に、血圧を上昇させるため1％の食塩を添加する。その中に、ペクチンとオリゴガラクツロン酸をそれぞれ4％加え、対照群はショ糖で調整する。

③飲料水には蒸留水を用い、飼料とともに自由摂食として2週間投与する。

④体重と飼料摂取量は2日毎に測定する。

⑤7日毎に採血して、酵素法により血漿中のコレステロールを定量する。

⑥7日毎に、尾動脈圧測定装置 PS-100（理研開発社）を用いて、収縮期の血圧を間接法（尾部フカ法）により測定する。ペクチンおよびオリゴガラクツロン酸がSHRラットのコレステロールと血圧に及ぼす影響を図6.25に示す。

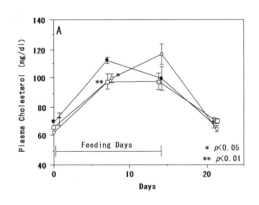 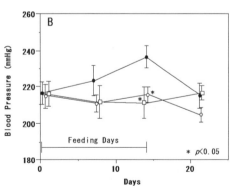

図 6.25 オリゴガラクツロン酸がラットのコレステロールと血圧に及ぼす影響
A：ラットのコレステロールに及ぼす影響
　（—●—：対照群、—□—：ペクチン投与群、—○—：オリゴガラクツロン酸投与群）
B：ラットの血圧に及ぼす影響
　（—●—：対照群、—□—：ペクチン投与群、—○—：オリゴガラクツロン酸投与群）
（日本未病システム学会より許可を得て転載）

参考文献

1) Caffall, K.H. & Mohnen, D. (2009) *Carbohydr. Res.* **344**, 1879-1990
2) Ridley, B.L. et al. (2001) *Phytochemistry* **57**, 929-967
3) Miyairi, K. et al. (1985) *Agric. Bio. Chem.* **49**, 1111-1118
4) Bitter, T. & Muir, H.M. (1962) *Anal. Biochem.* **4**, 330-334
5) Milner, Y. & Avigad, G. (1997) *Carbohydr. Res.* **4**, 359-361
6) Hotchkiss, A.T. Jr. & Hicks, K.B. (1990) *Anal. Biochem.* **184**, 200-206
7) 市田淳治（2005）日本未病システム学会誌、**11**、304-308

〔市田淳治〕

第 7 章 細胞壁の生合成と分解

7.1 多糖類の生合成

7.1.1 β-(1→4)-キシラン合成酵素

　キシラン類は高等植物界に広く分布するヘミセルロース性多糖類の一つである。キシラン類の側鎖構造は植物種により違いがみられるが、主鎖はいずれも β-(1→4)-キシランである。β-(1→4)-キシラン主鎖は、基質である UDP-キシロースから β-(1→4)-キシロース転移酵素の働きで合成される。本項では、植物生体内の UDP-キシロース合成反応と β-(1→4)-キシラン合成反応、加えて β-(1→4)-キシラン合成酵素の活性測定法について述べる。

　UDP-キシロースは、ヌクレオチドである UDP とキシロース単糖からなる糖ヌクレオチドの一種である（図 7.1）。

図 7.1　UDP-キシロースの構造

　UDP-キシロースは、UDP-グルコースから UDP-グルクロン酸を経て合成される。興味深いことに、植物細胞には細胞質基質とゴルジ体内腔の両方に UDP-キシロース合成経路が存在する（図 7.2）。シロイヌナズナは、細胞質基質型 UDP-キシロース合成酵素（UDP-グルクロン酸デカルボキシラーゼ、UXS）とゴルジ体局在型 UXS をそれぞれ 3 つずつ持つ[1]。UXS が触媒する反応は不可逆反応であり、この反応で糖ヌクレオチドの糖部分がヘキソース（炭素 6 つからなる単糖）からペントース（炭素 5 つからなる単糖）に変換される。イネやオオムギなどのイネ科植物は、細胞壁の 3〜4 割をグルクロノアラビノキシランが占めており、光合成で同化された炭素の相当量がこの反応を経てペントースに変換されていると考えられる。

　糖ヌクレオチドを基質とする多くの多糖類合成酵素（糖転移酵素）はゴルジ体内腔で働くため、細胞質基質の糖ヌクレオチドは特異的な輸送体によりゴルジ体内腔に輸送されると考えられている。ただし、主要な UDP-キシロース合成経路が細胞質基質経路かゴルジ体経路であるのか、UDP-キシロース輸送体がどの程度キシラン合成量に影響するのかなど、不明な点も多い（図 7.3）。UDP-糖の多くは、上述した新生経路（*de novo* 経路）に加えて、遊離単糖から合成される再利用経路（salvage 経路）で

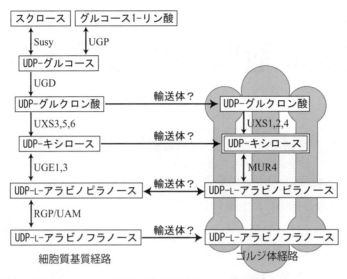

図 7.2　UDP-糖のゴルジ体 de novo 経路と細胞質基質 de novo 経路
UDP-キシロースはゴルジ体内腔で β-(1→4)-キシラン合成酵素の基質として使われるが、UDP-キシロースは細胞質基質でも合成される。

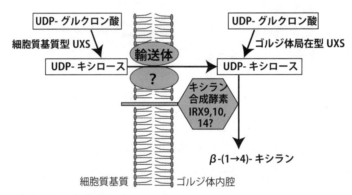

図 7.3　β-(1→4)-キシラン主鎖の合成
細胞質基質で合成される UDP-キシロースは未知の輸送体により輸送されると考えられる。

も合成されるが、UDP-キシロースには再利用経路が知られていない。代謝で生じた遊離キシロースは UDP-キシロースにはならずに、キシロースイソメラーゼの働きでキシルロースとなり、ペントースリン酸経路で代謝されると考えられる。

キシラン側鎖のグルクロン酸残基は UDP-グルクロン酸から合成され、L-アラビノフラノース（L-アラビノースの 5 員環型）残基は UDP-L-アラビノフラノースから合成される。UDP-L-アラビノフラノースの合成反応については、**7.1.2** で詳しく紹介する。

β-(1→4)-キシラン主鎖の合成に関わる因子は、糖転移酵素ファミリー GT43 に分類される IRX9 と IRX14、GT47 に分類される IRX10、機能不明ドメイン（DUF579）を持つ IRX15 の 4 種類が知られている。シロイヌナズナでは、それぞれに一つずつ

アイソフォーム（IRX9-like、IRX10-like、IRX14-like、IRX15-like）がある。しかしながら、どのタンパク質が触媒活性を持つのか、これらが複合体を形成しているのか、β-(1→4)-キシラン主鎖の異なる部分の合成（例えば短鎖β-(1→4)-キシランの合成と長鎖β-(1→4)-キシランの合成など）に関わるのかなどは、明らかになっていない。シロイヌナズナのIRX10は、ピキア酵母を用いた異種生物発現系で高いβ-(1→4)-キシラン合成活性を持つことが示されている[2]。一方で、シロイヌナズナのIRX9とIRX14も、タバコで同時に発現させることで粗膜画分（ミクロソーム画分）の活性を上昇させることが報告されている[2,3]。したがって現段階では、これら（IRX10、IRX10-like、IRX9、IRX9-like、IRX14、IRX14-like）が、β-(1→4)-キシラン合成酵素複合体における触媒活性を持った酵素（ただし、上述したようにそれぞれ異なる性質・役割を持つ可能性が高い）や複合体構成因子であると予想されている。IRX15とIRX15-likeの役割は不明である。

　IRX9, 10, 14, 15は、シロイヌナズナに維管束形態異常（irregular xylem）と花茎の物理的強度の低下をもたらす変異遺伝子として発見された。この変異体スクリーニングでは、細胞壁キシラン量に影響する他のGT遺伝子も発見されている。これらは、GT47に分類されるIRX7やGT8のIRX8やPARVUSである。これらの遺伝子の欠損は植物内在性のβ-(1→4)-キシラン合成活性を低下させないことから、キシランの還元末端部分の特殊な構造（構造：Xyl-Rha-GalA-Xyl、**6.3.4**参照）の合成に関わることが提案されている[4]。この部分の合成が異常となるとβ-(1→4)-キシラン合成反応が開始されないため、キシラン量が大きく減少すると解釈されている。

7.1.1.1　β-(1→4)-キシラン合成酵素活性の測定法

　β-(1→4)-キシラン合成酵素の活性測定は、ミクロソーム画分を酵素源とし、受容体基質であるキシロオリゴ糖と供与体基質であるUDP-キシロースを基質とした反応を行い、高速液体クロマトグラフィー（HPLC）でキシロオリゴ糖の鎖長の伸長を検出・定量する方法が一般的である。キシロオリゴ糖は無色であるが、還元末端を蛍光物質で標識することで、HPLCの蛍光検出器で検出・定量できる。オリゴ糖の標識方式には、プレラベル方式（酵素反応前にキシロオリゴ糖を標識する方式、例えば**7.2.5**参照）とポストラベル方式（酵素反応後にすべてのキシロオリゴ糖を標識する方式）があるが、本稿では後者について紹介する。

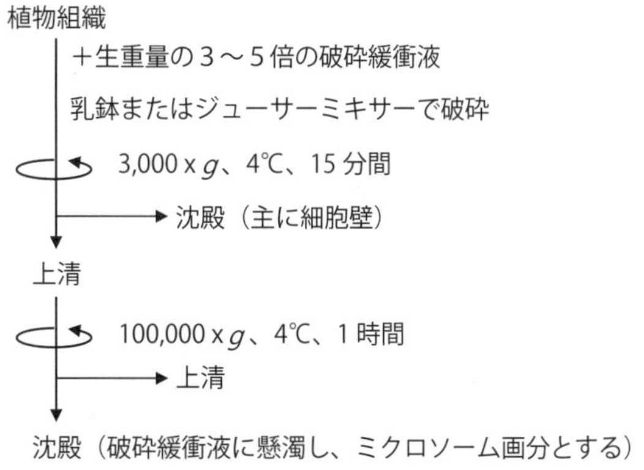

```
植物組織
 ↓ ＋生重量の3〜5倍の破砕緩衝液
 乳鉢またはジューサーミキサーで破砕
 ↓ 3,000 × g、4℃、15分間
 → 沈殿（主に細胞壁）
上清
 ↓ 100,000 × g、4℃、1時間
 → 上清
沈殿（破砕緩衝液に懸濁し、ミクロソーム画分とする）
```

図7.4　ミクロソーム画分の調製

操作

β-(1→4)-キシラン合成酵素は膜タンパク質と考えられ、植物のミクロソーム画分に活性が見られる。粗膜画分は、以下のように調製する（**図 7.4** にフローチャートを記載）。まず、植物体の生重量の 3～5 倍量の破砕緩衝液（**表 7.1**）で破砕し、3,000 × g で 15 分間遠心分離して沈殿（主に細胞壁）を除去する。得られた上清をさらに 100,000 × g で 1 時間遠心分離（超遠心分離機を使用）し、ミクロソーム画分として沈殿を回収する。ミクロソーム画分は、等量の破砕緩衝液とテフロン® ホモジナイザーにより懸濁する[5,6]。ただちに酵素反応に使用することが望ましいが、ディープフリーザー（–80℃）で保存した場合でも数週間程度は活性が見られる。

β-(1→4)-キシラン合成酵素の酵素反応液組成は、**表 7.2** に示した。酵素反応では、pH 7 前後の緩衝液に、界面活性剤である Triton® X-100 や Mn^{2+} イオンまたは Mg^{2+} イオンを添加する。これらは酵素の活性を高めることがわかっている。受容体基質に用いるキシロオリゴ糖は Megazyme 社（国内からの注文取扱い日本バイオコン社：http://www.biocon.co.jp/data/htmL/megazyme8.htmL、最終確認日 2016 年 1 月 2 日、キシロビオースからキシロヘキサオースまでを販売、**9.6** 参照）から購入できる。キシロース単糖やキシロビオース（重合度 2 のキシロオリゴ糖）を受容体基質とすると β-(1→4)-キシラン合成反応がほとんど起こらないため、重合度 3 以上のオリゴ糖を受容体基質とする[5]。キシロオリゴ糖混合物から特定の重合度のキシロオリゴ糖を得たい場合は、ゲルろ過クロマトグラフィーによる分画を行う（下記に詳細を記載）。また、供与体基質である UDP-キシロースは、米国ジョージア大の Complex Carbohydrate Research Center（CCRC）の CarboSource Service（http://www.ccrc.uga.edu/~carbosource/css/xglose.htm、最終確認日 2016 年 1 月 2 日、**9.6** 参照）が販売しているが、5 mg で 250 ドル（2014 年 11 月現在）とやや高価である。大量の UDP-キシロースを必要とする場合は、UDP-グルクロン酸（シグマ アルドリッチ ジャパンなど）から酵素的に調製することも可能である（下記に方法を記載）。β-(1→4)-キシラン合成酵素の酵素反応は、20℃で、数分～数時間行う。供与体基質に対する受容体基質の割合を低下させることで、より長鎖

表 7.1　破砕緩衝液組成

50 mM Hepes-NaOH 緩衝液（pH 7.3）
400 mM ショ糖
1 mM PMSF

表 7.2　β-(1→4)-キシラン合成酵素反応液組成

50 mM Hepes-NaOH 緩衝液（pH 6.8）
0.5 %（w/v）Triton® X-100
1 mM ジチオスレイトール
5 mM $MnCl_2$
1 mM キシロオリゴ糖（重合度 3 以上）
1 mM UDP-キシロース
粗膜画分（50～100 μg 程度）
反応液体積　30 μL

のβ-(1→4)-キシランを合成できる（ただし、産物のモル数は低下するため、検出しづらい）。ミクロソーム画分から持ち込まれるβ-キシロシダーゼ活性の影響もあり、単純に酵素反応時間を長くしても鎖長はさほど伸びないことが多い。酵素反応は、100℃で5分間加熱して停止する。

7.1.1.2　キシロオリゴ糖調製
操作

キシロオリゴ糖の混合物から様々な重合度のキシロオリゴ糖を分画・精製する場合は、ゲルろ過クロマトグラフィーを行う。体積300～800 mL程度のカラムに、バイオ・ラッドのBio-Gel® P-2樹脂を充填する。溶出溶媒には1％（v/v）酢酸を用いる。試料をカラムにかける前に、カラム体積の3倍体積の溶媒でカラム内を1％（v/v）酢酸で平衡化する。体積800 mLのカラムの場合、1 g程度のキシロオリゴ糖混合液（試料の例：濃度：50 mg/mL程度、20 mL）を分離することが可能である。フラクションコレクターで5 mLずつ分画し、各重合度のキシロオリゴ糖を回収する。オリゴ糖には酢酸が含まれているため、凍結乾燥等により乾固させた後、水に溶解して使用する。必要に応じて、フェノール-硫酸法[7]（**1.1.2.1**）により糖濃度を確認する。

7.1.1.3　蛍光標識
操作

酵素反応により鎖長が増加したキシロオリゴ糖は、アミノ安息香酸エチル（*p*-aminobenzoic ethylester、ABEE）で還元末端を蛍光標識する。まず、熱で変性したタンパク質を遠心分離（小型遠心分離機で1,000 × *g*、5分間程度）により除去する。その後、**表7.3**に組成を示した反応液により、80℃、20分間、ABEE標識反応を行う。反応後、空気を吹き付けることで溶媒を除去する。乾固したABEE標識試料に水1 mLとジエチルエーテル1 mLを添加して溶解し、ジエチルエーテル抽出（1,000 × *g*で1分間遠心分離後、上層のジエチルエーテルを除く。新たにジエチルエーテル1 mLを添加して同じ操作を繰り返す）を5回行う。

表7.3　標識反応液組成

酢酸 21 μL
メタノール 175 μL
ABEE 17.5 mg
シアノ水素化ホウ素ナトリウム 1.8 mg
酵素反応液 50 μL

ABEE標識産物の分離・定量は、蛍光検出器を装備したHPLCにより行う。分離カラムはシリカ系のカラム（例えば東ソーのTSKgel® Amide-80 カラム）、溶媒としてアセトニトリル/水の溶媒｛例えば、74％（v/v）から58％（v/v）のアセトニトリル/水の濃度勾配など｝を用いると、キシロース単糖から重合度の小さいキシロオリゴ糖を分離・検出できる。酵素反応産物の結合がβ-(1→4)-結合であることを確かめたい場合は、標識前後にエンド-β-(1→4)-キシラナーゼで消化し、産物が低重合度のもの

（主にキシロースとキシロビオース）に分解されることを確認する。

7.1.1.4　UDP-キシロースの酵素的調製
操作

市販のUDP-グルクロン酸からUDP-キシロースを酵素的に調製することも可能である。この方法では多量のUDP-キシロースを得ることができるが、酵素反応後に酵素や緩衝液、未反応のUDP-グルクロン酸を除去する必要があり、操作はやや煩雑である。

表 7.4　UDP-キシロース合成反応組成

50 mM リン酸カリウム緩衝液（pH 6.9）
1 mM UDP-グルクロン酸
1 mM ジチオスレイトール
酵素

この反応では、大腸菌で発現させた細胞質基質型組換えUXS、または豆苗の可溶性画分から部分精製したUXSを用いる。前者は、UXSのcDNAを発現ベクター（例えば、pET32aなど）に連結し、大腸菌株（例えば、BL21株）で発現させることで得られる。6×ヒスチジンタグなど利用すれば容易に精製できる。後者は、市販の豆苗を破砕し、硫安分画と1段階の陰イオン交換クロマトグラフィーにより得られる[8]。

酵素反応は、1 mMのUDP-グルクロン酸を含む**表 7.4**に示した反応液で、30℃で24時間行う[5,8]。100℃で5分間加熱することで酵素を失活させ、活性炭カラムにかける。このカラムでは、塩などの夾雑物と糖ヌクレオチドを分離することができる。活性炭カラムに吸着したUDP-キシロースは、0.1 Mアンモニア水を含む70％(v/v)エタノールで溶出し、ロータリーエバポレーターにより濃縮する。この画分には、未反応のUDP-グルクロン酸も含まれるため、必要に応じてペーパークロマトグラフィーによりさらに精製する。ペーパークロマトグラフィーは二段階の展開を行う。一段階目の展開では、溶媒として1-ブタノール：エタノール：水＝7：4：2を用い、二段階目の展開では、溶媒としてエタノール：1 M酢酸アンモニウム（pH 6.8）＝5：2を用いる。UDP-キシロースに酢酸アンモニウムを持ち込ませたくない場合は、一段階目と同じ溶媒で再度展開することで、塩を除くことができる。ペーパー中のUDP-キシロースは、UV照射により観察する（ただし、強いUV光を長く照射するとUDP-キシロースの分解が起こることがある）。市販のUDP-グルクロン酸を同時に展開することで、未反応のUDP-グルクロン酸の展開位置を判断することができる。ペーパー中のUDP-キシロースは水により抽出する。必要に応じて濃度を高めたい場合は、ロータリーエバポレーターや凍結乾燥により濃縮する。

7.1.1.5　異種生物発現系での活性測定と組換え酵素の調製

β-(1→4)-キシラン合成酵素を異種生物で発現させ、活性が確認された例について述べる。米国のグループは、タバコの培養細胞にシロイヌナズナのIRX9とIRX14

を導入し、いずれか一方では β-(1→4)-キシラン合成酵素活性が増加しないが、両者を導入すると培養細胞の活性が著しく増加することを報告している[3]。また、別のグループは、シロイヌナズナやヒメツリガネゴケのIRX10をピキア酵母で発現させ、高い β-(1→4)-キシラン合成酵素活性を観察している[2]。前者の研究例については、同じ植物細胞であるため活性を持つタンパク質として発現されやすいという利点があるが、タバコ内在性の酵素・タンパク質の影響を排除できない。そこで、本書ではピキア酵母への遺伝子導入と組換え酵素の発現について、簡単に紹介したい。

操作

ピキア酵母発現用のベクターには、pPICZA（インビトロジェン）を用いる。このベクター上の制限酵素サイトEcoRIとSacIIに、シロイヌナズナのIRX10と蛍光タンパク質YFPを連結した遺伝子、IRX10-YFPを挿入する。ピキア酵母の形質転換は、インビトロジェン社から販売されているキットで行うことができる。形質転換したピキア酵母は、まずYPD培地｛0.5％（w/v）イーストエクストラクト、1％（w/v）ペプトン1％（w/v）グルコース｝を用いて30℃で培養する。その後、遠心分離により菌体を回収し、1％（v/v）メタノールと0.4 mg/mLのビオチンを含むイーストナイトロジェンメディアで18℃下、組換え酵素を誘導する。この系では、IRX10-YFPの発現がアルコールオキシダーゼプロモーターにより制御されるため、メタノールを炭素源とした培養により、組換え酵素が誘導される。

菌体からのIRX10-YFPの抽出と精製は下記のように行う。遠心分離により回収した菌体を破砕緩衝液｛50 mM Hepes-KOH（pH 6.8）、400 mM ショ糖、1×プロテアーゼ阻害剤カクテル｝に懸濁し、ガラスビーズを添加し、ボルテックス®ミキサーで破砕する。遠心分離により未破砕物やガラスビーズを除去し、IRX10-YFPが含まれる上清を超遠心分離にかけ、ミクロソーム画分（沈殿）を回収する。界面活性剤であるCHAPSを1％の濃度で含むようにミクロソーム画分を懸濁し、GFP-trap® resin（ChromoTek社）で組換えIRX10-YFPを精製する。

参考文献

1) Harper, A.D. & Bar-Peled, M. (2002) *Plant Physiol.* **130**, 2188-2198
2) Jensen, J.K. et al. (2014) *Plant J.* **80**, 207-215
3) Lee, C. et al. (2012) *Plant Cell Physiol.* **53**, 135-143
4) Hao, Z. and Mohnen, D. (2014) *Crit. Rev. Biochem. Mol. Biol.* **49**, 212-241
5) Urahara, T. et al. (2004) *Physiol. Plant.* **122**, 169-180
6) Lee, C. et al. (2007) *Plant Cell Physiol.* **48**, 1659-1672
7) Dubois, M. et al. (1956) *Anal. Chem.* **28**, 350-356
8) Kobayashi, M. et al. (2002) *Plant Cell Physiol.* **43**, 1259-1265

〔小竹敬久〕

7.1.2 UDP-アラビノピラノースムターゼの精製と解析

細胞壁多糖のアラビノース残基は UDP-アラビノフラノース（UDP-Ara$f$）を前駆物質として合成されるが（7.1.3）、この UDP-Ara$f$ は UDP-アラビノピラノースムターゼ（UAM、EC. 5.4.99.30）の作用により、UDP-アラビノピラノース（UDP-Ara$p$）から合成される（図7.5）。ここでは UAM の活性測定方法について紹介する。

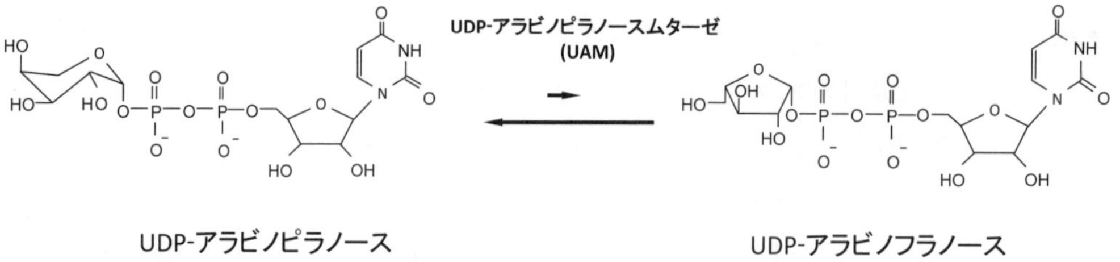

図7.5 UDP-アラビノピラノースムターゼの反応
酵素反応は可逆反応であるが、ピラノース型がフラノース型に比べて安定であるので、反応は左側に偏っている。（文献1より転載、Copyright©Oxford University Press）

器具、機器
① UV（262 nm）検出器付き HPLC
② 超遠心機
③ ポリトロン®
④ ガラスホモジナイザー
⑤ イネ（*Oryza sativa*）幼葉鞘：イネ種子を 0.5％ のベンレート®（住友化学）を含む水につけ一晩置く。次の日、水を捨てて水道水で軽く洗い流した後、水道水につけ2日置く（水は毎日取り換えること）。その後、その種子をバーミキュライトに播き、25℃で7日間、暗所で育てた幼葉鞘を用いる。
⑥ ミラクロス

試薬類
① UDP-Ara$p$ および UDP-Ara$f$（UDP-Ara$p$ は CCRC で購入可能であるが、UDP-Ara$f$ は特注品、**表 9.6**）
② A 緩衝液：20 mM HEPES-KOH（pH 6.8）、1 mM EDTA、1 mM EGTA、1 mM dithiothreitol（DTT）、0.4 M スクロース、EDTA-フリーコンプリートプロテアーゼインヒビターカクテル（ロシュ社）
③ $MnCl_2$
④ 250 mM 酢酸アンモニウム緩衝液（pH 4.4）

7.1.2.1　細胞質画分の調製[1)]

操作

全ての操作は氷上または4℃で行う。

①イネ幼葉鞘組織4gに30mLのA緩衝液を加え、ポリトロン®で磨砕する。この時、磨砕は氷上で2分おきに行い、懸濁液の温度が上昇しないように注意する。

②懸濁液を二重に重ねたミラクロスでろ過する。

③ろ液を1,000×gで5分間遠心し、上清を回収する。

④回収した上清を100,000×g、1時間超遠心後、遠心上清を回収し、細胞質画分として実験に用いる。

7.1.2.2　UDP-アラビノピラノースムターゼの活性測定[1)]

①酵素反応液10 μL（20 mM HEPES-KOH、pH 6.8、5 mM $MnCl_2$、1 mM UDP-Ara$p$ またはUDP-Ara$f$）に酵素液（細胞質画分）を加え、25℃で5分間または50℃で5分間反応させる。

※至適温度は50℃付近である。

②反応後、反応液にエタノールを20 μL加えて100℃で2分間加熱し、酵素を失活させる。

※加熱時間が長くなるとUDP-Ara$f$が壊れるので2分厳守。

③反応停止後、反応液に20 μLの蒸留水を加え、反応液をフィルターでろ過する。

④ろ液を高速液体クロマトグラフィーに供し、反応生成物を検出する。

HPLCの分析条件は下記の通りである。

カラム：CarboPac™ PA1 カラム（4×250 mm, Thermo Fisher Dionex™）

溶出液：250 mM 酢酸アンモニウム緩衝液（pH 4.4）のアイソクラティック

溶出条件：流速0.7 mL/分、温度30℃

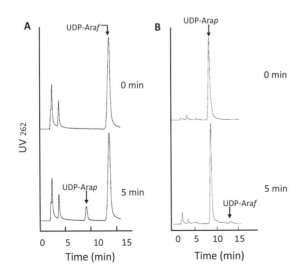

図7.6　UDP-アラビノピラノースムターゼの酵素反応生成物クロマトグラム

酵素反応にUDP-Ara$f$（**A**）またはUDP-Ara$p$（**B**）を基質に用いると、それぞれUDP-Ara$p$またはUDP-Ara$f$が生成する。（文献1より転載、Copyright©Oxford University Press）

⑤UDP-Arap または UDP-Araf を基質に用いた時の反応生成物のクロマトグラムを図7.6 に示した。UDP-Arap または UDP-Araf の量は、あらかじめ UDP-Arap を用い、クロマトグラムのピーク面積をもとに作成した検量線により算出する。

参考文献

1) Konishi, T. et al. (2007) *Glycobiology* **17**, 345-354

（小西照子）

7.1.3 アラビノフラノース転移酵素

細胞壁多糖に含まれるアラビノフラノース（Araf）残基は、UDP-Araf を基質とし、アラビノフラノース転移酵素によって合成される[1]。ここではアラビナンを例にとり、ミクロソーム画分またはゴルジ膜画分に含まれるアラビノフラノース転移酵素の活性測定について紹介する。

器具、機器

①蛍光検出器（励起波長 330 nm、蛍光波長 420 nm）付き HPLC
②スイングローターをセットした超遠心分離機
③ポリトロン®、または乳鉢と乳棒
④ガラスホモジナイザー
⑤マングマメ（*Vigna radiata*）胚軸：一晩水に浸けたマングマメをバーミキュライトに播き、25℃の暗所で3日間育てたマングマメ上胚軸のフックより下 1 cm を使用する（図 7.7）。
⑥ミラクロス

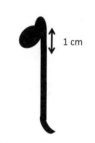

図 7.7　マングマメ上胚軸
マングマメのフックより 1 cm の成長が盛んな部分を実験に用いる。

試薬類

①基質：UDP-Araf
②A 緩衝液：20 mM HEPES-KOH、pH 7.0、20 mM KCl、5 mM EDTA、5 mM EGTA、10 mM dithiothreitol（DTT）、EDTA-フリー コンプリートプロテアーゼインヒビターカクテル（ロシュ社）
③スクロース
④ $MnCl_2$
⑤ Triton®-X100
⑥ 2-アミノベンズアミド（2AB）蛍光標識したアラビノオリゴ糖（四〜七糖、酵素の反応性は四糖あるいは五糖が最も高い。2AB 蛍光標識したオリゴ糖の調製法については文献 2 を参照）。
⑦ 90％アセトニトリル
⑧ 50 mM 酢酸緩衝液（pH 4.5）

7.1.3.1 ミクロソーム画分の調製[1]

全ての操作は氷上または4℃で行う。

操作

① マングマメ胚軸に84％（w/v）スクロースを含むA緩衝液を加え、ホモジナイザーまたは乳鉢・乳棒で磨砕する。乳鉢・乳棒を使用する際は、あらかじめ片刃のカミソリなどで組織を細かく切断しておく。加える緩衝液の量は、組織生重量1gにつき1mL程度がよい。

② 二重に重ねたミラクロスでろ過する。

③ ろ液を 1,000×g で 5 分間遠心し、上清を回収する。

④ 回収した上清を 100,000×g、1時間超遠心し、沈澱画分を回収する。

⑤ 沈澱画分に 20 mM HEPES-KOH（pH7.0）緩衝液を加え、ガラスホモジナイザーで優しく泡立てないように懸濁し、ミクロソーム画分として実験に使用する。

7.1.3.2 ゴルジ膜画分の調製（ショ糖密度勾配法）[1]

ミクロソーム画分の調製法は①〜③まで同じである。

④ あらかじめ遠心管に50％スクロース（w/v）を含むA緩衝液を入れ、その上に 1,000×g、5分間の遠心で回収した上清（③の遠心上清）を静かに重層する。次いで 34％（w/v）、25％（w/v）、18％（w/v）、9.5％（w/v）スクロースを含むA緩衝液をそれぞれ静かに重層する（図 7.8）。

⑤ 作成したスクロースの密度勾配を崩さないように注意しながら、遠心管を 100,000×g で 1.5 時間超遠心する。（グラジエントを崩さないよう慎重に扱う。）

⑥ スクロース濃度 25％と18％の中間層を回収し、同量の 20 mM HEPSE-KOH（pH7.0）を加えて懸濁後、100,000×g で 1 時間超遠心し、沈澱画分を回収する。沈澱画分は、ミクロソーム画分の調製⑤と同様に懸濁し、ゴルジ膜画分として実験に使用する。

7.1.3.3 アラビナンアラビノフラノース転移酵素の活性測定[1]

① 50 mM MES-KOH、pH 7.0、5 mM MnCl$_2$、2 mM UDP-Ara$f$、10 μM 2AB 標識したアラビノオリゴ糖、1％（v/v）Triton® X-100 を含む 10 μL の酵素反応液に酵素液を加え

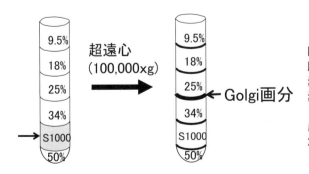

図 7.8 ショ糖密度勾配法によるゴルジ膜画分の調製
濃度の異なるスクロースが入った緩衝液を重層する。1,000×g の上清をスクロース濃度 50％緩衝液の上に重層する。超遠心後、Golgi 画分はスクロース濃度 25％と34％の中間層に集まる。

て 25℃、30 分間の酵素反応を行う。
② 100℃で 5 分間加熱し、酵素を失活させる。
③ 反応液をフィルターろ過（ミリポア社）または遠心（小型遠心機で最高回転、10 分間）により沈澱物を取り除いた後、蛍光検出器付きの HPLC に供する。
HPLC の条件は下記の通りである。

カラム：Phenomenex® Luna NH2 column（4.6 × 150 mm、島津ジーエルシー）
溶出液A：50 mM 酢酸緩衝液（pH 4.5）
　　　B：90 %（v/v）アセトニトリル
溶出条件：流速 0.4 mL/ 分、温度 30℃にて、溶出液 B を 50 分間で 84 % から 73 % までの直線勾配で溶出する。

上記の HPLC 条件でアラビノースおよびアラビノオリゴ糖（二〜八糖）を分離した時のクロマトグラムを図 7.9 に、また七糖を受容体に用いた時の酵素反応精製物のクロマトグラムを図 7.10 に示した。

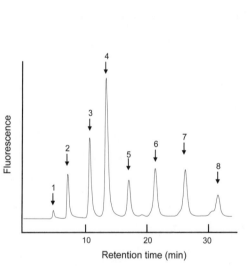

図 7.9　アラビノオリゴ糖の分離
アラビノース（単糖）およびアラビノオリゴ糖（二〜八糖）を矢印でそれぞれ示した。

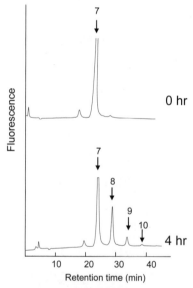

図 7.10　酵素反応生成物のクロマトグラム
酵素活性測定に七糖のアラビノオリゴ糖を用いた場合、酵素反応 4 時間後には八糖、九糖、十糖のアラビノオリゴ糖が検出される。（文献 1 より転載、Copyright American Society of Plant Biologists）

参考文献

1) Konishi, T. et al. (2006) *Plant physiol.* **141**, 1098-1105
2) Ishii, T. et al. (2002) *Carbohydr. Res.* **337**, 1023-1032

（小西照子）

7.1.4　ガラクツロン酸転移酵素

蛍光標識法（1.6.3）はオリゴ糖の分析に適している。多糖由来のオリゴ糖を蛍光標識して、酵素の基質として用いる。蛍光標識化合物の高感度検出を利用して、酵素の微量分析や定量解析を行うことができる。オリゴ糖を蛍光標識する理由は二つある。一つは検出感度を高めるため、もう一つは親水的なオリゴ糖鎖に適度な疎水性を与え、クロマトグラフィーによる各オリゴ糖の分離を改善するためである[1]。また、蛍光標識は、特に中性オリゴ糖鎖の場合、逆相HPLCにおける分離を改善することが経験的に知られている。

ここでは、蛍光標識オリゴガラクツロン酸の調製法[2,3]とこのオリゴ糖を用いたペクチン成分ポリガラクツロン酸の生合成に関与するガラクツロン酸転移酵素の解析法[2,3]を紹介する。この酵素の解析に必要なUDP-ガラクツロン酸の調製法[4]についても述べる。キシログルカン由来のオリゴ糖（7.1.5、7.2.5）やキシラン由来のキシロオリゴ糖（7.1.1）を蛍光標識して、酵素の解析に用いている例もある[5~7]。

7.1.4.1　UDP-ガラクツロン酸の合成

UDP-ガラクツロン酸（UDP-GalA）は、UDP-糖ピロホスホリラーゼ（USP）[8]をガラクツロン酸1-リン酸とウリジン三リン酸（UTP）の混合物に作用させることにより酵素合成できる[4]。この酵素反応は可逆反応であるが、生成物の一つ、ピロリン酸を分解するピロホスファターゼを共存させておくと、平衡が生成物の得られる方に傾き、UDP-GalAを定量的に得ることができる（図7.11）[4]。

図7.11　UDP-糖ピロホスホリラーゼによるUDP-ガラクツロン酸の合成

器具、機器
① 紫外光検出器付きHPLC
② 陰イオン交換樹脂：GEヘルスケア・ジャパン、DEAE-Sephacel™
③ ゲルろ過カラム：東ソー、HW40-F

試薬類
① ガラクツロン酸1-リン酸（GalA 1-P）（シグマ アルドリッチ ジャパン G4884）
② UTP（シグマ アルドリッチ ジャパン U6625）

③ 無機リン酸ピロホスファターゼ（酵母由来）（シグマ アルドリッチ ジャパン I1643）

④ USP 遺伝子を pET32a ベクターに組み込んだタンパク質発現用プラスミド

操作

① USP を大腸菌で発現させ、ニッケルカラムで精製する[4,8]。

② 50 mM モルフォリノプロパン硫酸-水酸化カリウム緩衝液 pH 7.0、2 mM 塩化マグネシウム、0.01％ウシ血清アルブミン、1 mM UTP、1 mM GalA 1-P の混合物に 0.1 U/mL 精製 USP と 0.1 U/mL 無機リン酸ピロホスファターゼを加え、35℃、1 時間反応させる。

③ 100℃、5 分で反応を止める。

④ 生成した UDP-GalA を陰イオン交換カラムで精製する。分離条件：カラム、DEAE-Sephacel™、長さ 20 cm、内径 1.2 cm；溶離液 A、10 mM 酢酸アンモニウム pH 8.0；溶離液 B、1,300 mM 酢酸アンモニウム pH 4.8；グラジエント、25→55％ B（200 mL）；検出、262 nm。

⑤ UDP-GalA を含む画分を 1.5 mL まで濃縮し、ゲルろ過クロマトグラフィーで脱塩する。分離条件：カラム、HW-40F、長さ 50 cm、内径 3.0 cm；溶離液、水；検出、262 nm。UDP-GalA を含む画分を凍結乾燥して、精製 UDP-GalA を得る。②で 32 mL 反応させると UDP-GalA が 17 mg 得られる（収率 84％）[4]。

7.1.4.2 蛍光標識オリゴガラクツロン酸の調製[2,3]

市販のペクチンを加水分解したオリゴ糖を蛍光標識し、酵素の基質とする。微量（pmol レベル）でオリゴ糖を検出・定量できるため、オリゴガラクツロン酸に作用する酵素（ガラクツロン酸転移酵素、ポリガラクツロナーゼなど）の解析に有用である。

器具、機器

① 蛍光検出器付き HPLC

② オートクレーブ装置

③ 凍結乾燥機

④ ネジ付き試験管（5 mL）

試薬類

① ポリガラクツロン酸（ICN）

② 水酸化ナトリウム

③ 塩酸

④ 2-アミノピリジン（市販のものをヘキサンにより再結晶したもの）

⑤ ピリジルアミノ化試薬：2-アミノピリジン（55.2 g）を酢酸（200 mL）に溶解したもの。加熱しながら溶かす。

⑥ ジメチルアミンボラン（和光純薬）
⑦ 還元試薬：ジメチルアミンボラン（60 g）を酢酸（24 mL）と水（15 mL）に溶かしたもの。使用直前に調製する。
⑧ 水飽和させたフェノール/クロロホルム（1：1、v/v）
⑨ 陰イオン交換カラム（GE ヘルスケア・ジャパン、Q-Sepharose®、長さ 45 cm×内径 2.5 cm）
⑩ その他の試薬：20 mM 酢酸アンモニウム緩衝液（pH 4.5）、60 mM 酢酸アンモニウム緩衝液（pH 6.5）、1.5 M 酢酸アンモニウム緩衝液（pH 6.5）

操作

① ポリガラクツロン酸 5 g を水 500 mL に溶解し、水酸化ナトリウムで pH 4.2 に合わせる。
② この溶液をオートクレーブする（121℃、40 分）。
③ この溶液を塩酸で pH 2.0 に調整し、オリゴ糖が含まれる上清を凍結乾燥する。
④ このようにして得たオリゴガラクツロン酸 4 g を 50 mL の 20 mM 酢酸アンモニウム緩衝液（pH 4.5）に溶解し、50 mL のピリジルアミノ化試薬を加え、90℃、60 分間反応させる。
⑤ 175 mL の還元試薬を加え、80℃、35 分間反応させる。
⑥ 過剰の 2-アミノピリジンを溶媒抽出によりある程度除く。反応後の溶液に水飽和させたフェノール/クロロホルム（1：1）を 2 mL 加え、溶媒抽出する。水層を回収する。この操作を 2 回繰り返す。
⑦ 陰イオン交換クロマトグラフィーで分離する。分離条件：カラム、Q-Sepharose®、長さ 45 cm、内径 2.5 cm：溶離液 A、60 mM 酢酸アンモニウム緩衝液 pH 6.5：溶離液 B、1.5 M 酢酸アンモニウム緩衝液 pH 6.5：グラジエント、0→100％ B（10 L）：励起波長、310 nm：蛍光波長、380 nm。水に溶かした蛍光標識化オリゴ糖をカラムに吸着させ、各オリゴ糖を分離・分取する。このときのクロマトグラムを図 7.12 に示した。オリゴガラクツロン酸四糖から二十糖程度までが分離していることがわかる。このスケールで六糖が 2,000 nmol、十二糖が 260 nmol 得られる。

7.1.4.3 ペクチンガラクツロン酸転移酵素の活性測定

器具・機器

① 蛍光検出器付き HPLC
② 陰イオン交換カラム（東ソー DEAE-5PW、長さ 7.5 cm、内径 0.75 cm）

操作

① ペクチン合成活性が高い植物（花粉管やマメ科植物の芽生えなど成長速度が速いもの）から酵素を抽出する。ゴルジ体膜に局在する酵素なので、ミクロソームを分画し、それを界面活性剤で可溶化したものを粗酵素溶液として用いる。粗酵素溶液に含

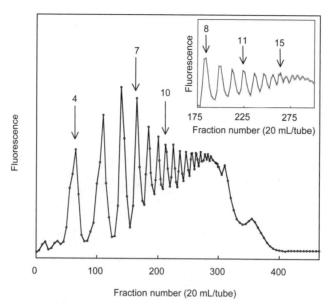

図 7.12　蛍光標識オリゴガラクツロン酸の分離
数字はオリゴガラクツロン酸の重合度を示している。四糖から二十糖程度までが分離されている。

まれるガラクツロン酸転移酵素は非常に不安定なので、抽出直後に活性を測定する必要がある。マメ科植物の芽生え 10 g を液体窒素下ですりつぶし、4℃、15 分間、抽出緩衝液（50 mM HEPES-NaOH、pH 7.0、50％グリセロール、25 mM KCl、各種プロテアーゼインヒビターを含む）に酵素を抽出する。10,000 × g（4℃、20 分）の遠心上清を 100,000 × g（4℃、1 時間）にかけ、ミクロソームを得る。ミクロソームを可溶化緩衝液（20 mM HEPES-NaOH、pH 7.0、25％グリセロール、25 mM KCl、2 mM EDTA、0.5％ Triton® X-100 または 20 mM CHAPS）に可溶化する。可溶化したものを再び 100,000 × g の遠心にかけ、その上清を可溶化粗酵素溶液とする。
② 10 μL 反応緩衝液（100 mM HEPES-NaOH 緩衝液 pH 7.3、25 mM 塩化カリウム、0.4 M スクロース、0.1％ ウシ血清アルブミン、0.5％ Triton® X-100）、5 mM 塩化マンガン、12.5 μM ピリジルアミノ化オリゴガラクツロン酸、1 mM UDP-GalA、可溶化粗酵素溶液を入れた反応液（合計 30 μL）を 30℃、30 分、反応させる。100℃で 3 分おき、酵素を失活させる。オリゴガラクツロン酸は十二から十四糖の長さのオリゴ糖が最も反応性が高い。定量解析するためには、十分に精製されたオリゴ糖を用いることが必要である。
③ 生成したガラクツロン酸転移産物を陰イオン交換クロマトグラフィーで分離する。分離条件：カラム、東ソー DEAE-5PW、長さ 7.5 cm、内径 0.75 cm；溶離液 A、60 mM 酢酸アンモニウム緩衝液 pH 4.8；溶離液 B、1,300 mM 酢酸アンモニウム緩衝液 pH 4.8；グラジエント、0→100％ B（60 分）；流速、1.0 mL/分；励起波長、310 nm；蛍光波長、380 nm。この時の分析結果の一例を**図 7.13** に示す。複数の GalA 残基が

連続的に転移する様子を観察することができる。酵素の定量解析をするには、初速度を解析しなければならないため、1つのGalAが転移した産物のみが観察されるように、反応時間を調節する。

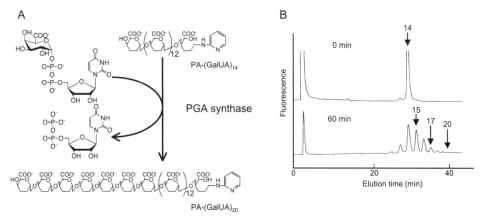

図7.13　ペクチンガラクツロン酸転移酵素の活性測定
A. ペクチンガラクツロン酸転移酵素（PGA synthase）の反応
構成糖のガラクツロン酸の構造式は水酸基を省略
B. 十四糖を基質にした時の反応後のクロマトグラム

参考文献

1) 長谷純宏ほか（2009）ピリジルアミノ化による糖鎖解析、大阪大学出版会
2) Akita, K. et al.（2002）*Plant Physiol.* **130**, 374-379
3) Ohashi, T. et al.（2007）*Biosci. Biotechnol. Biochem.* **71**, 2291-2299
4) Ohashi, T. et al.（2006）*Anal. Biochem.* **352**, 182-187
5) Nishitani, K. & Tominaga, R.（1992）*J. Biol. Chem.* **267**, 21058-21064
6) Ishimizu, T. et al.（2007）*J. Biochem.* **142**, 721-729
7) Kuroyama, H & Tsumuraya, Y.（2001）*Planta* **213**, 231-240
8) Kotake, T. et al.（2004）*J. Biol. Chem.* **279**, 45728-45736

（石水　毅）

7.1.5　エンド型キシログルカン転移酵素/加水分解酵素（XTH）

　植物が成長し形を変える過程や、環境に応答して様々な機能を発揮する際、細胞壁は常にその高次構造を変化させている。この変化を担う主要な反応がキシログルカンのつなぎ換えと切断を通した再編である。

　植物細胞壁はセルロース微繊維とそれ以外の多糖からなる。セルロースは水に溶けず、繊維状結晶になる性質を持っている。一方、キシログルカンはセルロースと似た分子構造を持つが、セルロースに比べて水溶性が高く、セルロース微繊維の表面を覆

いつつ、セルロース微繊維間を架橋していると考えられている。植物細胞壁には、キシログルカンをつなぎ換える酵素、切断する酵素がいずれも存在しており、これらの酵素が細胞伸長に中心的な役割を果たすと考えられている。

2つのキシログルカン分子をつなぎ換える酵素活性をキシログルカンエンドトランスフェラーゼ（Xyloglucan endotransferase、XET）活性と呼び（図4.13A）、エンド型キシログルカン転移酵素/加水分解酵素（Xyloglucan endotransglucosylase/hydrolase、XTH）遺伝子によりコードされる。*XTH* 遺伝子は陸上植物でよく保存された多重遺伝子ファミリーを形成し、陸上植物の各ゲノムには、約30個の *XTH* 遺伝子が存在する。被子植物の場合、*XTH* 多重遺伝子ファミリーの中に、キシログルカン分子をエンド型で加水切断する酵素（Xyloglucan endohydrolase、XEH）をコードする遺伝子も含まれている[1]。この項では、XET活性を中心に、*XTH* ファミリータンパク質の活性測定法を述べる。

7.1.5.1 アポプラスト画分の調製

XTHは植物細胞壁に弱く結合し、低塩強度の溶液により細胞壁より抽出される。このようなタンパク質を解析する場合、細胞内タンパク質の混入を防ぎつつ、細胞外タンパク質だけを含む画分（アポプラスト画分）を調製することがポイントになる[2]。

操作

BY-2細胞からXET活性を含むアポプラスト画分を簡便に調製するには、まず、植継ぎ後3日目から4日目の培養細胞懸濁液を800 × g、3分間の遠心に供し、体積10 mLほどの沈殿として細胞を培地と分けた後、得られた細胞に未使用の培地を加えて軽く懸濁し、上記と同じ条件で遠心し、沈殿として再度細胞を回収する。回収した細胞に20 mLの50 mM $MgCl_2$ を加え、5分間浸して、上清を得る作業を2回繰り返す。得られた2回分の上清を合わせて0.45 μm径フィルターでろ過し、細胞を完全に除いた後、ろ液を10 kDaカットオフ値の限外ろ過ユニットで100倍程度に濃縮することでXET活性を含むアポプラスト画分が得られる。この画分は、−20℃で少なくとも1ヶ月活性を保持したまま保存できる。より精緻な操作によるBY-2細胞およびアズキ上胚軸からのアポプラスト画分調製については、日本語の手引き[2]があるので、そちらを参考にされたい。

7.1.5.2 キシログルカンオリゴ糖の調製

キシログルカンは、β(1→4)-グルカンの主鎖に、Xyl-α-(1→6)-、Gal-β-(1→2)-Xyl-α-(1→6)-、Fuc-α-(1→2)-Gal-β-(1→2)-Xyl-α-(1→6)- のいずれかが側鎖として付加した基本構造を有する（図7.14）。側鎖の修飾は、主鎖のGlc残基3つに連続して見られ、その間に側鎖を持たないGlc残基が現れる。キシログルカンを特異的に分解するカビや細菌由来酵素の多くは、側鎖を持たないGlc残基の還元末端側のグリコシド結合を切断する（図7.14）。キシログルカンの側鎖構造は、植物種によって異なる

ため、キシログルカンの生物起源が異なると酵素分解によって得られるオリゴ糖の構造も変わる。キシログルカンオリゴ糖（XGO）の調製によく用いられるタマリンド（食用の種子をつけるマメ科の樹木）由来のキシログルカンを、上記の活性を持った分解酵素で分解すると、七、八、九糖からなるオリゴ糖の混合物が得られる（**図7.14**）。なお、七、八、九糖からなるオリゴ糖の混合物（Megazyme）、および、七糖からなるオリゴ糖（東京化成工業、Megazyme）、九糖からなるオリゴ糖（東京化成工業）は、市販品として入手できる。タマリンド由来キシログルカン（Megazyme）やキシログルカン特異的分解酵素（Megazyme）も市販されている。

　XGOの調製にあたり、分解酵素の調製、酵素によるキシログルカンの分解、ゲルろ過クロマトグラフィーによる精製の手順は、佐藤ら（2013）の報告[3]を参考にされたい。

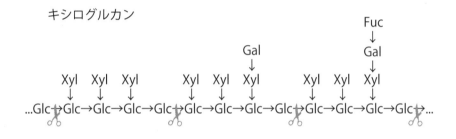

図7.14 キシログルカンの基本構造（上）とタマリンドキシログルカンを酵素分解して得られるキシログルカンオリゴ糖（下）
キシログルカン特異的な分解酵素が切断する部位をハサミで表している。

7.1.5.3 キシログルカンオリゴ糖の蛍光標識

　XETによる、キシログルカンとXGOとの組換え反応にはXGO分子内の側鎖を有する3つの連続したGlc残基部分が必須な一方で、側鎖のない還元末端に位置するGlc残基は、影響を与えないことが知られている。そこで、この還元末端のGlc残基を蛍光標識し、その標識が、高分子のキシログルカンに取り込まれることを指標にしてXET活性を測ることができる。XGOを蛍光化合物で標識するには、芳香環ないしピリジン環を持つアミノ誘導体とXGOの還元末端を「還元的アミノ化反応」で架橋させることが多い。ここでは、2-アミノピリジン（2-aminopyridine）を蛍光標識化合物として用いる方法（PA化法）について述べる（**1.6.3**および**7.2.5**）。なお、ここ

では、タカラバイオから販売されているキット（Pyridylamination Manual Kit）を用いて、一度に2 mg程度のPA化オリゴ糖を得るプロトコールを記した。PA化法の詳細については、日本語の解説書があるのでそちらも参考にされたい[4]。

器具、機器
① 80℃に加熱できるアルミバスと13 mm径の丸底試験管に合うアルミブロック（例：TAITEC DTU-1C、AL-1336）
② 濃縮遠心機（例：Thermo Fisher Scientific SPD131DDA）、または吹きつけ式濃縮装置（例：EYELA MGS-2200）
③ 凍結乾燥機（例：LABCONCO FreeZone 4.5）
④ ねじ口試験管（テフロン®ライナー付スクリューキャップ式ねじ口丸底試験管：13 × 100 mm）
⑤ 分析用電子天秤（例：島津製作所 AWU220D：0.1ミリグラム単位で量り取れるもの）
⑥ その他：1.5 mL微量遠心管、パスツールピペット

試薬類
① XGOとセロテトラオース（対照区として用いる：東京化成工業 No.C2796）
② Pyridylamination Manual Kit（タカラバイオ）
③ その他：酢酸、エタノール、1-ブタノール、炭酸水素アンモニウム（すべて特級）

操作
① アルミバスを80℃にセットする。
② オリゴ糖（XGOおよびセロテトラオース）を1.5 mL微量遠心管に約2 mg秤量する。
③ キット中の2-aminopyridine（300 mg入り）バイアルに100 μLの酢酸を注ぎ、よくまぜたのち、バイアル中の全量（約250 μL）を秤量したオリゴ糖を含む1.5 mL微量遠心管に注ぐ。
④ オリゴ糖の沈殿が見えなくなるまで、80℃にセットしたアルミバス（熱の伝わりが悪い場合は、水をブロックの穴に入れる）による加温と撹拌を繰り返す。
⑤ パスツールピペットを使ってオリゴ糖溶液をねじ口試験管の底に移す。ねじ口試験管の壁面につかないように注意する。もし、試料が壁についてしまったら、遠心等で試験管の底にオリゴ糖溶液を集める。フタを閉め、アルミバスで80℃、1時間加温する。
⑥ キットに含まれているborane-dimethylamine complex（100 mg入り）のバイアルに500 μLの酢酸を注ぎ、完全に溶かす。この溶液250 μLをオリゴ糖溶液が入ったねじ口試験管に注いで、フタを閉め、試験管をよく振って、アルミバスで80℃、1時間加温する。

⑦得られた反応液を半分に分け、それぞれに、精製用カートリッジを1つ使って、PA 化オリゴ糖を精製する。このときの手順は、キットの説明書に従う。精製後、得られたオリゴ糖溶液（2 mL、2 本分、計 4 mL）を新しいねじ口試験管 1 本に入れる。
⑧濃縮遠心機、または吹きつけ式濃縮装置で溶液を除く。
⑨残った固形分に 1 mL の超純水を注いで、完全に溶かす。予め重さを測った 1.5 mL 微量遠心管にこの溶液をパスツールピペットで移す。溶液を凍らせたのち、凍結乾燥に供する。得られた固形分は、再び超純水 1 mL に溶解し、凍結乾燥する。この作業をさらに 2 回繰り返す。凍結乾燥と溶解を繰り返すことで溶出のときに用いた炭酸水素アンモニウムの混入を減らす。
⑩固形分と合わせて 1.5 mL 微量遠心管を秤量し、予め重さを測っておいた 1.5 mL 微量遠心管の重さを差し引いて、固形分の重さを求める。その値から得られた PA 化オリゴ糖のモルを求める。

7.1.5.4　XTH タンパク質の活性測定
7.1.5.4.1　XET の活性測定

　XET 活性の測定法については色々な原理によるものが報告されている[5]。XET 活性を初めて報告した論文では、蛍光標識した XGO を高分子キシログルカンと混ぜて酵素存在下で反応させ、PAD 検出器と蛍光検出器を備えたシステムでゲルろ過分離する方法を用いている。同時期の報告では、放射性同位体で標識した XGO を高分子キシログルカンと混ぜて酵素存在下で反応させ、ペーパークロマトグラフィーで分離する方法を用いている。他に、XGO との組換えによるキシログルカンの低分子化を溶液の粘度変化で検出する方法、ヨウ素による呈色反応で検出する方法、蛍光標識した XGO を高分子キシログルカンに取り込ませ、ろ紙上にプロットする方法などがある。最初に挙げた 2 つはとくに感度が高い。ここでは、ゲルろ過クロマトグラフィーを用いる方法とヨウ素を用いる方法を述べる。

7.1.5.4.1.1　ゲルろ過クロマトグラフィーを用いた XET 活性測定

器具、機器

① PAD 検出器を備えた HPLC システム（Thermo Fisher Dionex™ DX-500）に蛍光検出器（SHIMADZU RF-10AXL）を取り付けたもの
② 次の 3 つのカラム（いずれも東ソー）を順につなぐ。
1. TSKgel® Guardcolumn PWXL、2. TSKgel® G5000PWXL、3. TSKgel® G3000PWXL
③ その他：酵素反応のインキュベートに用いる恒温槽かアルミバス

試薬類

① PA 化 XGO と PA 化セロテトラオースをそれぞれ超純水に溶かし、1 mM のストック溶液を調製する（-20℃で半年以上保存できる）。ストック溶液を使用直前に超純水で希釈して、20 µM の溶液を調製する。

②タマリンドキシログルカン（Megazyme）を 4 mg/mL になるよう水に溶かす（水に懸濁した後、80℃に温め、ボルテックスするというサイクルを 2～3 回繰り返し、完全に溶かす。用時調製）。

③200 mM 酢酸ナトリウム緩衝液（pH 4.0～5.5）または、クエン酸ナトリウム緩衝液（pH 5.5～6.5）。至適 pH が不明な XET や粗抽出画分の場合は、pH 5.5 を中心に、いくつかの pH 条件を試すとよい。

④タンパク質溶液を pH 5.5 の 10 mM 酢酸ナトリウム緩衝液で 40 µg/mL 程度に調製する。なお、タンパク質濃度は活性を見ながら適宜変更する。

⑤溶離液：50 mM NaOH と 50 mM 酢酸ナトリウムを含む液を超純水で調製する。市販の 50％ NaOH を超純水 1 L に対し 2.6 mL 加え、酢酸ナトリウム粉末（4.1 g）を溶かす。調製後は He ガスを 20 分ほど通気して溶存する炭酸ガスを除いておく。

⑥プルラン標品（Shodex Standard P82）を 40 µg/mL になるよう超純水に溶かす。

操作

酵素反応：

①上記で調製した標識オリゴ糖溶液、多糖溶液、緩衝液、タンパク質溶液を 1:1:1:1 で混ぜる。必要に応じて、タンパク質溶液を 100℃で 10 分間熱失活させた対照区も準備する。

②30℃で 1 時間インキュベートする（同時に弱い酵素活性も検出するには、インキュベート時間を長くする）。反応後は必要に応じて -20℃で保存する。

クロマトグラフィーによる分離：

①試薬類の⑤で準備した溶離液でカラムを平衡化しておく。蛍光検出器を励起波長 310 nm、蛍光波長 380 nm にセットする。アイソクラティックで 60 分間分離するプログラムを作成する。

②分子量の異なるプルラン標品を用いて、保持時間に対する分子量の曲線を作成する。

③0.5 から 100 µM 範囲で標識オリゴ糖をクロマトグラフィーに供し、濃度に対する蛍光シグナルのピーク面積から標準曲線を作成する。

④酵素反応産物をクロマトグラフィーに供し、高分子側ピークの蛍光の面積を求める。この面積を手順③で作成した標準曲線からオリゴ糖モル濃度に変換し、活性を算出する。

7.1.5.4.1.2　ヨウ素呈色反応を用いた XET 活性の測定

Sulová ら（1995）は、ヨウ素による呈色反応が高分子（およそ 10 kDa 以上と推定されている）のキシログルカンのみを検出することを利用して XET 活性を測定する方法を開発した[6]。XGO 存在下で XET 活性があると、XET による組換えの結果キシログルカンが低分子化し、呈色反応のレベルが下がる。このとき、XGO を含まない

対照区を準備して、組換えとは無関係に起こるキシログルカン分解活性を評価しておくと、XGO存在下での呈色低下との差からXET活性を求めることができる。この方法は、XGOの標識やクロマトグラフィーシステムを必要とせず簡便である。一方で、感度が低く、上述したゲルろ過クロマトグラフィーによる測定法と比べると、数倍から数十倍高濃度のXETタンパク質溶液が必要になる。加えて、つなぎ換え活性が強い場合、キシログルカンの分子量分布が広がり、その結果、呈色反応を示さない分子量のキシログルカンが現れることで、分解活性のないサンプルでも、分解活性があるかのように現れてしまうという問題もある。

ここでは、Sulováらの方法[6]を、より少量のサンプルで同時多検体解析できるよう改変したプロトコールを述べる。

器具、機器

①プレートリーダー（500 nmから700 nmの間のいずれかの波長で吸光が測定できるもの；例 Biotek VientoXS；タマリンドキシログルカンを用いる場合は、660 nmが最大吸光；500 nmから700 nmの波長では、キシログルカン濃度と吸光度の間に直線性が見られる。）

②30℃にセットしたエアーインキュベーター（例：パナソニック MIR-262）

③96ウェルプレート（例：IWAKI 3882-096、ヨウ素がプレートに吸着するので使い回しは避ける。）

④プレート圧着シール（例：日本ジェネティクス FG-DM100PCR、リアルタイムPCR用のプレートシールが転用できる。）

⑤ピペットチップとピペットマン®（多検体の場合は、200 μLまで量り取れるマルチチャネルピペットマンと50 μLまで量り取れるマルチチャネルピペットマンがあると操作が容易になる。）

試薬類

① XGOを3 mg/mLになるよう水に溶かす（-20℃で保存可能）。

②タマリンドキシログルカン（Megazyme）を2 mg/mLになるよう水に溶かす（水に懸濁した後、80℃に暖め、ボルテックスするというサイクルを2〜3回繰り返し、完全に溶かす。用時調製）。

③400 mM 酢酸ナトリウム緩衝液（pH 4.0〜5.5）または、クエン酸ナトリウム緩衝液（pH 5.5〜6.5）。

④タンパク質溶液を120 μg/mL程度に調製する（使用時に調製）。

⑤1 M硫酸（濃硫酸5.06 g量り取り、約30 mLの水に撹拌しながら濃硫酸を徐々に加えて50 mLにメスアップする。）

⑥30 %（w/v）硫酸ナトリウム溶液（冷水には完全に溶けないので人肌ほどに温めた水に溶かす。30℃のインキュベーターに使用直前まで入れておく。ショット瓶に入れ

ておけば、滅菌をしなくても少なくとも数ヶ月室温で保存できる。）

⑦ヨウ素液（100 mL ビーカーにスターラーと 90 mL の水を入れ、1 g のヨウ化カリウムを入れて溶かす。その後、0.5 g のヨウ素を入れて 1 時間程度撹拌し続け、完全に溶かす。この間、ヨウ素の揮発を防ぐため、サランラップ® で封をする。調製後は、密閉できる容器に入れれば、少なくとも 1 ヶ月程度は室温で保存できる。）

操作

① 96 ウェルプレートの各ウェルに、調製した XGO 溶液、多糖溶液、緩衝液、タンパク質溶液を 7.5 μL ずつ加えて混ぜる。ただし、このとき、多糖も XGO も含まないサンプル、多糖溶液のみを含むサンプル、多糖も XGO も含むサンプルのセットを準備する。また、タンパク質溶液を含まないサンプルのセットも準備する（以下の表参照）。

	C1	C2	C3	S1	S2	S3
水	22.5 μL	15 μL	7.5 μL	15 μL	7.5 μL	
緩衝液	7.5 μL	7.5 μL	7.5 μL	7.5 μL	7.5 μL	7.5 μL
キシログルカン溶液		7.5 μL	7.5 μL		7.5 μL	7.5 μL
XGO 溶液			7.5 μL			7.5 μL
タンパク質溶液				7.5 μL	7.5 μL	7.5 μL

②プレート圧着シールで封をし、30℃で 1 時間インキュベートする。

③シールをはがし、各ウェルに 15 μL の 1 M 硫酸を加える（酵素反応を止める）。

④各ウェルに 120 μL の 30％硫酸ナトリウム溶液を加える。

⑤各ウェルに 30 μL のヨウ素液を加え、ピペッティングでよく混ぜる。

⑥プレート圧着シールで封をし、プレートリーダーで吸光度を読み取る。

⑦次のように計算して、XET 活性を求める（以下 Abs［C1］は、サンプル C1 の吸光度を示す：他サンプルも同様）。

1. Abs［C2］−Abs［C1］、Abs［C3］−Abs［C1］、Abs［S2］−Abs［S1］、Abs［S3］−Abs［S1］をそれぞれ計算する。これらの値を便宜的に Abs［Cc2］、Abs［Cc3］、Abs［Sc2］、Abs［Sc3］と以下に表す。

2. 「オリゴ糖非存在下での相対活性」を、(Abs［Cc2］−Abs［Sc2］)/Abs［Cc2］× 100（％）で求める。また、「オリゴ糖存在下での相対活性」を、(Abs［Cc3］−Abs［Sc3］)/Abs［Cc3］× 100（％）で求める（解析結果の一例として、BY-2 培養細胞のアポプラスト画分の「オリゴ糖非存在下での相対活性」および「オリゴ糖存在下での相対活性」の測定結果を**図 7.15** に示した）。

3. 「オリゴ糖存在下での相対活性」から「オリゴ糖非存在下での相対活性」を差し引き、相対 XET 活性とする。

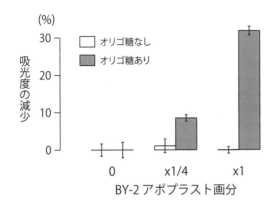

図7.15 ヨウ素法によるXET活性の定量
継代3日目のBY-2細胞10 mL（遠心後の体積）からMgCl$_2$で抽出後、0.5 mLに濃縮したアポプラスト画分をそのまま（原液）、もしくは、4倍に希釈したものを用いた。キシログルカンオリゴ糖なしとありの場合の呈色反応の低下率を示している。データは3回の実験の平均値と標準偏差。

7.1.5.4.2 XEH活性の測定

　ナスタチウムの種子は、キシログルカンに富み、発芽に伴って、それを分解する。ナスタチウム発芽種子から精製されたキシログルカン分解酵素は、後に、XEH活性であることがわかった。その後、シロイヌナズナやイネのゲノム情報を用いた系統解析からXEHをコードすると推定される*XTH*遺伝子が見いだされ、それらのリコンビナントタンパク質がやはりキシログルカンを分解することが示された。

　XEH活性の測定は、キシログルカンと酵素の反応液を前述したたゲルろ過クロマトグラフィーと同じ条件で分離し、分子量変化を調べることで行う。また、ゲルろ過による測定法と比べて、得られる情報は少なくなるが、Bicinchoninic acid法（BCA法：検出感度が高い還元末端検出法）によってもXEH活性は測定できる。BCA法は、試薬と80℃に加熱できるインキュベーターがあれば、実行できる簡便な方法である。詳細な手順は、文献[7]を参考にされたい。

参考文献

1) Rose, J. K. B. et al.（2002）*Plant Cell Physiol.* **43**, 1421-1435
2) 西谷和彦（1998）植物のタンパク質実験プロトコール、中村研三ほか監修、秀潤社、p.144-151
3) Satoh, S. et al.（2013）*J. Japan. Soc. Hort. Sci.* **82**, 270-276
4) 長谷純宏ほか（2009）ピリジルアミノ化による糖鎖解析、大阪大学出版会
5) Nishitani, K.（1997）*Int. Rev. Cytol.* **173**, 157-206
6) Sulová, Z. et al.（1995）*Anal. Biochem.* **229**, 80-85
7) Eklöf, J.M. et al.（2012）*Methods in Enzymol.* **510**, 97-120

（篠原直貴・西谷和彦）

7.2 多糖類分解酵素

7.2.1 高速原子間力顕微鏡によるセルロース分解プロセスの可視化

　セルロースは、グルコース（ブドウ糖）が β-(1→4) 結合した直鎖状の高分子であり、植物細胞壁に最も豊富に含まれる成分である。天然セルロースの重合度（degree of polymerization、DP）は数千から数万にもおよび、植物細胞壁中ではそれらが束になって微小繊維（microfibril）を形成している。この微小繊維は、繊維構造の乱れた非晶（amorphous）領域とセルロース分子鎖が分子内および分子間結合によって秩序だって積み重なった結晶（crystalline）領域から構成されることが知られている。特に天然における結晶性セルロースは I 型セルロース（cellulose I）とも呼ばれており、天然セルロースが 70％ 程度の結晶化度を有することを考えると、植物細胞壁の 3 分の 1 が結晶性セルロースであると言える。このようなセルロースを分解するために、様々な微生物がセルロースの β-(1→4) グルコシド結合を加水分解する酵素を生産する。一般的にはこのような酵素の総称として「セルラーゼ」という語が用いられるが、上述のようなセルロースの非晶領域と結晶領域の存在を考慮すると、セルラーゼは二つのカテゴリーに分けられる。すなわち、一般的にエンドグルカナーゼ（endo-glucanase、EG）と呼ばれている非晶領域のみ分解可能な酵素と結晶性セルロースを分解することができるセロビオハイドロラーゼ（cellobiohydrolase、CBH）とである。セルロース分解性の微生物の中でも結晶性セルロースを分解できる微生物の数は限られていることを考えると、CBH はセルラーゼの中でも非常に重要な酵素であると言える。CBH は当初の分類ではエキソグルカナーゼ（exo-glucanase）、すなわちセルロースの分子鎖を末端から切る酵素と定義され、この酵素が反応した後に生産される生成物がセロビオース（グルコースが β-(1→4) 結合した二糖）であったことから、CBH と呼ばれるようになった。多くの CBH は、セルロースの加水分解活性を持つ触媒ドメイン（catalytic domain、CD）とセルロースに吸着することができるセルロース結合性ドメイン（cellulose-binding domain、CBD）がリンカー部位と呼ばれるフレキシブルなタンパク質領域でつながった構造をしていることが知られている。反応の初発として CBH は CBD によってセルロース表面に吸着し、その後 CD によって取り込まれた単鎖のセルロース分子のグルコシド結合が加水分解される。この反応は不溶性の基質から水可溶性のセロビオースを生成するため、セルロースの加水分解は固液界面で起こっていると言える。

　糖質加水分解酵素（glycoside hydrolase、GH）ファミリー 7 に属するセルラーゼは Cel7A と呼ばれ、セルロース分解性糸状菌によって生産される主要な分泌タンパク質である。工業的なセルラーゼ生産に用いられるセルロース分解性子嚢菌 *Trichoderma reesei* が生産する GH ファミリー 7 に属する CBH は、昔は CBH I と呼ばれていたが、

現在ではGHファミリーが含まれる*Tr*Cel7Aと呼ばれるセルラーゼの中で最も研究の進んでいる酵素である。この酵素は50kDaのCDと3kDaのCBDが、*O*-結合型糖鎖によって修飾されたリンカー部位によってつながった2ドメイン構造をしている。パパインなどのタンパク質分解酵素を用いてリンカー部位を切断して得られるCDは、CBDを有するもとの酵素と比較して非晶性セルロースの分解にはほとんど影響がないのに対し、結晶性セルロースの分解性が著しく低下することが報告されている。これは、*Tr*Cel7Aによる結晶性セルロースの分解にCBDが不可欠であることを示しており、CDとCBDが協調して働くことが固体基質の分解には重要であると考えられている。*Tr*Cel7Aは、一本のセルロース分子鎖を掴んだままで連続的に加水分解する（一般的にプロセッシブと呼ばれている）ことでセルロースを効率よく分解すると考えられており、この反応機構にはCDにおけるトンネルのような形をした活性部位が関与している。

セルラーゼによる結晶性セルロース分解の動力学的解析に関しては、半世紀以上にわたって世界中で精力的に研究が行われてきたが、未だにその全貌は明らかとなっていない。その大きな理由としてあげられるのは、これまでの酵素活性測定法のほとんどが溶解した基質に対する酵素の反応を調べるためのものであり、固液界面における酵素反応を解析する手法がほとんど無いことが挙げられる。一方、最近生体高分子を原子間力顕微鏡（atomic force microscopy、AFM）によって可視化することが試みられており、高速AFMを用いたタンパク質の動的挙動も可視化されている[1]。以下に、セルラーゼによる結晶性セルロースの分解機構を明らかにするために高速AFMによるセルラーゼ分子の観察手法に関して述べる。

7.2.1.1　高速AFMによるセルラーゼ分子の観察手順
7.2.1.1.1　AFM観察のための基質調製[2,3]

セルラーゼによるセルロースの分解を考えるとき、非晶性セルロースの存在は分解性の解釈を難しくするため、CBHの反応機構解析のために高結晶性（結晶化度95％パーセント以上）のセルロースを調製する。

①緑藻の一種であるシオグサ（*Cladophora* spp.）をアルカリ（5％KOH）に一晩浸漬し、0.3％亜塩素酸ナトリウム水溶液中で70℃、3時間漂白してセルロースを精製する。

②試料が完全に白色になるまで①の工程を繰り返し、得られたセルロースをホモジナイザーによって懸濁する。

③②の工程でほぼ純粋なセルロースは得られるが、この試料はまだ非晶部を多く含むため、さらに4M塩酸中で80℃、6時間処理して非晶部を除く。遠心分離（3,000×*g*）し、沈殿をイオン交換水で十分洗浄して塩酸を除去して高結晶性セルロースを調製する。

得られた試料は、図 7.16A〜C に示すように透過電子顕微鏡（図 7.16A）、赤外分光光度計（図 7.16B）、および X 線回折（図 7.16C）によって検定する。

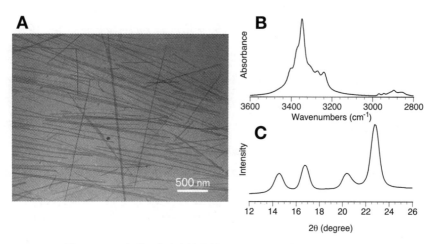

図 7.16　シオグサ由来高結晶性セルロース（文献 4 より転載）
A: 透過電子顕微鏡写真、B：赤外分光スペクトル、C：X 線回折パターン

7.2.1.1.2　セルラーゼ（TrCel7A）の精製[4]

　セルラーゼは、自然界では様々なセルロース分解様式を持つ酵素のカクテルとしてセルロース分解性の微生物によって生産されている。市販の T. reesei 由来セルラーゼ製剤は、セルロースを炭素源として含む培地で T. reesei を成長させたときに生産される酵素を濃縮して調製されているものであるため、そこから目的の酵素を精製する必要がある。特に本研究では、1 分子の酵素を観察するため、精製度の高い酵素試料を用いる必要があるので、一般的なカラムクロマトグラフィーに加えて、アフィニティクロマトグラフィーによってセルラーゼを精製する。

① T. reesei 由来セルラーゼ製剤 Celluclast 1.5 L（ノボザイム社製）2.5 mL を、20 mM リン酸カリウム緩衝液（pH 7.0）で平衡化した脱塩用のゲルろ過カラム（PD-10、GE ヘルスケア・ジャパン）にロードし、そこにリン酸緩衝液を添加して酵素を溶出して酵素溶液の脱塩および緩衝液交換を行う。この操作を 4 回行い、10 mL 分の脱塩・緩衝液交換された粗酵素を調製する。

② 20 mM リン酸カリウム緩衝液（pH 7.0、緩衝液 A）で平衡化された TOYOPEARL® DEAE-650S（東ソー）カラム（容量 150 mL）に、①で調製した粗酵素を添加し、1 カラム容量分の緩衝液 A で非吸着画分を溶出した後、0.5 M KCl を含む 20 mM リン酸緩衝液（pH 7.0、緩衝液 B）で 8 カラム容量流したときに 0.3 M KCl になるリニアグラジエントをかけて各酵素を分離する。最終的に緩衝液 B を 1 カラム容量流し

て、吸着の強いタンパク質を溶出させる。T. reesei の CBH I（TrCel7A）と CBH II（TrCel6A）は等電点が全く異なるのでこのステップによってほぼ分離ができる。

③ ②のクロマトグラフィーにおいて p-ニトロフェニル-β-D-ラクトースの加水分解活性があるフラクションを 10 kDa の限外ろ過膜（PM-10、Amicon 社）を用いて脱塩し、1 M 硫酸アンモニウムを含むリン酸カリウム緩衝液（pH 7.0、緩衝液 C）に置換する。

④ 緩衝液 C で平衡化された TOYOPEARL® Phenyl-650S（東ソー）カラム（容量 50 mL）に粗精製フラクションを添加し、1 カラム容量分の緩衝液 C で非吸着画分（主に CBD が切れたセルラーゼが含まれている）を溶出した後、2 カラム容量で緩衝液 A までのリニアグラジエントをかけ、その後、1 カラム容量の緩衝液 A で吸着の強いタンパク質を溶出させる。p-ニトロフェニル-β-D-ラクトースの加水分解活性を含む画分は、非吸着画分と吸着画分に分離されるので、吸着画分を③と同様に 10 kDa の限外ろ過によって濃縮し、50 mM 酢酸緩衝液（pH 5.0、緩衝液 D）に置換して TrCel7A 画分を得る。

⑤ CBH の基質／生成物類似化合物である 4-アミノフェニル-1-チオ-β-D-セロビオースが固定化された担体（Affi-Gel® 10Gel、バイオ・ラッド）を用いたアフィニティクロマトグラフィーによって最終精製を行う。④で得られた TrCel7A 画分を 10 mL のアフィニティ担体に添加し、2 カラム容量の緩衝液 D で非吸着画分を溶出させる。その後 0.1 M のラクトースを含む緩衝液 D によって TrCel7A を溶出する。10 kDa の限外ろ過を用いて脱塩し、緩衝液 D に緩衝液交換して精製酵素サンプルを得る。

⑥ 精製された酵素は SDS-PAGE によって精製度を検定するとともに、p-ニトロフェニル-β-D-グルコース分解（β-グルコシダーゼ）活性とヒドロキシエチルセルロース分解（エンドグルカナーゼ）活性がこれらの酵素が含まれていないかを検定する。

7.2.1.1.3 高配向熱分解黒鉛（highly oriented pyrolytic graphite, HOPG）基盤の調製[5]

　AFM は、チップと呼ばれる微小な針を用いて物質の表面をなぞるプローブ顕微鏡の一種である。本稿では AFM の原理に関して詳しく触れないが、高速 AFM も心臓部の構造はほぼ同じで、非常に小さいチップを先端に持つカンチレバーと呼ばれるプローブを用いて表面をスキャンする。高速 AFM では、通常の AFM と比較して微小なカンチレバーを使用するため、サンプルの表面はより平坦であることが求められる。マイカ（雲母）基盤は、表面の剥離によって比較的簡単に分子レベルで平坦な表面を調製することができるため、AFM の基盤として頻繁に使用される。しかしながら、疎水性の高い結晶性セルロースは、水中では親水性のマイカ表面にほとんど吸着しない。セルロースの懸濁液をマイカ表面に滴下し、乾燥させることで結晶性セルロースを固定することも可能である。しかし、この方法は大気中での観察には適し

ているが、水中での AFM 観察には適さない。そこで高配向熱分解黒鉛（HOPG）を結晶性セルロースの AFM 観察のために用いることにする。セルロースの結晶において疎水面は対称性を持つことから、HOPG 表面に疎水的に結合した結晶性セルロースは、その反対側の面も疎水面を上面に露出していることが予想される。一般的にセルラーゼは CBD を使ってセルロース表面に吸着することは前述の通りであるが、CBD によるセルロース表面への吸着は疎水結合であると考えられているため、HOPG の表面に吸着することで上面に疎水面を出している結晶性セルロースは、AFM による観察に適している。しかしながら、高速 AFM の構造上 HOPG を基盤として使う際には、いくつかの注意点が挙げられる。その中で最も重視した点は HOPG のサイズである。高速 AFM では固定されたカンチレバーに対して基盤が振動するため、基盤自体のサイズが観察に影響を与える。そこで実験の再現性などを考慮して、以下のように HOPG 基盤を調製する。

①縦×横×高さがそれぞれ 10 mm × 10 mm × 2 mm 程度の HOPG（SPI Supplies 社製）のブロックを、厚さが 0.1 mm 以下程度になるように剥離し、さらにそれを 1.5 mm 径になるようにパンチで打ち抜いたものを基盤とする。

②エポキシ系接着剤を用いて AFM 用のガラスステージに HOPG 基盤を貼り付け、1 時間以上乾燥させる。

③爪用エナメルまたは瞬間接着剤を用いて、HOPG が固定されたガラスステージを AFM のスキャナーに固定する。平坦な表面を出すために、ガラスステージ上に固定された HOPG にセロハンテープを密着させて、それを引き剥がすことで新しい HOPG の表面を露出させ、1 つの基盤で複数回の観察ができるようにする。

7.2.1.1.4 高速 AFM による結晶性セルロースの観察

上述のように、結晶性セルロースは疎水的に HOPG 表面に吸着すると考えられるが、AFM の観察に耐えうる程度の強度で固定するためには、1）セルロース濃度、2）HOPG 上でのインキュベーション時間、3）洗浄の回数など、幾度も条件検討を行う必要性がある。まず 1）のセルロース懸濁液の濃度であるが、セルロースの濃度を濃くすると当然のごとく HOPG に吸着するセルロースミクロフィブリルの数は増え、その結果として観察できるミクロフィブリルの数も増加する。観察できるミクロフィブリルの数が増えることは一見利点のように感じられるが、懸濁液の濃度を濃くするとセルロースミクロフィブリル同士が束ねられる機会も増え、その結果として HOPG に堆積したときに表面の粗さにつながるため、かえって観察がしづらくなる。2）のセルロース懸濁液をインキュベーションする時間に関しても、長い時間かける方がより多くの結晶性セルロースを固定化できるが、インキュベーション時に起こるセルロースの濃縮と単位時間当たりに観察できるサンプル数を考えると、セルロースの固定に要する時間は可能な限り短くしたい。3）の洗浄回数に関しては、洗浄が少ない

と浮遊している結晶性セルロースが多くなり、観察が難しくなる一方で、洗浄を過剰に行うと、HOPG に固定される結晶性セルロースが減る。そこで以下のような実験を行い最適なセルロース濃度、インキュベーション時間、洗浄の回数を選抜する。

① 7.2.1.1.1 で得られたセルロース懸濁液（0.2％）を遠心分離（3,000 × g）によって 0.5％ または 1％ に濃縮した懸濁液および希釈によって 0.1％、0.05％ 懸濁液を調製し、以降の条件検討を行う。

② ①の懸濁液を図 7.17 に示すように HOPG 基板上に液滴を作り、5 分、10 分、20 分間放置する。

③超純水で 1 回〜5 回洗浄し、最適な実験条件を抽出する。

これらの実験条件を検討し、本実験では結晶性セルロース濃度は 0.1〜0.5％、インキュベーション時間は 5〜10 分、洗浄は 3〜5 回を用いる。

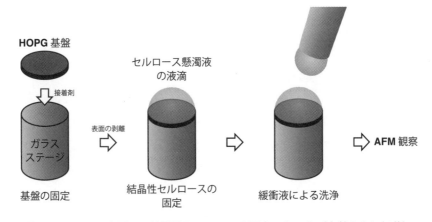

図 7.17　HOPG 表面への結晶性セルロースの固定スキーム（文献 5 より転載）

7.2.1.2　結晶性セルロースの観察およびセルラーゼ分子の観察

　上述の手順を経ても HOPG に弱く結合している結晶性セルロースを完全に取り除くことはできない。AFM ではチップが観察する表面に近づいたことを振幅の減少で見極めるが、弱く結合したセルロースは実際に観察したい表面とチップの距離が遠いにもかかわらず、振幅が減少したように観察される。そこで、弱く結合しているセルロース層による影響を最小限にするために、比較的大きいカンチレバーの振幅（10 nm 以上程度）でチップを観察する表面に近づける。HOPG の表面にチップが到達した後も、振幅を小さくして比較的広い範囲（通常 1 μm × 1 μm 程度）をスキャンすることで、弱く結合したセルロースを取り除くという操作を行う。このようなセルロースミクロフィブリルは、時にチップやカンチレバーに貼りつくことがあるが、このような状態では振幅が不安定になり、AFM による観察を妨げる。その時はチップ

を試料表面から離し、再び近づけるという操作をする。弱く結合したセルロースを一通り取り除いた後に、カンチレバーの振幅を1～3 nmに設定し、HOPG表面に固定化されたセルロースの観察を行う。これらの操作を行って、最終的にHOPG上に固定化された結晶性セルロースを観察すると**図7.18A**のようになる。

ここまでで、高速AFMによって結晶性セルロースを観察できることを示してきた。もし観察するセルラーゼがプロセッシブな酵素であると仮定すると、結晶性セルロースの長軸方向に移動すると推測される。この場合AFMのチップによる影響をできるだけ少なくするには結晶の長軸方向がAFMによるスキャンの向きと平行であることが理想である。また、観察する結晶が他の結晶によって邪魔されることも避けるため、最初の広範囲のスキャンではそのような条件を満たしている結晶を探す作業を行う。図7.18に示すような結晶が見つかると、その結晶を10～20秒程度観察する。HOPGの表面に強く固定されていない結晶の多くが、このスキャン時にHOPG表面から外れる。その一方でこのスキャン中に安定な像が得られる結晶の場合は大抵30分以上の観察に耐えるほどの強度でHOPGと結合しているようである。高速AFMをセルラーゼの観察に用いる最大の利点は、このように酵素なしで観察していたセルロースに対して、観察中に酵素を添加して反応を観察できることが挙げられる。上述した方法で精製した*Tr*Cel7Aを最終濃度で0.2 μM～20 μM程度になるように加えて観察する。通常は最終濃度2 μMの*Tr*Cel7Aを添加する条件を用いる。*Tr*Cel7Aを反応系内に添加した後、酵素濃度が均一になるようにゆっくりとピペッティングをすると、緩衝液中に浮いている酵素がAFMの画像を乱す。これは主に酵素を入れることにより緩衝液の屈折率が変化して、カンチレバーのたわみを測定するために使用しているレーザーの反射を乱すためである。このような乱れを最低限に抑えるために高速

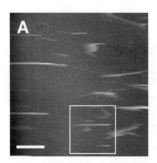 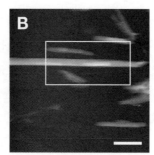 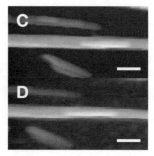

図7.18 高速AFMによる結晶性セルロース観察（文献5より転載）
A：1500 nm × 1500 nmが200 × 200ピクセルで表されている（スケールバーは300 nm）
B：Aの白枠部分の拡大図：500 nm × 500 nmが200 × 200ピクセルで表されている
　　（スケールバーは100 nm）
C：Bの白枠部分の拡大図：300 nm × 150 nmが200 × 100ピクセルで表されている
　　（スケールバーは50 nm）
D：Cに2 μMの*Tr*Cel7Aを添加した後（スケールバーは50 nm）

AFMには、自動でドリフトを補正する機能が備わっている。一般的に、AFMからは物質の外形のみが得られるため、得られた像から物質を特定することはできないが、透過電子顕微鏡による観察結果と比較することで観察対象を同定することができる。

7.2.1.3 画像解析

以上の操作によって、結晶性セルロース表面を直線的に移動するTrCel7A分子の動きを捉えることができる。そこでこの動きを更に詳細に解析するために、個々のTrCel7A分子がどの程度のスピードでセルロース表面を移動しているかを調べる。本実験では、TrCel7A分子一つ一つの重心を追従するソフトウェアを開発し、高速AFMで取得されたフレーム毎に重心の移動度を調べる。高速AFMを用いたTrCel7Aの観察時には、セルロース表面への本酵素の吸着によると考えられるスパイクノイズがしばしば生じるため、画像解析のプロセスを完全自動化することはできない。実験者がガイドすることでTrCel7A分子かノイズかを解析ソフトを用いて半自動的に区別できる。

①スパイクノイズを軽減させるために、観察直後に得られる画像（図7.19A）を2×2ピクセルの平均化フィルターで画像全てを処理し、図7.19BのようにTrCel7A分子が明るいスポット（図7.19Bでは右上方）になるようにする。

②TrCelA分子を含む領域（ROI）を図7.19Cに示すように長方形で選択し、その領域に対して一次平滑化法を用いることでTrCel7Aの重心の場所を計算する。

③②で選択された分子の動きが最後に観察されるフレームにおいて、図7.19Dのように長方形でROIを指定し、同様に重心を測定する。

④図7.19Eに示すように②で選択された始点と③で選択された終点を直線でつなぎ、その周辺（5×5ピクセル程度）にある重心を探索する。TrCel7Aの動きは、結晶性セルロースの長軸方向に対してほぼ並行かつ直線的であるため、始点と終点を定める

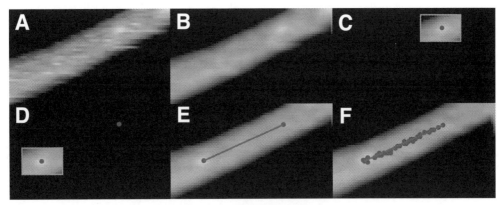

図7.19 高速AFM像の画像解析（文献5より転載）
詳しい説明は「7.2.1.3 画像解析」本文中を参照

ことで、途中のフレームにおける同じ分子の挙動を追跡することが可能となる。

このような画像解析を経て得られたものが図 7.19F である。44 フレーム分の同一分子の重心の移動がほぼ直線上に観察されていることが分かる。解析結果が、このような分子の移動と同時に起こるノイズに影響を受けることがあるため、計算で得られた重心が全てのフレームにおいて妥当かどうかを判断する。ノイズが影響を及ぼしていると考えられるような結果が出たときには、ROI の領域を小さくして再度計算させることで正確に分子移動を追跡できるようにする。

図 7.20 は図 7.19E で引いた直線上をどの程度移動したかと、図 7.19F で得られたそれぞれの重心がどの程度その線からずれていたかであらわしたものである。TrCel7A はほぼ同じような速度を保ちながら移動していることが分かり、さらに図 7.19E で引いた直線からのずれの平均は ±0.83 nm 程度であることが示されている。

7.2.1.4　高速 AFM を用いたセルラーゼ反応機構解析の実際

上述のようにシオグサ由来の高結晶性セルロースを HOPG 基板上に乗せ、TrCel7A を添加し、高速 AFM によって観察すると、図 7.21A に示したように結晶性セルロース表面を動く粒子が観察され、この粒子は結晶性セルロースの軸方向に一方向に動いていることがわかる。得られた画像からこの粒子の高さを求めると 3.1 nm 程度であり（図 7.21B および C）、TrCel7A の三次元構造から推定される高さ（約 4 nm、図 7.21D）と一致しており、さらに酵素を添加していない場合はこのような粒子が観察されないことから、高速 AFM によって高結晶性セルロース表面を動く TrCel7A の一分子観察に成功したことがわかる。以前の研究から、TrCel7A はセルロースの還元末

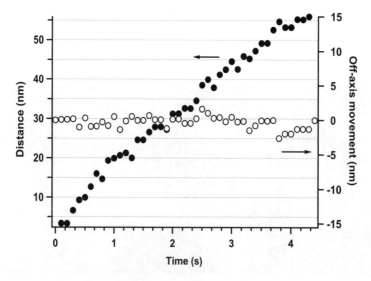

図 7.20　TrCel7A の結晶性セルロース表面における移動度（●）および重心の基準線からのずれ（○）（文献 5 より転載）

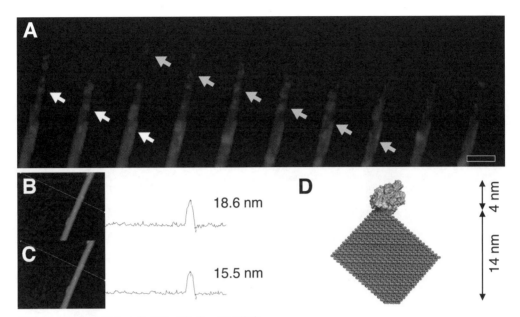

図7.21 高速AMFによるTrCel7Aの一分子観察
A：高速AMFで2秒毎の取得したTrCel7Aの微速度映像、スケールバー：50 nm
BとC：TrCel7A分子を含む場合（B）と含まない場合（C）で高速原AMFによって観察された結晶性セルロースの高さの解析
D：セルロースIの結晶構造とTrCel7Aの三次元構造の比較

端から加水分解を進行すると考えられており、さらにTrCel7Aとインキュベートした結晶性セルロースは還元末端側から細くなっていくことが透過電子顕微鏡によって観察されている。また、反応液を高速液体クロマトグラフィーで用いて糖分析をすると、セロビオースの生成が観察される。さらに透過電子顕微鏡で結晶性セルロースを観察すると繊維の一方が細くなった構造が観察される。これらの結果から、TrCel7Aは還元末端から非還元末端に向かって動いていると考えられる。TrCel7Aは分子内に糖結合モジュール（CBM）ファミリー1に属するCBDを有することが知られているが、本ドメインは3つの芳香族アミノ酸によって結晶性セルロースの疎水表面（110面）に吸着すると考えられている。高速AMFによる観察では、結晶性セルロース表面だけでなく多数のTrCel7A分子が基板であるHOPG表面にも吸着している様子が観察される。しかしながら、グラファイト表面に吸着した分子は、ブラウン運動をしているだけで方向性を持った動きは観察されない。TrCel7A分子がセルロース表面でのみ一方向に動くという事実は、基質表面への単純な疎水結合が運動性を引き起こしているのではなく、基質と酵素のコンビネーションによってTrCel7Aは移動していることを示している。また、結晶性セルロース表面を移動しているTrCel7A分子の平均移動速度は、秒速 3.5 ± 1.1 nm（69分子の平均）である。さらに、TrCel7Aをタンパク質分解酵素で処理して得られる活性ドメインも同様に観察したところ、TrCel7Aと

同じ濃度で添加した場合はほとんど分子が観察されないが、10倍の濃度（20 μM）にした場合には明らかに TrCel7A と同様に動く分子が観察される。観察して得られる活性ドメインの移動速度は TrCel7A のそれとほとんど変わらないことから、TrCel7A が結晶性セルロース表面を移動するためにはセルロース結合ドメインは必須ではなく、活性ドメインが重要な役割を果たしていると考えられる。本実験で得られた TrCel7A 分子の移動速度（毎秒 7.1 nm）から算出される加水分解速度は、セロビオース単位を約 1.0 nm とすると毎秒 7 回であり[6]、実際に結晶性セルロースからセロビオースを生成する速度（毎分約 1 回）の 400 倍にも達する。セルラーゼをセルロースやセルロースを含むバイオマスを用いて糖化する際に得られる糖の生産速度が遅いので、これまで、セルラーゼ糖化は「遅い酵素」であると考えられてきた。今回の高速原子間力顕微鏡による一分子観察の結果は、セルラーゼの反応そのものが遅いのではなく、反応に加わっている酵素分子の数が少ないことを示している。

参考文献

1) Teeri, T. T. et al. (1998) *Biochem. Soc. Trans.* **26**, 173-178
2) Ando, T. et al. (2001) *Proc. Natl. Acad. Sci. USA* **98**, 12468-12472
3) Araki, J. et al. (1998) *Colloid Surface A* **142**, 75-82
4) Igarashi, K. et al. (2009) *J. Biol. Chem.* **284**, 36186-36190
5) Igarashi, K. et al. (2012) *Methods Enzymol.* **510**, 169-182
6) Igarashi, K. et al. (2012) *Science* **333**, 1279-1282

（五十嵐圭日子・内橋貴之・鮫島正浩・安藤敏夫）

7.2.2 キシラン分解

キシランは、キシロースが β-(1→4)-結合した主鎖に L-アラビノースや 4-O-メチル-D-グルクロン酸の側鎖を有する構造を持つ。また天然のキシランのキシロース残基は部分アセチル化されている。キシランの主鎖を加水分解するエンド型酵素であるキシラナーゼ（E.C. 3.2.1.8）は糖質加水分解酵素ファミリー（CAZy：9.3 参照）の GH5、8、10、11、30 に分類されている。各々のファミリーにより側鎖の認識機構が異なるので、適切な基質の選択が必要となる場合があるが、基本的には主鎖の加水分解により増加する還元力を測定する方法により活性を検出する。

7.2.2.1 ソモギーネルソン法[1]による還元力測定

多糖が加水分解されると新たに還元末端が生じる。この還元末端の増加に伴う還元力の増加を検出することにより酵素活性を評価する。ここではソモギーネルソン法による還元力の検出法について説明するが、還元力の測定法は他にもあり、別本に方法が整理されているので、そちらも参照されたい[2]。

器具、機器

① インキュベーター

② ヒートブロックまたは鍋

③ 試験管立て

④ 試験管またはエッペンチューブ®

⑤ ピペットマン®

⑥ ビー玉

⑦ 吸光度計

試薬類

① 酒石酸ナトリウム（ロッセル塩）

② 炭酸ナトリウム

③ 硫酸銅五水和物

④ 炭酸水素ナトリウム

⑤ 硫酸ナトリウム（無水）

⑥ モリブデン酸アンモニウム

⑦ 硫酸

⑧ ヒ酸二ナトリウム

⑨ キシラン：birchwood xylan（Sigma）、beechwood xylan（Sigma）、oat spelts xylan（Sigma）、wheat arabinoxylan（Megazyme）、rye arabinoxylan（Megazyme）など

⑩ クエン酸

⑪ リン酸二ナトリウム

⑫ マッキルベン緩衝液：0.1 M クエン酸溶液と 0.2 M リン酸二ナトリウム溶液を調製し、混ぜ合わせて目的の pH の緩衝液を調製する。

⑬ ソモギー液：（A液）酒石酸ナトリウム（12 g）と炭酸ナトリウム（24 g）を蒸留水（250 mL）に溶かす。別途、硫酸銅五水和物（4 g）と炭酸水素ナトリウム（16 g）を蒸留水（40 mL）に溶かした溶液を調製し、最初の溶液に加える。（B液）硫酸ナトリウム（無水）180 g を蒸留水 500 mL に加熱しながら溶解する。B液を放冷後、A液と混ぜ、蒸留水で 1 L に定容する。

⑭ ネルソン液：モリブデン酸アンモニウム（25 g）を蒸留水（900 mL）に溶解する。濃硫酸 42 g（22.8 mL）とヒ酸二ナトリウム（3 g）を蒸留水（50 mL）に溶解した溶液を加え、1 L に定容する。

操作

① キシラン溶液（1～2％）250 μL とマッキルベン緩衝液 200 μL を試験管またはエッペンチューブ®に分注し、必要本数準備する。各液はボルテックス®によりよく撹拌する。

②①の溶液を1本ずつ15～30秒間隔で反応温度に設定したインキュベーター中に浸す（プレインキュベーション）。

③最初の溶液をインキュベート開始してから丁度5分後に酵素液50 μLを加え、ボルテックス®により撹拌し、素早くインキュベーターに戻す。各15～30秒間隔で随時プレインキュベーションした溶液に酵素液を添加する。そのままインキュベーションを継続する。

④最初に酵素液を添加してから丁度10分後に、反応液50 μLを予めソモギー液50 μLを分注しておいた試験管またはエッペンチューブ®に加え、ボルテックス®により撹拌し、反応を停止する。撹拌液は全ての酵素反応を終えるまで氷上に保存する。

⑤試験管の場合はビー玉で栓をして沸騰水中で20分加熱（エッペンチューブ®の場合はヒートブロックで加熱）する。

⑥放冷後、ネルソン液100 μLを加え、酸化銅の沈殿が完全に溶けるまでボルテックス®で撹拌する。

⑦蒸留水800 μLを加えた後、遠心分離（17,400 × g、10分）し、不溶物を除去する。

⑧吸光度計でOD 500 nmの吸光度を測定する。

7.2.2.2　RBB-キシランを用いる方法[3,4]

エンド型酵素の簡易的な活性測定法として、色素を付けた基質を分解して活性を検出する方法もある。エンド型酵素の場合は多糖が低分子化されるので、エタノールを加えて未分解の多糖を沈殿させ、低分子化されて可溶化した糖の色を検出する方法である。

器具、機器

①インキュベーター
②試験管またはエッペンチューブ®
③試験管立てまたはエッペンチューブスタンド
④ピペットマン®
⑤吸光度計
⑥ボルテックス®

試薬類

① Remazol Brilliant Blue R-D-Xylan（Sigmaまたは文献4の方法で調製する）：11.5 mg/mLのストック溶液を調製する。市販のものは4-O-メチル-グルクロノキシランに色素が結合したものなので、別のキシランを使いたい場合には自身で基質を調製する必要がある。

②緩衝液：使用する酵素の性質に合った0.2 M程度の緩衝液を使用する。

③エタノール

操作

① Remazol Brilliant Blue R-D-Xylan 溶液 25 μL と緩衝液 20 μL を試験管またはエッペンチューブ®に分注し、必要本数準備する。各液はボルテックス®によりよく撹拌する。

② ①の溶液を 1 本ずつ 15～30 秒間隔で反応温度に設定したインキュベーター中に浸す（プレインキュベーション）。

③最初の溶液をインキュベート開始してから丁度 5 分後に酵素液 5 μL を加え、ボルテックス®により撹拌し、素早くインキュベーターに戻す。各 15～30 秒間隔で随時プレインキュベーションした溶液に酵素液を添加する。そのままインキュベーションを継続する。

④最初に酵素液を添加してから丁度 10 分後にエタノール 100 μL を添加し、ボルテックス®により撹拌し、反応を停止する。反応停止液は試験管立てまたはエッペンチューブスタンドに戻す。

⑤遠心（11,100 × g、3 分）して不溶物を除く。

⑥吸光度計で OD 595 nm の吸光度を測定する。

⑦ 1 分間当たりに吸光度 1.0 を増加させる酵素量を 1 ユニットとして算出する。

7.2.2.3 *p*-ニトロフェニル-β-D-キシロビオシドを用いる方法

GH10 キシラナーゼの場合は、合成基質の加水分解によっても検出できる。

器具、機器

7.2.2.2 と同じ

試薬類

①*p*-ニトロフェニル-β-D-キシロビオシド（Megazyme）：メスフラスコを用いて 2 mM のストック水溶液を調製する。

②緩衝液：使用する酵素の性質に合った 0.2 M 程度の緩衝液を使用する。

③ 0.2 M 炭酸ナトリウム溶液

④*p*-ニトロフェノール

操作

① 2 mM の*p*-ニトロフェニル-β-D-キシロビオシド溶液 250 μL と緩衝液 200 μL を試験管またはエッペンチューブに分注し、必要本数準備する。各液はボルテックス®によりよく撹拌する。

② ①の溶液を 1 本ずつ 15～30 秒間隔で反応温度に設定したインキュベーター中に浸す（プレインキュベーション）。

③最初の溶液をインキュベート開始してから丁度 5 分後に酵素液 50 μL を加え、ボルテックス®により撹拌し、素早くインキュベーターに戻す。各 15～30 秒間隔で随時プレインキュベーションした溶液に酵素液を添加する。そのままインキュベーションを継続する。

④最初に酵素液を添加してから丁度10分後に0.2 M炭酸ナトリウム溶液500 μLを添加し、ボルテックス®により撹拌し、反応を停止する。反応停止液は試験管立てまたはエッペンチューブスタンドに戻す。

⑤分光度計でOD 400 nmの吸光度を測定する。

⑥別途、濃度を振ったp-ニトロフェノール溶液（40～200 μM程度）250 μLと緩衝液200 μL、水50 μL、0.2 M炭酸ナトリウム溶液500 μLを混合した溶液のOD 400 nmの吸光度を測定し、検量線を作成しておく。

⑦1分間に1 μMのp-ニトロフェノールを遊離させる酵素量を1ユニットとして算出する。

参考文献

1) Somogyi, M. (1952) *J. Biol. Chem.* **195**, 19-23
2) 福井作蔵（1990）還元糖の定量法（第2版）、学会出版センター
3) Biely, P. et al. (1985) *Anal. Biochem.* **144**, 142-146
4) Biely, P. et al. (1988) *Methods in Enzymol.* **160**, 536-541

（金子　哲）

7.2.3　アラビノフラノース含有多糖の分解

L-アラビノース残基は、アラビナン、アラビノキシラン、アラビノガラクタン等のペクチンやヘミセルロースの構成成分として植物細胞壁中に広く分布する。ほとんどの場合、フラノース型であり、多糖の分岐として非還元末端に存在している。したがって、アラビノフラノース含有多糖のL-アラビノースを標的とする酵素はエキソ型酵素であるα-L-アラビノフラノシダーゼである。アラビナンの分解に関わる酵素として直鎖状α-(1→5)-アラビナンに作用するエンド-アラビナナーゼや(1→5)-アラビノビオースを生産する酵素も存在するが、ここではα-L-アラビノフラノシダーゼの活性測定法を記述する。

7.2.3.1　p-ニトロフェニル-α-L-アラビノフラノシドを用いたα-L-アラビノフラノシダーゼの活性測定

使用する器具、機器、試薬は**7.2.2.3**と同じであるが、p-ニトロフェニル-β-D-キシロビオシドの代わりにp-ニトロフェニル-α-L-アラビノフラノシド（Sigma）を使う。メスフラスコを用いて2 mMのストック水溶液を調製する。

操作

① 2 mMのp-ニトロフェニル-α-L-アラビノフラノシド溶液（250 μL）と緩衝液（200 μL）を試験管またはエッペンチューブ®に分注し、必要本数準備する。各液はボルテックス®によく撹拌する。

②①の溶液を1本ずつ15～30秒間隔で反応温度に設定したインキュベーター中に浸す（プレインキュベーション）。

③最初の溶液をインキュベート開始してから丁度5分後に酵素液50 µLを加え、ボルテックス®により撹拌し、素早くインキュベーターに戻す。各15～30秒間隔で随時プレインキュベーションした溶液に酵素液を添加する。そのままインキュベーションを継続する。

④最初に酵素液を添加してから丁度10分後に0.2 M炭酸ナトリウム溶液500 µLを添加し、ボルテックス®により撹拌し、反応を停止する。反応停止液は試験管立てまたはエッペンチューブスタンドに戻す。

⑤吸光度計でOD 400 nmの吸光度を測定する。

⑥別途、濃度を振ったp-ニトロフェノール溶液（40～200 µM程度）250 µLと緩衝液（200 µL）、水（50 µL）、0.2 M炭酸ナトリウム溶液（500 µL）を混合した溶液のOD 400 nmの吸光度を測定し、検量線を作成しておく。

⑦1分間に1 µMのp-ニトロフェノールを遊離させる酵素量を1ユニットとして算出する。

7.2.3.2　ソモギーネルソン法[1]による還元力の測定

　アラビノフラノースの結合が加水分解されると新たに還元末端が生じる。この還元末端の増加に伴う還元力の増加を検出することにより酵素活性を評価する。還元力の測定法はほかにもあるが、ここではソモギーネルソン法による還元末端の検出法について説明する。そのほかの還元力測定法は文献に方法が整理されているので、そちらを参照されたい[2]。L-アラビノースは様々な多糖に存在し、その含有率に大きく差があることから、多糖の加水分解率と表記するだけでなく、基質からのL-アラビノース遊離率を求めると酵素の性能を評価しやすい。そのためには基質の構成糖分析（1.6）を行い、それぞれの基質にどれくらいのL-アラビノースが含まれているかを求めておく必要がある。キシランの代わりにアラビノフラノース含有多糖を準備する以外、器具や試薬類、操作方法は7.2.2.1の場合と同じである。

参考文献
1)　Somogyi, M. (1952) *J. Biol. Chem.* **195**, 19-23
2)　福井作蔵 (1990) 還元糖の定量法（第2版）、学会出版センター

（金子　哲）

7.2.4　キシログルカン分解酵素の活性測定

　キシログルカンは、陸上高等植物の細胞壁に普遍的に存在するヘミセルロースの一種で、特に伸長している双子葉植物の一次細胞壁においては最も主要な構成多糖であ

る。また、ある種の植物の種子中にもキシログルカンが豊富に存在する。マメ科植物のタマリンド（*Tamarind indica*）の種子由来のキシログルカンは「タマリンドシードガム」や「タマリンドガム」とも呼ばれ、食品添加剤として工業化されている。

　キシログルカンは、セルロースと同様のβ-(1→4)-グルカン（グルコースがβ-(1→4)-結合でつながった多糖）を主鎖として、α-(1→6)-結合でキシロースが高頻度に枝分かれをしている構造を基本としている。β-(1→4)-グルカンのみで構成されるセルロースは水不溶性であるが、キシログルカンはキシロース側鎖構造の存在により水溶性を示す。

　側鎖のキシロース残基には、ガラクトースやアラビノースが結合している場合もあり、さらにフコースが側鎖に含まれることもある。これら側鎖の構造に基づいて、キシログルカンは一文字表記で表されている。側鎖のないグルコース残基はG、キシロース残基のみが枝分かれしたものはX、ガラクトースが結合したキシロース側鎖を持つグルコース残基はLなどである。キシログルカンの側鎖の構造は植物種によって異なるが、タマリンド種子キシログルカンは主鎖のグルコース4個からなるサブユニット構造を構成している。非還元性末端側から1〜3番目のグルコース残基にはキシロース側鎖が結合し、4番目に側鎖のないグルコース残基が1つという構造の繰り返しから構成され、XXXG、XXLG、XLXG、あるいはXLLGというサブユニットが繰り返している。図7.22にタマリンドキシログルカンの構造とそれに対応する一文字表記を示す。

```
                    Gal         Gal           Gal Gal
                     |           |             |   |
Xyl Xyl Xyl     Xyl Xyl Xyl   Xyl Xyl Xyl   Xyl Xyl Xyl
 |   |   |       |   |   |     |   |   |     |   |   |
Glc-Glc-Glc-Glc-Glc-Glc-Glc-Glc-Glc-Glc-Glc-Glc-Glc-Glc-Glc-Glc
非還元末端                                              還元末端
 X   X   X   G   X   X   L   G   X   L   X   G   X   L   L   G
                         一文字表記
```

図7.22　タマリンド種子キシログルカンの基本構造と一文字表記
タマリンド種子のキシログルカンの構成ユニットであるXXXG、XXLG、XLXG、XLLGの構造と一文字表記法を示す。

　キシログルカンを分解する酵素は、β-(1→4)-グルカン主鎖を分解するβ-(1→4)-グルカナーゼと、α-キシロシダーゼやβ-ガラクトシダーゼなど側鎖を分解する酵素に大別される。β-(1→4)-グルカナーゼのうち、キシログルカンに特異的な酵素はキシログルカナーゼと呼ばれるが、その作用様式でエンド型とエキソ型に区別される（図7.23）。エキソ型の酵素としては、還元末端特異的な oligoxyloglucan reducing-end-

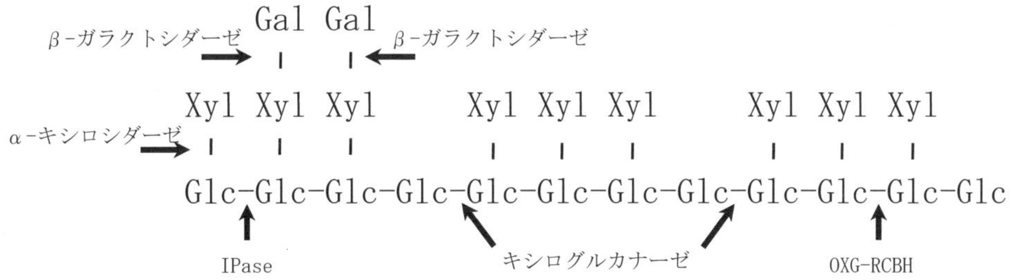

```
         β-ガラクトシダーゼ  Gal Gal   β-ガラクトシダーゼ
                    →  |   |  ←
                 Xyl Xyl Xyl    Xyl Xyl Xyl    Xyl Xyl Xyl
     α-キシロシダーゼ→ |   |   |      |   |   |      |   |   |
                 Glc-Glc-Glc-Glc-Glc-Glc-Glc-Glc-Glc-Glc-Glc-Glc
                             ↑               ↑              ↑
                           IPase         キシログルカナーゼ    OXG-RCBH
```

図7.23 様々なキシログルカン分解酵素
キシログルカンを加水分解する様々な酵素とその分解部位を矢印で示す。

specific cellobiohydrolase（OXG-RCBH:EC 3.2.1.150）と非還元末端特異的なイソプリメベロース生成酵素（IPase:EC 3.2.1.120、IPase については **6.2.1.2**）が存在する。どちらも、基質のキシロース側鎖を厳密に認識しているユニークな酵素である。エンド型の酵素では、**図7.23** に示したようにキシロース側鎖のないグルコース残基の部位で切断するものがほとんどである。また、ある種のセルラーゼも同様の部位でキシログルカンを分解できることが知られている。キシログルカナーゼについては、GH74（**9.3**）で特に解析が進んでおり、エンド型の作用様式の酵素はさらに endo-dissociative と endo-processive な作用様式に区別される。endo-dissociative 型の酵素は、キシログルカンにランダムにアタックし、加水分解後に基質から離れて再びランダムに分解する典型的なエンド型酵素である。一方、endo-processive 型の酵素は、反応の第一段階はランダムに分解するが、そのままキシログルカンから離れずに隣接する切断部位に移動して次々に加水分解を進めていく（**図7.24**）。このような分解様式の違いは、アミラーゼの分野では澱粉分解の際に single chain 型と multi-chain 型として古くから知られているが、セルラーゼやキシログルカナーゼでも観察されたことから、近年は β-グルカナーゼの processivity に大きな関心が寄せられている。

ここでは、キシログルカンの β-(1→4)-グルカン主鎖を分解するキシログルカナーゼの酵素活性測定法について述べる。

7.2.4.1　キシログルカン分解活性の測定

タマリンドキシログルカンを基質として用い、加水分解によって生じた還元力を指標とした測定法について述べる。また、作用機構の解析に有用なキシログルカンの分解に伴う粘度測定とゲルろ過クロマトグラフィーによる分子量推移の解析についても述べる。

7.2.4.1.1　タマリンドキシログルカン（TXG）水溶液の調製

キシログルカン分解酵素の基質として最も利用されているのは、安価で容易に入手できるタマリンド種子由来のものである。国内では大日本住友製薬から食品添加剤として「グリロイド」の名称で販売されているほか、Megazyme 社からも研究用試薬として販売されている。

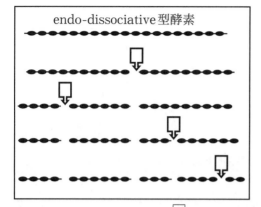
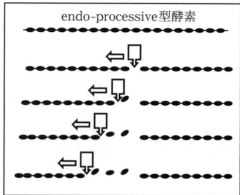

□：酵素　●：XXXGユニット

図 7.24　endo-dissociative 型と endo-processive 型の酵素の作用機序のモデル
endo-dissociative 型の酵素は、加水分解後にキシログルカンから離れ新たに他の部位を加水分解する。主鎖のランダムな部位で分解が繰り返され、キシログルカンの粘度は急激に低下、分子量分布は徐々に低下する。一方、endo-processive 型の酵素では、最初の加水分解は主鎖のランダムな部位で起こるが、酵素はキシログルカンから離れずに隣の切断部位に異動して次々に分解を行う。最初の分解がエンド型であるためキシログルカンの粘度は低下するが、最終分解産物である XXXG ユニットが反応初期から生じる。

器具、機器
①ホットスターラー

操作
キシログルカンは、非常に粘度が高いため、高濃度では溶かしにくく、1～2％水溶液として調製すると扱いやすい。予め 50～60℃に温めた水を試薬瓶に入れ、スターラーでよく撹拌しながらキシログルカンを少しずつ加える。（急に入れると、凝集して溶けにくくなるので注意が必要である）。50～60℃に保ったまま撹拌を続けると、数時間で完全に溶解する。短期間であれば冷蔵保存が可能である。

7.2.4.1.2　還元力測定

還元力測定法には、ソモギーネルソン法（**1.1.1.2**）やジニトロサリチル酸を用いた方法など様々な手法があり、それぞれ一長一短がある。ここでは非常に感度が良いビシンコニン酸を用いて、96 ウェルプレートフォーマットで多検体を同時に測定出来る方法について述べる。

器具、機器
①560 nm の吸光度を測定可能なマイクロプレートリーダー
②96 ウェルマイクロプレート
③96 ウェルフォーマット PCR チューブ
④サーマルサイクラー

試薬類

①溶液A：以下の試薬を90 mLの超純水に溶かし、最後に超純水で100 mLにメスアップする。ビシンコニン酸二ナトリウム（disodium 2,2′-bicinchoninate）194.2 mg、炭酸ナトリウム（Na_2CO_3）5.4 g、炭酸水素ナトリウム（$NaHCO_3$）2.4 g

室温で約1ヶ月保存可能

②溶液B：以下の試薬を90 mLの超純水に溶かし、最後に超純水で100 mLにメスアップする。硫酸銅・五水和物（$CuSO_4 \cdot 5H_2O$）124 mg、L-セリン 126 mg

4℃で約1ヶ月保存可能

操作

①96ウェルフォーマットPCRチューブ内に基質と酵素を混合し、反応液の合計容量を100 μLにする。

②サーマルサイクラーを用いて適温で一定時間反応後、98℃で酵素を失活させる。

③②の溶液に、使用直前に溶液Aと溶液Bを1:1で混合した溶液100 μLを加え、サーマルサイクラーを用いて98℃で15分加熱する。

④室温に戻った後に、③の溶液の180 μLを96ウェルマイクロプレートに移し、プレートリーダーで560 nmの吸光度を測定し、還元糖量を求める。スタンダードとしてグルコース（0.5〜25 μg/mL）を用いて検量線を引く。

※変法として以下の方法がある。溶液Aと溶液Bを1:1で混合した溶液100 μLと、測定したいサンプル100 μLとを96ウェルマイクロプレート上で混合し、シールをしてプレートごと80℃で30分間加熱する。室温に戻した後に、そのままプレートリーダーで560 nmの吸光度を測定して還元糖量を求める[1]。

7.2.4.1.3 粘度法

キシログルカンは非常に粘性の高い多糖であるが、分解に伴って粘度が低下する。分解の過程での粘度測定は、分解様式の解析に重要な手段となる。

器具、機器

①オストワルド粘度計（図7.30）

②ストップウォッチ

試薬類

①TXG水溶液

操作

①TXG終濃度が0.7％になるように酵素とTXG水溶液を混合し、適当な温度で反応させる。

②一定時間経過後に98℃で加熱して酵素を失活させ、この溶液1 mLをオストワルド粘度計AからアプライしBから吸引して液面を図7.30のCの線にあわせる。そして、CからDの線まで流れ落ちる時間を計測する。

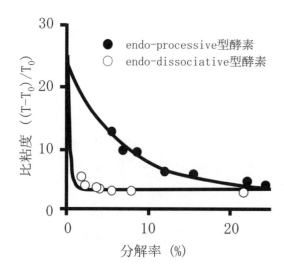

図 7.25 キシログルカンの分解に伴う粘度測定の解析結果

endo-dissociative 型 と endo-processive 型の酵素について解析した例
キシログルカンが XXXG ユニットまで完全に分解された時の分解率を 100％とする。両者ともに分解率が 10％以内の初期段階で粘度低下が認められるが、endo-dissociative 型の方がより急激な粘度低下を示す。

③得られた値を T とし、$(T-T_0)/T_0$ として比粘度を求める。ここで、T_0 は TXG を含まない反応溶液の T である。

また、残った反応液を 7.2.4.1.2 と同様にビシンコニン酸を用いた還元糖量の測定に供することで、反応の進行と粘度低下の様子をプロットすることが出来る（**図 7.25**）。

7.2.4.1.4　ゲルろ過クロマトグラフィー

キシログルカンの分解過程で、分子量がどのように低下していくかを観察することは、分解様式の解析に重要である。ここでは、分子量の推移を解析するためゲルろ過クロマトグラフィーについて述べる。

器具、機器

①ゲルろ過カラム：分子量 1,000 程度から解析可能なもの。例えば、GE ヘルスケア・ジャパンの Superdex™ Peptide 10/300 GL カラム（10 × 300 mm）など
②示差屈折計を接続した HPLC システム

試薬類

① TXG 水溶液

操作

① TXG の終濃度が 0.7％になるように酵素と TXG 水溶液を混合し、適当な温度で反応させる。
②定時間経過後、98℃で加熱して酵素を失活させ、得られた反応溶液（10 μL）をゲルろ過クロマトグラフィーカラム Superdex™ Peptide 10/300 GL にアプライする。脱気した超純水を流速 1 mL/ 分で流し、キシログルカンオリゴ糖の重合度による分離を行う（**図 7.26**）。

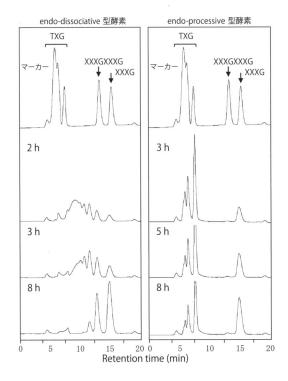

図7.26 キシログルカン分解過程でのゲルろ過クロマトグラフィーによる分子量推移の解析

endo-dissociative 型と endo-processive 型の酵素について解析した例
endo-dissociative 型酵素では、分子量分布が徐々に低分子側にシフトするが、endo-processive 型酵素では、反応初期から XXXG ユニットの産生が認められる。

マーカー：TGX、XXXGXXG、XXXG の混合物

7.2.4.2 キシログルカンオリゴ糖の解析

キシログルカン分解酵素の基質特異性の解析には、分解産物であるキシログルカンオリゴ糖の解析が必要不可欠である。様々な分析手法があるが、ここでは、HPLC、HPAEC-PAD、MALDI-TOF-MS を用いた方法について紹介する。それぞれの分析において、様々な機種が市販されているので、詳細な操作方法は割愛して概要についてのみ述べる。

7.2.4.2.1 アミドカラムを用いた順相 HPLC

器具、機器

① HPLC システム：糖質を直接検出する検出器としては、示差屈折計が最も安価で一般的であるが、感度が低い。より高感度な検出が必要な場合は、荷電化粒子検出器（コロナ CAD 検出器）や蒸発光散乱検出器（ELSD）が有用である。

②アミド系カラム：例えば、東ソー Amide-80 カラム（4.6 × 250 mm）

試薬類

①アセトニトリル（特級）

操作

①移動相として 60〜70％のアセトニトリル溶液（グラジエントをかけない単一組成の移動相）を用いて 0.8 mL/分の流速で流し、サンプル溶液を 10 μL アプライする。分析対象とするオリゴ糖の重合度によって移動相のアセトニトリル濃度を調整するこ

とで、単糖から XXXGXXXG 程度のオリゴ糖の分析が可能である。

7.2.4.2.2　HPAEC-PAD

器具、機器

① サーモフィッシャーサイエンティフィック社糖質・アミノ酸高感度分析システム（Dionex™ システム）

② CarboPac™ PA1 カラム

試薬類

① A 溶液：0.1 M NaOH

② B 溶液：0.1 M NaOH/1 M NaOAc

操作

① 下記のようなグラジエントで、流速は 1 mL/分で溶出を行う。この条件で単糖から XXXGXXXGXXXG 程度の重合度のオリゴ糖の分析が可能である。

1) 0〜5 分：100％A 溶液

2) 5〜35 分：100％A 溶液から 80％A 溶液＋20％B 溶液へのリニアグラジエント

キシログルカンの HPAEC-PAD による分析については 6.2.1.2 および 6.2.2.2 参照

7.2.4.2.3　MALDI-TOF-MS

器具、機器

① MALDI-TOF-MS システム

② MALDI サンプルプレート

③ ヘアドライヤー

試薬類

① マトリックス溶液：DHB（2,5-dihydroxy benzoic acid）を 10 mg/mL になるように 50％アセトニトリル溶液に溶解する。

操作

① サンプルを 0.1〜1 mg/mL 程度になるように超純水に溶解し、そのうちの 1 μL とマトリックス溶液 1 μL を MALDI サンプルプレート上で混合する。

② ヘアドライヤーで風乾し、MALDI-TOF-MS でリニアポジティブモードで測定する。オリゴ糖の MALDI-TOF-MS 測定については 2.2.1 参照。

参考文献

1) Fox, J. D. & Robyt, J. F. (1991) *Anal. Biochem.* **195**, 93-96

（矢追克郎）

7.2.5　蛍光標識キシログルカンオリゴ糖の調製とフコシダーゼの活性測定

蛍光標識キシログルカンオリゴ糖の調製法[1] とこの標識オリゴ糖を用いたキシログ

ルカンに作用するα-(1→2)-フコシダーゼの解析法[1]を紹介する。このオリゴ糖を用いてエンド型キシログルカン転移酵素/加水分解酵素（XTH）[2]の解析も行われている（**7.1.5**）。蛍光標識オリゴ糖を用いた酵素の解析として、**7.1.4** ペクチン成分ポリガラクツロン酸の生合成に関与するガラクツロン酸転移酵素の解析法も参照されたい。

器具、機器
①蛍光検出器付き HPLC
②凍結乾燥機
③エバポレーター
④アルミブロック恒温槽（ガラスバイアル全体が入るウェルをもつアルミブロックを使用）
⑤ネジ付き試験管（タカラバイオ社 Palstation リアクションチューブが適切）
⑥ゲルろ過クロマトグラフィーカラム樹脂（バイオ・ラッド Bio-Gel® P-2 および東ソー HW40-F）
⑦逆相カラム（ナカライテスク 5C18P、長さ 15 cm、内径 0.46 cm）

試薬類
①セルラーゼ（*Tricoderma reesei* または *Tricoderma viride* 由来）
②2-アミノピリジン（和光純薬）：市販のものをヘキサンにより再結晶する。
③ピリジルアミノ化試薬：2-アミノピリジン（226 mg）を酢酸（100 μL）に溶解したもの、ドライヤー等で加熱しながら溶かす。
④ジメチルアミンボラン
⑤還元試薬：ジメチルアミンボラン（200 mg）を酢酸（80 μL）と水（50 μL）に溶かしたもの、用事調製のこと。
⑥その他の試薬：10 mM 酢酸アンモニウム緩衝液（pH 5.8）、水飽和させたフェノール/クロロホルム（1:1）、100 mM 酢酸アンモニウム緩衝液（pH 4.0）、1-ブタノール

操作

キシログルカンオリゴ糖の調製
①キシログルカンは、リョクトウ（*Phaseolus radiates*）上胚軸のヘミセルロース画分[1,3]を用いる。市販のタマリンド種子由来キシログルカン（Megazyme）を材料にした場合、フコースが結合したキシログルカンオリゴ糖が得られないことに注意する。
②キシログルカン（250 mg）を 100 mL の 10 mM 酢酸アンモニウム緩衝液 pH 5.8 に溶解し、セルラーゼ（2.5 mg）を 40℃、72 時間作用させる。
③生成したオリゴ糖をゲルろ過クロマトグラフィーカラム（Bio-Gel® P-2、長さ 160 cm、内径 1.7 cm）を用いて精製する。オリゴ糖が含まれる画分はフェノール-硫酸法（**1.1.2.1**）[4]で検出する。
④キシログルカンオリゴ糖が含まれる画分を集め、凍結乾燥する。

キシログルカンオリゴ糖の蛍光標識

①キシログルカンオリゴ糖 3 mg を 200 μL の 10 mM 酢酸アンモニウム緩衝液 pH 6.0 に溶解する。200 μL のピリジルアミノ化試薬を加え、90℃、60 分反応させる。
② 200 μL の還元試薬を加え、80℃、35 分反応させる。
③過剰の 2-アミノピリジンを溶媒抽出によりある程度除く。反応後の溶液に水飽和させたフェノール/クロロホルム（1:1）を 600 μL 加え、溶媒抽出する。この操作を 2 回繰り返す。
④ゲルろ過クロマトグラフィーカラム（HW40-F、長さ 40 cm、内径 1.1 cm）を用いて、蛍光標識オリゴ糖と 2-アミノピリジンを分離する。オリゴ糖が含まれる画分は蛍光分光光度計にて検出する。
⑤蛍光標識化オリゴ糖が含まれる画分を集め、凍結乾燥する。

蛍光標識キシログルカンオリゴ糖の分離

①逆相クロマトグラフィーで分離する。分離条件：カラム、ナカライテスク 5C18P、長さ 15 cm、内径 0.46 cm：溶離液 A、100 mM 酢酸アンモニウム緩衝液 pH 4.0：溶離液 B、100 mM 酢酸アンモニウム緩衝液、pH 4.0、0.5％ 1-ブタノール；グラジエント、5→100％ B（55 分）；流速、1.0 mL/分：励起波長、320 nm；蛍光波長、400 nm。
②水に溶かした蛍光標識化オリゴ糖をカラムに注入し、各オリゴ糖を分離・分取する。このときのクロマトグラムを図 7.27 に示した。キシログルカンオリゴ糖七糖、九糖、十糖が分離していることがわかる。キシログルカンオリゴ糖に作用する酵素の解析に用いることができる。

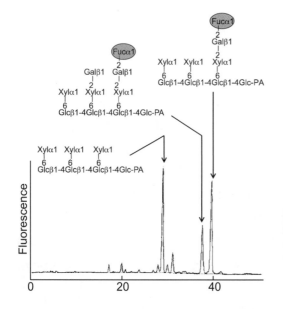

図 7.27 リョクトウ上胚軸から調製した蛍光標識キシログルカンオリゴ糖
キシログルカン七糖、九糖、十糖が分離されている。PA-はピリジルアミノ基を示す。

蛍光標識キシログルカンオリゴ糖に作用する酵素の解析

① 160 mM リン酸ナトリウム緩衝液（pH 5.5）、12.5 μM ピリジルアミノ化オリゴ糖（キシログルカン九糖）、酵素溶液を入れた反応液（合計 20 μL）を 37℃、20 分反応させる。100℃で 3 分おき、酵素を失活させる。

②前節「蛍光標識キシログルカンオリゴ糖の分離」①に従い、反応産物を分析する。この時の分析結果の一例を図 7.28 に示す。キシログルカン九糖からフコース残基を遊離する α-(1→2)-フコシダーゼの活性を測定できる[1]。

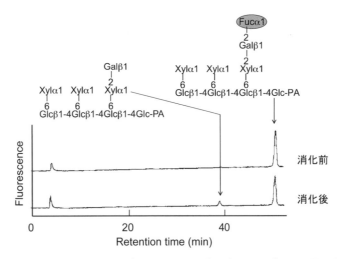

図 7.28 キシログルカンに作用する α-(1→2)-フコシダーゼ（テッポウユリ花由来）の活性測定

参考文献

1) Ishimizu, T. et al. (2007) *J. Biochem.* **142**, 721-729
2) Nishitani, K. & Tominaga, R. (1992) *J. Biol. Chem.* **267**, 21058-21064
3) Kato, Y. & Matsuda, K. (1976) *Plant Cell Physiol.* **17**, 1185-1198
4) Dubois, M. et al. (1956) *Anal. Chem.* **28**, 350-356

（石水　毅）

7.2.6 キシログルカン構成分解によるポプラの改質

ポプラ（*Populus alba*）に *Aspergillus aculeatus* 由来のキシログルカナーゼ遺伝子（*AaXEG2*）をアグロバクテリウム法により導入し（形質転換プロトコールを参照）、キシログルカンを構成分解し、その結果キシログルカンが減少した組換えポプラを作出した。キシログルカナーゼを細胞壁で発現させるためにポプラセルラーゼ(accession number D32166) のシグナルペプチドをキシログルカナーゼ遺伝子の前につけ、バイナリーベクター（pBI121）のレポーター遺伝子（GUS）領域と差し替えてコンストラ

クトを作製した。

　筆者らは、土植えの苗木を挿し木することによりクローン増殖が容易に行える P. alba を用いて組換えポプラを作出した。一方、挿し木による増殖が確立されていないが、形質転換効率が高いハイブリッド Populus tremula × Populus tremuloides（wild type clone T89）を用いた組換えポプラも作出されている[1]。組換えポプラを隔離ほ場で 5 年間の野外試験を行った。

7.2.6.1　組換えポプラの野外試験

　温室でのポット栽培では、植物の形質を正しく評価し、理解することはできない。そこで、野外での形質評価が重要となるが、遺伝子組換え生物（Living Modified Organism、LMO）を野外栽培するためには遺伝子組換え生物等の規制による生物の多様性の確保に関する法律（通称、カルタヘナ法）に従い、生物多様性影響評価書を作成し、国に対する野外栽培の承認申請が必要となる。これまでに国内で承認されたLMO の生物多様性影響評価書、カルタヘナ法と関係法令等および LMO 栽培の承認申請手続きなど、LMO に関する情報が日本版バイオセーフティクリアリングハウス（J-BCH）のホームページ（http://www.bch.biodic.go.jp）にまとめられている。以下、キシログルカンを構成分解する遺伝子組換えギンドロ（P. alba）の隔離ほ場での野外栽培試験の承認申請のために行った情報収集と生物多様性影響評価について述べる。

7.2.6.1.1　生物多様性影響評価に必要な情報の収集

　カルタヘナ法の関連通知「農林水産大臣がその生産又は流通を所管する遺伝子組換え植物に係る第一種使用規程の承認の申請について」に必要な情報とその収集方法が記載されている。収集すべき情報は多岐にわたるが、栽培申請する LMO の性質や野外試験の期間などから判断し、合理的な理由があれば記載されている内容全ての情報を収集する必要はない。情報の種類としては、①宿主又は宿主の属する種に関する情報、②栽培する LMO に関する情報、③ LMO の使用（栽培場所、栽培施設、栽培期間、栽培中の作業要領など）に大別される。

①宿主の属する種に関する情報では、生理学的および生態学的情報として開花樹齢、花粉や種子の飛散距離、交雑性、栄養繁殖に関する情報は必須となる。また、交雑可能な野生植物の国内における分布を記載する。これらについては、主に文献情報を収集するが、必要に応じて実験や調査によるデータ収集が必要である。ギンドロの場合、栄養繁殖に関し、地表近くを伸びる根（水平根）からシュートが発生する根萌芽と呼ばれる栄養繁殖の能力が旺盛であるので、野外植栽個体の水平根をトレースする堀取り調査を行った。また、水平根からの根萌芽発生状況についても堀取り調査を行い、文献情報の確認を行った。野外試験終了後には、グリホサート系除草剤により、組換え体を不活化（枯殺）することとしていたので、除草剤によるギンドロの枯殺効果を実験により実証した。

②遺伝子組換えギンドロに関する情報では、LMOの作出方法、導入遺伝子の機能、遺伝子導入により付与される特性、LMOと宿主との相違などを記載した。また、PCRやサザンハイブリダイゼーションによる導入遺伝子の検出や識別法なども記載した。アグロバクテリウム法でLMOを作製した場合、アグロバクテリウムが残存していないことを確認する。LMOの他の野生生物に対する影響はアレロパシーや土壌微生物への影響を野生型と比較した。また、導入された遺伝子が産生するアミノ酸配列について、公開データベース（AllergenOnlineなど）によるアレルゲンとの相同性の有無も確認した。

③LMOの栽培場所、栽培方法、栽培期間などにより生物多様性に及ぼす影響は異なるので、LMOの使用等に関する情報を記載する。作業要領等では、意図せずにLMOが隔離ほ場外に持ち出されることを防止する方法や、栽培する樹種に応じた花粉や種子の飛散の防止方法を記載する。また、栽培試験が終了した際のLMOの不活化の方法も必須である。

7.2.6.1.2　生物多様性影響評価

収集した情報を利用し、科学的および論理的にLMOの生物多様性への影響を評価する。まず、LMOにより影響を受ける可能性のある野生動植物を特定する。次に影響の具体的内容と影響の生じやすさを評価する。これらに基づき、生物多様性影響が生ずるおそれの有無を判断する。評価においては主に、①競合における優位性、②有害物質の産生可能性、③交雑可能性の項目を個別に評価する。遺伝子組換えギンドロでの評価の概要を下に記す。

①競合における優位性の評価では、野生植物と栄養分、日照、生育場所などの資源を巡って競合し、それらの生育に支障を及ぼすかを評価した。

・遺伝子組換えにより付与された特性から判断し、遺伝子組換えギンドロの競合性が宿主以上に高まることは考え難い。
・ギンドロの生理学的および生態学的情報から判断し、栽培期間（約4年間）中に開花することや水平根が隔離ほ場の外まで伸びて根萌芽が発生する可能性は低い。
・したがって、申請を行う隔離ほ場試験においては、競合における優位性で影響を受ける野生植物は存在せず、生物多様性影響が生じるおそれはないと判断した。

②有害物質の産生性の評価においては、LMOが野生植物又は微生物の生息又は生育に支障を及ぼす物質を産生するかを評価する。

・ギンドロに導入した遺伝子の機能から判断して有害物質の産生性が宿主と比較して高まっていることは考え難い。
・アレロパシーや土壌微生物への影響の調査では有害物質の産生性に宿主との有意差は検出されない。
・導入遺伝子産物のアレルギー性は知られていない。

- これらから判断し、有害物質の産生性において影響を受ける野生生物は特定されず、申請を行う隔離ほ場試験においては、生物多様性影響が生じる恐れはないと判断した。

③交雑性の評価においては、近縁の野生生物と交雑し、移入された核酸をそれらに伝達するかを評価する。

- 影響を受ける可能性のある野生植物としては、国内に分布するギンドロと交雑可能なヤマナラシ節に属する種（ヤマナラシ、チョウセンヤマナラシおよびこれらの雑種）が挙げられる。
- LMOを栽培した場合の具体的な影響としては、これらの種にギンドロに導入した遺伝子が伝達されることである。
- ヤマナラシ節に属する種の国内の分布範囲や開花時期を考えるとLMOが開花した場合、ヤマナラシと交雑する可能性があるが、ギンドロの開花樹齢から判断して栽培期間内に遺伝子組換えギンドロが開花する可能性は低い。開花したとしても花芽の切除を行う。
- これらのことより、申請を行う隔離ほ場試験において、組換えギンドロが野生種と交雑する可能性は低く、生物多様性影響が生じるおそれはないと判断した。

7.2.6.1.3　承認申請から野外試験開始まで

　生物多様性影響評価に必要な情報と生物多様性影響評価を記載した生物多様性影響評価書を承認申請書に添付し、文部科学大臣（研究開発段階のもの）又は農林水産大臣（研究開発段階以外のもの）並びに環境大臣に提出する。他に緊急措置計画書、モニタリング計画書がLMOの種類や使用方法により必要になる。申請後、大臣は学識経験を有する者に生物多様性影響評価に関する意見を聴くとともに、委員会により十分に検討する。更にパブリックコメントを行い、生物多様性影響が生ずるおそれがないと考えられる場合、申請に対して承認が与えられる。承認までの標準処理期間は6ヶ月程度とされているが、更に日数を要する場合もある。また、自治体および関係団体へのLMO栽培試験に関する情報提供、また、周辺住民に対する説明会を行った後、LMOの植栽を行う（図7.29）。

7.2.6.2　キシログルカナーゼ活性の測定

　遺伝子組換え体として選抜したポプラについて、導入した遺伝子（キシログルカナーゼ）が発現しているかどうか、また、その発現レベルを調べる必要がある。一般的にウエスタンブロッティングにより、異種タンパク質の発現を確認する。導入した遺伝子産物が酵素である場合、酵素活性も測定する。キシログルカナーゼ酵素活性の測定では、基質としてタマリンドのキシログルカンを用いる。キシログルカナーゼ活性が高いほどキシログルカンがより速く分解され、キシログルカン溶液の粘性が低くなる。この粘度の変化量を粘度計によって測定する。粘度測定は、酵素活性を非常に

図7.29　キシログルカナーゼ構成発現する組換えポプラの野外試験

鋭敏に測定することが可能な方法である。また、還元糖の還元末端の還元力を測定するソモギーネルソン法を用いても酵素活性の強さを測ることができる。キシログルカナーゼによってキシログルカンが分解されるとキシログルカン主鎖のグルコース還元末端が増加する。

7.2.6.2.1　粘度法

器具、機器

①オストワルド粘度計（図7.30）
②ストップウォッチ
③ビニールチューブ（内径7 mm、外径11 mm、長さ15 cm）

試薬類

①タマリンドのキシログルカン（DPS五協フード＆ケミカル）

操作

基質（タマリンドのキシログルカン）の調製

①約1％の濃度になるようにキシログルカンをホットスターラーを用いて水に溶解する。1時間くらいホットスターラーで撹拌する（完全に溶けなくてもよい）。（7.2.4.1.1）
②オートクレーブ（121℃、20分）にかけた後、さらに1時間撹拌する。
③上記の操作により溶解したキシログルカン溶液1 mLを粘度計のAの部分（図7.30）から入れる。ガラス管の内壁につかないように垂直に液を落とす。Bのガラス管の部分にチューブをつけて口で空気を吹き込んで溶液を混ぜた後、印

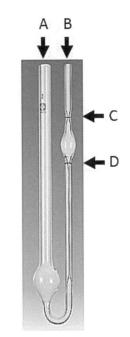

図7.30　オストワルド粘度計
液面がC線からD線まで落下する時間を測定する。

線（C線）の上方まで溶液を吸い上げ、印線（C線）から印線（D線）まで溶液が落下する時間をストップウォッチで測る。この落下時間が約120〜180秒くらいになるように溶液を希釈する。

粗酵素液の調製
①葉、茎などの生重量約1gを氷の上に置いた乳鉢（予め冷凍庫で冷やす）に入れ、1M塩化ナトリウムを含む酢酸緩衝液（20 mM、pH 5.7）を1 mL加える。
②パスツールピペットの細い先の側から乳棒で砕きながら、試料とガラス片を同時にすりつぶし、試料を磨砕する。ガラス片と共に組織片を砕くことにより細胞が破砕される。
③細胞破砕液をマイクロチューブに移し入れ、$12{,}000 \times g$、10分遠心する。
④タンパク質溶液（上清）をマイクロチューブに採り、60％飽和になるように硫酸アンモニウムを加え、4℃に1時間以上置き、硫安沈殿を行う。
⑤$12{,}000 \times g$、10分間遠心し、上清を除去する。
⑥再度、軽く遠心し、マイクロチューブの内壁についている硫安溶液を落とし、チップで丁寧に除く。（⑦で得られる酵素液中に入る硫安をできる限り少なくするため。）
⑦酢酸緩衝液（1M塩化ナトリウムを含まない）0.1 mL加え、ペレットを溶解し、酵素液とする。

粘度計による活性測定
①粘度計（図7.30）のAから900 μLのタマリンドキシログルカン溶液を入れる。
②続いて、酵素液100 μLを入れ、直ぐに粘度計Bから空気を入れて撹拌する。
③撹拌後、印線（C線）の上方まで溶液を吸い上げ、2本の印線［上の印線（C線）から下の印線（D線）まで］の間を溶液が落下する時間を測る。これを0時間とする。
④10、20、30、40、50、60分後における落下時間を測る。

活性の算出方法
60分における落下時間の減少率1％を1 unitと定義する。例えば、0分のとき90秒かかり、60分後のときに45秒かかった場合、$(90 - 45)/90 = 0.5$となり、50 unitsとなる。この酵素活性の値をタンパク質量で割り、比活性値を算出する。

7.2.6.2.2　ソモギーネルソン法による活性測定
試薬類
①ネルソン液（和光純薬工業株式会社、273-08295）
②ソモギー銅液（和光純薬工業株式会社、277-23291）
操作
①酵素反応の組成を表7.5に示した。マイクロチューブに終濃度0.5％となるようにキシログルカン溶液、酢酸ナトリウム緩衝液（pH 5.5）、および酵素溶液を入れて30℃

で、5、10、20、30分反応させる。
②各反応時間の酵素反応液を10倍希釈する。
③②を50 μLガラス試験管に入れ、水450 μLを加え500 μLにする。
④ソモギー銅液500 μLを入れて10分煮沸する。
⑤氷を入れたバットの中で試験管立てごと反応液を急冷する。
⑥混合液にネルソン液を500 μL加え、ボルテックスを1分間以上行い、発生するCO_2を除く。
⑦500 nmにおける吸光度を測定する。これらの値から、酵素反応液に酵素液を加えない値（キシログルカンのみの値）を差し引き、キシログルカナーゼ活性とする。ソモギーネルソン法の検量線は、グルコース5～50 μgに対して銅液を加えた吸光度を求めて作成する。

表7.5 酵素反応液

組成	容量（μL）	終濃度
1％キシログルカン	50	0.50％
酵素液	10	
100 mM酢酸緩衝液（pH 5.5）	20	20 mM
水	20	
合計	100	

7.2.6.3　細胞壁キシログルカン量の測定、および可視化

　組換えポプラの葉や茎から細胞壁を単離し、マトリックス糖鎖をアルカリで抽出する。このマトリックス糖鎖全体量に対してキシログルカンが組換えポプラにおいて野生株と比較し、どの程度減少しているかを調べる。ヨウ素法による簡便な方法で調べ、次にメチル化分析を行う。メチル化分析では、キシログルカンに特異的な糖鎖結合である(4→6)-結合したグルコース残基の全糖鎖結合総和に対する相対量を求める。

7.2.6.3.1　細胞壁ヘミセルロースの抽出

試薬類

①水酸化カリウム

②酢酸

③ProteaseK（Fungal）、（ambion 25530-015）

操作

1）木部

①ポプラ主幹を採取し、直ぐに樹皮を取り除く。乾燥すると樹皮が剥がれにくくなる。

②木部をカッターで数ミリ四方の大きさに削る。

③木片をミキサーミルにかけて木粉を調製する。105℃のオーブンで数時間乾燥させる。木粉の乾燥重量100 mgを正確に秤量してスクリューキャップ付きのガラス試験管に入れる。

④0.1％水素化ホウ素ナトリウムを含む4％水酸化カリウムを2.5 mL加え、超音波バ

スで1時間インキュベートする。
⑤ 30,000 × g、10分遠心して上清（4% KOH抽出液）を分取する。
⑥上記④と⑤を繰り返す。
⑦ 0.1%水素化ホウ素ナトリウムを含む24%水酸化カリウム（w/w）を2.5 mL加え、超音波バスで1時間インキュベートする。
⑧ 30,000 × g、10分間遠心し、上清（24% KOH抽出液）を分取する。
⑨上記⑦と⑧を2回繰り返す。
⑩ 4% KOH抽出液、および24% KOH抽出液を氷上にて酢酸を少しずつ滴下し、中和する。その際50℃以上にならないように中和を行い、pH試験紙で中性になることを確認する。
⑪分画分子量3,500の透析膜に試料を入れて透析する。
⑫フェノール-硫酸法（1.1.2.1）により全糖量を求める。
⑬ KOH抽出液にはデンプンが含まれているので、アミラーゼでデンプンを分解する。唾液をろ過し、新鮮なアミラーゼを準備する。1 M Tris-HCl緩衝液（pH 7.0）を終濃度10 mM Tris-HCl（pH 7.0）となるように加え、アミラーゼを加え、37℃で数時間インキュベートする。唾液アミラーゼの量は、KOH抽出液全糖20 mgに対しておよそ100 μL程度加える。
⑭ ProteaseK 0.1 mg程度を加え、50℃で数時間インキュベートする。
⑮試料を煮沸して分画分子量3,500の透析膜に試料を入れて透析する。
⑯試料の入ったままの透析チューブをスタンドに吊し、ドライヤーの温風をあて、溶液を濃縮する。

2）葉

①葉を粉砕する。ファルコンチューブに葉を入れ、水を等量加えて、1,500 × g、10分間遠心し、上清を捨てる。
② 60～70%エタノールを加えて、3,000 × g、10分間遠心し、上清を捨て、除タンパク質を行う。
③ペレットに水を加え、3,000 × g、10分間遠心し、上清を捨て洗浄する。この操作を2回繰り返す。
④木部の④以降の操作に従う。

7.2.6.3.2　ヨウ素法

試薬類

①固体ヨウ素（I_2）
②ヨウ化カリウム（KI）
③硫酸ナトリウム
④水酸化カリウム

操作

① 0.5％ I_2 in 1％ KI 溶液の調製：1％（w/v）KI 溶液に I_2 を0.5％となるように溶解する。これを予め準備する。

②マイクロチューブにヘミセルロース抽出液（4％KOH抽出液、24％KOH抽出液）0.2 mL 入れ、0.5％ I_2 in 1％ KI 溶液 0.1 mL と 20％硫酸ナトリウム水溶液 1 mL を加える。

③ 4℃、1時間、暗所に静置後、640 nm における吸光度を測定する。

ヨウ素法の検量線は、キシログルカン 5〜50 µg に対する吸光度を求めて作成する。

ヨウ素法によるキシログルカンの定量法は **1.1.4** も参照されたい。

7.2.6.3.3　メチル化分析

ヘミセルロース抽出液（4％KOH抽出液、24％KOH抽出液）の糖量をフェノール-硫酸法（**1.1.2.1**）によって測定する。スクリューキャップ付きガラス試験管に 100 µg 糖量のヘミセルロース抽出液を入れる。操作の詳細については、**1.8.1** を参照されたい。

7.2.6.3.4　細胞壁キシログルカンの免疫染色

キシログルカンの存在は、キシログルカンを特異的に認識する抗体（CCRC-M1、LM15）を用いた免疫染色によって組織、細胞レベルで観察できる。ここでは、葉全体を免疫染色する方法を述べる。組換えポプラと野生株におけるキシログルカン量の比較を行う場合は、両者を同時にすべて同じ条件で操作しなければ比較できない。

試薬類

①抗キシログルカン抗体（一次抗体）LM15 PlantProbes, CCRC-M1 CarboSource

②二次抗体：LM15 の場合 Anti-rat IgG conjugated with alkaline phosphatase、CCRC-M1 の場合 Anti-mouse IgG conjugated with alkaline phosphatase

③ PBS（Phosphate-buffered saline）：リン酸緩衝食塩水

④ PBST：0.5％ Tween 20 を含む PBS

⑤ブロッキング緩衝液：3％スキムミルクを含む PBS

⑥アルカリホスファターゼ緩衝液：100 mM Tris-HCl（pH 9.5）に 100 mM NaCl と 5 mM $MgCl_2$ を含む。

⑦ 100 × NBT：3.3％ Nitro blue tetrazolium in 70％ dimethylformamide

⑧ 100 × BCIP：1.65％ Bromochloroindolyl phosphate in 100％ dimethylformamide

⑨発色液：100 × NBT（0.1 mL）、100 × BCIP（0.1 mL）とアルカリホスファターゼ緩衝液（9.8 mL）を合わせて全量 10 mL とする。なお、発色液は、Vector laboratory から Alkaline phosphatase substrate kit（VEC SK-5200）が市販されている。

操作

①葉全体が 1.5％酢酸を含む 8％亜塩素酸ナトリウムに十分浸るようにタッパーウェ

ア®に入れて40℃、40時間インキュベートする。リグニンと同時に葉緑体も除去され、葉の色が白くなり、発色が鮮明になる。

②水で5回洗浄する。

③0.1％水素化ホウ素ナトリウムを含む0.1 M水酸化カリウム水溶液に浸し、40℃、24時間インキュベートする。

④水で3回洗浄する。

⑤ブロッキング緩衝液で1時間インキュベートする。

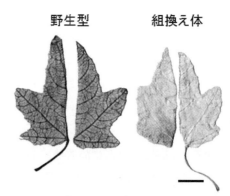

図7.31 葉のキシログルカンの免疫染色
スケールバーは1.75 cm

⑥ブロッキング緩衝液を捨て、ブロッキング緩衝液で20倍希釈したキシログルカン抗体を入れ、2時間から一晩インキュベートする。

⑦PBSTで5回洗浄する。

⑧PBSで50倍に希釈した二次抗体に浸し、1時間反応させる。

⑨PBSTで5回洗浄する。

⑩発色液を作製する。

⑪発色液に葉を浸して発色が適当なところに達したら水で洗浄する。

7.2.6.4 キシログルカンが減少した形質転換体の解析方法

　セルロースが細胞膜で生合成されるとき、アポプラストに分泌されたヘミセルロースがセルロース微繊維に絡み合う。キシログルカナーゼを構成発現する組換えポプラは、アポプラストに分泌されるキシログルカナーゼによってキシログルカンが分解される。その結果、セルロース微繊維に編み込まれるキシログルカンが減少すると考えられる。実際に組換えポプラの形質が様々に変化した。キシログルカンの減少により、木部の糖化性は上がり、木部セルロースの結晶サイズは大きくなった。また、組換えポプラ幹の弾性率は、野生株に比較して減少した。ここでは、セルロース結晶サイズをX線回折から求める方法、および幹の曲げヤング率の測定方法について述べる。

7.2.6.4.1 セルロース結晶サイズの測定

材料

木部から調製した木粉（7.2.6.3.1 操作 1）木部①〜③）を用いる。

操作

①X線回折装置を用いて回折角2θを5°から35°の走査範囲で回折強度曲線を得る。CuKαのX線（波長λは0.1542 nm）で測定すると天然セルロースの場合$2\theta = 23°$付近でピークが出る。

②結晶のサイズは、以下のScherrer式を用いて求められる。

$$D = K\lambda / B\cos\theta$$

D は結晶の大きさ、K はシェーラー定数（半値幅を適用する場合は0.9）、λ はX線の波長0.1542、B は半値幅（°）をラジアンで表した値、θ は回折角の半分

7.2.6.4.2 ポプラ幹の曲げヤング率の測定

細胞壁の力学的性質を解析するためには、曲げ試験機や引張り試験機の装置が必要である。ここでは、それらの装置を使用せず、茎のしなりやすさを簡便に測定する方法について述べる。この方法は植物体を破損しないメリットがあるが、真っ直ぐに成長した茎が30 cm以上必要となる。

器具

① スタンド
② クランプ
③ ボード（木の高さ以上あるもの、写真の背景）
④ ノギス

操作

① ポプラの茎の基部（支持点：クランプで支える点）、および糸で水平に引っ張る幹の部位（荷重点）の直径をノギスで図る。荷重点に糸をつける。
② 図7.33に示すように、支持点を固定し、糸が水平になるようにセットする。
③ 無負荷状態での写真を撮る。
④ 糸の先に1g程度から順次重りを付け足して、その都度、写真を撮る。筆者は、マイクロチューブに水を入れ、チューブ全体で重さが1gになるよう、重りを20個用意した。
⑤ Image Jを用いて実際に茎が水平に動いた距離（変異）を測定する。
⑥ ヤング率の計算

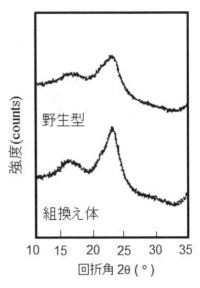

図7.32 ポプラ木部木粉のX線回折強度曲線

図7.33 ポプラ幹曲げヤング率の測定
茎を水平に引っ張ってヤング率を測定する。

以下の条件を近似的に満たす場合、ヤング率を求めることができる。
1) 幹は円形断面である。
2) 材質が均一である。
3) 直径が下部から上部へ直線的に減少する。

下記の式に測定値を代入して弾性率 E を求める。

$$E(Pa) = \frac{P}{3y} \frac{L^3}{I_0} \left(\frac{d_0}{d_0 + kL} \right)^3 \qquad I_0 = \frac{\pi d_0^4}{64}$$

P(N)：荷重、y(m)：水平の変異、d_0(m)：荷重点における茎の直径、L(m)：支持点から荷重点までの距離、d_0+kx(m)：荷重点から x(m) 下の茎の直径
k は下部から上部に至る直径の減少を表す定数であり、直径と支点からの距離の間の関係を直線近似することにより実験的に得られる。

参考文献
1) 井上友紀ほか、(2014) 第64回日本木材学会講演要旨集、p.5

(林　隆久・海田るみ・谷口　亨)

7.3 リグニン生分解と生合成

7.3.1 リグニン生分解

リグニンは、ペルオキシダーゼなどの酸化酵素によって生成した p-ヒドロキシケイ皮アルコール類のフェノキシラジカルが、カップリングによって生成する不規則で複雑な高分子であり、地球上で最も難分解性の天然高分子の一つである。リグニンの生分解研究に関しては、微生物そのものによる分解と、リグニン分解酵素による分解の二つのアプローチが展開されている。

リグニンの生分解機構

木材腐朽をもたらす微生物として、担子菌、子嚢菌および不完全菌などが知られており、これらを木材腐朽菌と総称している。この中で、リグニン分解にかかわる微生物の多くは白色腐朽菌（white-rot fungi）に属しており、それらのほぼすべてが担子菌類である。

リグニン分解活性は栄養源（窒素、炭素など）の枯渇による二次代謝活性の発現に伴い誘導されることが知られている。また、白色腐朽菌で腐朽させたリグニンの元素分析や官能基分析から、メトキシ基の減少や、カルボニル基やカルボキシ基の増加を伴う酸化的な分解であること、腐朽リグニン中に含まれるバニリン酸をはじめとする低分子分解物の構造解析や、各種リグニンモデル化合物を用いた分解経路の検討か

ら、リグニンプロピル側鎖の炭素-炭素結合、アルキル-フェニル間結合、β-エーテル結合、芳香環の開裂などを伴って分解が進行することが証明されている。また、リグニン分解酵素として、リグニンペルオキシダーゼ（Lignin peroxidase, LiP）、マンガン依存性ペルオキシダーゼ（Manganese peroxidase, MnP）、ラッカーゼ（Laccase）などが単離・精製および特性解明されており、これら酵素を用いたリグニン分解機構の解明や、内分泌かく乱物質（環境ホルモン）や芳香族系環境汚染物質の除去、医薬品および身体ケア製品（Pharmaceutical and Personal Care Products, PPCPs）などの応用分野での研究が進められている[1]。

リグニン生分解に関しては、菌種・酵素系・基質などの違いで様々な実験系が存在し、リグニン分析（**3章**）のような定法は確立されていない。そこで、本項では筆者らが行った分解実験を参考例として紹介するので、本法を参考に実験系を確立していただきたい。具体的には、微生物そのものを用いた実験として、*Phanerochaete chrysosporium* に対して定義されたリグニン分解最適培地（ligninolytic culture）での非フェノール性 β-*O*-4 型リグニンモデル二量体（**1**）の分解実験と、リグニン分解酵素を用いた分解の例として、ラッカーゼ-メディエーター系による非フェノール性 β-*O*-4 型リグニンモデル二量体（**1**）の分解実験について述べ、最後に分解産物の誘導体化と GC-MS 分析について記載する。

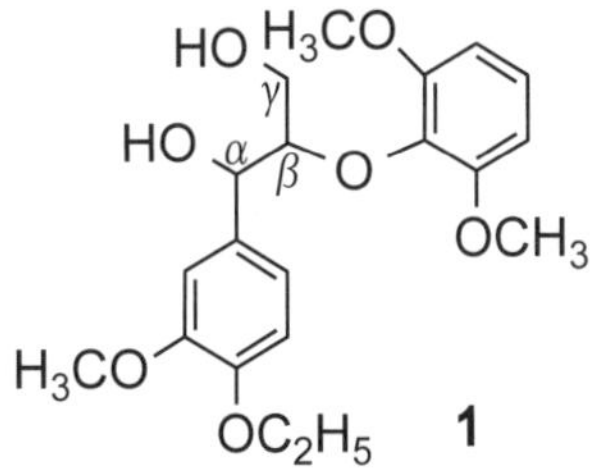

図 7.34 非フェノール性 β-*O*-4 型リグニンモデル二量体（**1**）

7.3.1.1 リグニン分解最適培地での非フェノール性 β-*O*-4 型リグニンモデル二量体（1）の分解実験

器具、機器
①オートクレーブ（高圧蒸気殺菌器）
②恒温インキュベーター
③クリーンベンチ
④ワーリングブレンダー
⑤ロータリーエバポレーター
⑥真空ポンプ

装置
①滅菌プラスチックシャーレ（直径 90 mm ×高さ 15 mm）
② 300 mL 三角フラスコ、シリコ栓付
③その他：マイクロシリンジ、分液ロート、ナス型フラスコなど

前培養
　まず、継代培養した菌株（カワラタケ *Trametes versicolor* など）の前培養を行う。

処方の濃度に溶解したポテトデキストロース寒天培地（PDA、和光純薬等）は、オートクレーブ（121℃、20分）によって殺菌を行った後、クリーンベンチ内で滅菌シャーレに適量（約10 mL）分注する。培地が固まったら、継代培養した白色腐朽菌の菌体を培地ごと掻きとってシャーレの中心部に接種する。30℃に設定したインキュベーター内で、菌糸がシャーレ一面に蔓延するまで培養する。

P. chrysosporium の場合は分生胞子が発生するので白金耳で胞子を集め、接種することが可能である。また、培養温度は39℃に設定する。

分解実験用培養溶液の調製

Kirk 等によって提案されたリグニン分解最適培地を一部改変した培地組成[2]を使用する。リグニンモデル化合物の分解実験の場合は、培養液からの微量分解成分の有機溶媒抽出と機器分析を行うため、培地成分の有機層への混入による分析の影響を避けるための工夫（窒素源をL-アスパラギンと硝酸アンモニウムに、緩衝液をポリアクリル酸緩衝液に変更）がなされている。培地に関しては、LiP単離・精製のために改良された培地[3]等様々な組成が提案されているが、基本的には、窒素源濃度を制限した培地である。また、GC-MS による微量成分の分析を行うため、可塑剤等が混入する恐れのあるプラスチック製のチップなどの使用は避け、徹底的に洗浄したガラス器具と分解実験専用の溶媒・試薬等を使用して不純物の混入をできるだけ避ける必要がある。

培地組成

（1 L 溶液を作成する要領を記してあるので、必要量に応じて調製する。）

① 10% グルコース水溶液 100 mL

② 0.1 M ポリアクリル酸（pH 4.5）緩衝液 100 mL

高分子量のポリアクリル酸（Aldrich、分子量 250,000）溶液を一晩透析した後、所定の濃度で pH を 4.5 に調整したもの

③ L-アスパラギン・H_2O（100 mg）、硝酸アンモニウム（50 mg）、KH_2PO_4（200 mg）、$MgSO_4\cdot 7H_2O$（50 mg）、$CaCl_2$（10 mg）を水約 95 mL に溶解し、ミネラル溶液（以下 a 参照）1 mL と、ビタミン溶液（以下 b 参照）500 μL を加え、100 mL にメスアップしたもの

 a. ミネラル溶液（1 L あたりの組成、ストック溶液として冷蔵保存）

  ニトリロ三酢酸（1.5 g）、$MgSO_4\cdot 7H_2O$（3.0 g）、$MnSO_4\cdot H_2O$（0.5 g）、NaCl（1.0 g）、$FeSO_4\cdot 7H_2O$（0.1 g）、$CoSO_4$（0.1 g）、$CaCl_2$（82 mg）、$ZnSO_4$（0.1 g）、$CuSO_4\cdot 5H_2O$（10 mg）、$AlK(SO_4)_2$（10 mg）、H_3BO_3（10 mg）、$NaMoO_4$（10 mg）

 b. ビタミン溶液（1 L あたりの組成、ストック溶液として冷蔵保存）

  ビオチン（2 mg）、葉酸（2 mg）、チアミン塩酸（5 mg）、リボフラビン（5 mg）、ピリドキシン塩酸（10 mg）、シアノコバラミン（0.1 mg）、ニコチン酸（5 mg）、

DL-パントテン酸カルシウム（5 mg）、p-アミノ安息香酸（5 mg）、α-リポ酸（5 mg）

④蒸留水 700 mL

本培養

上記①、②、④の各溶液はシリコ栓（あるいはアルミ箔で密封）をした三角フラスコに入れ、シリコ栓をした 300 mL 三角フラスコなど植菌・培養で使用する器具と共にオートクレーブ（121℃、20分）し、クリーンベンチ内で放冷する。溶液③については加熱による変質の可能性があるので、孔径 0.45μm の滅菌フィルターを通してろ過滅菌する。

①から④の溶液は、クリーンベンチ内で三角フラスコに合わせ、よく混和した後、分注器あるいはメスピペットなどを用いて 300 mL 三角フラスコに 19 mL ずつ分注する。

前培養した白色腐朽菌は 1 cm 径のコルクボーラーを用いて、シャーレ縁部分の菌体を 5 個打ち抜き、培地 15 mL（10本培養の場合）と共にワーリングブレンダー（ステンレス製の容器はオートクレーブしておく）に加え、30秒間、菌体を粉砕する*。その後、粉砕した菌体溶液 1 mL を培地の入った三角フラスコに加え、30℃で静置培養する。約1週間静置培養すると、菌糸のマットが培地上面を覆うまで成長する。

*菌体の分注が困難な場合があるので、菌体培地を余分に作成するなどの工夫をする。また、ワーリングブレンダー等を保有しない場合は、オートクレーブした乳鉢と乳棒と海砂を用いて菌体破砕することで代用できる。

非フェノール性 β-O-4 型リグニンモデル二量体（基質）の添加

基質としては、3.2 に記載されたリグニンモデル化合物を使用する。ここでは、非フェノール性 β-O-4 型リグニンモデル二量体として、4位のフェノール性水酸基をエチル基でブロックした化合物（1）を用いる。基質添加量に決まりはないが、三角フラスコ1本につき 1〜5 mg（約 3〜15 μmol）の基質をジメチルホルムアミド（DMF）100 μL に溶解し、滅菌せずに加える。基質は、培地上面に成長した菌糸マットを壊さないように、ゆっくり三角フラスコを傾けて、菌体下部の培地中に静かに添加する。添加後は、培地をゆっくりかき混ぜた後、再度静置培養を続ける。コントロール実験として、菌体を添加せず基質のみを加えた培地、菌体のみの培地を用意し、同条件下で培養する。

分解物の抽出

所定時間培養後、1 M 塩酸を用いて培養液の pH を 2 に調整した後、全量を菌体ごと分液ロートに移し、20 mL の酢酸エチルで 3 回抽出する。酢酸エチル抽出物は併せて分液ロートに移し、飽和食塩水で pH が中性近くになるまで複数回洗浄する。酢酸エチル層は無水硫酸ナトリウムを加えた三角フラスコに移し、脱水した後、ナス型フ

ラスコに入れてロータリーエバポレーターで濃縮する。最後に、真空ポンプを用いて完全に濃縮する。培養時間については様々であるが、筆者の例を挙げると、3日間（72時間）の培養により、7.3.1.3 に記載した GC-MS 分析可能な量の分解物が生成する。

7.3.1.2　ラッカーゼ-メディエーター系を用いた非フェノール性リグニンモデル化合物の分解

器具、機器
①恒温インキュベーター
②ロータリーエバポレーター
③真空ポンプ

装置
①反応容器：1 mL ガラス製ミニバイアルなど
②その他：マイクロシリンジ、分液ロート、ナス型フラスコなど

ラッカーゼおよびラッカーゼ-メディエーター

　ラッカーゼは、フェノール性化合物の一電子酸化を触媒するが、ラッカーゼは単独では非フェノール性化合物を酸化できない[1,4]。しかしながら、反応系に適切なラジカルメディエーターが存在すると、非フェノール性化合物に対しても一電子酸化を触媒することが提案されている。非天然型化合物ではあるが、1-ヒドロキシベンゾトリアゾール（HBT）が強力なメディエーターとして知られている。ここでは、7.3.1.1 と同じ非フェノール性 β-O-4 型リグニンモデル二量体（1）を用いたラッカーゼ-HBT 系による分解実験を記述する。

ラッカーゼの調製

　ラッカーゼは、Fåraheus と Reinhammer[4,5] の方法にしたがって調製する。得られたラッカーゼ粗酵素溶液は、イオン交換クロマトグラフィー（DEAE-Bio-Gel® A など）で部分精製して使用することが望ましい。また、LiP[3] および MnP[6] 活性が酵素液にないことを確認する。

ラッカーゼ活性の測定

　1 mM 2,6-ジメトキシフェノールを含む 50 mM マロン酸緩衝液（pH 4.5）に所定量の酵素溶液を加え、30℃でインキュベートし、470 nm における酸化生成物の吸光度増加を測定する。1 秒間に 1 nmol の酸化生成物（$\varepsilon_{470} = 49.6$ mM^{-1}cm^{-1}）を生成する酵素量を 1 nkat と定義する。なお、MnP 活性は、この系に 0.2 mM 過酸化水素および 1 mM 硫酸マンガンを共存させることで測定できる。

ラッカーゼ-HBT 系による非フェノール性リグニンモデル二量体の分解

　0.2 M 酢酸緩衝液あるいは McIlvain 緩衝液（pH 4.0）300 µL の入った 1 mL ミニバイアル管に、二量体（1）1 µmol、1-HBT 0.7 mol を、それぞれ 10 µL の DMF 溶液と

してガラスシリンジを用いて加える。最後にラッカーゼ（10〜20 nkat）を添加して30℃で1時間撹拌する。反応溶液は、分液ロートに酢酸エチル 20 mL で洗い込み、水 10 mL を加えて分配する。酢酸エチル層は、飽和食塩水 10 mL で洗浄し、無水硫酸ナトリウムを加えた三角フラスコに移し脱水した後、ナス型フラスコに入れロータリーエバポレーターで濃縮する。最後に、真空ポンプを用いて完全に濃縮する。コントロールとして、HBT を加えないもの、失活させたラッカーゼを加えたものを用いた実験を行う。

7.3.1.3 分解生成物の誘導体化と GC-MS 等による分析

器具、機器
①ガスクロマトグラフ質量分析計

装置
① GC カラム：DB-1（J & W Scientific, 長さ 30 m、内径 0.25 mm、膜厚 1 μm）あるいは同等の無極性（100％ジメチルポリシロキサン）カラム
②その他：マイクロシリンジ、ミクロ試験管など

誘導体化

GC-MS 分析を容易にするために分解産物はアセチル（Ac）化する。アセチル誘導体は比較的安定であり、濃縮・乾固して冷凍保存すれば、繰り返し分析できる点で有利である。トリメチルシリル（TMS）化も GC-MS 分析には有効であるが、保護基の脱離が起こるため保存できない。ただ、カルボキシ基はアセチル化されないため、カルボン酸を有する分解物が予想された場合は、TMS 化処理を行う。ジアゾメタンを用いてカルボキシ基をメチル化すれば冷凍保存可能であるが、ジアゾメタンの取り扱いには注意する必要がある。

また、化合物の同定には、合成標品との保持時間およびマススペクトルを比較する必要がある（することが望ましい）。アセチル化した標品が分析可能な状態で保存できる点でも、アセチル誘導体化は便利である。

アセチル誘導体

濃縮した分解生成物の入ったナス型フラスコに、ピリジン 1 mL と無水酢酸 1 mL を添加し、室温で 15 時間以上撹拌する。反応後、フラスコに共沸溶媒としてトルエン 5 mL 加え、ロータリーエバポレーターを用いて反応試薬を留去する。この操作を数回繰り返し、最後に、真空ポンプを用いて完全に濃縮する。

ラッカーゼ-HBT 系のように反応サイズが小さい場合は、ピリジンと無水酢酸 10 滴ずつ添加するだけでも反応は充分進行する。また、酢酸エチルを補助溶媒として加えてもよい。

TMS 誘導体

様々な TMS 化剤が市販されているが[7]、筆者は、TMSI-H（ヘキサメチルジシラザ

ン：トリメチルクロロシラン：ピリジン＝2：1：10、ジーエルサイエンス）を使用している。

GC-MS分析

まず、GC-MS分析に使用する濃度にサンプル溶液を調製する。アセチル誘導体の場合は、所定濃度（1 mg/mL）になるようサンプル全量をアセトンに溶解し、その1 μLをGC-MSに注入すればよい。一方、TMS誘導体の場合は、所定濃度（1 mg/mL）になるよう全量をアセトンに溶解した後、その20 μLをミクロ試験管に移し、濃縮・乾固した後、TMSI-H 20 μLを加えて火炎中で加熱沸騰させた後、その1 μLをGC-MSに注入する。

分析カラムは、DB-1（長さ30 m、内径0.25 mm、膜厚1 μm）等を使用する。分析条件は以下の通りである。注入口および検出器温度：250℃、カラム温度プログラム：初期温度150℃（1分保持）→150〜280℃（5℃/分昇温）→280℃（25分間保持）。分析の一例として、ラッカーゼ-HBTによる二量体（1）分解生成物のトータルイオンクロマトグラムと各化合物の分子イオンピークのマスクロマトグラムを図7.35に、各分解物誘導体のマススペクトルデータを表7.6に示す。

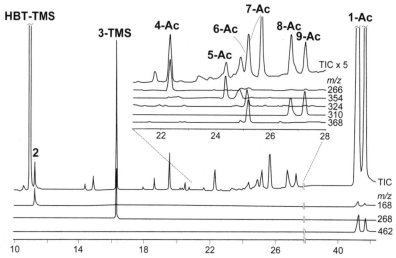

図7.35 ラッカーゼ-HBT処理した二量体（1）反応生成物のトータルイオンクロマトグラム（TIC、上段）と分解生成物誘導体の分子イオンピークのマスクロマトグラム（下段）
基質（1）は、エリスロ体とスレオ体の混合物であり2つのピークを有する。マスクロマトグラムの質量数（m/z）は、分解生成物の分子イオンピーク（M^+、表7.6）に相当するイオンのものである。

参考文献

1) 河合真吾（2013）植物細胞壁、西谷和彦、梅澤俊明編著、講談社、p.223-227

表 7.6　分解生成物の化学構造とマススペクトル

化合物番号	化学構造	*m/z*（相対強度）
2	(構造式)	168(M^+, 18), 138(5.6), 125(7.2), 112(10), 97(7.3), 80(24), 69(100)
3-TMS	(構造式)	268(M^+, 74), 253(96), 225(65), 210(100), 181(68), 179(53), 151(80), 123(28)
4-Ac	(構造式)	266(M^+, 14), 207(7.6), 206(26), 179(57), 152(9.4), 151(100), 123(18)
5-Ac	(構造式)	354(M^+, 7.6), 294(4.0), 223(6.3), 207(8.6), 206(24), 182(10), 181(100), 153(12), 125(12)
6-Ac	(構造式)	324(M^+, 4.6), 264(2.2), 191(4.0), 180(15), 179(100), 151(63), 123(14)
7-Ac	(構造式)	368(M^+, 5.3), 308(5.4), 223(6.0), 207(10), 206(27), 182(11), 181(100), 153(7.9), 125(10)
8-Ac	(構造式)	310(M^+, 8.5), 223(5.3), 206(3.2), 182(11), 181(100), 153(15), 151(8.2), 125(18)
9-Ac	(構造式)	310(M^+, 32), 207(5.4), 206(37), 179(11), 178(29), 177(18), 151(100), 133(24), 125(5.1)

2) Nakatsubo, F. et al. (1981) *Arch. Microbiol.* **128**, 416-420
3) Tien, M. & Kirk, K. (1988) *Methods in Enzymol.* **161**, 238-249
4) Kawai. S. et al. (2002) *Enz. Microb. Technol.* **30**, 482-489
5) Fåhraeus, G. & Reinhammer, B, (1967) *Acta Chem. Scand.* **21**, 2367-2378
6) Wariishi, H.et al. (1992) *J. Biol. Chem.* **267**, 23688-23695
7) 例えばジーエルサイエンス HP、技術情報－誘導体化試薬の使用例
   https://www.gls.co.jp/technique/technique_data/reagent/usage_of_derivatizing_agent/index.html
   （最終確認日 2022 年 11 月 16 日）

（河合真吾）

7.3.2 安定同位体標識化合物の合成と代謝物の解析

　モノリグノールの生合成経路は裸子植物、被子植物、単子葉植物により異なっており、芳香環の修飾（3位あるいは5位へのヒドロキシ基導入とメチル化によるメトキシ基の導入）とケイ皮酸側鎖末端（9位、リグニン化学ではγ位と表記されることが多い）の還元（-COOH から -CH$_2$OH に至る3ステップ）により複雑なメタボリックグリッド（碁盤目状）を構成している[1]。そのため、実際のモノリグノール代謝においてどの経路を通って生合成されているのか、完全にはわかっていない。

　in vitro（無細胞系）でのモノリグノール代謝研究では、酵素反応の速度論的解釈に基づき代謝経路をワンステップごとに理解することが可能である。一方で、植物組織を用いた投与実験では、ケイ皮酸より下流にあるリグニン生合成中間物質（モノリグノールグルコシドも含む）は、速やかに代謝され最終産物であるリグニンに取り込まれてしまうので、投与した前駆物質がどのような代謝経路を通ってリグニンに取り込まれたのかを知るためには、相応の工夫と努力が必要となる。

　リグニンはモノリグノールが酵素的脱水素重合により高分子化した繰り返し単位を持たない複雑な天然高分子である。また、その生成過程で細胞壁成分であるヘミセルロースと共有結合を形成すると考えられている。そのため、細胞壁からあるがままのリグニンを抽出することはできない。モノリグノールが高分子中に取り込まれてしまうと、その挙動を追跡することは極めて困難となる。そこで、リグニン前駆物質の特定の炭素（^{12}C）や水素（^{1}H）を安定同位体である ^{13}C や ^{2}H(D) で置き換えて標識し、木化進行中の植物組織に投与、吸収代謝させた後、標識されたリグニンの痕跡を解析することで、その代謝経路を推定する手法が数多くの研究でなされている。かつては、放射性同位体（^{14}C, ^{3}H）を用いて前駆物質の挙動が解明されてきたが、近年、質量分析、NMR分析技術の向上により、安定同位体を用いたトレーサー実験が可能となった。安定同位体トレーサー法は、放射性同位体トレーサー法より感度（極微量の取り込み量でも解析できる）では劣るものの、分子構造に直結する情報が得られるという利点がある。

　安定同位体標識リグニン前駆物質は、フェニルアラニン、*p*-クマール酸（http://www.sigmaaldrich.com/catalog/product/aldrich/722812、最終確認日2015年12月22日）など少数の化合物以外市販されていない。フェニルアラニンは二次代謝産物共通の前駆物質であるためリグニン代謝研究のトレーサー実験には限定的な利用しかできない。したがって、代謝経路を特定できるようにデザインされた前駆物質を安定同位体で標識して合成する必要がある。有機化学合成が可能な実験室、それを遂行するためのスキルも必要となる。安定同位体標識化合物を合成してくれる専門業者もあるが、驚くほど高額であるため、苦労してでも自前で合成するだけの価値はある。いろいろな場所の元素を自在に安定同位体で標識できる技術を身に付けると、分析過程におい

て用いる化学的分解法・各種スペクトル解析の特性を理解したうえで合理的な実験系を組むことができる。同じ前駆物質（リグニン生合成中間体）であっても、安定同位体元素による標識位置にバリエーションを持たすことができれば、得られる情報は格段に増える。

　上記のように安定同位体標識体は投与実験の基質として極めて有用であるが、加えて安定同位体希釈法による定量の内部標準としても重要である。例えば、フェニルアラニンからモノリグノールに至るケイ皮酸モノリグノール経路において、リグニン、リグナン、ネオリグナンなどの生合成に対する前駆体が供給される。そこで、リグニン生合成の代謝工学の標的は主にこの経路となるので、この経路上の化合物の定量が必要となる場合が多い。これらの化合物は、近年発展してきたメタボロミクスにより半定量的に分析することも可能であるが、正確に定量する方法として、重水素標識体を内部標準とする安定同位体希釈法による定量が報告されている[2]。本手法によれば、抽出や誘導体化が定量的に進行しなくても、正確な定量が出来る。例えば、シナピルアルコールのように室温下で不安定な化合物の場合、同条件下で安定な内部標準物質との比率が抽出などの過程で大きく変わり、正確な定量が出来ない。一方、安定同位体標識体を内部標準として使用すれば、内部標準と被定量物は同じように分解し、両者間の比率は一定であり、正確な定量が出来る。ケイ皮酸モノリグノール経路上の化合物に対する一連の標識体の合成は文献[2]において報告されている。

7.3.2.1　安定同位体標識化合物の合成

　前項でも述べたが、安定同位体元素による標識位置は、トレーサー実験における挙動解析において重要な意味をもつことになる。特定の位置に特定の安定同位体元素を戦略的に標識することが実験計画段階で必要となる。

　質量分析を用いて解析する場合は、天然に存在する同位体の影響をなくすために、できるだけ複数の同位体で標識して、マススペクトル上に現れる標識分子イオンあるいは標識フラグメントイオンが天然に存在するイオンよりも離れたm/z値を持っていることが望ましい。

※標識位置の重要性

　モノリグノール生合成は、複雑な経路を持つ代謝システム（輸送と供給機構も含む）であり、前駆物質の挙動を正確に把握するために化合物中の異なる場所に複数の安定同位元素を標識する場合がある。たとえば、メトキシ基を重水素3つ、9（γ）位のヒドロキシメチル基を重水素2つで置き換えたコニフェリルアルコール-[9-D_2, 3-OCD_3]（合計5つの重水素を有しており質量数で5増加）を広葉樹に投与すれば、その挙動を標識リグニンから推定することができる。シリンギル単位より派生するDerivatization Followed by Reductive Cleavage（DFRC）（**3.5.8**）生成物においてm/z値が5増えていることが確認できれば、コニフェリルアルコールの5位にメトキシ基

表 7.7 安定同位体トレーサー法に用いられる各種リグニン前駆物質（D = ^{2}H）

前駆物質の種類	前駆物質	標識位置	合成に必要な安定同位体試薬	合成方法を記した文献
ケイ皮酸類	p-クマール酸	3,5,7-D$_3$	MeOD, LiAlD$_4$	Sakakibara et al. (2007) 文献 2)
		芳香核-^{13}C$_6$	[U-ring-^{13}C$_6$]-4-ヒドロキシベンズアルデヒド	Sakakibara et al. (2007) 文献 2)
	カフェ酸	2,5,7-D$_3$	MeOD, LiAlD$_4$	Sakakibara et al. (2007) 文献 2)
	フェルラ酸	8-^{13}C, 3-OCD$_3$	[2-^{13}C]マロン酸 CD$_3$I	Yamauchi et al. (2003) 文献 4) Umezawa et al. (1991) 文献 5)
		2,5-D$_2$, -OCD$_3$	MeOD CD$_3$I	Sakakibara et al. (2007) 文献 2)
	5-ヒドロキシフェルラ酸	3-OCD$_3$	CD$_3$I	Sakakibara et al. (2007) 文献 2)
	シナップ酸	3-OCD$_3$	CD$_3$I	Sakakibara et al. (2007) 文献 2)
		8-^{13}C, 3,5-OCD$_3$	メタノール-d_4 [2-^{13}C]マロン酸	Yamauchi et al. (2002) 文献 6)
ケイ皮アルデヒド類	クマリルアルデヒド	3,5,7-D$_3$	MeOD, LiAlD$_4$	Sakakibara et al. (2007) 文献 2)
	カフェイルアルデヒド	2,5,7-D$_3$	MeOD, LiAlD$_4$	Sakakibara et al. (2007) 文献 2)
	コニフェリルアルデヒド	-OCD$_3$	CD$_3$I	Sakakibara et al. (2007) 文献 2)
	シナップアルデヒド	-OCD$_3$	CD$_3$I	Sakakibara et al. (2007) 文献 2)
モノリグノール類（リグニン化学においては、7位をα、8位をβ、9位をγと表記する場合がある。）	p-クマリルアルコール	3,5,7-D$_3$	MeOD, LiAlD$_4$	Sakakibara et al. (2007) 文献 2)
	カフェイルアルコール	2,5,7-D$_3$	MeOD, LiAlD$_4$	Sakakibara et al. (2007) 文献 2)
	コニフェリルアルコール	α-^{13}C	[^{13}C]二酸化炭素	Newman et al. (1986) 文献 7)
		β-^{13}C	[2-^{13}C]マロン酸	Tsuji et al. (2005) 文献 8)

前駆物質の種類	前駆物質	標識位置	合成に必要な安定同位体試薬	合成方法を記した文献
		$\gamma\text{-}^{13}\text{C}$	[^{13}C]二酸化炭素	Newman et al. (1986) 文献7)
		$\beta,\gamma\text{-}^{13}\text{C}_2$	[1,2-^{13}C$_2$]ホスホノ酢酸トリエチル	Newman et al. (1986) 文献7)
		9-D$_2$, -OCD$_3$	CD$_3$I, LiAlD$_4$	Umezawa et al. (1991) 文献5)
	5-ヒドロキシコニフェリルアルコール	3-OCD$_3$	CD$_3$I	Sakakibara et al. (2007) 文献2)
	シナピルアルコール	3-OCD$_3$	CD$_3$I	Sakakibara et al. (2007) 文献2)
モノリグノールグルコシド	コニフェリン	$\alpha\text{-}^{13}\text{C}$	[1-^{13}C]酢酸ナトリウム	Terashima et al. (1996) 文献9)
		$\beta\text{-}^{13}\text{C}$	[2-^{13}C]マロン酸	Terashima et al. (1996) 文献9)
		$\gamma\text{-}^{13}\text{C}$	[1,3-^{13}C$_2$]マロン酸	Terashima et al. (1996) 文献9)
		芳香核-1-^{13}C	[1-^{13}C]トリホルミルメタン	Parkås et al. (2004) 文献10)
		芳香核-3-^{13}C	[^{13}C]ホルムアルデヒド	Parkås et al. (2004) 文献10)
		芳香核-4-^{13}C	[^{13}C]シアン化ナトリウム	Terashima et al. (2003) 文献11)
		芳香核-5-^{13}C	[^{13}C]ヨードメタン	Terashima et al. (2003) 文献11)
		9-D$_2$, 8-^{13}C, 3-OCD$_3$	CD$_3$I, [2-^{13}C]マロン酸, NaBD$_4$	Tsuji et al. (2005) 文献8)
		8-^{13}C, 3-OCD$_3$	CD$_3$I, [2-^{13}C]マロン酸	Tsuji et al. (2005) 文献8)
その他	グルココニフェリルアルデヒド	9-^{13}C,D, -OCD$_3$	CD$_3$I, NaBD$_4$, [1,3-^{13}C$_2$]マロン酸	Tsuji et al. (2005) 文献8)

が導入されシナピルアルコールを経て、シリンギルリグニンに取り込まれたことを示す[3]。プラス4の質量数でシリンギルリグニンのDFRC生成物が得られれば、投与したコニフェリルアルコールはコニフェリルアルデヒドに戻った段階でシリンギル単位に転換したことを示唆する。プラス3の質量数でシリンギル単位のDFRC生成物が得られれば、フェルラ酸あるいはフェルロイルCoAの段階まで遡ってシリンギル単位に転換したことを示す。このように、投与する前駆物質の適切な場所を標識し情報を組み込ませることにより、複数の酵素反応を経て代謝される複雑な前駆物質の挙動をある程度推定することが可能となる。

器具、機器
①ロータリーエバポレーター
②核磁気共鳴装置
③薄層クロマトグラフィーおよびシリカゲルカラムクロマトグラフィー試薬・器具一式
④窒素ボンベ
⑤オイルバス
⑥ガスクロマトグラフ質量分析計（GC-MS）
⑦ドラフトチャンバー
⑧ミクロ合成のための精密天秤、ガラス器具等一式

試薬類
①安定同位体標識化合物
②試薬、合成用溶媒

操作

　安定同位体を用いてリグニン前駆物質の様々な位置を標識することができる。目的とする標識化合物とその合成方法を示した文献を**表7.7**にまとめる。

　安定同位体元素カタログにある市販の標識化合物を用いて、目的とする化合物を組立てていく、もしくは、重水素標識還元剤を用いて9（γ）位ヒドロキシメチル基に重水素を導入するなどの手法がある。各々の操作は、表中に示した文献を参照されたい。

7.3.2.2　安定同位体標識前駆物質の投与

植物試料の選択と前駆物質の投与法

　前駆物質の投与に際しては、植物にダメージを極力与えないよう、かつ、前駆物質が目的となる組織に効率よく移動・吸収されることが重要である。安定同位体トレーサー法では、分析に必要な十分な量の標識サンプルを得る必要があるため、長期間の代謝が必要になる場合が多い。針葉樹・イチョウの切り枝は水に挿しておくだけで、数週間から数か月成長し続ける場合もあるが、広葉樹切り枝（**図7.36a**）は数日で弱ってしまうことが多いので、採取してすぐに投与できることが望ましい。ポット植

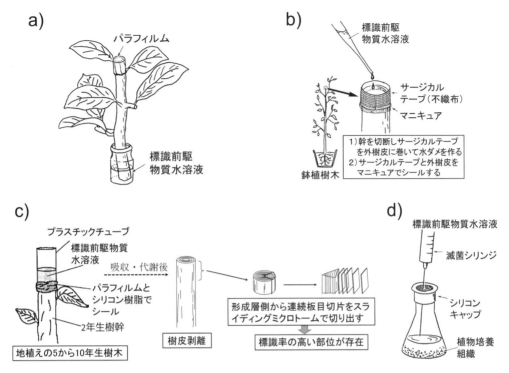

図 7.36 安定同位体標識リグニン前駆物質の投与方法
a) 広葉樹切り枝への投与　b) ポット植え樹木への投与
c) 屋外樹木への投与　　　d) 懸濁培養組織への投与

えの樹木樹幹を切断し、そこに水ダメを設けて前駆物質を投与する方法（図 7.36b）を用いると、長期間連続的に前駆物質を投与し続け、吸収代謝させることができる。多量に標識サンプルが必要な場合は、地植えの樹木樹幹を切断して水ダメを作って前駆物質を投与する（図 7.36c）。この場合、太い幹の幅広い分化中木部に前駆物質を長期間連続的に投与することができ、屋外の環境なので成長速度もある程度維持されるため、多量の標識サンプルを得るためには好都合である。前駆物質の吸収代謝が終わったら、樹皮を剥離し、できるだけ安定同位体でエンリッチされている部位を集めるために、スライディングミクロトームを用いて形成層側から連続板目切片を切り出す（図 7.36c）。もっとも標識率の高い部位をトレーサー実験に使うこと、すなわち、非標識部位ができるだけ混入しないようにすることが重要となる。

懸濁培養組織に投与する場合（図 7.36d）は、滅菌した前駆物質水溶液を培地中に加える。培地中の前駆物質の濃度を追跡することにより、前駆物質の細胞への吸収量を継時的に把握することができる。培養細胞や実生（幼植物）を用いた投与実験の場合は、そのまま、砕いたり、すり潰したりして分析に供する。

補足説明：放射性同位体トレーサー法との違い
　放射性同位体トレーサー法では極微量の前駆物質の取り込みでも代謝中の挙動を追

跡することができる（シンチレーションカウンターやフィルムへの感光により放射活性のみを追跡）ため、標識したい部位に小さな溝を作って投与したり、注射器で直接投与するなど、ごくわずかな標識試料を作成することで十分であった。安定同位体トレーサー法では、質量分析やNMR分析により分子レベルでの検出が求められるため、比較的多量の標識試料（数ミリから数十ミリグラム）が必要となる。標識前駆物質の大量投与、長期代謝が必要となるが、それが異常代謝を引き起こす可能性があるので、植物体の特性成分の標識には十分に考慮する必要がある。非標識前駆物質を同条件で投与し、未投与の試料と代謝異常が起きていないことをチェックする必要がある。安定同位体トレーサー法では、検出感度では劣るものの、分子レベルの情報が直接入手できるので、複雑な代謝経路を確実に解明することができるメリットを有する。

7.3.2.3 標識代謝物の解析

器具、機器

①ロータリーエバポレーター

②核磁気共鳴装置

③薄層クロマトグラフィー

④窒素ボンベ

⑤オイルバス

⑥ガスクロマトグラフ質量分析計（GC-MS）

⑦ドラフトチャンバー

試薬類

①安定同位体標識化合物

②試薬、合成用溶媒

操作

有機溶媒（エタノール、アセトン等）を用いて標識試料をソックスレー抽出し、残留前駆物質やリグニン以外の低分子化合物を除去する。

化学分析法

アルカリ性ニトロベンゼン酸化、チオアシドリシス、DFRC法などを用いて、有機化学的に高分子リグニンをモノマーあるいはダイマーレベルまで分解し、それら分解物を質量分析することにより、投与された前駆物質の安定同位体がどのような経路を辿ってリグニン高分子に取り込まれていたかを推測することができる。それぞれの化学分析法については3章に詳しく述べられているが、ここでは安定同位体トレーサー法に用いた場合の留意点について述べる。

アルカリ性ニトロベンゼン酸化：操作は比較的簡便であるが、分解物がC_6-C_1化合物（芳香族アルデヒド）であるため、側鎖8（β）、9（γ）位の情報は失われる（標識

位置は限定される)。草本植物においては、フェルロイルチラミンなどリグニン以外の代謝物も生成物中に芳香族アルデヒドを与えてしまうので注意を要する。

チオアシドリシス：主要生成物はβ-O-4型構造から派生したC_6-C_3化合物であるが、質量分析において検出できる分子イオン(C_6-C_3構造)は極めて少量しか検出されず、側鎖構造の情報を得るには不向きである。

DFRC：チオアシドリシス同様、リグニン中のβ-O-4型構造から派生したC_6-C_3化合物が得られるが、操作はやや複雑である。生成モノマーの質量分析においてC_6-C_3型のフラグメントイオンがはっきりと検出される。9(γ)位水素も分解過程で保持されるので、質量分析を用いた安定同位体トレーサー法には推奨できる分析法である。

質量分析における留意点：GC-MS分析において、安定同位体で標識した化合物は同じ化合物であってもリテンションタイムがわずかに異なっているから、シフトしたイオンフラグメントの強度からどの程度標識前駆物質由来の物が含まれているかを表す場合、クロマトグラム上のピークの始まりから終わりまですべての領域のマススペクトルとして表示させることが大事である。正確な標識率を算出するためには、選択したm/z値のクロマトピーク面積を用いて解析(天然に存在する同位体比率を考慮して補正)する必要がある。

NMR法

^{13}C標識リグニンは、通常、有機溶媒に溶かして^{13}C NMR分析に供する。標識植物試料より磨砕リグニン(milled wood lignin, MWL)を調製し、DMSO-d_6に溶解するか、微粉砕木粉をアセチル化した後、クロロホルム-dに溶解して測定する(2.1.2)。標識植物試料を微粉砕せず、そのまま固体NMR測定に供することもできる。特定のリグニン骨格炭素を^{13}Cでエンリッチした試料の^{13}C NMRスペクトルから非標識試料のスペクトルを差し引いた示差スペクトルが投与した前駆物質の標識炭素に起因するピークとして現れる。この手法により、あるがままのリグニンの詳細な帰属が可能となり、また、微量しか存在しない結合単位の頻度もある程度推定することが可能となった[12]。

現在、前駆物質(モノリグノールあるいはそのグルコシド)のほぼすべての位置の炭素を^{13}Cで標識できるようになり、^{13}C標識試料とNMR解析の組み合わせにより、より詳細なリグニン構造を解明する道は拓けつつある。課題は、リグニン中の標識率を上げること、^{13}C NMRの測定感度を上げることである。天然に存在する約1.1％の^{13}Cに対し、その数倍の濃度でリグニン中の特定炭素を^{13}Cでエンリッチすることが求められている。化学分解法と異なり、本法は周辺分子の情報も入手できることから、リグニンの超構造の理解にも繋がることが期待される。NMR測定・スペクトル解析に関しては、**2.1.2**を参照されたい。

安定同位体標識位置の可視化

投与した標識前駆物質が取り込まれた位置の確認は、飛行時間型二次イオン質量分析装置（TOF-SIMS）を用いて重水素イオン等の選択的なマッピングにより、サブミクロンスケールで達成できる（**4.4**）。MALDI-TOF-MS による標識位置の可視化も可能であるが、空間解像度は TOF-SIMS よりもかなり劣る。ナノ SIMS を用いたマッピングは高解像で感度も高いが、得られる情報は原子イオン、CN⁻イオン等に限られ、芳香核を有する分子イオンでの追跡は無理である。

参考文献

1) 横田信三ほか（2011）木質の形成―バイオマス科学への招待―（第2版）、福島和彦ほか編、海青社、p.275-402
2) Sakakibara, N. et al. (2007) *Org. Biomol. Chem.* **5**, 802-815
3) Chen, E. et al. (1999) *Planta* **207**, 597-603
4) Yamauchi, K. et al. (2003) *Planta* **216**, 496-501
5) Umezawa, T. et al. (1991) *J. Biol. Chem.* **266**, 10210-1021
6) Yamauchi, K. et al. (2002) *J. Agric. Food Chem.* **50**, 3222-3227
7) Newman, J. et al. (1986) *Holzforschung* **40**, 369-373
8) Tsuji, Y. et al. (2005) *Planta* **222**, 58-69
9) Terashima, N. et al. (1996) *Holzforschung* **50**, 151–155
10) Parkås, J. et al. (2004) *Nordic Pulp and Paper Res. J.* **19**, 44-52
11) Terashima, N. et al. (2003) *Holzforschung* **57**, 485–488
12) Terashima, N. et al. (1997) *Phytochemistry* **46**, 863-870

（福島和彦・梅澤俊明）

7.3.3 モノリグノール生合成と重合

リグニンを始め、リグナン、ネオリグナン、ノルリグナン、フラボノイド、スチルベン、アリルフェノールなど多くのフェニルプロパノイド化合物は、4-ヒドロキシケイ皮酸類やその還元型化合物である 4-ヒドロキシケイ皮アルコール類などから生成する。4-ヒドロキシケイ皮アルコール類は、リグニンモノマーとなることからモノリグノールとも呼ばれている。これらの化合物は、解糖系のホスホエノールピルビン酸とペントースリン酸経路のエリスロース 4-リン酸より、シキミ酸経路を経て生成するフェニルアラニンやチロシンに由来する。フェニルアラニンから 4-ヒドロキシケイ皮アルコール類に至る経路の名称については必ずしも定着した用語がなく、フェニルプロパノイド経路と呼ばれることも多い。しかし、フェニルプロパノイドにはさまざまなものが存在し、それぞれの化合物群に特異的な経路もフェニルプロパノイドの生合成経路という意味において一種のフェニルプロパノイド経路と言えることから、切り分けが不鮮明である。そこで、経路の最上流部のケイ皮酸と最下流のモノリグ

ノールを連結した「ケイ皮酸モノリグノール経路」という呼び方が適切であると考えられる[1]。

フェニルアラニンはフェニルアラニンアンモニアリアーゼ（PAL）によって脱アミノ化されケイ皮酸となる。次いで、ケイ皮酸はベンゼン環の修飾（水酸化とメチル化）と側鎖末端のカルボキシ基の活性化と還元とを経て、最終的に4-ヒドロキシケイ皮アルコール類へ至る（**図 7.37**）。なお、イネ科植物のPALはチロシンに対しても高い活性を示す。

ケイ皮酸は、次いでモノオキシゲナーゼであるケイ皮酸4-ヒドロキシラーゼ（C4H）により水酸化されp-クマール酸（4-クマール酸、4-ヒドロキシケイ皮酸）へ変換される。次いで、p-クマール酸は4-クマール酸：CoAリガーゼ（4CL）の作用により、

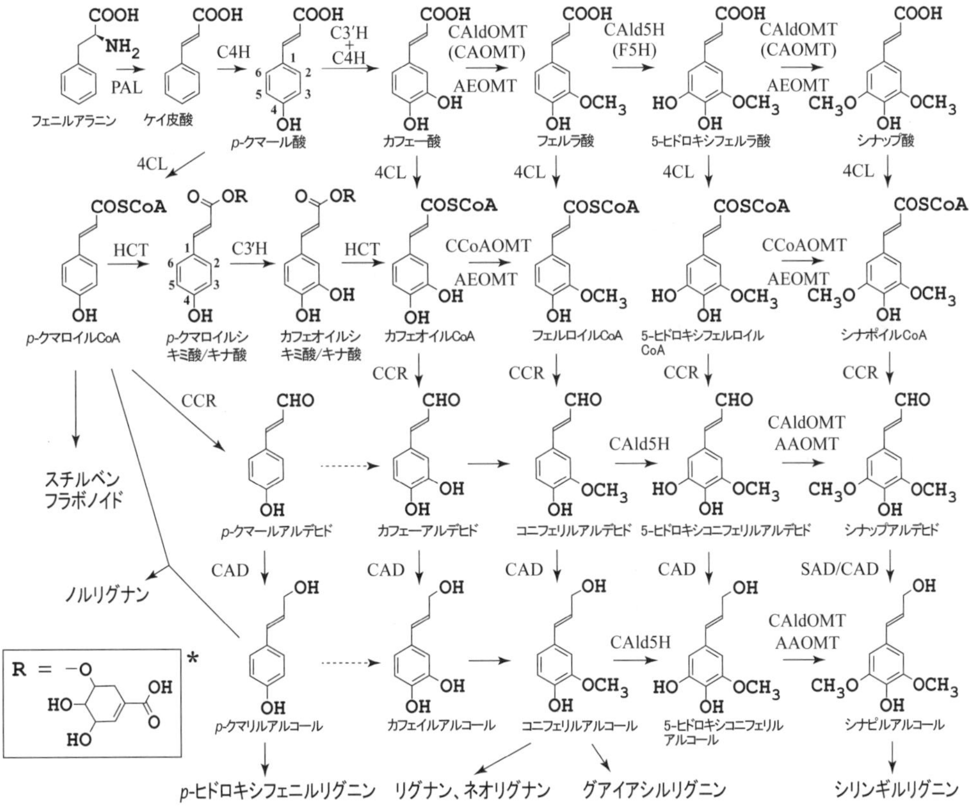

図 7.37 ケイ皮酸モノリグノール経路
PAL, phenylalanine ammonia-lyase; C4H, cinnamate 4-hydroxylase; C3'H, p-coumaroyl shikimate/quinate 3-hydroxylase; CAldOMT, 5-hydroxyconiferaldehyde O-methyltransferase; CAOMT, caffeic acid O-methyltransferase; AEOMT, hydroxycinnamic acids/hydroxycinnamoyl CoA esters O-methyltransferase; CAld5H, coniferaldehyde 5-hydroxylase; F5H, ferulate 5-hydroxylase; 4CL, 4-hydroxycinnamate CoA ligase; HCT, hydroxycinnamoyl CoA: shikimate/quinate hydroxycinnamoyl transferase; CCoAOMT, caffeoyl CoA O-methyltransferase; CCR, cinnamoyl CoA reductase; CAD, cinnamyl alcohol dehydrogenase; SAD, sinapyl alcohol dehydrogenase; AAOMT, 5-hydroxyconiferaldehyde/5-hydroxyconiferyl alcohol O-methyltransferase. ＊：シキミ酸エステルの構造のみ表示

p-クマロイル CoA へ変換される。次いで、p-クマロイル CoA は、ヒドロキシシンナモイルトランスフェラーゼ（HCT）の作用により、p-クマロイルシキミ酸に変換される。次いで、このエステルは 4-クマロイルシキミ酸/キナ酸 3-ヒドロキシラーゼ（C3′H）の作用により 3 位の水酸化を受ける。次いで、再び HCT の作用によりカフェオイル CoA に変換される。なお、p-クマール酸単位の 3 位の水酸化については、新たな展開が報告された。すなわち、C4H と C3′H の複合体は、4-クマール酸 3-ヒドロキシラーゼ（C3H）活性（p-クマール酸の 3 位の直接水酸化）を示すことが報告された。

次いで、カフェオイル CoA は、カフェオイル CoA O-メチルトランスフェラーゼ（CCoAOMT）の作用により、フェルロイル CoA に変換される。さらに、フェルロイル CoA は、ヒドロキシシンナモイル CoA レダクターゼ（CCR）の作用により、コニフェリルアルデヒドに還元され、さらにケイ皮アルコールデヒドロゲナーゼ（CAD）の作用によりコニフェリルアルコールに還元される。一方、コニフェリルアルデヒドがコニフェリルアルデヒド 5-ヒドロキシラーゼ（CAld5H）の作用により 5-ヒドロキシコニフェリルアルデヒドへと水酸化された後、5-ヒドロキシコニフェリルアルデヒド O-メチルトランスフェラーゼ（CAldOMT）の作用によりシナップアルデヒドに変換され、生成したシナップアルデヒドが CAD の作用により還元されることで、シナピルアルコールが生成する。また、コニフェリルアルコール→5-ヒドロキシコニフェリルアルコール→シナピルアルコールの変換も起こりうるとされている。p-クマリルアルコールも同様に、CCR、CAD の作用により p-クマロイル CoA より生成する。なお、シナップアルデヒドに対する選択性の高い CAD は、シナピルアルコールデヒドロゲナーゼ（SAD）と呼ばれている。また、p-クマロイル CoA からは、フラボノイド、スチルベンが生成する。

これらの経路は比較的少数の植物を用いて得られた結果に基づいて提案されているものであり、未検定の植物種では別経路をたどる可能性も捨てきれない。さらに、ストレスに応じて生成するリグニンや、リグナン等の生成に使われるモノリグノールが、上記の経路に従って生成するか否かについては今後の検証が必要である。

次いで、リグニンはモノリグノール類の脱水素重合により生成する。この反応は、ペルオキシダーゼにより触媒されることが古くから知られていたが、近年、組換え酵素がモノリグノールの脱水素重合を触媒すること、遺伝子発現の部位特異性が木化部位と重なること、遺伝子発現抑制組換え体においてリグニン含量が低下することなどから、ペルオキシダーゼの木化への関与が確実に示されている。また、ラッカーゼもモノリグノールの脱水素重合に与ることは間違いないとされている。

以上の経路および酵素については、紙数の関係上原著の引用を控えたが、これらの経路および酵素全般を扱った比較的最近の総説として文献[1〜3]があげられるので適宜

参照されたい。

　これらの酵素の基質特異性に関連して注意を要する点について、以下に若干記載する[1]。

1) 当該酵素に対し生理的に意味のある未知の基質が存在する可能性に注意を払う必要がある。例えば、シロイヌナズナのCAldOMTは、フラボノイドの効率的なメチル化を触媒する。

2) *in vitro* 実験で、ある酵素の基質となりうる一連の化合物について、そのうちのある化合物が、他の化合物の反応の阻害剤となる例が多数報告されている。例えば、複数の植物種のCAldOMTについて、5-ヒドロキシコニフェリルアルデヒドがカフェー酸、5-ヒドロキシフェルラ酸、あるいは5-ヒドロキシコニフェリルアルコールのメチル化を阻害することが報告されている。同様の例は4CLやCCRについても報告されており、碁盤の目状に並行する複数の代謝経路が可能な場合に主要な経路を決定する際の根拠の一つとなっている。

3) 単一の植物種が持つ相同性の高い酵素間で基質特異性が大きく異なる場合がある。例えば、シロイヌナズナのシトクロムP450型水酸化酵素（CYP）であるCYP84A4はシロイヌナズナのCAld5H（CYP84A1）と相同性が高いが、CAld5Hとは異なり*p*-クマールアルデヒドの3-位の水酸化（カフェーアルデヒドの生成）を触媒し、リグニン合成には関与していないとされている。

4) 配列の相同性が低いながらも、*in vitro* で同じ反応を触媒する酵素がある。例えば、ヒドロキシケイ皮酸/ヒドロキシシンナモイルCoAエステル*O*-メチルトランスフェラーゼ（AEOMT）は、CAldOMTとのアミノ酸配列の相同性が39〜41％程度であるが、カフェー酸の効率的なメチル化を触媒することができる。さらに、AEOMTは、CCoAOMTとは15〜17％程度しかアミノ酸配列の相同性を示さないが、CCoAOMTと同様にカフェオイルCoAエステルの効率的なメチル化も触媒することができる。一方、AEOMTやCAldOMTとはアミノ酸配列の相同性が低いが、ケイ皮酸モノリグノール経路上の種々の化合物の*O*-メチル化を触媒することの出来るOMT（AAOMTと命名された）が最近報告された[4]。同様の例はCADについても報告されている。すなわちユーカリ（*Eucalyptus gunnii*）のCADのうち、一般的なCADとは極めて低い相同性しか示さず、むしろCCRに高い相同性を示すものが知られている。他の例として、双子葉植物のCAld5H（F5H）と37％程度しか相同性を示さないイヌカタヒバ（*Selaginella moellendorffii*）のCYP788A1があげられる。この酵素は双子葉植物のCAld5H（F5H）と同様、コニフェリルアルデヒドとコニフェリルアルコールの5-位水酸化を触媒することができ、F5Hと称されている。しかし、この酵素は、双子葉植物のCAld5H（F5H）とは異なり、*p*-クマールアルデヒドと*p*-クマリルアルコールの3-位の水酸化も触媒する。

5) 2つの異なる種類の酵素を共存させることにより、それぞれの酵素が単独では示さない活性を示すようになる例が報告されている。すなわち、古くから多くの研究者が追い求めてきたにもかかわらずp-クマール酸の 3-位の水酸化を効率的に触媒する酵素（C3H）の遺伝子は知られていなかった。2000 年代に入りp-ヒドロキシフェニル核の 3-位の水酸化がp-クマロイルエステルの段階で起こることが報告され、この反応を触媒する酵素は C3′H と呼ばれてきた（C3H と呼ばれることもあり用語はやや混乱している）。しかし 2011 年末になり、C3′H と C4H を複合体として反応させるとp-クマール酸の 3-位の水酸化活性、すなわち C3H 活性、が現れたと報告された。

　これらの報告例は、代謝経路上のある反応段階に対応する酵素遺伝子の特定に際し、充分な注意が必要であることを示している。

　これらの酵素全般に関する詳細な実験法の記載は本稿の範囲を超えていることから、本稿では、以下に一例として CAldOMT の活性測定法についてのみ記載する。他の酵素の活性測定についても、反応後の分析法などには共通点が多い。なお、これらの酵素の活性測定法は文献[5,6]に、また基質調製法は[1,6,7]にまとめられている。

7.3.3.1　CAldOMT による 5-hydroxyconiferaldehyde の O-メチル化[8,9]

器具、機器
① 1.5 mL ポリプロピレン微量遠心管（マイクロチューブ）
② 微量高速遠心機、恒温槽
③ 1 mL ガラスミクロチューブ
④ その他の器具・機器：ピペットマン®（耐薬品性の商品が望ましい）、ボルテックス®、卓上遠心機
⑤ 氷入りバケツ

試薬類
① 基質：1 mM カフェー酸。市販のジメチルスホキシド（生化学研究用）に溶解させて 18 mg/mL（100 mM）溶液を調製しストック溶液とする。ストック溶液をオートクレーブ滅菌蒸留水で 0.18 mg/mL（1 mM）に希釈し、使用する。使用時以外は-20℃で保存する。
② 安定同位体標識内部標準化合物：フェルラ酸-d_3。市販のジメチルスホキシド（生化学研究用）に溶解させ 5 mg/mL 溶液を調製しストック溶液とする。ストック溶液をオートクレーブ滅菌蒸留水で 0.25 mg/mL に希釈し使用する。使用時以外は-20℃で保存する。
③ S-アデノシルメチオニン。滅菌水に溶解させ 5 mM 溶液として使用する。使用時以外は-20℃で保存する。
④ ジメチルスルホキシド／水 1:99（v/v）：ジメチルスホキシド（生化学研究用）をオートクレーブ滅菌蒸留水で 100 倍に希釈する。

その他の試薬：2 M 塩酸、塩化ナトリウム、酢酸エチル、無水硫酸ナトリウム等の試薬は市販の特級品を使用する。50 mM トリス塩酸緩衝液（pH 8.0）。

操作

①冷蔵庫等から取り出した酵素溶液、S-アデノシルメチオニン、内部標準液は、用時まで氷上（氷入りバケツ）で保存する。

②反応容器（1.5 mL ポリプロピレン（PP）チューブ）に以下の試薬などを以下の順に室温で手早く添加する。

50 mM トリス塩酸緩衝液（pH 8.0）（38.4 μL）

5 mM S-アデノシルメチオニン（1.6 μL）

1 mM カフェー酸（20.0 μL）

酵素溶液（120 μL）

直ちに、反応容器のふたを閉め、容器の先端（ふたの反対側）を指で軽くはじくことにより反応溶液を撹拌する。続いて直ちに卓上遠心機で数秒間遠心することにより、反応液を容器の底に集める。

③直ちに反応容器を 30°C に設定した恒温槽に入れ、1 時間反応させる。

後処理

①一定の時間反応後、直ちに卓上遠心機で数秒間遠心し、次いで 2 M 塩酸 200 μL、さらに酢酸エチル 0.5 mL を添加する。直ちにボルテックス®で撹拌し、次いで卓上遠心機でスピンダウンする。

②内部標準（0.25 mg/mL フェルラ酸-d_3）5.0 μL を添加し、ボルテックス®で撹拌後、微量高速遠心機（16,000 × g、5 分間、室温）で遠心する。

③得られた酢酸エチル層（上層）を新しい 1.5 mL PP チューブに移し、次いで飽和食塩水 50 μL 加え、ボルテックスし、遠心分離する。

④無水硫酸ナトリウム（100～150 mg 程度）を入れた新しい 1.5 mL PP チューブを用意し、得られた酢酸エチル層のみを移し、ボルテックス、次いで卓上遠心機でスピンダウンする。

⑤酢酸エチル層を 1 mL ガラスミクロチューブに移す。溶媒を減圧留去し、乾固させた試料を GC-MS 用サンプルとする。

トリメチルシリル（TMS）誘導体化

GC-MS 用サンプルに市販の N,O-ビス（トリメチルシリル）アセトアミド（BSA）をシリンジで 8 μL 添加し、容器を密閉した状態で 60°C、45 分間加熱した後、卓上遠心機でスピンダウンする。TMS 誘導体化したサンプルおよび BSA 試薬は湿気に対して不安定であるため、作業は素早く行う。また、BSA 試薬の添加に使用したシリンジを放置するとプランジャーが固まり動かなくなるため、使用後は速やかに特級メタノールで洗浄する。

GC-MS 分析

0.8 μL をガスクロマトグラフに注入する。TMS 化サンプルの分析は Shimadzu HiCap-CBP10 キャピラリーカラム（長さ 25 m、内径 0.22 mm、膜厚 0.25 μm）を使用する。分離条件は次のとおりである。インジェクションポート温度：240℃、インタフェース温度：250℃、カラム温度プログラム：初期温度、40℃で 2 分間保持、40〜230℃まで 40℃/分で昇温、230℃で 5 分間保持、注入方法：スプリットレスモード、キャリアーガス：ヘリウム、キャリアーガスのカラム入り口圧：35 kPa、カラム流量：0.7 mL/分、線速度：38 cm/sec、全流量：50 mL/分。重水素標識体の M^+（m/z 341）のクロマトグラム面積に対する非標識反応生成物の M^+（m/z 338）のクロマトグラム面積比から、生成物量を計算する。

参考文献

1) 梅澤俊明（2013）植物細胞壁、西谷和彦、梅澤俊明編著、講談社、p.72-83、322-325
2) Ferrer, J.-L. et al.（2008）*Plant Physiol. Biochem.* **46**, 356-370
3) Umezawa, T.（2010）*Phytochemistry Rev.* **9**, 1-17
4) Nakatsubo, T. et al.（2014）*Plant Biotechnol.* **31**, 545-553
5) Strack, D. & Mock, H.P.（1993）Methods in Plant Biochemistry Vol. 9 Enzymes of Secondary Metabolism（Lea P. J. ed.）, Academic Press p.45-97
6) 南川隆雄、吉田精一（1981）高等植物の二次代謝研究法、学会出版センター
7) 岸本崇生（2009）木材学会誌、**55**、187-197
8) Nakatsubo, T. et al.（2008）*J. Wood. Sci.* **54**, 312-317
9) Koshiba, T.（2013）*Plant Biotechnol.* **30**, 157-167

（梅澤俊明）

第8章 植物の免疫と防御応答の分子機構
―免疫と防御応答に関係する糖鎖―

　植物は微生物に特徴的な分子群（微生物分子パターン、MAMPs あるいは PAMPs と称される）を認識することでその感染を検出し、防御応答を開始する能力をもっている。この仕組みによって植物はさまざまな潜在的病原菌から身を守ることができると考えられている。こうした MAMPs/PAMPs の多くは微生物の細胞壁由来の多糖類であり、真菌類のキチン、β-グルカンや細菌のペプチドグリカンは代表的なものである。中でも真菌類の細胞壁の骨格を形成しているキチンの断片（キチンオリゴ糖）は、広範な植物種に防御応答を誘導することが知られており、イネ（*Oryza sativa*）やシロイヌナズナ（*Arabidopsis thaliana*）でその受容体や下流のシグナル伝達機構の研究が進められている。本章では植物免疫系解析の代表例としてキチン認識・応答系を取り上げ、関連する実験技術を紹介する。以下、本稿では、キチンオリゴ糖の調製法、培養細胞を用いたエリシター応答の測定法、キチン受容体の親和性標識による解析法および受容体の単離・精製法について述べる。

8.1　キチンオリゴ糖の調製

　生物活性の高いキチンオリゴ糖（重合度 6～8）の市販品は極めて入手が困難である。現在、筆者が知る限りでは、スウェーデンの IsoSep AB（info@isosep.com）および ELYCITYL（contact@elicityl.fr）という会社のみがキチンオリゴ糖 7、8 量体を市販している（後者の方が価格は安い）。一方、自分で調製する場合、こうした重合度の高いキチンオリゴ糖は水溶性が低いため、筆者らは対応するキトサンオリゴ糖をアセチル化してキチンオリゴ糖に変換している。ここではこうしたキトサンオリゴ糖が入手できた場合に、アセチル化によってキチンオリゴ糖を調製する方法について述べる（キトサンオリゴ糖およびキチンオリゴ糖の一般的調製法に関しては成書[1]を参照）。

器具、機器
①ガラス製ビーカーおよびグラスフィルター
②マグネチックスターラー
③ロータリーエバポレーター
④凍結乾燥機
⑤低速遠心分離機

試薬類

①キトサンオリゴ糖

②H^+型の Dowex®-X4 樹脂：使用直前に 1 M 水酸化ナトリウム水溶液、1 M 塩酸処理、純水洗浄して使用すると、着色物の溶出を最小限に抑えられる。

③その他の試薬：無水酢酸、Milli-Q® 水あるいは蒸留水

操作

①キトサンオリゴ糖 50 mg を 25 mL の 10％$NaHCO_3$（1.2 M）溶液に溶かす（透明溶液）。

②スターラーで撹拌しながら 2.5 mL の無水酢酸を 15 分おきに 1、1、0.5 mL ずつに分けて添加する（炭酸ガスの気泡が発生する）。

③室温で 2 時間反応させる。

④H^+型の Dowex®-X4、50 mL をグラスフィルター（100〜160 μm など、メッシュサイズは樹脂がトラップできればよい。）に詰めたものを用意し、反応液を通過させてNa^+イオンを除去する。200 mL 程度の超純水でイオン交換樹脂を洗い、キチンオリゴ糖を回収する。

⑤ロータリーエバポレーターで濃縮し、凍結乾燥する（イオン交換樹脂から溶出する色素で着色する）。

⑥少量の 50％エタノールで洗浄、着色物を溶解後、遠心分離して上清を除去する。

⑦超純水に懸濁した後、凍結乾燥する。通常 50％以上の回収率で高純度の産物が得られる（Elson-Morgan 法[2]による定量に基づく評価）。

⑧重合度の高いキチンオリゴ糖（七、八糖）は溶解性が低く、とくに加熱すると沈殿しやすい。このため、氷冷した容器中で超音波処理によりストック溶液（0.05〜0.1％）を調製し、小分けして冷凍保存する。これを希釈したものを用いて実験を行う。

〈渋谷直人〉

8.2 イネ培養細胞を用いたエリシター応答解析

MAMPs/PAMPs などのエリシターを認識した植物細胞はさまざまな防御応答を開始する。これらの中で、防御応答の指標としてもっともよく利用されているものの一つに活性酸素の生成がある。ここでは、イネ培養細胞系にキチンオリゴ糖などのエリシターを投与し、活性酸素の生成を経時的に測定する方法について紹介する。

イネ培養細胞

培養細胞は改変 N6D 培地で 25℃、暗条件、120 rpm で培養したものを用いる。1 週間ごとに継代作業を行い、隔週でステンレスメッシュ（メッシュサイズ、125 μm）を用いた裏ごし操作により細胞塊を一定サイズ以下に保つ。

器具、機器

①発光マイクロプレートリーダー：Centro LB960（Berthold）あるいは同等の機能をもつものを用いる。試験管式の発光分析装置も使用可能であるが、サンプル、試薬量などを調整する必要がある。

②インキュベーター：サーモミキサー（Eppendorf）を用いる。マイクロチューブがローターリー型に振とう可能であり、室温で実験可能であれば特に問題はない。

試薬類

① 1.1 mM ルミノール溶液：9.74 mg の試薬を 50 mL のリン酸緩衝液（50 mM、pH 7.9）に溶解し、一晩撹拌したのち、遠心もしくはフィルターろ過によって不溶性の部分を取り除く。

② 14 mM フェリシアン化カリウム溶液：純水に試薬を溶解する。

操作

①対数増殖期にある継代後 4、5 日目の培養細胞を用意する。アスピレーターによって培地を除去し、細胞を回収する。

②天秤で 40 mg の細胞を計量し、あらかじめ 2 mL マイクロチューブに分注しておいた 1 mL の新しい培地に懸濁する。マイクロチューブは丸底のものが望ましい。

③サーモミキサーを用い、25℃、750 rpm にて 30 分間振とうし、プレインキュベートする。回転速度は培養細胞が培地中で沈まない程度とする。

④プレインキュベート終了後、速やかに各エリシターを含む水溶液 10 μL を加える。

⑤エリシター溶液を加える直前を 0 分とし、そこから経時的に培地のみを 10 μL ずつサンプリングしていく。サンプリングした培地は白色の 96 ウェルプレートに移し、速やかに発光マイクロプレートリーダーによって活性酸素量を測定する。活性酸素の測定は、あらかじめ設定したプログラムによって装置のインジェクターからルミノール溶液を 50 μL 添加、2 秒間放置後にフェリシアン化カリウム溶液を 100 μL 加え、この直後から 10 秒間の発光を測定する。また、遺伝子発現の解析を行う場合は、エリシター処理後適当な時間で培地を取り除き、細胞をマイクロチューブごと液体窒素で凍結させる。凍結した細胞を破砕して RNA 抽出を行い、遺伝子発現解析用の試料とする。

⑥発光量として測定した活性酸素濃度は、過酸化水素の検量線を用いて算出する（**図 8.1**）。

　本手法は活性酸素応答解析、遺伝子発現解析以外にも応用可能である。遺伝子発現解析と同様に回収した細胞からは植物ホルモンの一斉分析やエバンスブルー染色による細胞死誘導の解析を行うことも可能である[3,4]。一方で培地中からは蓄積した抗菌性物質（ファイトアレキシン）の定量も可能である[5]。さらに、シロイヌナズナの培養細胞や幼植物体、リーフディスクを用いた活性酸素応答解析も基本的には同様の操

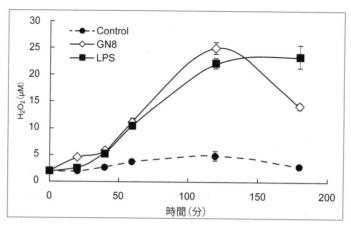

図 8.1　エリシターによる活性酸素生成の誘導
キチンオリゴ糖 8 量体（GN8）または LPS（リポ多糖、*Pseudomonas aeruginosa* 由来）をそれぞれ最終濃度 1 nM あるいは 50 μg/mL で処理した場合の結果：活性酸素生成はエリシター処理後 30 分をピークとする遺伝子発現を必要としない一相目の応答と、120 分をピークとし遺伝子発現を必要とする二相目の応答が確認される。（文献 3 を改変して転載）

作で解析が可能である[3,6]。

（出崎能丈）

8.3　親和性標識実験

　親和性標識実験は、糖鎖リガンド - 受容体の分子間相互作用解析に有用な手法である。親和性標識実験を行うためには標識リガンドが必要となり、例えば放射性標識リガンドやビオチン標識リガンドが用いられる。ここではイネのキチン受容体の親和性標識実験による解析において、ビオチン標識糖鎖リガンドとしてビオチン化キチンオリゴ糖を用いた実験を紹介する[7,8]。親和性標識後、ウエスタンブロッティングによりイネ由来ミクロソーム膜画分中のキチン受容体を検出できるだけでなく、キチン - キチン受容体の結合特性解析を行うことができる。

器具、機器
①ミニスラブ電気泳動装置
②ウエスタンブロッティング装置
③ルミノ・イメージアナライザー：ImageQuant LAS 4000（Cytiva）など

試薬
①ビオチン化キチンオリゴ糖[7]：5 mg キチンオリゴ糖 8 量体と 25 mg biocytin hydrazide を含む水溶液に 6.25 mg NaCNBH$_3$ を加え、80℃で 1 時間反応後、室温で一晩静置する。還元的アミノ化反応により調製したビオチン化キチンオリゴ糖は、ゲルろ過クロマトグラフィー（Bio-Gel®-P2、バイオ・ラッド）および逆相 HPLC（ODS-

3、ジーエルサイエンス）により精製する。

② 架橋剤：EGS［ethylene glycol bis (succinimidyl succinate)］、DTSSP［3,3′-dithobis (sulfosuccinimidyl propionate)］、グルタルアルデヒドなど：架橋剤は使用直前に純水またはDMSOを用いて調製する。

③ ビオチン化リガンド結合タンパク質検出試薬：抗ビオチン抗体（Bethyl Laboratories）、アビジン-HPR（Thermo Scientific）

操作

親和性標識実験およびリガンド結合タンパク質の検出：

　糖鎖受容体がキチン受容体のような膜タンパク質である場合、膜タンパク質画分を調製する。イネ培養細胞より調製したミクロソーム膜画分20 µgを30 µLのPBS（pH 7.2）で懸濁する。ビオチン化キチンオリゴ糖（0.4 µM）と混合後、氷上で30分静置する。架橋剤として3% EGSを反応液の1/10量添加し、直ちに撹拌する。EGSはアミノ基どうしを架橋する架橋剤である。本実験で用いたビオチン化キチンオリゴ糖には分子内にアミノ基が存在するため、EGSによりビオチン化キチンオリゴ糖近傍に存在するタンパク質と架橋が形成される。反応液を室温に30分静置した後、1 M Tris溶液を加え撹拌し、室温に5分静置することで過剰の架橋剤とTrisを反応させ、架橋反応を停止する。

　親和性標識を行った膜画分は、ウエスタンブロッティングにより受容体検出を行う。親和性標識後の反応液にSDS-PAGEサンプル緩衝液を加え、95℃で5分間熱処理を行う。サンプル溶液はSDS-PAGEにより分離し、ウエスタンブロッティングによりPVDF膜（Immun-Blot PVDF メンブレン、バイオ・ラッド）に転写する[9]。転写後、PVDF膜をスキムミルクまたはBSA溶液を用いてブロッキングする。抗ビオチン抗体またはアビジンHRPにより、ビオチン化キチンオリゴ糖と架橋されたタンパク質を検出する。検出はルミノ・イメージアナライザーを用いて行う。イネ培養細胞のミクロソーム膜画分に対して、ビオチン化キチンオリゴ糖を用いた親和性標識実験を行った場合、50～75 kDa付近にキチン受容体CEBiP（Chitin elicitor binding protein）に対応するバンドが検出される（図8.2）。

　親和性標識後、ウエスタンブロッティングにより検出されたバンドが、リガンド構造特異的な相互作用により検出されていることを示すために、非標識リガンドを用いた競合阻害実験を併せて行う。競合阻害実験では、イネミクロソーム膜画分とビオチン化キチンオリゴ糖を混合する際に、ビオチン化キチンオリゴ糖の10～100倍量のキチンオリゴ糖を添加する。キチンオリゴ糖を添加した反応液では、CEBiPに対応するバンドが抗ビオチン抗体により検出されない（図8.2）。一方、キトサンオリゴ糖を用いて競合阻害実験を行った際にはCEBiP由来のバンドは検出される。このように目的リガンドと一部構造の異なる分子を用いて競合阻害実験を行うことで、受容体

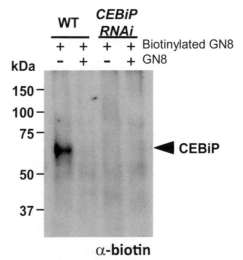

図 8.2 親和性標識実験によるキチン受容体 CEBiP の検出
イネ培養細胞（野生型、WT）より調製したミクロソーム膜画分に対して、ビオチン化キチンオリゴ糖（biotinylated GN8）を用いて親和性標識を行った結果を示す。SDS-PAGE、ウエスタンブロッティング後、抗ビオチン抗体により、ビオチン化キチンオリゴ糖と結合した CEBiP のバンドが検出される。一方、CEBiP ノックダウン変異体（*CEBiP-RNAi*）のミクロソーム画分では CEBiP は検出されない。また、ビオチン化キチンオリゴ糖の過剰量の未標識キチンオリゴ糖 8 量体（GN8）存在下で親和性標識を行った場合、CEBiP に対応するバンドは消失する。（文献 7 を改変して転載）

タンパク質の結合特異性を解析することが可能である。親和性強度の解析は、ビオチン化キチンオリゴ糖の添加量を振り、検出されたそれぞれのバンド強度を数値化して得られる飽和曲線より親和性を評価することが可能である[7]。

キチン受容体の精製実験例は 8.4 でも述べるが、ビオチン化リガンドを用いた親和性標識実験を行った後、アビジンビーズを用いてリガンド結合タンパク質を簡便に精製することも可能である。イネ原形質膜画分およびビオチン化キチンを用いて親和性標識を行い、可溶化後、アビジンビーズを用いてキチン結合タンパク質を精製した例があり、詳細は文献[7]を参照されたい。

（新屋友規）

8.4 受容体タンパク質の精製

膜結合型受容体は、一般に膜貫通型構造あるいは GPI アンカー型構造などで原形質膜に局在し、その存在量は微量であるため、一般的なタンパク質精製に比較してきめ細かい注意を必要とする。

受容体タンパク質を精製する上で注意すべき点の一つは、精製操作を行う前の膜画分の段階で可能な限り夾雑（きょうざつ）タンパク質を排除し、目的とする受容体を含む膜画分の純度を高めることである[10]。また精製操作のステップを極力減らすなど

の工夫を行い、目的タンパク質の損失を防ぐようにする。その上で、受容体タンパク質を生物活性や機能を保持した状態で可溶化するため、最適な界面活性剤の選択や濃度などの条件を検討する必要がある。この点に関しては、あらかじめ、多種類の界面活性剤が少量ずつ梱包されている市販キットを使用し、予備実験を行うことが有用である。

　以下、筆者らが実際に行ったイネ培養細胞の原形質膜からキチン受容体 CEBiP を精製した例[11]について具体的な実験方法を説明する（図8.3）。また、ここでは、イネ培養細胞から水性二層分配法を用いて高純度の原形質膜画分を単離し、Triton® X-100 で可溶化した膜タンパク画分から、リガンドとの親和性を利用したアフィニティークロマトグラフィーにより一段階で CEBiP を精製した実験例について述べる。受容体タンパク質はその特性に合わせて、通常のタンパク質精製と同様にイオン交換およびゲルろ過クロマトグラフィー等の方法を組み合わせて精製を行うことも可能であり、こうした点については一般的なタンパク質精製法の教科書等を参考にしてほしい。

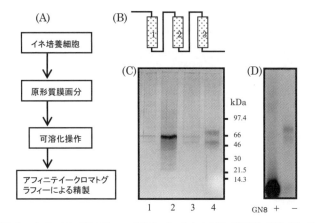

図 8.3　アフィニティークロマトグラフィーを用いたイネキチン受容体 CEBiP の精製
（A）受容体精製フローチャート
（B）受容体精製用の連結カラムのシステム
　　1）Sephadex™ G-75、2）Glycine-CH-Sepharose® 4B、3）GN8-APEA-CH-Sepharose® 4B
（C）銀染色法による各カラムの溶出タンパク質の解析
　　1. Sephadex™ G-75 カラムの Glycine-HCl 溶出画分
　　2. Glycine-CH-Sepharose® 4B カラムの Glycine-HCl 溶出画分
　　3. GN8-APEA-CH-Sepharose® 4B カラムの非エリシター糖による溶出画分
　　4. GN8-APEA-CH-Sepharose® 4B カラムの Glycine-HCl 溶出画分
（D）画分4の [^{125}I] APEA-GN8 誘導体による親和性標識実験
右側のレーンで精製タンパク質に相当する2本のバンドがキチンオリゴ糖に特異的に結合しているのが分かる。左側では非標識キチンオリゴ糖によって [^{125}I] APEA-GN8 による標識が阻害されている。（文献11を改変して転載）

準備するもの

イネ培養細胞の原形質膜画分：

イネ培養細胞(100 g)に1.5〜2倍量の破砕用緩衝液(50 mM Mes-Tris pH 7.6に0.3 Mショ糖、5 mM EDTA、5 mM EGTA、20 mM NaF、1 mM DTT、4 mM SHAM(salicylhydroxamic acid)、2 mM PMSF(Phenylmethylsulfonyl fluoride)、2.5 mM $Na_2S_2O_5$)を加え、冷却しながらヒスコトロンで破砕し、遠心分離(10,000 × g、10分、0℃)により沈殿物を除く。上清部は再度同様な条件で遠心分離を行い、その上清部は、さらに超遠心分離(100,000 × g、40分、4℃)を行い、沈殿部にミクロソーム膜画分を得る。この膜画分を用い、水性二層分配法[10]により高純度の原形質膜(PM)画分を得る。

器具、機器

① アフィニティーカラム：キチンオリゴ糖8量体(GN8)にAPEA(2-(4-aminophenyl) ethylamine)を還元アミノ化により付加させた誘導体(GN8-APEA)を、マニュアルに従ってActivated CH-Sepharoseゲル(Cytiva)に結合させる。この際、ゲルに残存する過剰な活性基はグリシンでブロックしておく。作製したGN8-APEA-CH-Sepharoseゲルを、シグマコートで前処理したエコノカラム(バイオ・ラッド)に詰める。また、ゲル担体等に非特異的に結合するタンパク質を除くため、2本のプレカラム(グリシンで処理したCH-Sepharose® (1 × 13 cm)とSephadex™ G-75 (1 × 19 cm))を準備し、GN8-APEA-CH-Sepharose®カラム(1 × 15 cm)の前に連結しておく。前処理として、1% Ovalbumin溶液を連結カラムシステムに通した後、0.17 M Glycine-HCl溶液(pH 2.3)で洗浄し、0.005% Triton® X-100を含むTBS(0.005 T-TBS)に平衡化しておく。

② フラクションコレクター：微量のサンプル(100から500 μL)が分取可能な機器を使用する。

③ 電気泳動装置：基本的にはどのメーカーのものでもよいが、パワーサプライを搭載したコンパクトなアトーの電気泳動装置が便利である。

④ ブロッティング装置

試薬類

① Triton® X-100：Polyethylene Glycol Mono-p-isooctylphenyl Ether(ナカライテスク)、純度の高いものを使用する。

② 膜可溶化溶液(0.5 T-TBS)：0.5% Triton® X-100を含む25 mM Tris-HCl緩衝液(0.1 M NaCl、2 mM DTT、1 mM $MgCl_2$、1 mM PMSF)

③ PVDF膜：イモビロン-Pメンブレン(メルク(日本ミリポア))を勧める。

操作

① PM画分(20.5 mg)をガラスホモジナイザーで均一に懸濁させたのち、0.5 T-TBS (0.6 mg PM/mL)を加え、4℃、60分間静置する。その後、超遠心分離(200,000 ×

g、60分）により上清部に可溶化膜画分を得る。

②連結した3本のカラム（**図8.3（B）**）に可溶化膜画分をできるだけゆっくりと供したのち、0.005 T-TBS（30 ml）および非エリシター性糖混合溶液（10 mL、キトサンオリゴ糖8量体とセロオリゴ糖6量体/0.005 T-TBS）で洗浄する。その後2本のプレカラムを外す。

③目的タンパク質は、GN8-APEA-CH-Sepharose®カラムから0.17 M Glycine-HCl溶液（pH 2.3）で溶出する。その際にあらかじめ溶出量の1/10量の1 M Tris溶液を入れたマイクロチューブを準備しておき、滴下した溶出液を直ちに中和する。

④分画した各チューブに1/10量の5 M NaCl水溶液、および溶出液の4.5倍量のメタノールを加え、-80℃に一晩放置後、遠心分離（20,630×g、2時間）により目的タンパク質画分を沈殿物として得る。

⑤各チューブにSDS電気泳動用サンプル緩衝液を加え、試料を溶解させ、SDSポリアクリルアミドゲル電気泳動により分離後、PVDF膜に転写し、CBB染色を行う。転写膜から目的バンドを切り出し、N末端ペプチドシークエンサーにて、N末端アミノ酸配列を決定する。また受容体タンパク質の内部アミノ酸配列は、電気泳動後のゲル断片を切り出し、リジルエンドペプチダーゼで処理し、HPLCで分画後、ペプチドシークエンサーで解析する。また、CBB染色法よりも検出感度の高い銀染色試薬であるEzStain Silver（アトー）は、グルタルアルデヒドを含まないため質量分析に供することが可能である。

（賀来華江）

参考文献

1) キチン、キトサン研究会（1995）キチン、キトサンハンドブック、技報堂、p.209-226
2) 福井作蔵（1990）還元糖の定量法（第2版）、学会出版センター、p.122-126
3) Desaki, Y. et al.（2006）*Plant Cell Physiol.* **47**, 1530-1540
4) Desaki, Y. et al.（2012）*Plos one* **7**, e51953
5) Kishi-Kaboshi, M. et al.（2010）*Plant J.* **63**, 599-612
6) Shinya, T. et al.（2014）*Plant J.* **79**, 56-66
7) Shinya, T. et al.（2010）*Plant Cell Physiol.* **51**, 262-270
8) Shinya, T. et al.（2012）*Plant Cell Physiol.* **53**, 1696-1706
9) 西方敬人（1996）細胞工学別冊、バイオ実験イラストレイテッド ⑤タンパクなんてこわくない、秀潤社
10) 吉田静夫、上村松生（1987）蛋白質核酸酵素　別冊、**30**、48-54
11) Kaku, H. et al.（2006）*Proc. Natl. Acad. Sci. USA* **103**, 11086-11091

第 9 章 データベース

9.1 理研バイオリソース

　生物学研究においては、生物実験材料（バイオリソース）の保存・開発と安定供給が重要である。こうした観点から、理化学研究所（理研）では、民間や個人研究者レベルでは維持、整備が難しい各種バイオリソースに関する専門の管理センター（ライフサイエンス推進部として 1974 年から関連業務を開始、理研バイオリソースセンターとしての活動開始は 2001 年から）を設置し、国内外の幅広い生物学研究を支えるバイオリソース拠点として活動してきた。具体的には、生物学研究に必要な実験モデル生物や研究遺伝子材料、変異体プールなどの実験材料の保存、整備、管理と提供に加え、これらのリソース利用に関連した基礎的な実験技術の移転などを行っている。2014 年 9 月の段階で、保有している実験植物材料が約 83 万株、遺伝子材料は約 380 万株、微生物材料は約 2 万株、そして細胞材料は約 9,500 株（世界最大）となっており、いずれについても世界の関連施設の中でも 3 本の指に入る規模を誇っている[1]。

　この中で、植物細胞壁研究に関連すると思われるバイオリソースを表にまとめた（表 9.1）。分子遺伝学的解析には欠かせないツールであるモデル植物シロイヌナズナについては、野生型種子コレクションや変異体種子プール、全長 cDNA クローンなど、基礎研究材料としてのリソースが充実している。また、さまざまな植物種由来の完全長 cDNA クローンの配布を行っており、幅広い植物種から一括して植物細胞壁関連遺伝子リソースを手に入れることができる。加えて特筆すべきは、年々充実感を増している植物培養細胞コレクションであろう。とくに懸濁培養細胞としては、広く研究材料として使われているシロイヌナズナ T87 細胞、タバコ BY-2 細胞を筆頭に、イネ Oc 細胞、ミヤコグサ Lj 細胞などが提供されている。2013 年からは、富山県立大学の荻田信二郎博士からの寄託を受けたタケ培養細胞 2 種類の提供が始まった。β-グルカン成分を高度に蓄積する細胞とのことで、非常に魅力的な細胞壁研究材料である。

　さらに、植物細胞壁分解者側である微生物材料についても紹介したい。理研バイオリソースセンターは新種登録株数世界第二位を誇る微生物リソース拠点でもあり、2022 年 10 月段階で木材腐朽菌やシロアリ腸内共生菌などを含む約 2 万 7 百株について提供を受けることが可能である。また、微生物ゲノム DNA サンプルやセルラーゼ高生産糸状菌（*Trichoderma reesei*）および超好熱古細菌（*Pyrococcus furiosus*）由来の

表 9.1　理研バイオリソースセンターから入手可能な植物細胞壁研究関連リソース

リソース種	由来生物種	生物の特徴	特徴
植物			
種子	シロイヌナズナ Arabidopsis thaliana	モデル双子葉植物	野生型コレクションやトランスポゾンタグライン、アクチベーションタグライン、完全長 cDNA 過剰発現ライン、さらに委託をうけた変異体やレポーターラインなどが入手可能
	ミナトカモジグサ Brachypodium distachyon	モデル単子葉植物	ゲノム解読に用いられた Bd21 系統の種子が入手可能
cDNA クローン	シロイヌナズナ Arabidopsis thaliana	モデル双子葉植物	約 1 万 7 千の完全長 cDNA クローン、約 23 万の 5' あるいは 3' 端 cDNA クローン、400 の転写因子 ORF クローンが入手可能
	ミナトカモジグサ Brachypodium distachyon	モデル単子葉植物	約 4 万の完全長 cDNA クローンが入手可能
	ヒメツリガネゴケ Physcomitrella patens	モデルコケ植物	基礎生物研究所から委託された完全長 cDNA クローンを含む約 15 万の EST クローンが入手可能
	ポプラ Populus nigra var. italica	モデル樹木（双子葉）	森林総合研究所から委託された完全長 cDNA クローンを含む約 2 万 3 千の EST クローンが入手可能
懸濁培養細胞	シロイヌナズナ Arabidopsis thaliana	モデル双子葉植物	T87 細胞：緑色細胞であり、連続光条件下で培養
	タバコ Nicotiana tabacum	実験モデルおよび実用作物（双子葉）	BY-2 細胞：増殖が早く 1 週間で約 100 倍に増殖する、暗所培養
	イネ Oryza sativa	実験モデルおよび実用作物（単子葉）	Oc 細胞：均一な細かい細胞塊からなる懸濁培養が可能、暗所培養
	ミヤコグサ Lotus japonicus B-129 Gifu	モデルマメ科植物（双子葉）	Lj 細胞：暗所培養
	タケ（ハチク） Phyllostachys nigra Munro var. Henonis	茎が木化する単子葉植物	Pn 細胞：細胞壁に β-グルカン成分を高度に蓄積、暗所培養 トランスクリプトームデータ公開予定
	タケ（マダケ） Phyllostachys bambusoides Sieb. et Zucc	茎が木化する単子葉植物	Pb 細胞：細胞壁に β-グルカン成分を高度に蓄積、暗所培養
微生物			
菌体	各種		細菌（放線菌を含む）約 1 万株、アーキア（古細菌）約 460 株、真菌（酵母と糸状菌）約 5 千株について入手可能
ゲノム DNA	各種		約 580 株について、ゲノム DNA サンプルが入手可能
cDNA クローン	Trichoderma reesei	セルラーゼ高生産性糸状菌	Biomass Collection として、セルロース糖化に関する酵素遺伝子 21 種の大腸菌内発現用ベクターが入手可能
	Pyrococcus furiosus	超好熱古細菌	Biomass Collection として、セルロース糖化に関する酵素遺伝子 4 種の大腸菌内発現用ベクターが入手可能

セルロース糖化関連酵素遺伝子材料を入手することができるため、微生物そのものの取り扱いが難しいような植物研究者にとっては、非常にありがたいシステムと言えよう。

　以上のように、植物細胞壁研究実験にあたって最初に必要とされるリソースの多く

が理研バイオリソースセンターから入手可能である。こうしたバイオリソース情報は、理研メタデータベース[2]において整理・公開されており、体系的に情報を検索することが可能である。こうしたさまざまな理研バイオリソースを十二分に活用し、ぜひともさらなる細胞壁研究の進展に活かしていただきたい。

参考文献

1) 理研バイオリソースセンター https://web.brc.riken.jp/ja/（最終確認日 2022 年 12 月 28 日）
2) 理研メタデータベース https://metadb.riken.jp（最終確認日 2022 年 12 月 28 日）

（大谷美沙都）

9.2　イネゲノムリソースとデータベース

　日本を中心とする国際イネゲノム配列解読コンソーシアム（IRGSP: International Rice Genome Sequencing Project）は、2004 年 12 月に作物としては最初となるイネの品種「日本晴（にっぽんばれ）」のゲノム解読を完了した。それと並行して、完全長 cDNA や既知のタンパク質配列、遺伝子予測プログラムを用いた遺伝子アノテーション解析が行われ、イネゲノム中には約 3 万個の遺伝子があることが分かった。それから 15 年以上が経過し、イネおよびイネ科作物の農業形質に関わる重要な遺伝子の単離や機能解析、多様性研究、比較ゲノム、分子進化研究が劇的に進展した。その背景には、イネを中心としたゲノム研究の中で開発、整備された様々なゲノムリソースやデータベース、多様な遺伝資源の存在が大きく、重要な役割を果たしたと考えられる。ここではイネおよびイネ科作物研究において有用なツールとなる研究リソースやデータベースを紹介する。

9.2.1　イネゲノムと遺伝子、ゲノム多様性情報

　2004 年のゲノム解読完了以降もイネのリファレンスゲノムは複数回の更新を経て、その配列精度は向上してきている。2013 年には現在でも最新版である高精度なリファレンスゲノム配列（Os-Nipponbare-Reference-IRGSP-1.0）が公開された。一方、遺伝子アノテーションについては、農業・食品産業技術総合研究機構（農研機構）の RAP-DB（Rice Annotation Project Database）や米国ジョージア大学の RGAP（Rice Genome Annotation Project）データベースなど、複数のウェブサイトから公開されている。それぞれの研究グループは独自のアノテーション手法を用いているため、同一のゲノム配列であっても提供される遺伝子アノテーションは異なる。ユーザは各データベースの特徴を理解し、自身の研究に適したものを選ぶ、もしくは複数のデータベースを見比べる必要がある。例えば、RAP-DB では日々公開されているイネ遺伝子に関する文献の精査（キュレーション）によって、遺伝子情報の追加や更新が定期的

に行われており、最新の遺伝子情報を閲覧することができる。

2000年代後半に登場した「超並列シーケンサー（次世代シーケンサー）」を代表とするシーケンシング技術の著しい進歩によって、様々な生物種の全ゲノム配列情報が容易に得られるようになった。フィリピンの国際イネ研究所（IRRI）が中心となって進められた「3K Rice Genome Project」では、3,010系統ものイネの全ゲノム配列データの解析によって、ゲノムワイドな多型情報が取得され、様々な形質情報と共に「Rice SNP-Seek Database」から公開されている。近年、このようなゲノムワイドな多型情報と様々な形質情報を利用したゲノムワイド連関解析（GWAS: Genome Wide Association Study）によって、様々な農業形質に関わる遺伝子の単離が報告されている。

さらに最近では長鎖DNAのシーケンシング技術も進歩し、非常にクオリティの高い長鎖DNA配列の解読が可能になってきている。長鎖型の超並列シーケンサーによって全ゲノム配列を解読してアセンブルすることで、染色体スケールにまでまとめられたリファレンスゲノム配列の作成が可能になっている。また、組織中の全トランスクリプトーム配列を解読することで、大量の完全長cDNA配列の取得も容易に行えるようになっている。現在、複数のイネ品種についてリファレンス級のゲノム配列が次々と解読、公開されてきている。そして、複数の品種、系統の全ゲノム配列を合わせて解析するパンゲノム研究が盛んに行われており、イネという作物種に共通するゲノム領域がある一方で、一部の品種や系統が特異的にもつゲノム領域が見つかっており、ゲノムと形質の多様性の関係が明らかになりつつある。

9.2.2 在来種・野生種等の多様な遺伝資源

様々な有用形質に関与する遺伝子の単離や画期的な新品種を開発するための育種素材として利用するため、多様な遺伝的特徴をもつ国内外の在来種や野生種等の遺伝資源の収集や保存が重要である。国立遺伝学研究所のOryzabaseではイネ属のほぼ全ての種が保存、整備されており、野生イネを中心に約1,700系統が整備されている。特に、イネ属18種から約170系統の代表系統を選んだ野生イネコアコレクションは様々な研究に用いられている。また、農研機構の農業生物資源ジーンバンク（NARO Genebank）では、在来イネを中心に2万3千点以上の系統が保存され、来歴や形質情報が閲覧できるデータベースが整備され、試験研究や教育用に種子の配布が行われている。特に研究用としては、遺伝的多様性を幅広くカバーする国内外の約120系統の在来イネから構成されるコアコレクションが整備されており、各系統の全ゲノム配列情報も合わせて提供されている。海外ではフィリピンのIRRIや中国の華中農業大学において、様々なイネ系統の収集や保存が行われており、全ゲノム配列および多型情報のデータベースも合わせて整備されている。

9.2.3 DNA、突然変異体および育種集団等のリソース

　我が国におけるイネゲノム研究は、1991年に農林水産省で開始され、大規模遺伝子解析のためのcDNA、遺伝地図作成のためのDNAマーカー（RFLP、STS、SSR）、物理地図作成のためのYAC/BAC/PAC等といったような研究リソースが作成された。その後、2003年にイネの完全長cDNA約3万7千クローンが公開・配布され、前述の通り、その配列情報は遺伝子アノテーションに用いられた。また、遺伝子単離や機能解析を目的として、様々な品種を材料とした放射線（ガンマ線、重イオンビーム）や化学物質（MNU、EMS等）、内在性レトロトランスポゾン挿入（Tos17）、T-DNA挿入等による突然変異系統群が作成、公開されてきている。さらに、遺伝解析のための材料として、組換え自殖系統（RIL、Recombinant Inbred Line）や戻し交雑自殖系統（BIL、Backcross Inbred Line）、染色体断片置換系統（CSSL、Chromosome Segment Substitution Line）が作出、公開されている。

　これらのリソースの中で特筆すべきものは、イネで最初に作出されたCSSLである。ゲノム研究によって開発された多数のDNAマーカーによって染色体上の様々な位置の遺伝子型判別が可能になり、CSSLが開発された。それはまさにゲノム研究が生み出した画期的なリソースである。CSSLの出現によって、それまでは不可能だと考えられていた量的形質遺伝子（QTL）、例えば出穂期や収量関連遺伝子などの農業上重要な遺伝子を単離することが可能になった。現在、このイネで開発された手法は、他のイネ科作物（コムギ、オオムギ等）やダイズ等の作物にも応用され、新たなリソースが多数作出されている。

9.2.4 イネ研究のためのデータベースや解析ツール

　本項で取り上げたものやそれ以外のものも含め、イネ研究において有用な国内外の主要なデータベースや解析ツールに関するウェブサイトを表9.2に示す。

表9.2　イネの様々なゲノムリソースや遺伝資源等の情報を提供するデータベース

名称	キーワード	URL情報	管理運営組織
Ensembl Plants	様々な植物のゲノムや遺伝子情報	https://plants.ensembl.org	EMBL-EBI
FitDB	イネのフィールドトランスクリプトーム	https://fitdb.dna.affrc.go.jp	農研機構
funRiceGenes	イネの遺伝子や文献情報	https://funricegenes.github.io	河南農業大学
Gramene	穀類の比較ゲノム、代謝、オントロジー情報	https://www.gramene.org	CSHL/Oregon State Univ.
IC4R	イネのゲノムや遺伝子、オミクス情報	http://ic4r.org	CNCB-NGDC
Kyushu University Rice Database	国内外のイネ遺伝資源	https://shigen.nig.ac.jp/rice/rice-kyushu/htdocs/	九州大学
NARO Genebank	国内外の在来イネ品種の遺伝資源	https://www.gene.affrc.go.jp	農研機構

名称	キーワード	URL 情報	管理運営組織
PLACE	植物の cis 制御因子情報	https://www.dna.affrc.go.jp/PLACE/	農研機構
OMAP	野生イネの BAC ライブラリ等の情報	http://www.omap.org	AGI/CSHL
Oryza Tag Line	T-DNA 挿入変異体	https://oryzatagline.cirad.fr	CIRAD
Oryzabase	野生イネの遺伝資源、遺伝子名や文献情報	https://shigen.nig.ac.jp/rice/oryzabase/	国立遺伝学研究所
PedigreeFinder	様々な作物の品種や系統の系譜情報	https://pedigree.db.naro.go.jp	農研機構
Phytozome	様々な植物のゲノムや遺伝子情報	https://phytozome-next.jgi.doe.gov	JGI
Plant GARDEN	様々な植物のゲノムやマーカー情報	https://plantgarden.jp	かずさ DNA 研究所
RAP-DB	イネのゲノムや遺伝子アノテーション情報	https://rapdb.dna.affrc.go.jp	農研機構
RGAP	イネのゲノムや遺伝子アノテーション情報	http://rice.uga.edu	University of Georgia
Rice SNP-Seek Database	3K Rice Genome Project の多様性情報	https://snp-seek.irri.org	IRIC/IRRI
RiceFREND	イネの共発現遺伝子ネットワーク	https://ricefrend.dna.affrc.go.jp	農研機構
RiceVarMap	イネの多様性情報	http://ricevarmap.ncpgr.cn	華中農業大学
RiceXPro	マイクロアレイによるイネ遺伝子発現情報	https://ricexpro.dna.affrc.go.jp	農研機構
RKD	キナーゼ遺伝子の多様性や発現情報	http://ricephylogenomics-khu.org/kinase/	Kyung Hee University
SALAD	植物で保存されているモチーフ情報	https://salad.dna.affrc.go.jp/salad/	農研機構
TENOR	RNA-Seq によるイネ遺伝子発現情報	https://tenor.dna.affrc.go.jp	農研機構
TRIM	T-DNA 挿入変異体	http://trim.sinica.edu.tw	Academia Sinica
イネ品種特性データベース	イネ品種の系譜や形質情報	https://ineweb.narcc.affrc.go.jp	農研機構

（最終確認日 2022 年 12 月 25 日）

　上述したゲノム情報を始めとした大量の塩基配列情報や遺伝子情報、育種素材や遺伝資源といった様々な研究リソースをいかに使いこなすかが、今後のイネゲノム研究および植物科学研究において非常に重要なポイントになるだろう。ここで紹介したウェブサイトやデータベースにぜひ一度アクセスして頂き、公開されている様々な有用な情報を今後の研究に活用して頂きたい。

（川原善浩）

9.3　CAZy データベース（http://www.cazy.org/）

　CAZy は、Bernard Henrissat 博士によって開発された分類法である。Enzyme Nomenclature（EC 番号の分類）が酵素の基質特異性に基づく分類であるのに対し、

CAZyの分類は、酵素のアミノ酸配列を基準とするものである。配列中の疎水クラスターのパターンを解析しているが、タンパク質が立体構造を取る際には疎水領域が内側、親水領域が外側に来るように折りたたまれるため、CAZyは酵素の立体構造を反映した分類となっている。同一のファミリーに分類された酵素は、例外なく同じフォールディングの立体構造をしており、活性残基の位置が一致し、同じ様式の反応メカニズム（アノマー保持型、非保持型）となるのが本分類の特徴である。糖質加水分解酵素（GH）[1〜5]の他、糖転移酵素（GT）[6,7]、多糖脱離酵素（PL）[8]、糖質エステラーゼ（CE）[8]、糖結合モジュール（CBM）[9]、補助活性タンパク質（AA）[10]についてファミリー分類がなされている。各々の酵素群のページはCAZyファミリー番号、酵素のフォールディングに基づいたスーパーファミリーの分類（Clan）、EC番号とその活性が含まれるCAZyファミリーの番号が整理されている。各ファミリーのページでは、そのファミリーに含まれる酵素が有する活性の一覧、反応メカニズム、Clan、フォールディングの様式、触媒残基、酵素のプロバイダー等がまとまっている。CAZyデータベースは、論文発表やゲノム解析の完了した各種生物の情報が、月に1回の頻度で更新される。新規な配列の酵素が報告された場合にはファミリーが増設されるため、ファミリー数は年々増え続けている。本項では、目的に応じたCAZyデータベースの使い方を簡単に紹介する。

9.3.1 新たに酵素遺伝子をクローニングしてアミノ酸配列情報を得た場合や研究対象の酵素がどのCAZyファミリーに分類されるか知りたい場合

　ENZYME CLASSESタブで目的の酵素の種類を選択するとそれぞれの種類の酵素のファミリー番号、サブファミリーがある場合はその情報、Clanとファミリーの相関、EC番号とCAZyファミリーの相関がまとめられている。また、表紙ページの右上の検索機能を用いて、対象酵素のEC番号や活性、GenBankの登録番号等を検索し、対象酵素の活性がどのCAZyファミリーに分類されているかを検索することも可能である。該当のファミリーに分類されている配列と自分の酵素の配列を比較する。NCBIのBLAST検索を行っても、多くの場合はCAZyのドメイン構造が表示されるので、ある程度の予測はできる。自分が研究をしている酵素が、既知のファミリーの酵素と相同性がない場合や相同性が著しく低い場合には、Bernard Henrissat博士にファミリーの解析を依頼し、新規な場合には新しいファミリーを設立してもらう確約をとるとよい。

9.3.2 ゲノムが完了している生物がどのような糖質関連酵素を持っているか知りたい場合

　表紙ページ上のGENOMESタブより目的の生物の学名を選択すると、その生物がどのCAZyファミリーに分類される配列を何種類保有するかについての一覧表が表示される。糖質加水分解酵素（GH）、糖転移酵素（GT）、多糖脱離酵素（PL）、糖質エ

ステラーゼ（CE）、糖結合モジュール（CBM）、補助活性タンパク質（AA）の配列をまとめた一覧表のさらに下方に、タンパク質の名前と分類されるCAZyファミリー、GenBankへのアクセッションが一覧表として整理してある。複数のドメインをもつモジュラー酵素の場合にもアミノ酸配列順（N末端から順に）にCAZyファミリーが記載してあるので分かりやすい。

9.3.3　あるCAZyファミリーに分類される配列のうち、特性解析がなされたものがどれであるかを知りたい場合

各々のファミリーのページで、各ファミリーについてまとめた表の下側のCharacterizedタブをクリックすると特性解析がなされた配列のみが表示される。それぞれの酵素が最初に発表された論文へのリンクも貼られている。

9.3.4　あるCAZyファミリーに分類される配列のうち、立体構造が解明されているものがどれかを知りたい場合

各々のファミリーのページで、各ファミリーについてまとめた表の下側のStructureタブをクリックすると、立体構造解析がなされた配列のみがタンパク質構造データバンクのID番号とともに表示される。多くの酵素では、リガンドとの結合構造も解明されているが、どのようなリガンドが使用されているのかについての情報も、タンパク質構造データバンクのID番号の横に示される。

9.3.5　そのCAZyファミリーの酵素を購入したい場合

各々のファミリーのページで、各ファミリーについてまとめた表のCommercial Enzyme Provider(s)にある会社名をクリックすると各社HPのカタログページにリンクが貼られている。

9.3.6　特定のCAZyファミリーのことをもっと知りたい場合

各ファミリーについてまとめた表のExternal resourcesにあるCAZypediaをクリックする。ゲノム解析が容易になったことから年々データ数が増加し、各々のファミリーが複雑化している。そのため、そのファミリーについて詳しい研究者が当該の論文を引用して、CAZyの各ファミリーの基質特異性、反応メカニズム、触媒残基、立体構造の研究状況について解説している。基質特異性、反応メカニズム、立体構造を最初に解析した論文がFamily Firstとして示してあるので、そのファミリーの研究の歴史が把握しやすい。

9.3.7　自分の実験結果をCAZyに反映したいとき

各酵素の特性に関する情報の提供はキュレーターが手動で行うため、時間が掛かると共に漏れが生じる可能性がある。そのため、自身の研究成果を広く認知してもらうためにも情報の提供が不可欠である。FUNCTIONAL DATAタブをクリックし、現れたページに配列情報と酵素の機能について必要な情報を記入する。

参考文献

1) Henrissat, B. (1991) *Biochem. J.* **280**, 309-316
2) Henrissat, B. & Bairoch, A. (1993) *Biochem. J.* **293**, 781-788
3) Henrissat, B. & Bairoch, A. (1996) *Biochem. J.* **316**, 695-696
4) Davies, G.J. & Henrissat, B. (1995) *Structure* **3**, 853-859
5) Henrissat, B. & Davies, G.J. (1997) *Curr. Op. Struct. Biol.* **7**, 637-644
6) Campbell, J.A. (1997) *Biochem. J.* **326**, 929-939
7) Coutinho, P.M. et al. (2003) *J. Mol. Biol.* **328**, 307-317
8) Lombard, V. et al. (2010) *Biochem. J.* **432**, 437-444
9) Boraston, A.B. et al. (2004) *Biochem. J.* **382**, 769-781
10) Levasseur, A. et al. (2013) *Biotech. for Biofuels* **6**, 41

（金子　哲）

9.4　リグニンNMRデータベース

　リグニンのNMRスペクトルを帰属する際にはモデル化合物のNMRデータが欠かせない（**2.1.2**）。最も有用なリグニンモデル化合物のNMRデータベースとして、米国農務省林産研究所（USDA, Forest Products Laboratory）のSally Ralphらによる「NMR Database of Lignin and Cell Wall Model Compounds」[1]が挙げられる。この他のデータベースとしてはチャルマース工科大学のLundquistらによるモデル化合物の^{1}H NMRデータベース[2]がある。NMR溶媒等の測定条件の違いが理由で、データベースのみではリグニンのNMRスペクトルが帰属できない場合がある。**表9.3**に、有用なモデル化合物のNMRデータを含む文献についても併せて示す。これらのNMRデータを基にして、**表2.1**（64ページ）にアセチル誘導体化したリグニンのNMR（HSQC）スペクトルの帰属に必要な化学シフト値をまとめた。また、文献やデータベースにはまれに誤植があるため、記載の化学シフト値を化学構造と照らし合わせて合理的な値かどうかを常に確認することも必要となる。

表9.3　リグニンまたはモデル化合物のデータベースと文献

試料	NMR測定溶媒	データベースまたは文献＊
アセチル化物	$CDCl_3$	1, 2, 3, 4, 5, 6
非誘導体化物	DMSO-*d6*	1, 2, 3, 5, 7, 8
非誘導体化物	DMSO-*d6*/pyridine-*d5*	9, 10

＊番号は参考文献の番号に対応

参考文献

1) NMR Database of Lignin and Cell Wall Model Compounds
https://www.glbrc.org/databases_and_software/nmrdatabase/（最終確認日2022年12月12日）

2) ¹H NMR database of lignin model compounds in different solvents
http://publications.lib.chalmers.se/en/publication/93716（最終確認日 2022 年 12 月 12 日）（入手後の pdf ファイルは Adobe 社 Acrobat Reader ソフトウェアで読取り可能）
3) H NMR database of lignin model compounds in different solvents（supplement）
https://research.chalmers.se/en/publication/121076（最終確認日 2022 年 12 月 12 日）
4) Li, S. et al.（1997）*Phytochemistry* **46**, 929-934
5) Kishimoto, T. et al.（2008）*Org. Biomol. Chem.* **6**, 2982-2987
6) Sipilä, J. & Syrjänen, K.（1995）*Holzforschung* **49**, 325-331
7) Bardet, M. et al.（2006）*Magn. Reson. Chem.* **44**, 976–979
8) Drumond, M. et al.（1989）*J. Wood Chem. Technol.* **9**, 421-441
9) Kim, H. & Ralph J.（2010）*Org. Biomol. Chem.* **8**, 576-591
10) Kim, H. & Ralph J.（2014）*RSC Adv.* **4**, 7549-7560

（秋山拓也）

9.5 抗体の入手先

9.5.1 細胞壁多糖類を認識するモノクローナル抗体

・Plant Cell Wall Monoclonal Antibody Database
（http://glycomics.ccrc.uga.edu/wall2/antibodies/antibodyHome.html）（2023.2.2 現在）
ジョージア大学（米国）の Complex Carbohydrate Research Center による抗体データベースである。後述の CarboSource Sercices、PlantProbes、BioSupplies で取り扱っている抗体について、抗原、免疫原、アイソタイプ、反応特異性（各種抗原に対するELISA データ）などの情報を得ることができる。

・CarboSource Services（https://carbosource.uga.edu/）（2023.2.2 現在）
ジョージア大学（米国）の Complex Carbohydrate Research Center で作製されたペクチン、ヘミセルロース、アラビノガラクタン - プロテインに対するモノクローナル抗体（CCRC シリーズ）を多数販売している。

・PlantProbes（https://plantcellwalls.leeds.ac.uk/plantprobes/）（2023.2.2 現在）
リーズ大学（英国）の Paul Knox 博士により作製されたペクチン、ヘミセルロース、アラビノガラクタン - プロテインに対するモノクローナル抗体（LM シリーズ）を多数販売していたが、2021 年に終了した。現在は、Megazyme、Kerafast、Ximbio より購入することができる。

・Biosupplies（http://www.biosupplies.com.au/）（2023.2.2 現在）
β-(1→3)-グルカン、β-(1→3),(1→4)-グルカン、マンナンに対するモノクローナル抗体が販売されている。

9.5.2 植物関連の抗体

・Agrisera（http://www.agrisera.com/en/index.html）（2023.2.2 現在）

細胞壁関係以外にも植物に関する抗体を多数取り扱っている。

9.5.3 二次抗体

・Alexa Fluor Secondary Antibodies（Thermo Fisher Scientific）
（https://www.thermofisher.com/jp/ja/home/life-science/antibodies/secondary-antibodies/fluorescent-secondary-antibodies/alexa-fluor-secondary-antibodies.html）（2023.2.2 現在）
Alexa Fluor® 蛍光色素を結合した二次抗体を販売している（過去には Molecular Probes、Invitrogen ブランドで販売されていた）。Alexa Fluor® は従来の FITC やローダミンなどの蛍光色素より蛍光強度が強く、安定である。

・Gold Conjugates（BBI Solutions）
（https://www.bbisolutions.com/cn/reagents/gold-conjugates）（2023.2.2 現在）
電子顕微鏡に適した金コロイド標識二次抗体を取り扱っている。

（粟野達也・髙部圭司）

9.6 植物細胞壁多糖に関連する糖質化合物および多糖分解酵素の市販品リスト

　細胞壁多糖の生化学的解析を行うのに、糖質化合物や細胞壁多糖加水分解酵素が必要となる。研究の進展に伴い、市販されるものが増えてきている。需要が大きい化合物ではないので、品切れになれば販売中止になる化合物や、受注生産しているものがあることに注意が必要である。市販されていない必要な化合物や酵素は、自ら調製しなければならないこともある。酵素は、同じ名前でも由来によって基質特異性が異なる。試薬会社のカタログや原著論文を調べ、適切な酵素を選択することが大切である。以下に、植物細胞壁多糖に関連する糖質化合物および多糖分解酵素の主な試薬会社による市販品のリストを示す（2023 年 2 月現在）。多糖分解酵素については、研究用試薬として市販されている主な酵素のみを示している。

表 9.4　細胞壁多糖の市販品リスト

多糖	試薬会社
Apiogalacturonan	Oligotech
Arabinan	Megazyme, Oligotech
Arabinogalactan	Oligotech, Sigma-Aldrich
Arabinoxylan	Megazyme
Galactan	Megazyme
Galactomannan	Megazyme, Oligotech, Sigma-Aldrich
Galacturonan LM	Oligotech
Galacturonan HM	Oligotech
β-Glucan	Megazyme, Sigma-Aldrich

β-1,3-Glucan	Oligotech, Sigma-Aldrich, 富士フイルム和光純薬
β-1,3/4-Glucan（Lichenan）	Oligotech, Megazyme
Glucomannan	Megazyme, Oligotech
Glucuronoarabinoxylan	Oligotech
Glucuronoxylan	Sigma-Aldrich
Glucuronoxylomannan	Oligotech
Inuline	Megazyme, Sigma-Aldrich
Mannan	Megazyme, Oligotech, Sigma-Aldrich
Pectin（>85 % methylesterified）	Sigma-Aldrich
Pectin（55-70% methylesterified）	Sigma-Aldrich
Pectin（20-34% methylesterified）	Sigma-Aldrich
Polygalacturonic acid	Megazyme, Sigma-Aldrich, ナカライテスク, 富士フイルム和光純薬
Rhmnogalacturonan I	Megazyme, Oligotech
Xylan	Megazyme, Oligotech, 富士フイルム和光純薬
Xyloglucan	Megazyme, Sigma-Aldrich

表9.5　細胞壁関連オリゴ糖の市販品リスト

オリゴ糖	試薬会社
Arabino oligosaccharides（DP=2〜6）	Megazyme
Arabinosylxylo oligosaccharides（DP=3〜5）	Megazyme
Cellodextrin oligosaccharide（DP=2〜8）	Oligotech, Megazyme, Sigma-Aldrich
Cellodextrin oligosaccharide mixture	Oligotech
Fructo oligosaccharides（DP=3〜12）	Megazyme, Oligotech
Galactobiose	Megazyme
Galactomannan oligosaccharides（DP=3,5,9）	Megazyme, Oligotech
Galacturonan oligosaccharide DP2	Oligotech, Megazyme
Galacturonan oligosaccharide DP3	Oligotech, Megazyme
Galacturonan oligosaccharide DP4	Oligotech, Megazyme
Galacturonan oligosaccharide mixture DP3/DP4	Oligotech
Galacturonan oligosaccharide mixture DP5/DP7	Oligotech
Galacturonan oligosaccharide mixture DP7/DP8	Oligotech
Galacturonan oligosaccharide mixture DP10〜15	Oligotech
Galacturonan oligosaccharide blocks	Oligotech
Cellobiosyl glucose	Megazyme
Glucomannan oligosaccharide（<10 kDa）	Oligotech
Laminarioligosaccharides（DP=2〜6）	Megazyme
Manno oligosaccharides（DP=2〜6）	Megazyme
Xylo oligosaccharides（DP=2〜6）	Megazyme
Xylan oligosaccharides（0.65〜3 kDa, >10 kDa）	Oligotech

Xyloglucan-derived oligosaccharide XLFG（DP=10）	Oligotech
Xyloglucan-derived oligosaccharide XXFG（DP=9）	Oligotech
Xyloglucan-derived oligosaccharide XLLG（DP=9）	Oligotech
Xyloglucan-derived oligosaccharide XFG（DP=7）	Oligotech

DP: Degree of polymerization

表 9.6　糖ヌクレオチドの市販品リスト

糖ヌクレオチド	試薬会社
GDP-β-L-Fuc	Biosynth, Sigma-Aldrich, ヤマサ醤油, 富士フイルム和光純薬
GDP-α-L-Gal	Biosynth, Santa Cruz Biotechnology
GDP-α-D-Man	Biosynth, Sigma-Aldrich, ヤマサ醤油, 富士フイルム和光純薬
UDP-β-L-Ara$f$	Biosynth, ペプチド研究所
UDP-β-L-Ara$p$	Biosynth, Carbosource Services
UDP-α-D-Gal	Biosynth, Sigma-Aldrich, ナカライテスク, ヤマサ醤油, 富士フイルム和光純薬など各社
UDP-α-D-GalA	Biosynth, Carbosource Services
UDP-α-D-Glc	Biosynth, Sigma-Aldrich, ナカライテスク, ヤマサ醤油, 富士フイルム和光純薬など各社
UDP-α-D-GlcA	Biosynth, Sigma-Aldrich, ナカライテスク, ヤマサ醤油, 富士フイルム和光純薬など各社
UDP-β-L-Rha	Biosynth, ペプチド研究所
UDP-α-D-Xyl	Biosynth, Carbosource Services

表 9.7　細胞壁多糖加水分解酵素の市販品リスト（Nzytech 社、Prozomix 社製品をのぞく）

細胞壁多糖加水分解酵素	試薬会社
α-Arabinofuranosidase（*Aspergillus niger*）	Megazyme
Cellobiohydrolase（*Trichoderma longibrachiatum*）	Megazyme
Cellulase（Endo-β1,4-glucanase）（*Aspergillus niger*）	Megazyme, Sigma-Aldrich, ナカライテスク, 富士フイルム和光純薬
Cellulase（Endo-β1,4-glucanase）（*Trichoderma longibrachiatum*）	Sigma-Aldrich
Cellulase（Endo-β1,4-glucanase）（*Trichoderma reesei*）	Sigma-Aldrich
Cellulase（Endo-β1,4-glucanase）（*Trichoderma viride*）	Sigma-Aldrich
Feruloyl esterase（Rumen microorganism）	Megazyme
α1,2/3/4-Fucosidase（*Xanthomonas sp.*）	Sigma-Aldrich
α1,2/3/4/6-Fucosidase（*Homo sapiens*）	Megazyme
α-Fucosidase（*Thermotoga maritima*）	Megazyme
α1,3/4-Fucosidase（*Xanthomonas manihotis*）	Sigma-Aldrich
α-Galactosidase（*Aspergillus niger*）	Megazyme
α-Galactosidase（Green coffee beans）	Sigma-Aldrich
β-Galactosidase（*Aspergillus niger*）	Megazyme

β-Galactosidase (*Aspergillus oryzae*)	Sigma-Aldrich
β-Galactosidase (Bovine)	Sigma-Aldrich
β-Galactosidase (*Escherichia coli*)	Sigma-Aldrich, ナカライテスク, 富士フイルム和光純薬
β-Galactosidase (*Kluyveromyces lactis*)	Sigma-Aldrich
Endo-β1,3-glucanase (Barley)	Megazyme
Exo-β1,3-glucanase (*Helix pomatia*)	Sigma-Aldrich
Exo-β1,3-glucanase (*Trichoderma sp.*)	Megazyme, Sigma-Aldrich
Endo-β1,3/4-glucanase (*Lichenase*) (*Bacillus subtilis*)	Megazyme
β-Glucosidase (*Agrobacterium sp.*)	Megazyme
β-Glucosidase (Almond)	ナカライテスク, 富士フイルム和光純薬
β-Glucosidase (*Aspergillus niger*)	Megazyme, Sigma-Aldrich
β-Glucuronidase (*Escherichia coli*)	Megazyme, ナカライテスク, 富士フイルム和光純薬
β-Glucuronidase (*Helix pomatia*)	富士フイルム和光純薬
Endo-β1,4-mannanase (*Aspergillus niger*)	Megazyme
β-Mannosidase (*Helix pomatia*)	Sigma-Aldrich
Pectate lyase (*Aspergillus sp.*)	Megazyme
Pectcin metylesterase (Orange peel)	Sigma-Aldrich
Endo-polygalacturonanase (*Pectobacterium carotovorum*)	Megazyme
α-Rhamnosidase (Prokaryote)	Megazyme
Xylanase (*Thermomyces launginosus*)	Sigma-Aldrich
Xylanase (*Trichoderma viride*)	Megazyme, Sigma-Aldrich
Endo-β1,4-xylanase (*Neocallimastix patriciarum*)	Megazyme, Prozomix
Endo-β1,4-xylanase (*Trichoderma longibrachiatum*)	Sigma-Aldrich
Acetylxylan esterase (*Orpinomyces sp.*)	Megazyme
Xyloglucanase (*Paenibacillus sp.*)	Megazyme
β-Xylosidase (*Selenomonas ruminantium*)	Megazyme

各試薬会社でここにリストされた以外にも販売されている酵素が多くある。特にNzytech 社、Prozomix 社では、このリスト以外に千種類を超える数のリコンビナント CAZy 酵素を取り揃えている。随時アップデートされているので必要な酵素を各社のホームページで検索してほしい。

表9.8 糖質加水分解酵素混合物の市販品リスト

糖質加水分解酵素混合物	試薬会社
Driselase (*Basidomycetes* sp.)	Sigma-Aldrich
Lysing enzymes (*Aspergillus* sp.)	Sigma-Aldrich

Pectinase (*Aspergillus aculeatus*)	Sigma-Aldrich
Pectinase (*Aspergillus niger*)	Sigma-Aldrich
Pectinase (*Rizopus* sp.) (Macerozyme R-10)	Sigma-Aldrich
Pectolyase (*Aspergillus japonicaus*)	Sigma-Aldrich, 富士フイルム和光純薬

　産業用酵素として販売されている糖質加水分解酵素混合物（酵素製剤）がプロトプラスト調製のために用いられることがあるが、研究用試薬としては入手困難なため、ここには挙げていない。

（石水　毅）

索引

══ 和文索引 ══

◆あ

亜塩素酸　19
アセチル
　──化　30, 47, 52, 61, 151, 353
　──基の定量　24
　──ブロマイド法　122
　C-──化　122
　O-──化　122
アフィニティークロマトグラフィー
　→クロマトグラフィー
アポプラスト画分の調製　304
アミノ安息香酸エチル（ABEE）
　291
アミラーゼ（α-アミラーゼ）　248, 344
アラビナン　296, 326, 391
アラビノガラクタン　239, 326, 391
アラビノガラクタン-プロテイン
　（AGP）　239
アラビノキシラン　24, 326, 391
アラビノグルクロノキシラン
　（AGX）　262
アラビノフラノース（残基）
　288, 296, 326
　──転移酵素→転移酵素
アルカリ加水分解　25, 135
アルカリ処理　153
アルジトールアセテート（AA）
　誘導体　29, 278
アルデヒド基の定量　19
アンスロン-硫酸法　4
安定同位体
　──希釈法　357
　──トレーサー法　356
　──標識化合物　131, 356

◆い

イオン
　一次──　184
　二次──　184
イオン化

エレクトロスプレー──
　（electrospray ionization、ESI）
　70
マトリックス支援レーザー脱離
　──（matrix-assisted laser
　desorption/ionization、MALDI）
　70, 78
イオン交換クロマトグフィー
　→クロマトグラフィー
イソプリメベロース生成オリゴキ
　シログルカン加水分解酵素
　（IPase）　250
一次抗体→抗体
一次細胞壁　29, 246
一電子酸化　352
イネ
　──ゲノムリソース　383
　──培養細胞　372
　──幼葉鞘　294
　単子葉──科植物　27

◆う

ウィスナー（Wiesner）試薬　105
ウロン酸（残基）　5, 43
　──の還元　51
　──メチルエステルの還元　47
　──の定量　262

◆え

エキソ-β-(1→3)-ガラクタナーゼ
　242
エステル化度　23
エタノール（バイオエタノール）
　7
エーテル化（フェノール性水酸基
　の）　135
エネルギー分散型X線分析装置
　（EDX、EDS）　216
エリシター応答　371
エリスロ型　147
エリスロン酸　147
エリトロ型/トレオ型（エリスロ/ス
　レオ比）　68, 150

塩化アセチル　42
エンド型キシログルカン加水分解
　酵素（XEH）　304
エンド型キシログルカン転移酵素
　（XET）　191, 304
エンド型キシログルカン転移酵素
　／エンド型キシログルカン加
　水分解酵素（XTH）　191, 303
エンドポリガラクツロナーゼ
　（endopolygalacturonase、EPG）
　87, 273, 280

◆お

オオムギの暗発芽幼植物　256
オーキシン　221
オゾン分解法　147
オリゴ
　──ガラクツロン酸　280, 300
　──糖　70, 392

◆か

加圧法　232
化学形態（スペシエーション）分
　析　82
化学シフト（値）　54, 59, 389
架橋型
　──アガロースゲル　112
　──デキストラングル　112
　──ポリスチレン系　116
核磁気共鳴（Nuclear Magnetic
　Resonance、NMR）　53, 59, 153, 363, 389
　^{1}H──　24, 53, 59, 389
　^{13}C──　56, 59, 363
　^{31}P──　65
加酢分解　251
過酸化水素酸化　136
加水分解　25, 30, 35, 41, 47, 249, 263
　酵素──　265
　ジオキサン-塩酸──　137
ガスクロマトグラフィー（GC、GLC）　29, 42, 43, 47, 130, 136, 141, 150, 152, 156, 159, 262

ガスクロマトグラフ質量分析計
　　（GC-MS）　43，133，140，142，
　　146，159，263，353，363，370
カチオン交換樹脂（陽イオン交換
　　樹脂）　72，265
活性酸素　372
活性測定
　　合成活性
　　　　アラビナンアラビノフラノー
　　　　　ス転移酵素の──　297
　　　　ペクチンガラクツロン酸転移
　　　　　酵素の──　301
　　　　β-(1→4)-キシラン合成酵素
　　　　　の──　289
　　　　UDP-アラビノピラノースム
　　　　　ターゼの──　295
　　　　XEHの──　311
　　　　XETの──　307
　　　　XTHの──　307
　　分解活性
　　　　キシログルカナーゼ活性の測
　　　　　定　340
　　　　キシログルカンの──　329
　　　　フコシダーゼ──　334
カッパー価法　125
仮道管（細胞）　167，171，221
加熱炉型熱分解装置　159
過マンガン酸カリウム　125
　　──酸化　134
ガラクツロン酸（GalA）残基　5，
　　32，35，261
　　──転移酵素→転移酵素
カルバゾール-硫酸法　5
カルボキシ基の定量　19
還元
　　──アミノ化，──的アミノ化
　　　反応　40，192，374
　　──糖の測定　1
　　──力測定　330
　　ウロン酸メチルエステルの──
　　　47

◆◆き
キシラナーゼ　262，291，322，394
キシラン　261，287，322，392
キシラン還元末端　262，289

キシロオリゴ糖　289，392
キシログルカナーゼ（遺伝子）
　　257，329，337，394
キシログルカナーゼ活性の測定→
　　活性測定
キシログルカン（XG）　6，24，191，
　　246，303，327，334，337，392
キシログルカンオリゴ糖（XGO）
　　191，250，305，333，335，392
キシログルカンの定量（ヨウ素法
　　による）　6，344
キシログルカンの分解活性→活性
　　測定
キシログルカン分子をつなぎ換え
　　る活性→エンド型キシログル
　　カン転移酵素（XET）
キチン
　　──オリゴ糖　371
　　──受容体　371
逆ゲート付きデカップリング
　　（inverse-gate decoupling）　60，
　　67
吸引法　231
吸光係数（リグニンの）　119，125
金コロイド　177

◆◆く
グアイアシル核（G核）　64，79，138，
　　156，160，188
グアイアシルグリセロール-β-グア
　　イアシルエーテルの合成　108
クチン　165
組換え酵素　292
組換えポプラ　337
クラーソン法（Klason法）　117
　　──リグニン　118
クラフト蒸解　134
グリロイド　329
グルクロノキシラン（GX）　261
グルクロン酸（GlcA）、グルコピ
　　ラノシルウロン酸（GlcAp）
　　（残基）　5，32，35，261
グルコースの検量線　4
グルタルアルデヒド　178
クロス・ビバン呈色反応→呈色反応

クロマトグラフィー
　　アニオン（陰イオン）交換──
　　　302
　　アフィニティー──　377
　　イオン交換──　240，264，279
　　逆相──　336，375
　　ゲル浸透──（GPC）　112，115
　　ゲルろ過──（GFC）　112，115，
　　　240，275，307，332，374
　　高速陰イオン交換──
　　　（HPAEC）　34，254，282，334
　　高速液体──（HPLC）　14，27，
　　　40，75，82，112，115，291，294，
　　　298，300，307，333，335
　　サイズ排除──（SEC）　14，85，
　　　112
　　順相──　333
　　ペーパー──　251，292

◆◆け
蛍光
　　・──検出器→検出器
　　──色素　177
　　──標識（法）　39，191，291，300，
　　　306，336
　　──標識オリゴガラクツロン酸
　　　300
形質転換　337
ケイ皮酸　364
結合位置の決定（糖の）　42
結晶（セルロースの）
　　──化度　88
　　──構造　88
　　──サイズ　88，346
ゲノムリソース　383
ケモメトリクス　101
ゲランガム　235
ゲル浸透クロマトグラフィー
　　→クロマトグラフィー
ゲルろ過クロマトグラフィー
　　→クロマトグラフィー
検出器
　　蛍光──　28，40，291，298，300，
　　　335
　　光散乱（LS）──　116

紫外/可視吸収(UV/Vis)――
　　114、116、294
示差屈折率(RI)―― 14、114、
　　116、333
多角度光散乱(MALLS)――
　　14
パルスドアンペロメトリー――
　　(PAD)　34、253、282、307、334
元素分布イメージング　215
顕微
　　――FT-IR　102
　　――質量分析法　190
顕微鏡
　　共焦点レーザー――（confocal
　　　laser scanning microscopy）
　　　175、194、201、206
　　蛍光――　165、175、191
　　蛍光局在――法（PALM）　212
　　高速原子間力――（AFM）　312
　　光学――　165、175
　　構造化照明――法（SIM）　211
　　高分解能走査電子――　178
　　紫外線（UV）――　166
　　全反射照明蛍光――法（TIRFM）
　　　209
　　走査電子――（SEM）　175、216
　　超解像――　211
　　透過電子――　171、175、198
　　偏光――　167

◆・こ
光学異性体　42
較正曲線　114
構成糖分析（解析）　29、35、39
高速液体クロマトグラフィー
　　→クロマトグラフィー
高速原子間力顕微鏡→顕微鏡
高速陰イオン交換クロマトグラフィー
　　→クロマトグラフィー
酵素糖化　7
　　――効率　7
抗体　175、345、390
　　一次――　177
　　抗ペプチド――　177
　　二次――　177、391
　　ポリクローナル――　176

モノクローナル――　176、390
高配向熱分解黒鉛（HOPG）　315
広葉樹キシラン　261
固定化酵素　281
ゴルジ
　　――体（Golgi apparatus）　199、
　　　212
　　――膜画分　297
コレステロール　280
根圧法　230

◆・さ
サイズ排除クロマトグラフィー
　　→クロマトグラフィー
サイトカイニン　221
細胞
　　仮道管――　221
　　道管――　221
　　培養――　193、227、372
　　木部――　221
　　葉肉――　221
細胞質画分　295
材料試験　94
酢酸ウラン（酢酸ウラニル）
　　172、183
酸可溶性リグニン　117
酸性オリゴ糖（キシランの）　263
酸性糖　32、35、266
　　――量の測定　5

◆・し
ジアゾメタン　135
ジオキサン-塩酸加水分解→加水
　　分解
紫外・可視(UV/Vis)検出器→検出器
紫外線吸収スペクトル法　117
紫外線（UV）顕微鏡→顕微鏡
示差屈折率（RI）検出器→検出器
四酸化オスミウム　178
質量分析（法）（mass spectrometry、
　　MS）　70、78、257
　　イメージング――　185
　　高分解能――　77
　　飛行時間型（Time of Flight、
　　　TOF）二次イオン（Secondary
　　　Ion、SI）――　184、364

フーリエ変換型イオンサイクロ
　　トロン共鳴（FT-ICR）――
　　78
マトリックス支援レーザー脱
　　離イオン化（Matrix-Assisted
　　Laser Desorption/Ionization、
　　MALDI）飛行時間型（Time-
　　of-Flight、TOF）――　71、334
ICP――　81
重合度（DP）　14
重水（D_2O）　25、53
重硫酸→硫酸
重量平均重合度（DPw）　262
樹液　230
臭化アセチル　151
主成分分析（FT-IRによる）　102
受容体タンパク質　376
触媒ドメイン（CD）　312
ショ糖密度勾配法　297
シラカバ　261
シリンガアルデヒド/バニリン比
　　160
シリンギル核（S核）　64、79、138、
　　156、160、188
シロイヌナズナ　102、210、225、
　　233、381
親水性アクリル樹脂　179
シンナミック酸誘導体　27
親和性標識　374

◆・す
水酸化ナトリウムを用いるメチル
　　化法　45
水酸基（リン酸誘導体化合物）の
　　識別　66
水素(重水素)化ホウ素ナトリウム
　　（$NaBH_4$、$NaBD_4$）　30、47、108、
　　264、343
スクリーニング　102
スピン結合　58
スベリン　165、166
スミス分解　241
スルホン化　153
スレオ型　147
スレオン酸　147

◆せ

成長応力 94
生物多様性影響評価 338
セルラーゼ 7, 249, 312, 393
　——の精製 314
　——反応機構 320
セルロース 88
　——結合性ドメイン（Cellulose binding domain、CBD） 312
　——合成酵素 195
　——の結晶構造 88
　——の結晶領域 312
　——の非結晶領域 312
　——の分子量 14
　——分解 312
　——ミクロフィブリル 167, 172, 195
　結晶性—— 312
セロビオヒドロラーゼ（Cellobiohydrolase、CBH） 312
前駆物質の投与方法 361
染色
　——試薬（染色剤） 165, 171
　カロース—— 165
　クチン—— 165
　スベリン—— 165, 166
　セルロース—— 165
　ペクチン—— 165
　ムコ多糖—— 166
　ムチン—— 166
　リグニン—— 165
前処理工程 7
選択的β-O-4結合解裂法（γ-TTSA法） 153
全糖量の測定 3

◆そ

走査電子顕微鏡→顕微鏡
組織染色 163
ソックスレー抽出（器） 25, 118, 123, 135
ソモギーネルソン法 2, 322, 327, 342

◆た

ダイコン 239, 273

対称反射法 89
多糖（類） 29, 41, 163, 391
　——分解酵素 391
多糖脱離酵素（PL） 387
タマリンド 305, 328
タンパク質
　——相互作用（protein-protein interactions） 199
　——の除去 248
断面積効果 172
単量体分析（リグニン由来の） 143

◆ち

チオアシドリシス（法） 141, 144, 363
チオエーテル化 153
チオグリコール酸（メルカプト酢酸） 119
　——リグニン法 119
チオバルビツール酸法 277
チオ硫酸ナトリウム 126
中心柱 230
中性糖（分析） 29, 34
超遠心分離（機） 290, 296
超純水 37, 71, 234, 372
直交ニコル 167

◆つ

つなぎ換え 191

◆て

呈色反応
　糖の—— 1
　リグニンの—— 105
　クロス・ビバン—— 106
　フロログルシン-塩酸—— 105
　モイレ—— 106
テクノビット 163
デコンボリューション（逆演算） 213
テトラメチルアンモニウム（TMAH） 159
転移酵素
　アラビノフラノース—— 296
　ガラクツロン酸—— 299

電子密度 172
点像分布関数 212
電導度滴定 20
デンプン（の除去） 248, 344

◆と

透過電子顕微鏡→顕微鏡
透過法 93
道管 184, 221
導管液 230
糖質
　——エステラーゼ（CE） 387
　——加水分解酵素（GH） 312, 387, 394
　——結合モジュール（CBM） 321, 387
糖転移酵素（GT） 387
糖ヌクレオチド 287, 393
特性X線 217
トシル化 153
トランスポーター 232
トリフルオロ酢酸（TFA） 29, 35, 40, 262
トリメチルシリル（TMS） 29, 133, 140, 146, 353, 369

◆な

内部標準（内標） 25, 30, 54, 131, 136, 150, 152, 157, 159
ナスタチウム 311

◆に

二次抗体→抗体
二次細胞壁（二次壁） 29, 167, 221
ニトロベンゼン酸化 128, 131, 362
二分子蛍光相補性アッセイ（Bimolecular fluorescence complementation assay、BiFC） 199
二量体分析（リグニン由来の） 143

◆ね

ネガティブ染色 171
熱分解ガスクロマトグラフィー（Py-GC） 159

熱分解ガスクロマトグラフィー/質量分析法（Py-GC/MS）159
粘度（法）14、262、331、341

◆◆ は
葉 344
バイオマス 7
バイオリソース 381
配向度 88
培養細胞→細胞
白色腐朽菌（White-rot fungi）348
パーク-ジョンソン法 1
箱守メチル化法→メチル化
パラフィン切片 165
パラホルムアルデヒド 178
パルスドアンペロメトリー→検出器
パルプ 14、125

◆◆ ひ
ビオチン標識（キチンオリゴ糖の）374
飛行時間型（time-of-flight、TOF）質量分析法→質量分析法
ピーク分離 91
非縮合型構造 128
ひずみゲージ法 94
ヒドロキシケイ皮アルコール類 137、364
ビフェニル型 128
非フェノール性β-O-4型リグニンモデル二量体 349
ヒャクニチソウ 221
標識
　包埋後——法 175
　包埋前——法 175
　無包埋——法 175
標識前駆物質 361
表面成長応力 98
表面分析法 184
ピリジルアミノ化（PA化法）40、55、302、305、335

◆◆ ふ
フェーズ（位相）調整 67

フェノール-硫酸法 3
フェルラ酸 27、166
不均一度（Mw/Mn）14
ブタノリシス 42
部分酸分解 252
部分メチル化、部分アセチル化アルディトールアセテート（PMAA）43、264
フラグメントイオン 50、70、187、357
フーリエ変換型イオンサイクロトロン共鳴（FT-ICR）78
フーリエ変換赤外分光分析装置（FT-IR）102
フリーズフラクチャー法 195
プレートリーダー 119、309、331、373
フロログルシン（フロログルシノール）105、165
フロログルシン-塩酸 165
フロログルシン-塩酸呈色反応→呈色反応
分化誘導 221
分子量測定 14、112
　数平均——（Mn）14、115
　重量平均——（Mw）14、115
分別エーテル化 135

◆◆ へ
ヘキセンウロン酸（hex-enopyranosyluronic acid）126、262
ヘキソース 4
ペクチナーゼ 275、395
ペクチン（ペクチン質、ペクチン多糖）23、24、85、232、273、280、301
変異株（変異体）102、233
変異原処理試薬 237
偏光顕微鏡→顕微鏡
偏光板（直交ニコル）167

◆◆ ほ
防御応答 371
芳香核構造 128、138
芳香族カルボン酸 134

ホウ酸 233
　——エステル（ホウ酸ジエステル、ホウ酸複合体）50、85、232、273
ホウ酸除去 30
放射性同位体トレーサー法 356
ホウ素（B）82、232、273
補助活性タンパク質（AA）387
ホスフィチル化 66
ポプラ 337
ポリクロナール抗体→抗体
ポリスチレンスルホン酸ナトリウム 114

◆◆ ま
前処理（質量分析のための）71
膜タンパク質 196
マトリックス支援レーザー脱離イオン化（matrix-assisted laser desorption/ionization、MALDI）質量分析法→質量分析法
マンガン依存性ペルオキシダーゼ（Manganese Peroxidase、MnP）349
マングマメ 296

◆◆ み
ミクロ化 131、144
ミクロソーム（膜）画分 290、297、302、375、378

◆◆ め
メタノリシス 32、35、262
メタンスルホン酸エチル（EMS）237
メチルエステル（ペクチン）23、51
メチルエステル化（リグニンの）136
メチル化（フェノール性水酸基の）134
　——熱分解 159
　——分析（箱守法）42、262、345
メチルスルフィニルカルバアニオン 43、271
メトキシ基定量 156

免疫
　──金標識法（免疫電子顕微鏡法）　181
　──グロブリン　176
　──蛍光標識法（間接蛍光抗体法）　179
　──SEM法　175
　──染色　345
　──標識法（immunolabelling）　175
　──レプリカ法　176, 195

◆も
モイレ呈色反応→呈色反応
木化　105, 166
木部　343
　──細胞　221
モノクロナール抗体→抗体
モノリグノール　79, 356, 364

◆や
野外試験　338
ヤング率　95, 347

◆ゆ
誘導加熱型（キュリーポイント型）熱分解装置　159
誘導結合プラズマ（Inductively Coupled Plasma、ICP）発光分析法　81
誘導放出制御法（STED）　212
遊離フェノール性水酸基　134

◆よ
陽イオン交換樹脂→カチオン交換樹脂
ヨウ化
　──水素酸　158
　──メチル（CH_3I、CD_3I）　45, 156, 263, 358
ヨウ素呈色反応を用いたXET活性測定　308
ヨウ素反応によるキシログルカンの定量法　6, 343
ヨウ素複合体形成による沈殿　248

ヨウ素法　343
予備抽出　118

◆ら
ライブセルイメージング　205
ラウエカメラ　93
ラッカーゼ（Laccase）　349
　──メディエーター系　349
ラット　280
ラネーニッケル　141
ラマン分光分析　100
ラムノガラクツロナン
　──II（RG-II）　85, 232, 273
　──II-ホウ酸二量体（あるいは複合体）（RG-II-B）　50, 82, 232, 273
ラムノース（Rha）（残基）　42, 261

◆り
力価測定　9
立体化学構造　147
リグニン　163, 166
　──NMR　59, 153, 363, 389
　──オリゴマー　141
　──の観察　163
　──生分解　348
　──呈色反応　105, 165
　──分解最適培地（Ligninolytic culture）　349
　──ペルオキシダーゼ（Lignin peroxidase、Lip）　349
　──モデル化合物の合成　108
　──モデル二量体　349
　──立体化学構造　147
　グアイアシル──　141, 169
　シリンギル──　141, 169
　磨砕──→MWL
　β-O-4型人工──ポリマー　110
理研バイオリソース　381
硫酸
　3%──　118
　72%──　29
　72%──処理　118
　重──　25
　重──-重水溶液　25

リョクトウ　247, 335
リン　65
リンゴ搾汁残渣　280
リンタングステン酸　172

◆る
ルシフェラーゼタンパク質相補性アッセイ（Luciferase protein complementation assay、Luc-PCA）　199

◆れ
レプリカ　196

◆ろ
濾紙分解活性（Filter Paper Degrading Activity、FPA）　9

═══ 数字・欧文索引 ═══

数字

1-ヒドロキシベンゾトリアゾール（HBT）　352
2-アミノピリジン（PA）化→ピリジルアミノ化
2-アミノベンズアミド（2AB）　76, 296
2-ケト-3-デオキシ糖　277
2,5-dihydroxybenzoic acid（DHB）　72, 78, 334
3-デオキシ-D-マンノ-2-オクツロソン酸（KDO）　277
3-デオキシ-D-リクソ-2-ヘプツロサル酸（DHA）　277
4-ヒドロキシケイ皮アルコール類　364
4-O-5構造　141
4-O-メチルグルクロン酸（4-Me-GlcA）　77, 241, 261
5-5構造　141
5-5/β-O-4構造　63
5-ヒドロキシコニフェリルアルデヒドO-メチルトランスフェラーゼ（CAldOMT）　366
5-hydroxyconiferaldehydeのO-メチル化　368
72%硫酸→硫酸

ギリシャ文字

α-L-アラビノフラノシダーゼ 244, 326, 393
α-(1→2)-フコシダーゼ 335, 393
β-1構造 141
β-(1→3)-ガラクタン 241
β-(1→4)-キシラン合成酵素 287
β-O-4 (結合、構造) 60, 79, 108, 122, 128, 137, 141, 144, 147, 151, 153, 161, 349
β-5結合 (構造) 60, 79, 141, 161
β-β 結合 63, 79, 141, 161
β-アルコキシ脱離反応 262
γ-TTSA法 (β-O-4結合開裂法) 153
m-ヒドロキシジフェニル法 5
myo-イノシトール 30, 33, 223
p-クマール酸 27
p-ニトロフェニル
　──β-D-キシロピラノシド 325
　──α-L-アラビノフラノシド 326
p-ヒドロキシフェニル核 (H核) 138, 156, 160, 188

ローマ字

◆ A
AMF→顕微鏡

◆ B
BCA (Bicinchoninic acid) 法 311
bikinin 225
Bimolecular fluorescence complementation assay (BiFC) 199
BY-2 (培養) 細胞 193, 304, 381

◆ C
^{13}C標識 356
CAZyデータベース 386
CAldOMT 366
CBH→セロビオハイドロラーゼ
cDNA 381, 383, 384, 385
CHCA (α-cyano-4-hydroxycinnamic acid) 72

CID (Collision-induced dissociation) 78
Confocal laser scanning microscopy 201
COSY 56

◆ D
D体 42
DEAE-Sephadex A-25 248, 284
DFRC (Derivatization Followed by Reductive Cleavage) 法 151, 363
DHB (2,5-dihydroxy benzoic acid) 72, 78, 334
DP (重合度) 14
DQF-COSY (double quantum filtered-correlation spectroscopy) 56
DSS (4,4-dimethyl-4-silapentane-1-sulfonic acid) 54

◆ E
EMS 237, 385
endo-dissociative 329
endo-processive 329
ENU 237
EPG→エンドポリガラクツロナーゼ
ESI→イオン化

◆ F
FITC (Fluorescein isothiocyanate) 192
FT-ICR MS→質量分析法
FT-IR→フーリエ変換赤外分光分析装置

◆ G
G核→グアイアシル核
GC→ガスクロマトグラフィー
GC-MS→ガスクロマトグラフ質量分析計
GX→グルクロノキシラン

◆ H
H核→*p*-ヒドロキシフェニル核

^{2}H (D) 標識 356
hex-enopyranosyluronic acid 262
HMBC (heteronuclear multiple-bond connectivity) 58, 59
HPAEC→クロマトグラフィー
HPLC→クロマトグラフィー
HSQC (heteronuclear single quantum coherence) 58, 59, 153

◆ I
ICP→誘導結合プラズマ
IRX9 288
IRX10 288
IRX14 288
IRX15 288

◆ L
L体 42
LiCl/DMAc 14
LiCl/DMI 14

◆ M
MALDI-TOF-MS→質量分析法
MALLS→検出器
MAMPs/PAMPs 371
Milner-Avigad法 281
MNU 385
MS→質量分析法 (mass spectrometry)
MS/MS (mass spectrometry/mass spectrometry) 70
MWL (Milled Wood Lignin) 61, 151, 155, 363

◆ N
N-エチル-*N*-ニトロソウレア (ENU) 237
NMR→核磁気共鳴 (Nuclear Magnetic Resonance)
NOESY (NOE correlated spectroscopy) 58

◆ P
PA化法→ピリジルアミノ化
PAD→検出器
phosphitylation 66

PMAA→部分メチル化、部分アセチル化アルディトールアセテート
protein-protein interactions 199
pseudo-Voigt関数 90

◆◆ R
Remazol Brilliant Blue R-D-Xylan（RBB） 324
RI→検出器
RG-Ⅱ（ラムノガラクツロナンⅡ） 50、232、273

◆◆ S
S核→シリンギル核
Scherrer式 89、347
Seaman法 33
SEC→クロマトグラフィー
SEM→顕微鏡
S/G比 141、156

S/V比 160

◆◆ T
TFA→トリフルオロ酢酸
TMS→トリメチルシリル
tobacco 200
TOCSY（totally correlated spectroscopy） 56
TOF→質量分析法
TOF-SIMS→質量分析法

◆◆ U
UDP
——β-L-アラビノピラノース 294、393
——β-L-アラビノフラノース 288、294、393
——アラビノピラノースムターゼ 294

——α-D-ガラクツロン酸 299、393
——-α-D-キシロース 287、393
UV/Vis→検出器

◆◆ X
X線回折 88、346
XEH→エンド型キシログルカン加水分解酵素
XET→エンド型キシログルカン転移酵素
XG→キシログルカン
XTH→エンド型キシログルカン転移酵素／エンド型キシログルカン加水分解酵素

◆◆ Y
Yellow fluorescent protein（YFP） 199

編著（五十音順）

石井　忠（いしい　ただし）
　　東京大学大学院　農学系研究科博士課程修了　博士（農学）
　　元　森林総合研究所バイオマス化学研究領域　チーム長
　　現在　筑波大学大学院　生命環境系　非常勤研究員

石水　毅（いしみず　たけし）
　　大阪大学大学院　理学研究科博士後期課程修了　博士（理学）
　　立命館大学　生命科学部　准教授

梅澤俊明（うめざわ　としあき）
　　京都大学大学院　農学研究科修士課程修了　京都大学　博士（農学）
　　京都大学生存圏研究所　教授

加藤陽治（かとう　ようじ）
　　東北大学大学院　農学研究科博士課程修了　博士（農学）
　　元　弘前大学教育学部食物学研究室　教授
　　現在　弘前大学教育学部　特任教授

岸本崇生（きしもと　たかお）
　　京都大学大学院　農学研究科博士後期課程修了　博士（農学）
　　富山県立大学工学部生物工学科　准教授

小西照子（こにし　てるこ）
　　京都大学大学院　農学研究科博士課程修了　博士（農学）
　　琉球大学　農学部亜熱帯生物資源科学科　准教授

松永俊朗（まつなが　としろう）
　　東京大学大学院　農学系研究科修士課程修了　東京大学　博士（農学）
　　農業・食品産業技術総合研究機構　中央農業総合研究センター　上席研究員

植物細胞壁実験法
（データベース更新版）

2016年2月24日　　初版第1刷発行
2017年6月28日　　初版第2刷発行
2023年3月27日　　初版第3刷発行

編著　石井　忠、石水　毅、梅澤俊明
　　　加藤陽治、岸本崇生
　　　小西照子、松永俊朗

デザイン　河合公美子（かわい　くみこ）

発行所　弘前大学出版会
〒036-8560　青森県弘前市文京町1
Tel. 0172-39-3168　Fax. 0172-39-3171

印刷・製本　有限会社　小野印刷所

ISBN978-4-907192-21-1